U0248487

复杂气藏有效开发非线性
渗流理论和开发方法

朱维耀　朱华银　刘卫东　著

科学出版社

北京

内 容 简 介

本书通过实验、理论推导、数值模拟计算和现场实际应用相结合的方法建立了反映不同气藏渗流特征的非线性渗流理论。主要包括各种复杂渗流机理、渗流规律、各类稳定渗流、不稳定渗流和多相渗流非线性数学模型等。系统地构建了气藏有效开发的非线性渗流理论。

全书共分六部分：低渗透气藏有效开发非线性渗流理论，凝析气藏有效开发非线性渗流理论，低渗含硫气藏开发非线性渗流理论，含 CO_2 火山岩致密气藏开发非线性渗流理论，非常规气藏非线性渗流理论初步，非线性渗流理论与方法的应用等。

本书适合石油工程技术人员、科学技术工作者、高等院校教师、高年级本科生及研究生阅读和参考。

图书在版编目(CIP)数据

复杂气藏有效开发非线性渗流理论和开发方法/朱维耀,朱华银,刘卫东著. —北京:科学出版社,2013.11

ISBN 978-7-03-039008-0

Ⅰ.①复… Ⅱ.①朱… ②朱… ③刘… Ⅲ.①复杂地层-油气藏渗流力学-研究 Ⅳ.①TE312

中国版本图书馆 CIP 数据核字(2013)第 256658 号

责任编辑:耿建业　陈构洪　高慧元 / 责任校对:刘小梅
责任印制:张　倩 / 封面设计:耕者设计工作室

科学出版社出版

北京东黄城根北街 16 号
邮政编码:100717
http://www.sciencep.com

北京通州皇家印刷厂印刷
科学出版社发行　各地新华书店经销

＊

2013 年 11 月第 一 版　　开本:720×1000 1/16
2013 年 11 月第一次印刷　　印张:34
字数:665 000

定价:168.00 元
(如有印装质量问题,我社负责调换)

前　　言

　　我国气藏类型很多,目前开发的气藏有低渗透气藏、凝析气气藏、含硫气藏、高压气藏、火山岩气藏等,而煤层气藏刚进行小规模的开发,页岩气藏处于资源勘探及开发探索中。由于我国地质条件复杂、气藏类型多样,天然气开发中面临许多复杂渗流问题,如低渗致密气藏气体非达西流动、气-水流动非线性渗流、黏土膨胀水锁,凝析气藏相态变化变质量气-液-固复杂流动,高含硫气藏气-液-固复杂流动,火山岩气藏基质裂缝流-固耦合流动,煤层气藏气体解吸扩散渗流,页岩气纳米级孔隙、微米级孔隙裂隙、人工裂缝多尺度非线性流动等。为此,迫切需要适合于这些气藏的非线性渗流的新理论作为指导,以期对气藏的开发给出开采规律性的认识,为天然气藏的安全、高效、科学开发提供理论支撑。鉴于理论和实际的需要及读者的要求,特写此书奉献给广大读者。

　　本书是作者在跟踪国内外理论和技术研究的基础上,经多年积累和不断创新,通过室内渗流物理模拟实验、理论方程建立、数值模拟计算和现场实际应用相结合的方法,建立反映不同气藏渗流特征的非线性渗流理论,而取得的原创性成果的总结。相关理论经矿场大范围工业化应用和验证,取到了较好的气藏开发效果。因此,是一部反映最新科技研究成果的书籍,回答了目前气藏开发中认识不清的问题。希望此书的出版对气田的开发能起到推动作用。

　　全书共25章,第1章到第7章重点阐述低渗透砂岩气藏的流体的渗流机理、稳定渗流、不稳定渗流、两相渗流、压裂井、整体压裂、水平井压裂,以及混合井型整体压裂开发渗流数学模型;第8章到第14章重点阐述凝析气藏中流体变相态渗流机理、渗流特征和气-液-固复杂渗流理论;第15章和16章重点阐述低渗含硫气藏的渗流机理和有水含硫气藏具有硫沉积的复杂渗流数学模型;第17章到第19章重点阐述含CO_2火山岩致密气藏流体的流动规律和渗流数学模型,以及裂缝和底水对气藏开发效果的影响;第20章和第21章介绍煤层气藏、页岩气藏的最新理论成果;第22章到第25章介绍非线性渗流理论的实际应用。

目前已出版的渗流理论、油气藏工程类图书涉及上述内容的较少,因此希望本书在石油科技、工程技术人员、大专院校师生的油气藏开发学习和应用中能起到积极作用。

由于时间仓促及作者水平有限,书中不妥之处在所难免,恳请读者批评指正。

作　者

2013 年 3 月 20 日

目　　录

第二部分　凝析气藏有效开发非线性渗流理论

第五部分　非常规气藏非线性渗流理论初步

第六部分　非线性渗流理论与方法的应用

第一部分　低渗透气藏有效开发

非线性渗流理论

第1章　低渗透砂岩气藏开发的基本表征

1.1　低渗气藏的地质表征

1.1.1　低渗气藏的类型

1. 按气藏构造特征分类

1) 构造型背斜气藏

根据形成背斜的地质因素可以将构造型背斜气藏划分为挤压型、逆牵引型、披覆型、同生沉积型、塑性地层拱升型以及隐刺穿同生型等多种背斜气藏。

背斜气藏的特点是地层在褶曲后形成向上的弧形,天然气一般聚集在背斜中储层的顶部。天然气聚集的下方可以是边水或底水拱托。

各种构造型背斜气藏如表 1-1 所示。

表 1-1　常见的构造型背斜气藏(戴金星等,1996)

大类 (圈闭成因)	亚类圈闭形态 (成因)	气藏	典型气藏剖面
构造型背斜气藏	挤压背斜圈闭	柯克亚、中坝、马海、威远、卧龙河等 27 个(四川盆地)	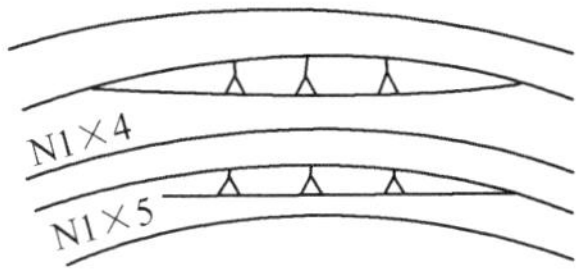 N1×4 N1×5
	逆牵引背斜圈闭	白庙	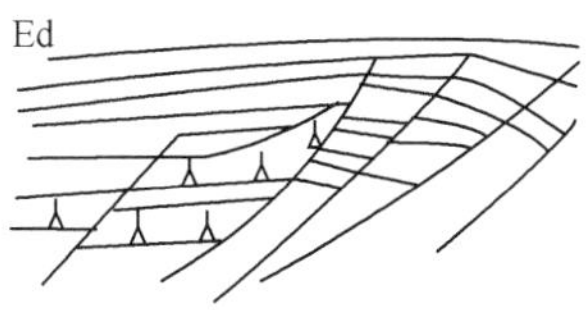 Ed
	披覆背斜圈闭	埕北、锦州 20-2	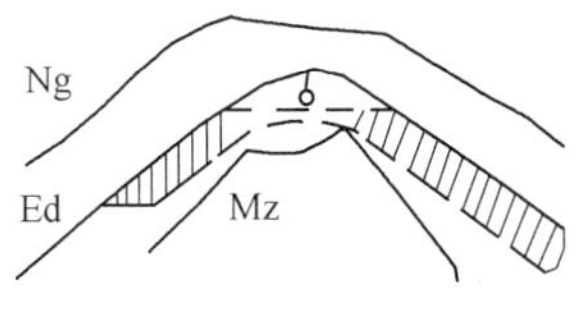 Ng Ed　Mz

续表

大类 （圈闭成因）	亚类圈闭形态 （成因）	气藏	典型气藏剖面
构造型背斜气藏	同生沉积背斜圈闭	涩北一号、涩北二号、驼峰山、盐湖、崖13-1	Q_{1-2}　N_1
	塑性地层拱升背斜圈闭	文留	Mz　$C—P$
	隐刺穿背斜圈闭	莺歌海底辟构造	Q　N　F

2）断层型气藏

断层型气藏可以分为断背斜、断鼻和断块等三种类型，在我国东部断层十分发育的油气区中十分常见，如图1-1所示。

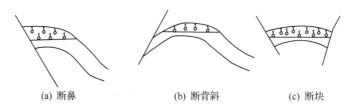

(a) 断鼻　　　　　(b) 断背斜　　　　　(c) 断块

图1-1　常见的断层型气藏

3）地层型气藏

地层型气藏是指由不整合面封堵而形成的天然气藏。根据不整合面与储层的相互关系，可以将地层型气藏区分为不整合面上的地层圈闭气藏以及不整合面下的地层圈闭气藏。前者不整合在储层之下，与储层上倾方向相切构成侧向封堵，并与储层上部封闭层联合组成圈闭；后者的不整合面实际上构成气藏上部的封堵面，许多潜山气藏就是这种类型，习惯上也称为"古风化壳气藏"。地层型气藏如图1-2所示。

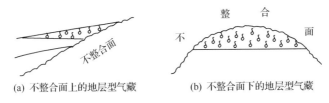

(a) 不整合面上的地层型气藏　　　　(b) 不整合面下的地层型气藏

图 1-2　地层型气藏

2. 按气藏储集层形态分类

1) 层状气藏

天然气聚集在砂岩或碳酸盐岩储层中,一般厚度为几至十几米,天然气聚集呈层状连续分布,是最常见的气藏。

层状气藏又可分为层状背斜气藏、断层遮挡气藏和岩性遮挡气藏拱托。平缓的层状气藏可以被底水拱托,而较陡的层状气藏可以被边水拱托。

常见的层状天然气藏如图 1-3 所示。

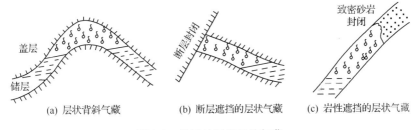

(a) 层状背斜气藏　　　(b) 断层遮挡的层状气藏　　　(c) 岩性遮挡的层状气藏

图 1-3　常见的层状天然气藏

2) 块状气藏

天然气聚集在砂岩或碳酸盐岩储层中,一般厚度为几十至上百米,天然气聚集呈块状连续分布。具有块状气藏的储层,其特点是地层厚度大,纵向连续性好。

常见的块状气藏可分为块状背斜气藏和断层遮挡的块状气藏。由于块状气藏的厚度较大,因此,受岩性遮挡而形成的块状气藏比较少见。块状气藏中天然气聚集一般被底水拱托,边水拱托的情况比较少见。

常见的块状天然气藏如图 1-4 所示。

3) 透镜状气藏

在非均质储层中,天然气可以聚集在储层物性相对较好的局部地区,而四周则被物性相对较差的地层包围,形成一种被岩性封闭的透镜体岩性气藏。

常见的岩性气藏有在砂岩中由于沉积环境或成岩作用变化而形成的透镜体岩性气藏和岩性尖灭气藏,在碳酸盐岩储层中由于白云岩化而形成的岩性气藏,以及

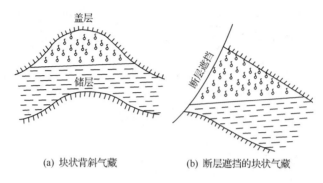

(a) 块状背斜气藏　　　　　(b) 断层遮挡的块状气藏

图 1-4　常见的块状天然气藏

由于碳酸盐岩储层中存在局部孔渗较好的生物礁而形成的岩性气藏等。它们往往形成小型的或单井的气藏。

常见的岩性天然气藏如图 1-5 所示。

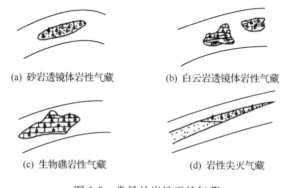

(a) 砂岩透镜体岩性气藏　　　　　(b) 白云岩透镜体岩性气藏

(c) 生物礁岩性气藏　　　　　(d) 岩性尖灭气藏

图 1-5　常见的岩性天然气藏

3. 按气藏储集层类型分类

1) 孔隙型气藏

储层的储集空间主要是岩石颗粒间的孔隙空间,同时它也是天然气的渗流通道。根据岩石成岩作用所形成的孔隙空间,又可划分为原生和次生两类。因此,孔隙型气藏又可划分为原生孔隙型气藏和次生孔隙型气藏。一般来说次生孔隙型气藏规模较小。

通常,孔隙型气藏的生产特征比较稳定,单位压降所生产的天然气在较长的时间内可以保持恒定。在气藏范围内,生产井的产量变化也不太大,其生产特征如图 1-6 所示。

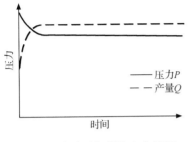
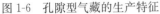

图 1-6　孔隙型气藏的生产特征

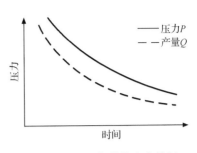

图 1-7　裂缝型气藏的生产特征

2）裂缝型气藏

当气藏的储集空间和渗滤通道主要是各种裂缝时,该气藏可确定为裂缝型气藏。裂缝的成因类型可以是构造缝、溶蚀缝,也可以是成岩缝、各种缝合线等微裂缝。裂缝型气藏的生产特征是初期压力和产量高,但下降很快。

在裂缝型气藏中,在裂缝发育带往往有与之共生的溶洞和溶蚀孔隙,因此可以构成各种缝洞型复合气藏,如图 1-7 和表 1-2 所示。

表 1-2　按储集类型进行气藏分类

储集 类型	钻井 显示	储集层渗透率和 基质渗透率比较	压力恢复 特征	初期产能 特征	主要储集 空间	主要渗滤 通道	储集层 模式
裂缝型	放空、漏失	$K_m \to 0$ $K_R \gg K_m$	凸形曲线	下降快	裂缝	裂缝	
裂缝-孔洞型	放空、漏失	$K_m \to 0$ $K_R \gg K_m$	过渡段为斜线	产能下降快、后期较平稳	孔洞	裂缝	
裂缝-孔隙型	轻微钻时加快	$K_R \gg K_m$	台阶不明显	初期产能高、生产平稳	孔洞	孔隙和裂缝	
孔隙-裂缝型	钻时加快、有放空、漏失	$K_R \gg K_m$	有台阶	产能下降快、后期较平稳	裂缝	裂缝	
孔隙-洞穴-裂缝型	放空、漏失	$K_R \gg K_m$	台阶放宽	初期产能高、下降快	裂缝和洞穴	裂缝	

续表

储集 类型	钻井 显示	储集层渗透率和 基质渗透率比较	压力恢复 特征	初期产能 特征	主要储集 空间	主要渗滤 通道	储集层 模式
孔隙-洞 穴-孔隙 型	钻时加 快、有放 空、漏失	$K_R > K_m$	过渡带较宽	较平稳	孔洞	孔洞	
孔隙型	正常	$K_R \approx K_m$	凹形、凸形 都有	平稳	孔隙	孔隙	

3）双重介质和多重介质气藏

多孔介质定义为带有孔洞的固体。富集天然气的储层是一种多孔介质,流体的流动就发生在多孔介质之中。而组成多孔介质的每一种孔隙类型称为一重,由两种孔隙空间或多种孔隙空间组成的多孔介质就称为双重介质或多重介质。只有一种孔隙类型时,可称为单一介质类型。因此,通常可以把具有裂缝、孔隙两种类型的储层称为双重介质,而具有裂缝、洞穴和孔隙三种类型的储层称为三重介质或多重介质。

流体在多孔介质中的流动受介质类型的影响,在测定天然气井的压力恢复曲线上,可以清楚地看出储层介质的属性。

常见的双重介质和多重介质气藏的压力恢复曲线特征如图 1-8 所示。

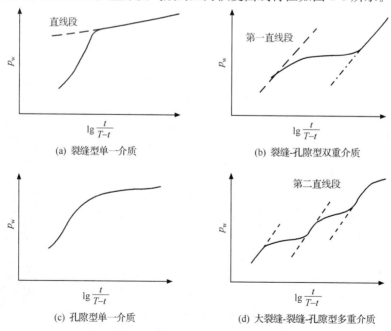

图 1-8　双重介质和多重介质气藏的压力恢复特征

4) 高、中、低渗透气藏

在编制气田开发方案时,常采用储层渗透率作为指标,根据渗透率的高低划分为不同级别的气藏类型。田信义等(1996)按渗透率指标总结了国内的气藏分级标准,将气藏分为特高、高、中等、低和非渗透性等多种级别,如表 1-3 所示。

表 1-3 按储层物性对气藏的分类

类型	类	高渗透性		中渗透性	低渗透性		致密层	非渗透性
	亚类	特高渗	高渗	中渗	较低渗	低渗		
孔隙度/%		>25	20~25	20~25	15~20	8~15	2~8	<2
渗透率/	①	>1000	30~1000	50~300	10~50	0.1~10	0.001~0.1	<0.001
$10^{-3}\mu m^2$	②	>1000	30~1000	10~100		1~10		<1
产出物	稠油、气	重油、气	常规油、气	常规油、气	轻质油、气	气	束缚水	
采气条件	常规	常规	常规	解堵	酸化压裂	酸化压裂		
采油条件	热采、常规	常规	常规	酸化压裂	酸化压裂	酸化压裂		

注:①田信义等(1996)的分类;②捷奥多诺维奇的分类

针对我国的实际情况,由于碳酸盐岩气藏均为古生界的致密储层,砂岩储层两者的渗透率有数量级的差异,因此在按渗透率划分气藏类型时,砂岩气藏和碳酸盐岩气藏应分别列出标准。根据我国的实际情况,可按表 1-4 列出的标准分类。

表 1-4 按储层渗透率划分的气藏类型

储层类型		高渗型	中渗型	低渗型	超低渗型
砂岩	$K/10^{-3}\mu m^2$	>100	10~100	1~10	<1
	$KH/(10^{-3}\mu m^2 \cdot m)$	>1000	100~1000	<100	
碳酸盐岩	$K/10^{-3}\mu m^2$	>10	3~10	0.1~3	<0.1
	$KH/(10^{-3}\mu m^2 \cdot m)$	>100	3~100	<30	

4. 按气藏流体性质分类

1) 气藏

通常的天然气藏是指凝析油含量低于 $50g/m^3$ 的天然气藏。按烃类组分,可以分为干气气藏和湿气气藏两大类。干气是指甲烷含量大于 95%,且不含凝析油的天然气;湿气是指甲烷含量大于 90%,且凝析油含量小于 $50g/m^3$ 的天然气。

常规气藏有许多表示其特征的方法,最常用的是地面生产气油比。任何气井的生产气油比超过 $1.781\times10^4 m^3/m^3$ 时,就可以确认它为常规气藏。

2）凝析气藏

当天然气中凝析油含量等于或大于 $50g/m^3$ 时，就称为凝析气。根据凝析油含量的高低，参照我国《天然气储量规范》，又可分为低含凝析油（$50\sim200g/m^3$）、中含凝析油（$200\sim400g/m^3$）和高含凝析油（$>400g/m^3$）气藏三个亚类。

在实际工作中，常根据地面生产气油比来判断该气藏是否属于凝析气藏，即当地面生产气油比为 $8.905\times10^2\sim1.781\times10^4 m^3/m^3$ 时，可初步确定为凝析气藏。

3）带油环的气藏

通常的欠饱和油藏，即低于饱和压力，就会出现自由气相，并逐渐形成气顶。如果原始油藏压力低于或等于饱和压力，油藏就有一个原始气顶。

气顶油气藏是一种油、气共存于一个圈闭而形成的油气藏类型，苏联全苏石油科学院依据总的气藏孔隙体积（V_T）中原油饱和体积（V_o）与气体饱和体积（V_g）之比对气顶油气藏进行分类是比较科学的，分类方法如下。

（1）带气顶的油藏。$V_g/V_o<0.6$，实际上不从气顶采气，开发从含油部分开始。

（2）带工业价值油环的气藏。$V_g/V_o=0.6\sim0.9$，有效含油厚度大于或等于 $6\sim8m$，单井日产油量约为 $15m^3$，含油部分和含气部分均有工业价值，要同时纳入开发设计。

（3）带无工业价值油环的气藏。$V_g/V_o>0.9$，有效含油厚度小于 $4m$，单井日产油量小于 $5m^3$，含油部分价值很小，以开采含气部分为主。

（4）根据井口天然气中 C_5 或 C_3 以上液态烃含量的分类。

若按井口天然气中 C_5 或 C_3 以上液态烃含量的多少划分，则可分为以下四类。

（1）干气。每一标准立方米井口流出物中，C_5 以上重烃液体含量低于 $13.5cm^3$ 的天然气。

（2）湿气。每一标准立方米井口流出物中，C_5 以上重烃液体含量超过 $13.5cm^3$ 的天然气。

（3）富气。每一标准立方米井口流出物中，C_3 以上重烃液体含量超过 $94cm^3$ 的天然气。

（4）贫气。每一标准立方米井口流出物中，C_3 以上重烃液体含量低于 $94cm^3$ 的天然气。

5. 按气藏岩性类型分类

GB/T 26979-2011 天然气藏分类如表 1-5 所示。

表 1-5　气藏按储层岩类的划分

类	亚类
碎屑岩气藏	砂岩气藏
	砾岩气藏
碳酸盐岩气藏	石灰岩气藏
	白云岩气藏
泥质岩气藏	泥岩气藏
	页岩气藏
火成岩气藏	火山岩气藏
	侵入岩气藏
变质岩气藏	—
煤层气气藏	—

6. 其他分类

按气藏地层压力系数(PK)分类,可将气藏分为低压气藏、常压气藏、高压气藏和超高压气藏。

依据地层压力系数进行划分见表 1-6,地层压力系数计算如下:

$$PK = P_i/(CD) \tag{1-1}$$

式中,PK 为地层压力系数,量纲为 1;P_i 为气藏中部深度原始地层压力的数值(MPa);D 为气藏中部深度的数值(m);C 为静水柱压力梯度的数值,$C = 0.00980665\text{MPa/m}$。

表 1-6　气藏按地层压力系数分类

类	低压气藏	常压气藏	高压气藏	超高压气藏
地层压力系数	<0.9	0.9~1.3	1.3~1.8	≥1.8

1.1.2　低渗气藏的特点

1. 低渗气藏的储层特点

1) 储层类型多样,成岩作用强烈

低渗-致密气藏以岩性气藏为主,岩性有砂岩、砂砾岩、碳酸盐岩、火山岩等,沉积相有河流相、三角洲相、滨浅湖相、火山岩相等多种类型。低渗-致密储层因其广泛分布,在大型沉积盆地中可形成大型、特大型低渗-致密气藏,例如,鄂尔多斯盆地靖边下古碳酸盐岩气藏、上古榆林山 2 砂岩气藏、苏里格与乌审旗盒 8 砂岩气藏、四川上三叠系香溪群砂岩气藏、大庆徐家围子深层火山岩气藏等。

该类储层尤其是砂岩储层在其埋藏过程中,经历了一系列的成岩演化,成岩过程中的压实、压溶、交代和溶蚀作用等相互联系,直接控制着储层孔隙的发育,储层物性不断发生着变化。低渗透储层成岩作用往往十分强烈,其中,压实、压溶和胶结作用常使原生孔隙被充填殆尽,溶蚀作用是形成次生孔隙的主要原因。因此,成岩作用对低渗透储层的物性有重要影响,是除沉积作用形成储层低渗透的重要因素。

2) 以次生孔隙为主,孔隙结构复杂

低渗透储层一般经历了比较强烈的成岩演化,储集空间主要以次生孔隙为主,常见的主要有残余粒间孔、溶蚀孔、晶间孔和(微)裂缝等多种类型。如东濮凹陷文23气田储层在强烈的成岩作用影响下,原生孔隙保存较少,次生孔隙占孔隙总体积的70%～80%,微孔隙虽较发育,但因孔径小、连通性差而实际意义不大,微裂缝对改善储层的渗流能力有一定作用。

以小孔隙和微孔隙为主,微细喉道,孔隙直径为0.02～0.08mm,平均喉道半径为0.5～1.2μm,喉道主要为管状和片状。东濮凹陷文23气田最大连通喉道半径为1～3μm,相对较好,孔隙组合类型有粒间孔、粒间孔-组分内孔-晶间孔和粒间孔-晶间孔组合,其中主要为粒间孔组合类型,对应的孔喉分布分别为单峰偏粗态、双峰或多峰、单峰偏细态型。以小孔隙和微细喉道组合连接的孔隙网络是低渗透砂岩储层的主要储集类型。

毛管压力曲线形态反映排驱压力较高、孔喉分布歪度细,长庆上古生界二叠系砂岩气藏排驱压力为0.0413～1.9470MPa,平均为0.8397MPa,歪度为－1.9122～1.3002,平均为0.1098,反映储层渗透性和分选性均较差。

3) 储层物性较差,非均质性表现突出

统计表明,我国低渗透气藏储层物性普遍较差,气藏储层孔隙度为5%～10%,渗透率为$(0.01\sim5)\times10^{-3}\mu\text{m}^2$。松辽盆地昌德气田孔隙度为4.8%～7.2%,渗透率为$(0.01\sim0.64)\times10^{-3}\mu\text{m}^2$;四川新场气田平均孔隙度为12.31%,渗透率为$2.56\times10^{-3}\mu\text{m}^2$;鄂尔多斯榆林和乌审旗气田平均孔隙度为6.3%和9.03%,渗透率为$4.1\times10^{-3}\mu\text{m}^2$和$1.73\times10^{-3}\mu\text{m}^2$,反映出各气藏均具有低孔-特低孔和低渗-特低渗的储层特征。

同时,储层物性变化较大,非均质性表现突出。据苏里格261块样品统计,盒8储层孔隙度一般为2.46%～21.84%,主要分布区间为8%～12%,占样品总数的62.8%;渗透率为$(0.0165\sim561.0)\times10^{-3}\mu\text{m}^2$,大于$10.0\times10^{-3}\mu\text{m}^2$的占16.1%,$(1\sim10)\times10^{-3}\mu\text{m}^2$的样品占21.8%。从渗透率分布看,苏里格盒8储层物性变化很大,渗透率大于$1\times10^{-3}\mu\text{m}^2$的样品占37.9%,小于$0.15\times10^{-3}\mu\text{m}^2$的样品占36.8%。

2. 我国低渗透砂岩气藏主要分布

我国低渗透气藏主要分布在四川盆地、鄂尔多斯盆地和塔里木盆地,其他沉积盆地,如松辽盆地和渤海湾盆地等也有所发现。至 2008 年年底,中国石油天然气集团公司已探明大中型低渗砂岩气藏共 21 个,其中,地质储量大于 $1000 \times 10^8 m^3$ 的气藏有 6 个(表 1-7),天然气地质储量为 $1.24 \times 10^{12} m^3$。随着勘探技术水平和勘探程度的不断提高,预计各沉积盆地发现低渗透气藏的比例将逐年增加。例如,四川须家河、长庆苏里格东区和塔里木克拉苏构造带等,近期探明储量将超过 $4 \times 10^{12} m^3$。

表 1-7　中国石油天然气集团公司特大型低渗砂岩气藏统计表

序号	气田名称	气区	渗透率/mD[①]		地质储量 /$10^8 m^3$	技术可采储量 /$10^8 m^3$
			分布范围	平均		
1	苏里格	长庆	0.03~15.60	0.73	5336.52	2614.89
2	榆林	长庆	0.50~10.00	4.52	1807.50	1244.38
3	迪那	塔里木	0.05~1.11	0.55	1752.18	1138.92
4	子洲	长庆	0.10~10.00	1.27	1151.97	679.71
5	广安	西南	0.01~5.00	0.37	1355.58	610.01
6	乌审旗	长庆	0.10~2.73	1.73	1012.10	518.10
合计					12415.85	6806.01

① $1mD = 0.986923 \times 10^{-15} m^2$。

由于低渗透气藏储层品质相对较差、单井产量较低,一般需采取增产工艺措施才能投入开采,开发难度较大,多数低渗透气藏有待动用。目前待动用储量超过 $1 \times 10^{12} m^3$,开发潜力巨大。

美国在天然气开发初期,依靠常规气藏产量快速增长,使年产量由不到 $1000 \times 10^8 m^3$ 上升到 $5000 \times 10^8 m^3$ 以上,20 世纪 80 年代以后天然气年产量能够保持在 $5000 \times 10^8 m^3$ 且略有增长,完全得益于以低渗致密气藏为主体的非常规气藏产量的快速增加。类比美国天然气开发历程和我国国民经济发展对能源的迫切需求,低渗透气藏在天然气开发中将逐渐占据重要地位,预计 2020 年低渗气藏产量将达到 $500 \times 10^8 m^3$,占天然气总产量的三分之一。因此,低渗透气藏开发是我国天然气快速发展的重要基础,对我国国民经济的发展具有十分重要的意义。

1.1.3　低渗透砂岩气藏储层特征

1. 透镜状气藏——苏里格气田

透镜状低渗透砂岩气藏是一种储层物性相对较好的局部区域被周围物性相对

较差的地层所包围的岩性封闭气藏,天然气主要聚集在由于沉积环境或成岩作用变化而形成的透镜状砂岩储集体中,发育成为透镜状低渗透致密气藏,分布面积广,整体储量规模大。鄂尔多斯盆地苏里格气田和美国落基山地区深盆气藏即为这类气藏的典型代表。

1) 砂体厚度大,分布面积广

苏里格气田位于鄂尔多斯盆地伊陕斜坡带北部,主要含气层系为上古生界二叠系石盒子组盒 8 段,埋藏深度为 3000～3500m。主要发育辫状河沉积(盒 8 下段)和辫状河向曲流河过渡的沉积体系(盒 8 上段),河道砂体厚度大、分布广,单砂层厚度为 3～8m,复合砂体总厚度可超过 30m,具有网状化特征。为了解剖储集砂体的分布情况,苏里格气田苏 f 井区部署了两排东西向加密井,东西向井网密度为800m,南北向排距为 1600m,加密井反映纵向上砂体发育不均匀,盒 8 下亚段砂层发育,砂岩百分比高,形成"砂包泥"的结构特征(图 1-9);盒 8 上亚段砂层发育程度低,主要呈孤立状分布;砂体具有多种接触方式,但以多层式纵向叠加为主,在沉积走向剖面上形成叠置厚砂带。

2) 有效砂体分布不连续

尽管苏里格气田辫状河砂体是连续的,但由于储层条件复杂,不是所有砂岩均可形成有效储层,有效储层仅为砂岩中粒度较粗的部分,有效砂体多为孤立和分散的,砂体之间可能互不连通。

根据有效砂岩的钻遇率统计,全区的钻遇率均小于50%,一般为20%～40%,盒 8-3 小层的钻遇率相对较高也仅有44%,反映出有效砂体呈孤立状或窄条带状分布。根据苏 f 井区的统计结果,由于该开发区钻井相对密集,天然气比较富集,有效砂体的钻遇率相对较高,部分小层可达50%,但大部分仍小于50%,与全区的统计规律基本一致。

在垂直河道带的方向上,以老井结合加密解剖井资料,对苏 f～苏 d 排井间储层特征进行精细对比结果表明,尽管盒 8 砂体在纵向上相互叠置,横向上复合连片,但有效井段的平面展布规模较小,一般小于 1600m,只有苏 ch-af 井的第二个气层段(从上至下)在横向上有一定的延伸范围,在相邻 800m 东西两侧苏 ch-af-d和苏 ch-af-e 井钻遇了该层,该井排其余井之间的有效层连通性较差。这说明气层分布受沉积作用的控制明显,在垂直河道带展布的方向上,气层规模较小,侧向连通性较差。

试井解释反映有效砂体的宽度一般为 100～200m,延伸长度一般为 900～2500m;从两口水平井的钻探结果也证实有效储层横向变化快。总体反映出有效砂体分布局限,连续性和连通性差,主要呈孤立状或窄条带状。

3) 储层物性差,非均质性强

对大量岩心分析数据统计表明,孔隙度范围为 3.00%～21.84%,平均为 8.95%,

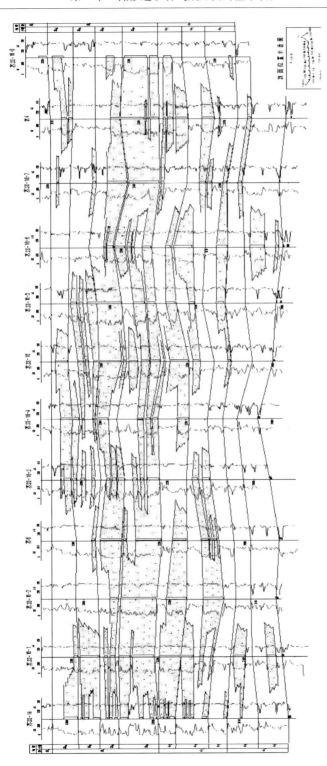

图 1-9　苏 ch-ad 井~苏 ch-af-h 井山 1、盒 8 砂体对比图

主要分布范围为 5%～12%。渗透率范围为 0.0148～561mD,渗透率平均值为
0.73mD,主要分布范围为 0.06～2.00mD,占全部样品的 70%以上。不同层位之
间物性差异较大,表 1-8 是按小层统计的岩心孔隙度和渗透率数据,由表可以看
出,盒 8 下两个小层物性最好,其次为盒 8 上 1 与山 1;盒 7 与盒 8 上 2 物性相对
较差。

表 1-8　盒 7—山 1 段各小层岩心孔渗统计

层位	孔隙度/%			渗透率/mD			样品数量
	最小	最大	平均	最小	最大	平均	
盒 7	3.00	16.99	7.91	0.0148	1.055	0.457	200
盒 8 上 1	3.11	16.40	9.14	0.0490	2.772	0.317	427
盒 8 上 2	3.10	10.44	7.74	0.0220	0.834	0.206	500
盒 8 下 1	3.00	20.22	9.54	0.0257	14.650	0.633	672
盒 8 下 2	3.29	16.57	9.25	0.0222	561.000	1.212	958
山 1	3.96	16.90	9.50	0.0227	3.961	0.699	712

4) 气井产能低,稳产条件差

苏里格气田一般气井自然产能较低,有时甚至达不到工业气流标准,只有采用
合理增产工艺措施,才可以获得较高产量。多数气井产量在 $3 \times 10^4 m^3/d$ 以下。
由于气藏连通性差,多数砂体分布范围十分有限,致使单井控制储量较少,多数小
于 $0.5 \times 10^8 m^3$,一般为 $(0.28～0.4) \times 10^8 m^3$,有时仅为数百万立方米甚至更小。
根据苏里格气田较系统的 15 口井压降资料,计算的单井压降储量变化范围为
$(981～4652) \times 10^4 m^3$,平均 $2515.07 \times 10^4 m^3$。

气井生产过程中,压力、产量下降较快,气井稳产条件较差。在采气速度较高
的条件下,气井表现出稳产期短、产量递减快的特征。统计表明,无论是高产井还
是低产井,在气井生产过程中压力、产量均迅速下降,高产井仅能生产 3～6 个月,
低产井基本上不能稳定生产。

2. 层状气藏——广安气田须家河组气藏

层状低渗透气藏一般气层厚度为几至十几米,呈层状连续分布,是比较常见的
一种气藏类型,常有边水分布。例如,长庆榆林气田和四川广安气田等均属于该种
气藏类型。

1) 砂体分布广、厚度大,单层有效厚度小,纵向多层分布

广安气田须六气藏储层低孔低渗,平均孔隙度为 8.88%,平均渗透率为
0.37mD,在此背景条件下有相对高孔渗储层发育。自上而下主要发育三套储层,
厚度分布不等,累计厚度为 2.5～59.375m。单层储层厚度为 1～36.75m,平均厚

度为 5.1m；横向上砂体厚度差异大，A 区构造顶部储层连通性相对较好，A 区翼部以及 B 区部分砂体呈孤立的透镜状，连通性差，储层非均质性较强。

须四气藏储层平均孔隙度为 8.86%，平均渗透率为 0.452mD。纵向上主体构造须四段储层主要发育在中部至下部，纵向上相互叠置，层数较多（3～5 套），与川中区域上一致。储层单层厚度差异大，为 2～8m，厚的可达 15m。

2）气藏埋藏较浅

广安气田须六气藏 A 区埋深为 1700～1840m，B 区一般为 1950～2050m，须四气藏埋藏深度一般为 2000～2450m；荷包场和合川气田埋藏深度均在 1500～2600m，因此四川须家河气藏埋藏较浅。

3）单井产量和控制储量差异大

广安气田测试产量差异大，且须四测试产量大大低于须六的测试产量，少数测试产量高的气井控制气田大部分产量。须六气藏测试产量为（0.22～39.39）×10^4m^3/d 不等，小于 5×10^4m^3/d 井数比例为 46.41%，而其产量比例仅为 8.35%；大于 10×10^4m^3/d 井数比例为 28.57%，但产量占了总产量的 69.84%。须四气藏测试产量为（0.51～8.86）×10^4m^3/d 不等，小于 1×10^4m^3/d 的井数比例为 30.77%，而产量比例仅为 7.58%，大于 3×10^4m^3/d 的气井数比例为 30.77%，其产量比例为 65.53%。

通过对具备计算单井控制储量条件的气井进行计算，广安气田单井控制储量为（0.11～4.27）×10^8m^3。其中，A 区顶部单井控制储量为（1.05～4.27）×10^8m^3，平均为 1.938×10^8m^3，翼部为（0.11～0.97）×10^8m^3，平均为 0.503×10^8m^3；B 区单井控制储量为（0.19～1.14）×10^8m^3，平均为 0.665×10^8m^3；Ⅱ号区块单井控制储量为（0.14～0.24）×10^8m^3，平均为 0.19×10^8m^3。

4）气水关系复杂

四川须家河气藏气水关系复杂，存在高部位产水、低部位产气现象，生产过程中，气井产水普遍。广安气田生产低水气比的气井主要分布在 A 区构造高部位，水气比为 0.1～0.3m^3/10^4m^3，典型井有 GA-jjb-Xcd、GA-jjb-cc、GA-jjb-be 等气井；高水气比的气井主要分布在 A 区翼部以及 B 区，水气比为 6～60m^3/10^4m^3，典型井有 GA-jjb-ch、GA-ajg、GA-aja 等气井；Ⅱ号区块水气比高，一般为 20～150m^3/10^4m^3，典型井有 GA-ajf、GA-aac、GA-e 等气井。

3. 块状气藏——塔里木大北气田

块状气藏是天然气聚集在厚度为几十至上百米的砂岩储层中，气层呈块状连续分布的气藏。具有块状气藏的储层，其特点是气层厚度大，纵向连续性好，一般有底水分布，塔里木的大北气田是块状低渗透砂岩气藏的代表，气层厚度超过了 100m。

1) 构造条件复杂

大北 1 号构造位于克拉苏逆冲断裂下盘,为受两条近北东走向的北倾逆冲断层(F3、F4)所夹持的古近系盐下断背斜构造,隆起幅度高,南向拜城凹陷倾伏,向东与大北 3 构造呈斜列关系,向西逐渐倾没(图 1-10)。构造走向与断裂走向基本一致,东西长约 10.5km,南北宽约 3.5km,长短轴之比为 3∶1,圈闭溢出点在 -4080m。构造内部被多条小断层切割为多个断块,分别为大北 1、大北 101-102、大北 2 和大北 103 断块。

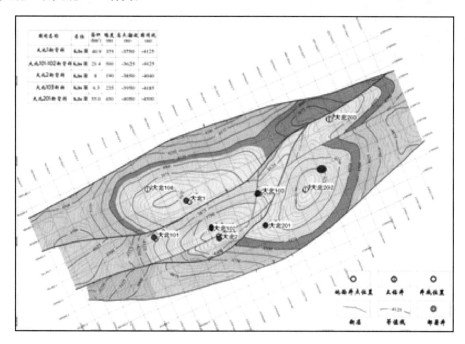

图 1-10 大北气藏白垩系巴什基奇克组顶面构造图

2) 砂体发育程度高

大北气田巴什基奇克组属于冲积扇-(扇)辫状河三角洲沉积体系,砂体发育程度高,砂体厚度为 100～200m,分布比较稳定,连续性好,砂岩百分比为 60%～85%,平均为 75%。大北 101-102 井区一般砂体厚度为 100～150m,DB-aja 井、DB-ajb 井砂体厚度分别为 104m、167m;大北 103 井区砂体厚度沿构造轴向方向变化不大,总体在 250m 左右,DB-ajc 井砂体厚度为 216.7m;大北 2 井区砂体厚度为 150～190m,平面上变化不大。

3) 储层基质物性差

岩心分析与测井解释结果表明,目的层段储层基质物性较差,主要为低渗透致密储层。岩心分析的孔隙度为 2%～9%,平均为 5.18%;渗透率为 0.01～1mD,

平均为 0.13mD;测井解释结果统计出孔隙度为 3.5%～9.0%,平均为 5.6%,渗透率为 0.01～1mD,平均为 0.06mD。

　4) 储层中发育裂缝

　岩心观察和成像测井解释表明巴什基奇克组储层中裂缝发育,裂缝不但改善了低渗储层的渗流条件,而且使储层易于压裂改造,在低渗致密储层中有重要作用。岩心观察,DB-aja 井 5801.15～5801.20m 取心段发育 3 期构造缝,第 1、3 期为高角度缝,倾角为 70°～90°,宽 1～2mm,钻遇延伸5～7cm;第 2 期以近顺层低角度缝为主,倾角小于 20°,宽小于 0.5mm。第 2、3期缝方解石半充填-未充填,第 1 期缝方解石全充填(图 1-11)。5730～5800m 井段成像测井解释,高角度裂缝发育呈网状分布。DB-ajb 井 5320.50～5329.58m 取心段储层见两期裂缝,倾角为 50°～80°,为高角度斜交缝-高角度缝。第 1 期半充填-充填石膏、泥质;第 2 期未充填。晚期裂缝(未充填)倾角相对

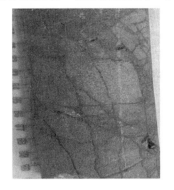

图 1-11　大北气田岩心裂缝发育情况

较大,以高角度缝为主。DB-aja 井的 5803.0～5803.2m ,第 1 期方解石全充填,第 2、3 期为半充填-未充填。

　DB-ajb 和 DB-ajc 井成像测井解释上储层裂缝也十分发育,主要为半充填-未充填缝,以高角度缝为主,倾角为 50°～85°。其中,DB-ajb 井 5300～5548m 发育裂缝 112 条,平均密度为 0.4～1.0 条/m;DB-ajc 井 5675～5795m 发育裂缝 54 条,平均裂缝密度为 0.7～1.3 条/m。

1.2　低渗气藏开发的动态特征

1.2.1　低渗砂岩气藏总体开发特征

1. 开发现状

　2007 年年底,中国石油天然气集团公司累计探明气层气地质储量为 43636.54×$10^8 m^3$,其中,低渗砂岩气藏为 16948.79×$10^8 m^3$,占 38.8%;探明气层气可采储量为 26123.81×$10^8 m^3$,其中低渗砂岩气藏为 9305.08×$10^8 m^3$,占 35.5%;目前已动用气层气探明地质储量 26213.81×$10^8 m^3$,其中低渗透砂岩气藏储量为 6081.98×$10^8 m^3$,占动用地质储量的 23.2%;已动用气层气可采储量 15014.92×$10^8 m^3$,其中低渗透砂岩气藏可采储量为 3391.61×$10^8 m^3$,占动用可采储量的 22.6%。中国石油天然气集团公司低渗透砂岩气藏地质储量动用程度为 35.9%,可采储量动用

程度 36.4%。

低渗透砂岩气藏储量主要分布在长庆、西南、塔里木三大气区,三大气区累计探明地质储量为 $16305.27 \times 10^8 \text{m}^3$,占中国石油天然气集团公司低渗砂岩探明地质储量的 96.2%;累计动用探明地质储量为 $5879.12 \times 10^8 \text{m}^3$,占中国石油天然气集团公司低渗砂岩探明动用地质储量的 96.7%,其中,长庆气区动用地质储量为 $5073.25 \times 10^8 \text{m}^3$,占 83.4%。三气区低渗透砂岩气藏地质储量动用程度为 36.1%,可采储量动用程度为 36.5%。详细情况见表 1-9。

表 1-9　2007 年年底低渗透砂岩气藏动用状况　　　　（单位:10^8m^3）

油田		探明储量		动用探明储量		动用程度	
		地质	可采	地质	可采	地质	可采
长庆	累计探明	15331.5	8742.2	9120.6	5401.6	59.5	61.8
	其中低渗	11138.1	6069.9	5073.3	2830.7	45.5	46.6
西南	累计探明	10240.8	6569.8	5913.4	4053.5	57.7	61.7
	其中低渗	2606.8	1224.4	805.9	440.0	30.9	35.9
塔里木	累计探明	8612.2	5692.6	4013.8	2721.0	46.6	47.8
	其中低渗	2560.4	1657.3	0	0	0	0
三气区合计	累计探明	34184.5	21004.6	19047.8	12176.2	55.7	58.0
	其中低渗	16305.3	8951.6	5879.1	3270.7	36.1	36.5
三气区占比例	累计探明	78.3	80.1	79.4	81.1		
	其中低渗	96.2	96.2	96.7	96.4		
其他	累计探明	9452.0	5209.2	4931.2	2838.8	52.2	54.5
	其中低渗	643.5	353.5	202.9	120.9	31.5	34.2
中国石油天然气集团公司	累计探明	43636.5	26213.8	23979.0	15014.9	55.0	57.3
	其中低渗	16948.8	9305.1	6082.0	3391.6	35.9	36.4

2. 开发特征

低渗透气藏由于其复杂的地质特征,储层中的渗流规律与中高渗储层渗流存在较大的差异,决定了在开发上表现出气井普遍低产、单井动用范围小、气藏采气速度低、采收率不高的特点。

(1) 低渗透砂岩气藏由于储层岩石孔隙结构复杂,非均质性强,气体在其中的渗流受含水、介质变形、启动压力梯度等多重因素的影响,导致气体在储层中的渗流易产生非线性流动,与中高渗储层渗流存在较大的差异。

(2) 气藏自然产能低,需要增产改造提高单井产量。由于低渗透砂岩气藏岩石孔隙度低、渗透性差、连通性不好,因而边水或底水驱动不明显,整个地层的水动力联系差,自然能量补充缓慢,一次开采期间,驱动类型常常表现为弹性驱动,且一次采收率较低。储层经实施酸化压裂等增产措施后,产气量可成数倍或数十倍增长,但递减也较快,块状和层状气藏有一定的稳产条件;透镜状气藏由于气藏连通性差,有效砂体分布范围十分有限,单井控制储量较少,气井稳产能力差,压力和产量一般下降较快。

(3)基质孔隙与裂缝之间易出现流体窜流。许多低渗气藏通常含有高孔隙度和高渗透层或高孔渗带,从而构成复杂的非均质性气藏,多具有双重介质特征。由于两种介质的渗透性能和储集性能不同,压力传播的速度也不同,因此,在空间的任一点同时引进两个压力,形成两个平行的压力场和渗流场,两个渗流场之间存在着流体交换,即发生窜流。

(4)水驱气过程较常规气藏更为复杂。致密气藏的孔喉和裂缝导流直径小、含水饱和度高、毛细管压力高、气相渗透率低,使水驱气的过程比常规气藏更加复杂。大量水驱气试验表明,低渗储层水驱气后的残余气饱和度高,这也是导致低渗气藏采收率低的重要原因之一。

(5)气藏储量动用程度、单井产量和单井控制储量差异大。低渗砂岩气藏中,块状和层状气藏连通条件相对较好,在合理井网条件下,储量动用程度高,一般在80%以上,有时气层可以得到全部动用;单井控制储量相对较高。透镜状气藏非均质性强,气藏连通性差,储量动用困难,单井控制储量较少。由于储层物性、储量丰度、所采取工艺措施的有效性等条件不同,气藏开发过程中,单井产量相差大。由于低渗透层或低渗透带不断地向高渗层带供气,在 $P/Z\text{-}Gp$ 曲线上早期出现一个相对陡的曲线段,此后有一个储量线渐平的稳定线段,最后因低渗透层带储量大,使得压降储量线缓慢下降而又有上翘的线段出现。这种现象与双重孔渗介质的基质块中孔隙内的流体作为高渗透性裂缝的"供给源"相似。

(6)气藏采气速度低、采收率不高。低渗-致密气藏采气速度和采收率一般不高(表 1-10)。层状低渗气藏采气速度一般为 2.5% 左右(榆林等),开发条件有利的气藏可以超过 3%,有一定的稳产期,气藏最终采收率在 50% 左右;透镜状低渗气藏由于非均质强烈,储量丰度低,受井网密度与经济条件制约,储量动用程度低,

表 1-10　低渗致密气藏开发指标对比表

气藏类型	低渗气藏			特低渗气藏
	块状	层状	透镜状	块状
采气速度/%	2.5~4.0	2.5~3.0	<2.0	1.4
稳产期末采出程度/%	50	30	低	35
最终采收率/%	80	50	低	48
典型气田	中原文 23	靖边、榆林	苏里格	八角场

气藏采气速度一般低于 2%，采收率为 30%～50%。块状低渗气藏因储层厚度大、连通性好、储量丰度高，可获得较好的开发效果，气藏采气速度可以达到 2%～4% 甚至更高，稳产期地质采出程度在 50% 以上，气藏最终采收率可以达到 70%～80%。

致密气藏一般只有块状气藏或厚度较大的层状气藏、多层叠置的透镜状气藏才具有开采价值，据美国 11 个盆地 22 个致密气藏的开发经验，可采储量的采气速度一般小于 4%，地质储量的采气速度一般小于 2%，采收率一般在 30% 左右。但随着气价走高，开发技术不断进步，低渗-致密气藏最终采收率还可进一步提高。

1.2.2 典型气田开发特征

苏里格气田是一个大面积分布的低渗透气田，储层具有典型的陆相河流沉积特征，砂体多期叠置并复合连片，含气性横向变化大，非均质性强，属于典型的"三低"气田（低渗、低压、低丰度），气井自然产能低，必须进行人工水力压裂才能投产。自 2002 年投入试采开发以来，目前已建产能逾 $100 \times 10^8 \mathrm{m}^3/\mathrm{a}$，投产气井 3000 多口。

1. 不同类型气井生产特征

苏里格气田气井划分为三类，对苏里格中区气井分析表明，其 Ⅰ 类气井具有较好的生产能力，配产产量在 $(1.6～5) \times 10^4 \mathrm{m}^3/\mathrm{d}$，能够连续生产，稳产能力较好。从 2006 年投产的 Ⅰ 类井产量压力变化曲线可以看出，气井生产 330 天后套压还能保持在 15.9MPa，平均日产气量为 $2.42 \times 10^4 \mathrm{m}^3/\mathrm{d}$；生产时间为 660 天时套压为 11.5MPa，平均日产气量为 $2.15 \times 10^4 \mathrm{m}^3/\mathrm{d}$；生产时间为 950 天时套压为 9.2MPa，平均日产气量为 $1.92 \times 10^4 \mathrm{m}^3/\mathrm{d}$（图 1-12）。气井总体平均日产达到 $2.15 \times 10^4 \mathrm{m}^3/\mathrm{d}$，表现出良好的生产能力。

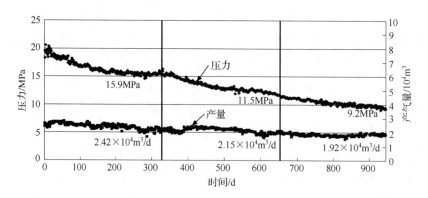

图 1-12　苏里格中区 2006 年投产 Ⅰ 类井整体生产情况

Ⅱ 类气井配产较低时[$(0.8\sim1.5)\times10^4\,\mathrm{m}^3/\mathrm{d}$]基本能够连续生产,具有一定的稳产能力。从 2006 年投产的 Ⅱ 类井产量压力变化曲线可以看出,生产时间为 330 天时套压为 13.4MPa,平均日产气量为 $1.27\times10^4\,\mathrm{m}^3/\mathrm{d}$;生产时间为 660 天时套压为 10.0MPa,平均日产气量为 $1.00\times10^4\,\mathrm{m}^3/\mathrm{d}$;生产时间为 950 天时套压为 8.2MPa,平均日产气量为 $0.89\times10^4\,\mathrm{m}^3/\mathrm{d}$(图 1-13)。该类气井总体平均日产气量为 $1.02\times10^4\,\mathrm{m}^3/\mathrm{d}$,具有一定的生产能力。

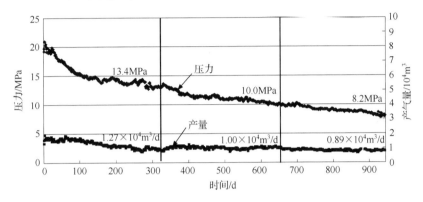

图 1-13　苏里格中区 2006 年投产 Ⅱ 类井整体生产情况

Ⅲ 类气井生产能力差、产量低、稳产能力差,配产产量只能达到$(0.3\sim0.7)\times10^4\,\mathrm{m}^3/\mathrm{d}$。从 2006 年投产的 Ⅲ 类井产量压力变化曲线可以看出,生产时间为 330 天时套压降为 11.4MPa,平均日产气量为 $0.72\times10^4\,\mathrm{m}^3/\mathrm{d}$;生产时间为 660 天时套压为 8.6MPa,平均日产气量为 $0.61\times10^4\,\mathrm{m}^3/\mathrm{d}$;生产时间为 950 天时套压为 7.8MPa,平均日产气量只有 $0.47\times10^4\,\mathrm{m}^3/\mathrm{d}$(图 1-14)。该类气井总体平均日产气量只有 $0.61\times10^4\,\mathrm{m}^3/\mathrm{d}$,产能很低。

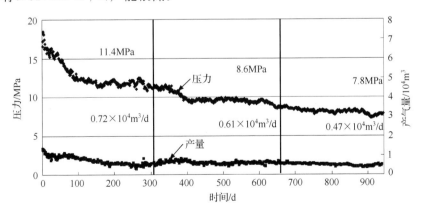

图 1-14　苏里格中区 2006 年投产 Ⅲ 类井整体生产情况

2. 苏里格气田单井产量普遍较低,早期压力下降快,低产期长

通过对苏里格气田早期投产气井的生产数据进行分析,发现气井前期压降速率很快,随着开采时间的延长,压降速率逐渐变缓;气井在低压下具有较长的生产期。

图 1-15 和图 1-16 分别给出苏 d 井和苏 ad-ad-dj 井的生产数据与时间关系示意图。其中,苏 d 井属于苏 f 区块,是苏里格气田早期投产的气井(投产于 2002 年 9 月),从图 1-15(a)可看出苏 d 井在投产之初产量很高,而在随后的一年之内,油套压以及产量都大幅度下降,从 2004 年初起进入低压低产状态,维持至今。从图 1-15(b)可看出苏 d 井的单位压降产气量与生产时间成良好的二次多项式关系(相关系数为 0.9674),单位压降产气量在初始阶段随生产时间快速增长,之后逐渐变缓。苏 ad-ad-dj 井是苏 ad 区块生产时间较长的气井,从 2006 年年底投产至今累计生产 677 天,累计产气 $833 \times 10^4 \mathrm{m}^3$。与苏 d 井相比,苏 ad-ad-dj 井的生产时间相对较短,其生产特征与苏 d 井基本一致,所不同的是苏 ad-ad-dj 井配产相对

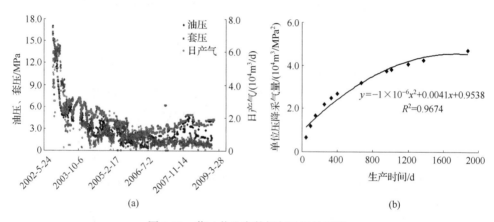

图 1-15　苏 d 井生产数据与时间关系图

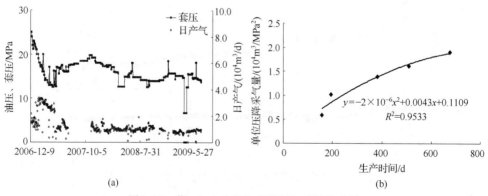

图 1-16　苏 ad-ad-dj 井生产数据与时间关系图

较低,其套压在初始阶段经历了短期的大幅下降之后便保持在相对稳定的水平,从2007 年年底至今生产一直比较稳定。

通过统计分析苏 f 井区具有长时间生产数据的 28 口老井发现,虽然气井已生产很长时间,平均单井累计产气 $1691 \times 10^4 \mathrm{m}^3$,但目前气井仍在维持生产,平均日产气量为 $0.4 \times 10^4 \mathrm{m}^3/\mathrm{d}$,井口套压仍维持在 5.2MPa(图 1-17)。表明气井在低压低产条件下具有较长的生产时间。

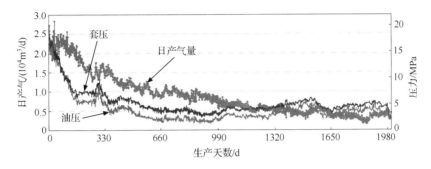

图 1-17　苏 f 井区 28 口老井生产曲线

低渗致密压裂气井的生产特征与储层渗流因素密切相关。从气井的二项式产能方程[式(1-2)]可以看出气井的产能取决于三个要素:地层系数 Kh、生产压差 $p_{\mathrm{R}}^2 - p_{\mathrm{wf}}^2$ 和完井质量 S_{a}。

$$q_{\mathrm{g}} = \frac{2.714 \times 10^{-5} KhT_{\mathrm{sc}}(p_{\mathrm{R}}^2 - p_{\mathrm{wf}}^2)}{p_{\mathrm{sc}}\bar{\mu}_{\mathrm{g}}\bar{Z}T_{\mathrm{f}}\left(\ln\dfrac{0.472r_{\mathrm{e}}}{r_{\mathrm{w}}} + S_{\mathrm{a}}\right)} \qquad (1\text{-}2)$$

式中,q_{g} 为气井产率($10^4 \mathrm{m}^3/\mathrm{d}$);$K$ 为储层有效渗透率(mD);h 为储层有效厚度(m);p_{R} 为地层压力(MPa);p_{wf} 为流动压力(MPa);$\bar{\mu}_{\mathrm{g}}$ 为气层平均状态下的气体黏度(mPa·s);r_{e} 为气井供给边界(m);r_{w} 为气井的折算半径(m);p_{sc}、T_{sc} 分别为气体标准状态下的压力和温度;$\bar{Z}$、T_{f} 分别为地层条件下的平均气体偏差系数和温度;S_{a} 为气井拟表皮系数,$S_{\mathrm{a}} = S + Dq_{\mathrm{g}}$;$D$ 为气井非达西流系数[($10^4 \mathrm{m}^3/\mathrm{d})^{-1}$]。

其中,地层系数 Kh 是三个因素中最重要的、起决定作用的因素,对于低渗致密气藏来说,地层系数 Kh 很低,这也决定了其气井的自然产能很低。通过人工措施(如压裂、酸化)改善地层,表皮系数 S 降低,低渗气井的产能会大大提高,然而这种高产水平并不能持久,随着生产时间增长,人工压裂/酸化裂缝的导流能力会快速下降,同时近井地带的地层压力也会持续下降,由此导致低渗压裂气井在生产初期表现出产量和压力随时间快速下降的特点。随着气井外围储层持续缓慢供气,气井的产量和压力会趋于稳定,长时间地保持低压低产状态,表现为单位压降产气量随生产时间增加的特点。低渗压裂气井的这种渗流特征使得其表现出井控范围和井控动储量随生产时间增长而增大的特点。

3. 气井外围具备一定供给能力,单位压降产气量逐渐增加,累计产气量曲线上翘

气井外围具备一定供给能力,单位压降产气量逐渐增加,累计产气量曲线上翘。

针对苏里格中区,利用动储量压降法,结合测压资料,对 29 口测压井进行历年动储量评价,评价结果显示:随着生产时间延续,动储量逐渐增加(图 1-18)。

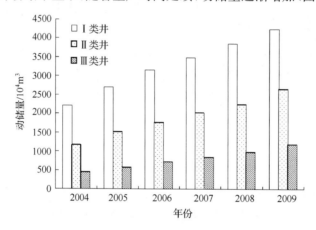

图 1-18　苏里格气田历年测压井动储量变化柱状图

分析单井压降曲线可以发现,大部分井的压降曲线具有上翘的特征(图 1-19)。压降曲线上翘,曲线斜率改变,说明利用曲线早期段拟合计算的气井动储量偏小。随着生产时间的延长,气井单位压降产气量逐渐增加,累计产气量曲线上翘,说明气井外围逐渐扩大或有气源补给,而利用早期段曲线评价的动储量仅为单井动储量的下限值。

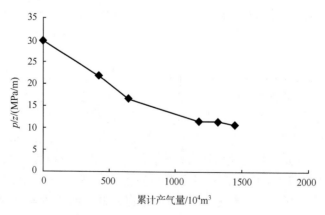

图 1-19　苏里格典型气井压降曲线

　　苏 f 区块是苏里格气田最早投产的区块之一,其第一批生产井投产于 2002 年 9 月,对其中具有较好生产数据的 18 口进行整理分析,发现各气井的单位压降采气量都随生产时间动态变化,两者之间呈良好的二次项式关系,相关系数都大于 0.95。

　　图 1-20~图 1-22 分别列出了部分 I 类井、II 类井、III 类井的单位压降采气量与生产时间关系图,从图中可看出各井在生产初始阶段单位压降采气量随时间增加较快,生产时间超过 1000d 以后,增幅变缓,I 类气井的单位压降采气量明显高于 II 类气井,而 III 类气井的单位压降采气量则最低。

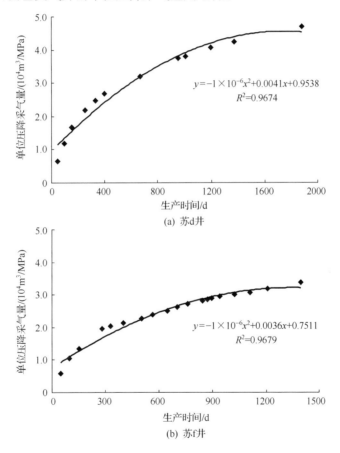

(a) 苏d井

(b) 苏f井

图 1-20　I 类井单位压降采气量与生产时间关系图

　　对不同类型气井分类整理之后,得到典型气井单位压降采气量与时间关系(图 1-23)。气井在各生产阶段单位压降采气量的变化规律直接反映了气井井控动储量随生产时间的变化规律,前期单位压降产气量低,随着开采时间延长,单位压降产气量逐渐增加。

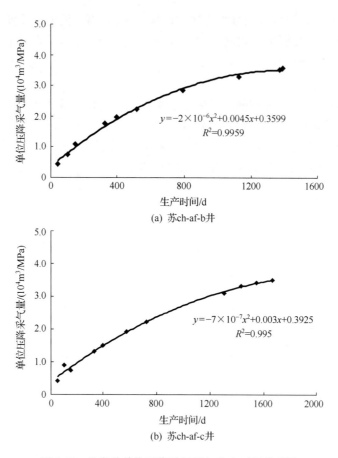

(a) 苏ch-af-b井

$y=-2\times10^{-6}x^2+0.0045x+0.3599$
$R^2=0.9959$

(b) 苏ch-af-c井

$y=-7\times10^{-7}x^2+0.003x+0.3925$
$R^2=0.995$

图1-21　Ⅱ类井单位压降采气量与生产时间关系图

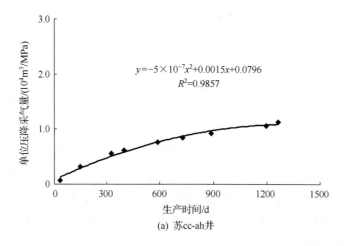

(a) 苏cc-ah井

$y=-5\times10^{-7}x^2+0.0015x+0.0796$
$R^2=0.9857$

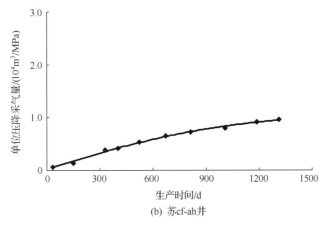

(b) 苏cf-ah井

图 1-22　Ⅲ类井单位压降采气量与生产时间关系图

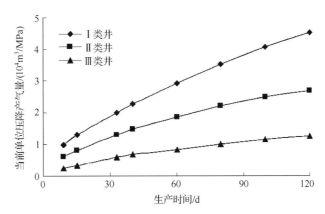

图 1-23　典型气井单位压降采气量与生产时间关系

4. 气井产水后,压力、产量下降快

　　苏里格气田大面积分布,没有明显的边底水和气水边界,但由于储层的强非均质性,致使其含气性也存在非均质性,部分区域含水饱和度较高,部分气井存在产水特征。例如,苏 e-d-bgA 井,虽然测井解释的储层物性较好,但由于含水饱和度较高(表 1-11),生产中气水同产使得压力和产量快速下降(图 1-24),生产能力变差。

表 1-11　苏 e-d-bgA 井测井解释参数

层位	层厚/m	孔隙度/%	含水饱和度/%	渗透率/mD	解释结论
盒 8 下	2.9	10.36	54.28	0.625	气层
盒 8 下	5.4	10.23	54.62	0.728	气层
山 2	1.3	9.85	64.35	0.412	气层

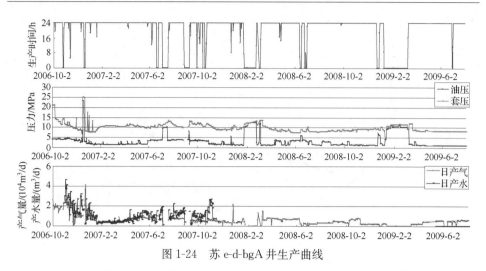

图 1-24 苏 e-d-bgA 井生产曲线

综合对比产水气井与非产水气井的生产特征可以发现,产水气井生产后压力下降快,生产 30d 后套压下降超过 4MPa,生产 60d 套压下降 6MPa 左右。而没有明显产水的常规气井套压在前 30d 下降 1~2MPa,生产 60d 时下降 2~3MPa(图 1-25)。同时,产水气井的单位产气量的压降率也明显高于常规气井(图 1-26)。

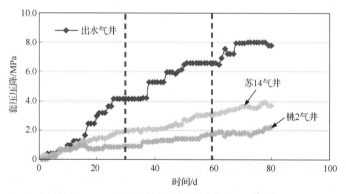

图 1-25 产水气井与常规气井压力下降对比

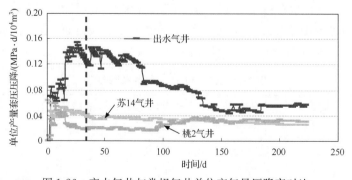

图 1-26 产水气井与常规气井单位产气量压降率对比

第2章 低渗透气藏储层流体渗流机理

2.1 低渗透气藏滑脱效应

为了研究气体滑脱效应对低渗气藏生产的影响,进行了上百组气体滑脱效应测试实验。采用苏里格低渗气藏的岩心为样本,岩心均为柱状砂岩岩心,外表完好,没有可见微裂缝。实验方法参照石油天然气行业标准 SY/T5336-1996 设计。

2.1.1 实验仪器及方法

1. 实验材料和设备

(1)压力系统:高压氮气瓶、手摇泵。
(2)计量系统:精密压力表、秒表、皂泡流量计。
(3)流体流动系统:常规岩心夹持器、阀门及连接管件等。

2. 实验步骤

(1)测定岩心的几何尺寸。
(2)装配实验流程和仪器。
(3)打开高压氮气瓶,调节实验压力,测量不同气源压力(p)下岩心的渗透率(K_g)6~8组,回归 K_g-$1/p$ 关系式,即可同时求得克氏渗透率 K_∞ 和滑脱系数 b。
(4)用手摇泵改变岩心所受围压,重复步骤(3),测量不同有效覆压下岩心的克氏渗透率 K_∞ 和滑脱系数 b 的值。

2.1.2 测量结果及数据处理

图 2-1 为其中某块岩心的 K_g-$1/p$ 关系回归曲线。从回归式可求得此块岩心克氏渗透率 K_∞ 为 0.0204×10^{-3} μm^2,滑脱系数 b 为 $0.1765 MPa^{-1}$。

测试岩心的克氏渗透率范围为 $(0.0002 \sim 3.8275) \times 10^{-3}$ μm^2,各渗透率级别的数据点统计如图 2-2 所示,测

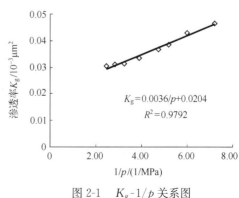

图 2-1 K_g-$1/p$ 关系图

得的滑脱系数 b 的范围为 $0.0068 \sim 5.0 \mathrm{MPa}^{-1}$。滑脱系数随克氏渗透率值的减小而增大,对 K_∞-b 关系进行数据回归可得

$$b = 0.0315 K_\infty^{-0.5192} \tag{2-1}$$

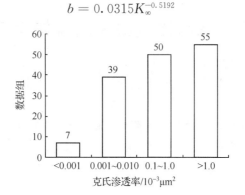

图 2-2　所测岩心克氏渗透范围统计

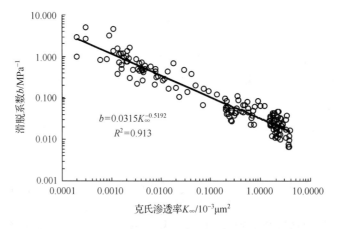

图 2-3　克氏渗透率与滑脱系数的关系曲线

由图 2-3 可以看出,在双对数坐标下 K_∞-b 呈良好的线性关系,实验点相关系数较高。

在岩心所受有效覆压增大的过程中,气体滑脱系数 b(即 Klinkenberg 系数)是一直增大的,即气体的滑脱系数并不是一个固定值,而是随着有效覆压的变化而动态变化。

如图 2-4 所示,随有效覆压增大(从 $4.0 \mathrm{MPa}$ 到 $8.0 \mathrm{MPa}$、$16.0 \mathrm{MPa}$、$24.0 \mathrm{MPa}$),岩心的滑脱系数 b 也逐渐增大(从 $0.0740 \mathrm{MPa}^{-1}$ 增大到 $0.1631 \mathrm{MPa}^{-1}$、$0.3390 \mathrm{MPa}^{-1}$、$0.7143 \mathrm{MPa}^{-1}$)。分析其原因是滑脱系数是与克氏渗透率密切相关的参数,而克氏渗透率是随着有效覆压的变化而改变的。因此式(2-1)可以改写为

$$b = 0.0315 K(p)^{-0.5192} \tag{2-2}$$

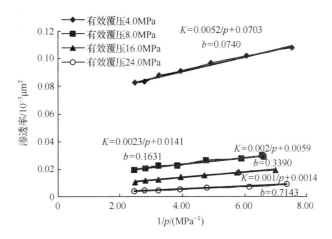

图 2-4　气体滑脱系数随有效覆压变化图

2.1.3　气体滑脱效应对气藏生产的影响

当气体的渗流为稳定状态的达西渗流时,气井产能公式为

$$q_{sc} = \frac{774.6 K_\infty h}{T \bar{\mu} \bar{Z} \ln \dfrac{r_e}{r_w}} (p_e^2 - p_{wf}^2) \tag{2-3}$$

当考虑气体滑脱效应时,式(2-3)就变为

$$q_{sc} = \frac{774.6 K_\infty \left(1 + \dfrac{b}{\bar{p}}\right) h}{T \bar{\mu} \bar{Z} \ln \dfrac{r_e}{r_w}} (p_e^2 - p_{wf}^2) \tag{2-4}$$

从式(2-4)可以看出,在其他参数条件都相同的情况下,气体滑脱效应对产量的影响由 b 和 $\bar{p}$ 共同决定。例如,$b/\bar{p} = 0.01$ 时,产量 q_{sc} 增加 1%,$b/\bar{p} = 0.05$ 时,产量 q_{sc} 增加 5%。将前面实验得出的渗透率与气体滑脱系数关系式(2-1)代入式(2-4)式可得

$$q_{sc} = \frac{774.6 K_\infty \left(1 + \dfrac{0.0315 K_\infty^{-0.6192}}{\bar{p}}\right) h}{T \bar{\mu} \bar{Z} \ln \dfrac{r_e}{r_w}} (p_e^2 - p_{wf}^2) \tag{2-5}$$

由式(2-5)可看出,气体滑脱效应对产量的影响取决于岩心的克氏渗透率和气藏的平均压力。根据式(2-5)作出气体滑脱效应对产量影响的理论图版,如图 2-5 所示。

由图 2-5 可以看出,滑脱效应对气藏流量影响程度的大小由渗透率和气藏压力共同决定,渗透率越低,气藏压力越低,滑脱效应越显著,影响程度曲线由右向左平行移动,滑脱效应对生产的影响主要体现在低压下的致密储层渗流中。一般在

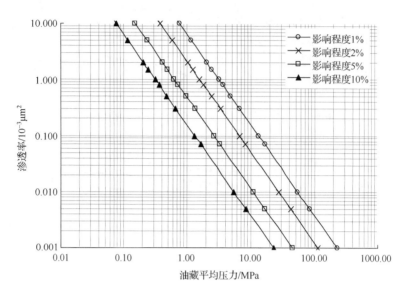

图 2-5 滑脱效应对生产影响的理论图版

实际气藏的开发过程中,地层压力都较高,滑脱效应不明显。对照此图版,结合苏里格气田的实际条件,可知滑脱效应的影响如下。

(1) 当储层有效渗透率大于 $1×10^{-3} \mu m^2$ 时,滑脱效应对生产没有影响,在实际生产过程中不用考虑滑脱效应的影响。

(2) 当储层有效渗透率在 $0.1×10^{-3}～1.0×10^{-3} \mu m^2$(即低渗气藏)时,气藏生产压力较高时(大于 5MPa),无需考虑滑脱效应的影响;当气藏压力在 $2～5$MPa时,滑脱效应对生产有弱影响,影响程度在 5% 以内。

(3) 当储层有效渗透率在 $0.01×10^{-3}～0.1×10^{-3} \mu m^2$ 时,滑脱效应对生产有一定影响,当地层压力大于 5MPa 时,其影响程度小于 5%;当气藏压力在 $2～$5MPa 时,影响程度在 10% 左右。

(4) 当储层有效渗透率小于 $0.01×10^{-3} \mu m^2$ 后,滑脱效应影响较大,气藏压力高于 5MPa 时其影响程度小于 10%;当气藏压力在 $2～5$MPa 时,影响程度在 $10\%～20\%$。

2.2 低渗透气藏压敏效应

研究中采用从美国 CoreLab 公司引进的 CMS-300 岩心分析系统,对广安气田须家河组气藏须六的 GA108、GA110、GA107 三口井共 22 块岩心,须四的 GA101、GA125、GA126、GA128 四口井共 19 块岩心进行了覆压孔渗测试。

为了对不同有效压力下的孔隙度和渗透率进行归一化处理,便于对比分析,采用接近于气藏原始有效压力条件下的孔隙度（ϕ_i）和渗透率（K_i）或地面测试的常规孔隙度和渗透率（ϕ_0、K_0）作为初始值,然后以不同有效压力下的孔隙度（ϕ）和渗透率（K）除以该值得到无因次孔隙度（ϕ_D）和无因次渗透率（K_D）,即

$$\phi_D = \phi/\phi_i \quad (\text{或 } \phi_D = \phi/\phi_0)$$
$$K_D = K/K_i \quad (\text{或 } K_D = K/K_0)$$

2.2.1 孔隙度变化规律

须六储层岩心孔隙度随围压变化规律曲线见图 2-6,无因次孔隙度随围压变化规律曲线见图 2-7;须四储层岩心孔隙度随围压变化规律曲线见图 2-8,无因次孔隙度随围压变化规律曲线见图 2-9。分析可以看出:须六、须四储层岩心孔隙度随上覆压力增加变化不明显,围压从 3.5MPa 增加到 55MPa 时,储层岩心孔隙度损失均不超过 20%（图 2-10 和图 2-11）。

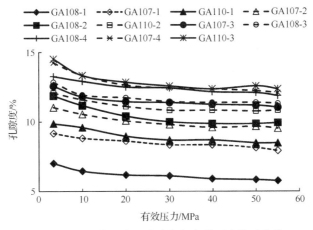

图 2-6 须六储层岩心孔隙度与有效压力关系曲线

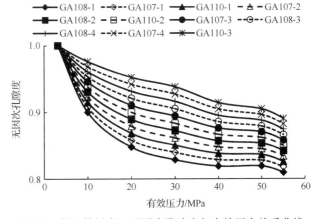

图 2-7 须六储层岩心无因次孔隙度与有效压力关系曲线

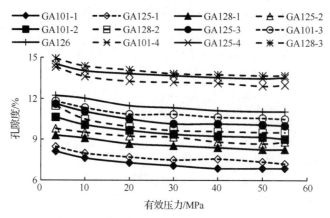

图 2-8 须四储层岩心孔隙度与有效压力关系曲线

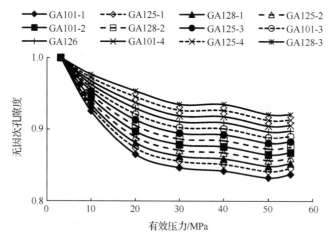

图 2-9 须四储层岩心无因次孔隙度与有效压力关系曲线

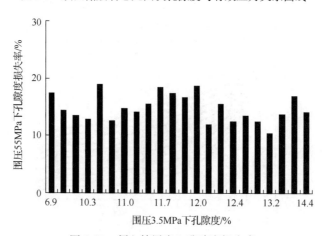

图 2-10 须六储层岩心孔隙度损失率

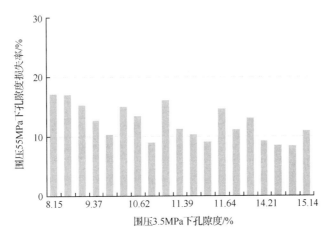

图 2-11　须四储层岩心孔隙度损失率

　　通过回归分析可以得出,无因次孔隙度与围压之间存在幂函数关系(图 2-12):

$$\phi_D = AP_i^{-B}$$

式中,A、B 为系数。

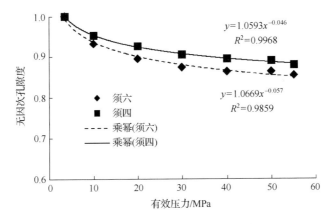

图 2-12　无因次孔隙度与有效压力关系

2.2.2　渗透率变化规律

　　须六储层岩心渗透率随围压变化规律曲线见图 2-13,无因次渗透率随围压变化规律曲线见图 2-14;须四储层岩心渗透率随围压变化规律曲线见图 2-15,无因次渗透率随围压变化规律曲线见图 2-16。分析可以得出,该地区储层岩心渗透率随上覆压力变化比较复杂,根据渗透率大小,对须六、须四储层划分五个区间,即小于 0.1mD、0.1~0.5mD、0.5~1.0mD、1~10mD、大于 10mD。

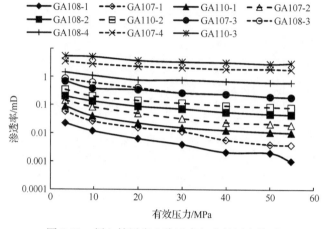

图 2-13　须六储层岩心渗透率与有效压力关系

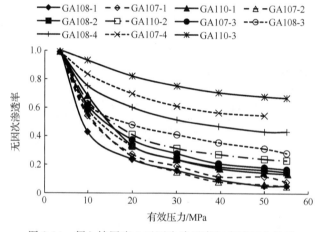

图 2-14　须六储层岩心无因次渗透率与有效压力关系

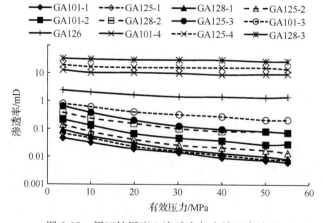

图 2-15　须四储层岩心渗透率与有效压力关系

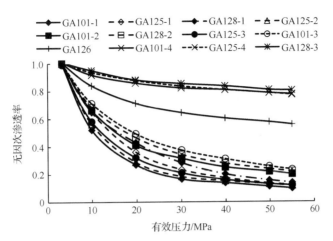

图 2-16　须四储层岩心无因次渗透率与有效压力关系

须六不同渗透率区间平均渗透率、无因次渗透率与覆压关系曲线见图 2-17、图 2-18,围压从 3.5MPa 增加到 55MPa,须六储层不同渗透率区间岩心渗透率损失见图 2-19。

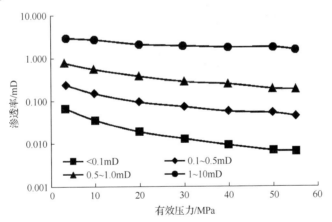

图 2-17　须六储层不同渗透率区间岩心渗透率变化规律

须四不同渗透率区间平均渗透率、无因次渗透率与覆压关系曲线见图 2-20、图 2-21,围压从 3.5MPa 增加到 55MPa,须四储层不同渗透率区间岩心渗透率损失见图 2-22。

分析可以得出,须六、须四储层岩心渗透率随上覆压力增加而降低,初始岩心渗透率越低,则损失越大。通过回归分析还可以得出,无因次渗透率与围压之间存在幂函数关系(图 2-23):

$$K_{\mathrm{D}} = AP_{\mathrm{i}}^{B}$$

式中,A、B 为系数。

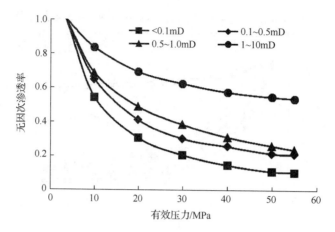

图 2-18　须六储层不同渗透率区间岩心无因次渗透率变化规律

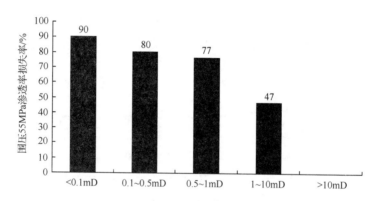

图 2-19　须六储层岩心渗透率损失率(3.5～55MPa)

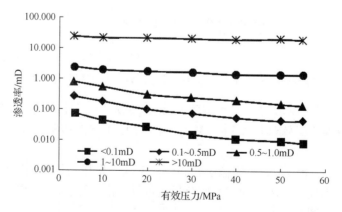

图 2-20　须四储层不同渗透率区间岩心渗透率变化规律

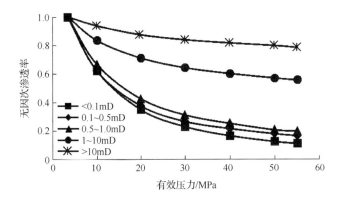

图 2-21　须四储层不同渗透率区间岩心无因次渗透率变化规律

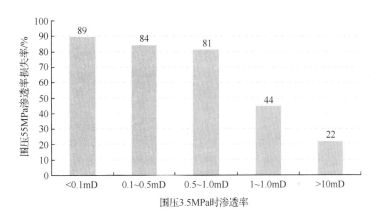

图 2-22　须四储层岩心渗透率损失率(3.5～55MPa)

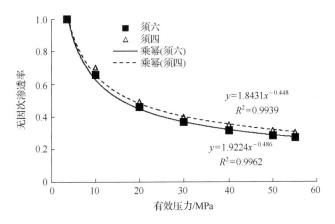

图 2-23　无因次渗透率与有效压力关系

运用该公式,结合储层条件,可以预测地层条件下渗透率及开发过程中渗透变化规律。

2.3 储层岩石孔隙中可动水分析

2.3.1 岩石孔隙中水的赋存状态

油气藏储层岩石孔隙被油、气、水三相流体所饱和,这些流体在储层多孔介质中赋存状态可分为两类:一类为束缚流体状态;另一类为自由流体状态。束缚流体存在于极微小的孔隙和较大孔隙的壁面附近,孔隙空间的这一部分流体受岩石骨架的作用力较大,为毛管力所束缚而难以流动,而在较大孔隙中间赋存的流体受岩石骨架的作用力相对较小,这一部分流体在一定的外加驱动力作用下流动性较好,因此称为自由流体或可动流体。束缚流体的存在实际上减小了孔隙的流动空间,增加了流体的渗流阻力。对于一个储层来说孔隙空间的束缚流体百分数越小,可动流体百分数越大,储层的渗流性能越好;反之亦然。对于高渗透储层来说,由于束缚流体含量相对很小,其对流体渗流能力的影响较小,但对于低渗透、特低渗透储层而言,由于孔隙微细,小孔隙所占比例很大,流体渗流通道本就狭窄,再加上孔隙越微细,孔隙壁面比表面积越大,展布在孔隙壁面表面上的束缚流体含量很大,此时束缚流体百分数或者说可动流体百分数对储层流体渗流性能的影响不容忽视。

在常规的储层评价中,人们一般以孔隙度、渗透率作为储层物性的表征。但关于可动流体的测试评价以及低渗透岩心驱替实验表明,对于低渗透、特低渗透储层而言只以孔隙度、渗透率来判断储层物性的好差存在很大的欠缺,而可动流体百分数作为一个补充参数可更好地表征低渗透、特低渗透储层的物性和渗流特征。

采用气驱实验与核磁共振相结合的方法研究岩石孔隙中流体可动性,在每个气驱压力测试流量稳定后,需要将岩心取出称重,并采用核磁共振(NMR)测试流体分布。

1. 核磁共振测试

核磁共振测试可以很好地分析多孔介质的孔隙结构及其中流体的流动特征。其原理是当含油或水的样品处于均匀静磁场中时,流体中所含的氢核 H^1 就会被磁场极化,宏观上表现出一个磁化矢量。此时对样品施加一定频率(拉莫频率)的射频场就会产生核磁共振,随后撤掉射频场,可接收到一个幅度随着时间以指数函数衰减的信号,可用两个参数描述该信号衰减的快慢:纵向弛豫时间 T_1 和横向弛豫时间 T_2。在岩石核磁共振测量中,一般采用 T_2 测量法。根据核磁共振理论分析,

T_1 和 T_2 均反映岩石孔隙比表面的大小,即

$$\frac{1}{T_2} = \rho \frac{S}{V} \tag{2-6}$$

式中,T_2 为单个孔隙内流体的核磁共振 T_2 弛豫时间;ρ 为岩石表面弛豫强度常数;S/V 为单个孔隙的比表面。

岩石多孔介质是由不同大小孔隙组成的,存在多种指数衰减信号,总的核磁弛豫信号 $S(t)$ 是不同大小孔隙的核磁弛豫信号的叠加:

$$S(t) = \sum A_i \exp(-t/T_{2i}) \tag{2-7}$$

式中,T_{2i} 是第 i 类孔隙的 T_2 弛豫时间;A_i 表示弛豫时间为 T_{2i} 的孔隙所占的比例,对应于岩石多孔介质内在的孔隙比表面(S/V)或孔隙半径(r)的分布比例。

在获取 T_2 衰减叠加曲线后,采用数学反演技术,可以计算出不同弛豫时间(T_2)的流体所占的份额,即 T_2 弛豫时间谱(T_2 谱)。由式(2-6)可知,T_2 谱实际上代表了岩石内的孔隙半径分布情况,即 T_2 值越大,代表的孔隙也越大。从油层物理学中可知,当孔隙半径小到某一程度后,孔隙中的流体将被毛管力或黏滞力等所束缚而无法流动。因此在 T_2 谱上就存在一个界限,当孔隙流体的 T_2 弛豫时间大于某一值时,流体为可动流体,反之为不可动流体,这个 T_2 弛豫时间界限,常被称为可动流体 T_2 截止值。

根据上述原理可知,采用核磁共振技术能够准确地测量得到岩样中的可动流体含量和残余水饱和度等参数,岩心完全饱和水时,T_2 谱反映了全部孔隙,与气驱后的 T_2 谱对比分析,可研究残余水赋存的孔隙。实验方法与步骤如下。

(1)实验准备。首先钻取直径为 2.5cm 规格柱塞岩样,并将两端取齐、取平,然后用溶剂(酒精和苯)抽提法进行洗油,洁净度至荧光三级以下,再将岩样置于真空干燥箱中 105℃ 条件下进行干燥至恒重为止,称岩样干重。

(2)岩样饱和水及孔隙度测量。将岩样抽真空 12h 以上饱和盐水,称湿重,测量饱和状态核磁共振曲线,计算含水饱和度,可动水饱和度。

(3)核磁共振测试结束后,称重,连接流程,用稳压阀调节气驱压力进行气驱,记录每个压力点气驱稳定时间,稳定流量,计算气相渗透率。

(4)每个气驱压力点气驱结束后,取出岩心,称重,进行核磁共振测试。加气驱压力,重复步骤(3)和(4),直到实验结束。

2. 岩石孔隙中水的赋存状态

根据大量实验经验,确定出砂岩岩心孔隙中可动水与残余水分界值 T_2 时间为 12～16ms,大于分界值的部分表示大孔隙中可动水,小于分界值的部分表示小孔隙中的残余水,所以根据岩心核磁测试 T_2 谱,可以得出不同孔隙类型岩心中水的存在形式。

图 2-24 和图 2-25 分别是 GA110-1、GA111-5 两块岩心在不同气驱压力下气驱后测试的 T_2 谱曲线。从图中可以看出,在低压气驱阶段,随着气驱压力逐渐增大,大于截止值的信号逐渐减弱,小于截止值的信号基本不变,当气驱压力增大到一定程度后,大于截止值的信号降为很低,基本保持不变,这表明:大孔隙中的水主要以可动水形式存在,小孔隙中的水主要以残余水形式存在,且岩心孔、渗越小,孔隙中可动水越少,残余水越多。

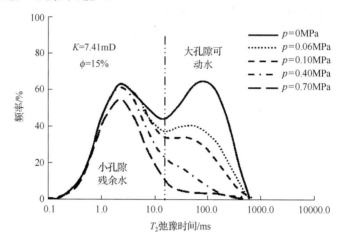

图 2-24　GA110-1 核磁测试 T_2 谱

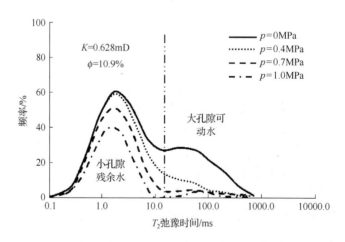

图 2-25　GA111-5 核磁测试 T_2 谱

2.3.2　不同压差气驱含水饱和度变化分析

低渗气藏原始含水饱和度高,同时低渗气井的生产水气比也较高,通过上述分析表明,低渗气井实测的生产水气比要比理论计算的天然气中凝析水含量高得多,说明地层中还有部分可动水产出,为了研究这一产水机理,研究中选取了 20 块低渗岩样,进行不同压差的气驱水实验,分析在气驱过程中孔隙内的含水饱和度变化情况。主要实验步骤如下:

(1) 选取合格的柱塞岩样测取基础孔隙度和渗透率;

(2) 岩样抽空饱和标准盐水,称重计算饱和水量;

(3) 对饱和水的岩样进行核磁测试,分析其束缚水和可动水饱和度;

(4) 然后将岩心装入岩心夹持器,连接好驱替流程,采用加湿的氮气进行气驱,开始以小压差 0.2MPa 进行气驱,驱到出口端不再出水为止,然后升高到下一个驱替压力(分别为 0.3MPa、0.5MPa、0.8MPa、1.2MPa、1.5MPa),测试不同压差驱出的水量;

(5) 驱替过程中测试每一压差驱替出的水量,稳定时的气流量,以计算岩心的含水饱和度和气体渗透率变化。

不同压差驱替后岩心的含水饱和度变化如图 2-26 和表 2-1 所示。根据达西定律,在相同岩心上,驱替压差与渗流速度成成比,因此压差实际上是渗流速度的反映,从图 2-26 看出,当达到某一"起始压差"时,岩心中的含水饱和度大幅度下降,而过了该"起始压差"后,随着驱替压差的增大(也就是气流速度的增大),含水饱和度还有少量的下降。这种现象可以解释为:驱替压力小时,较大孔隙中的水很容易就被驱替出来;驱替压力增大后,将更小孔隙中的水排出;当压力再增大而产水量不再增加时,孔隙中剩余的即为残余水。这说明,低渗气藏的束缚水饱和度在开发过程中不是一个定值,而是相对于气相渗流速度的一个物理量,随着气流速度的增大,其原始含水饱和度逐渐减小,从而改善气相渗流条件,致使气相渗透率逐渐增大,因此在一些低渗气藏中,可能随着气田开发的进行出现气相渗透率升高的情况。

从驱替实验结果看,达到较大压差驱替后,岩心中的残余水饱和度主要分布在 40%~80%(图 2-26),这与苏里格气田储层中的原始含水饱和度分析也是非常吻合的。残余水饱和度的大小与岩心渗透率具有较好的相关性,岩心渗透率越大,其中可动水饱和度越高(图 2-27),驱替后的残余水饱和度越低。实验样品中,驱替后的最终残余水饱和度大于 80% 的几块岩样,其渗透率大多小于 $0.1 \times 10^{-3} \mu m^2$。

另一方面,残余水饱和度的大小还与孔隙结构有关,研究中选取其他地区的岩样进行了对比实验分析,图 2-26 和表 2-1 中的 DN2-11、DN2-14、DN2-25 和 DN2-29 样为其他地区的低渗砂岩岩样,其渗透率与苏里格岩样接近,但其孔隙主要以粒间孔为主,孔隙分选较好,喉道相对较大,因此,气驱后残余水饱和度较苏里格岩样的低,1.2MPa 气驱后的残余水饱和度为 38.03%~51.14%,平均为 43.27%;而相似渗透率的苏里格岩样气驱后残余水饱和度在 40%~80%,平均为 60% 左右。

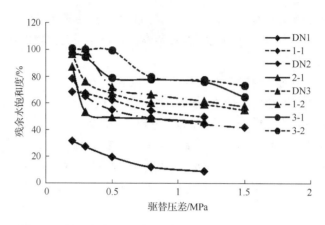

图 2-26　饱和水岩心不同压差气驱后的残余水饱和度变化

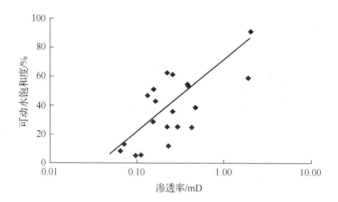

图 2-27　可动水饱和度与渗透率的关系

表 2-1　岩心样品不同压差气驱后的残余水饱和度

样　号	孔隙度 /%	渗透率/ $10^{-3}\mu m^2$	不同驱替压差下的残余水饱和度/%						可动水饱和度/%	
			0.20	0.30	0.50	0.80	1.20	1.50	核磁测试	1.2MPa 驱替
1-42/125	6.3	0.234	95.16	93.62	92.03	90.78	88.79	87.94	11.60	11.21
1-43/125	4.7	0.433	100.00	100.00	100.00	79.44	77.35	73.57	24.77	22.65
1-63/125	7.8	0.112	100.00	100.00	93.56	91.45	91.29	86.49	5.60	8.71
1-72/125	6.1	0.072	100.00	94.83	94.20	94.04	92.66	91.47	12.90	7.34
2-85/138	9.1	0.224	95.72	95.39	90.82	71.22	67.00	62.87	25.10	33.00
2-92/138	15.0	1.890	68.15	65.28	61.72	53.85	48.82	—	58.80	51.18
3-29/119	12.1	0.159	100.00	100.00	53.44	48.01	45.80	43.10	51.08	54.20
3-32/119	12.4	0.472	77.59	64.82	54.70	47.70	44.27	41.49	38.40	55.73

样 号	孔隙度 /%	渗透率/ $10^{-3}\mu m^2$	不同驱替压差下的残余水饱和度/%						可动水饱和度/%	
			0.20	0.30	0.50	0.80	1.20	1.50	核磁测试	1.2MPa 驱替
3-49/119	5.6	0.065	100.00	100.00	96.36	94.91	92.64	91.04	8.10	7.36
3-71/89	8.6	0.295	96.37	93.84	78.64	76.84	76.24	64.98	24.94	23.76
3-85/89	9.2	0.166	95.49	76.28	67.41	60.58	57.99	55.42	42.70	42.01
1-34/106	13.0	0.392	83.06	61.58	53.15	46.12	41.36	38.66	53.36	58.64
1-45/106	9.0	0.156	100.00	76.97	66.02	57.49	52.65	48.91	28.64	47.35
1-58/120	4.1	0.262	100.00	100.00	70.76	65.50	61.68	56.86	35.70	38.32
41-17-2	9.3	2.020	31.60	27.14	18.76	11.81	9.09	—	90.90	90.91
DN2-11	10.3	0.224	94.53	47.40	42.19	40.40	38.57		62.54	61.43
DN2-14	11.3	0.259	88.08	49.72	44.15	40.71	38.03		61.05	61.97
DN2-25	10.3	0.134	100.00	100.00	100.00	59.80	51.14	48.05	46.60	48.86
DN2-29	11.7	0.383	85.87	52.54	48.99	48.48	45.34	—	54.70	54.66

　　根据上述原理可知,采用核磁共振技术能够准确地测量得到岩样中的可动流体含量和束缚水饱和度等参数。对前面进行不同压差气驱的岩样在完全饱和水时进行的核磁测试表明(数据见表 2-1),核磁测试的可动水饱和度与气驱可动水饱和度具有很好的一致性(图 2-28)。

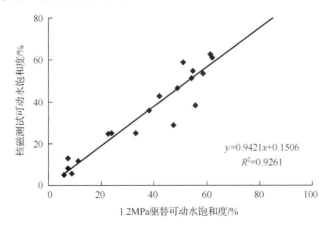

图 2-28　气驱可动水饱和度与核磁测试可动水饱和度的关系

　　岩心完全饱和水时,T_2 谱反映了全部孔隙,与不同压差排驱后的 T_2 谱对比分析,可研究残余水赋存的孔隙。图 2-29 是同一块岩心完全饱和水后,在不同压差离心进行排驱后测试的系列 T_2 谱曲线,从图中可以看出:随着排驱压力的增大,曲线左半部分基本沿同一路径不变,而右半部分则逐渐向左下方移动。说明驱替压力较小时,排出较大孔隙中的水;随着驱替压力的增大,则将更小孔隙内的水排出。图 2-30 给出了相应状态下的含水饱和度变化,随着排驱压力增大,岩心中的含水饱和度降低。

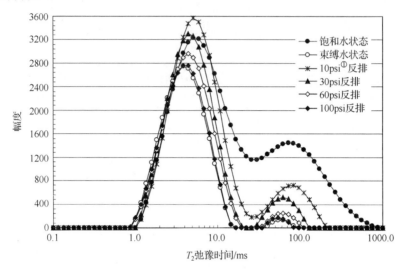

图 2-29 岩心气驱水反排过程中的 T_2 谱比较(S22-15 井 1-1/69-1)

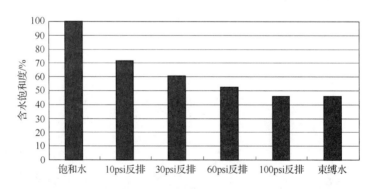

图 2-30 岩心离心法气驱水反排过程中不同状态下的含水饱和度

苏 25-12、苏 40-19 等井测试表明,随着气产量增大,水产量随之增大,但水产量的增大速率大于气产量,即水气比是增大的(图 2-31)。这表明了在某些气井中,随着气流速度的增大,将会带出更多的地层水。表 2-2 和图 2-32 给出了苏 40-19 井实际测试数据。

————————————

① 1psi=0.006895MPa。

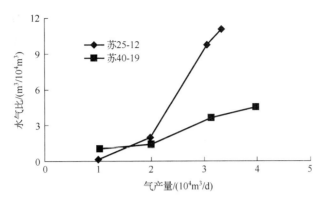

图 2-31　水气比与气产量的关系

表 2-2　苏 40-19 试井测试数据表

内容	气产量/(10^4m³/d)	水产量/(m³/d)	水气比/(m³/10^4m³)
等时一开	1.03	1.08	1.05
等时二开	2.00	2.87	1.43
等时三开	3.13	11.32	3.61
等时四开	3.97	17.94	4.52
连续流量生产	2.02	6.22	3.07

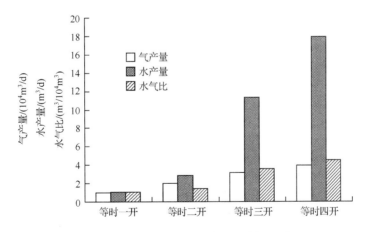

图 2-32　苏 40-19 试井测试产量与水气比对比

2.3.3　储层岩石孔隙中的可动水分析

图 2-33～图 2-36 是 GA110-1、GA110-2、GA111-5、GA110-3 四块岩心在不同气驱压力下含水饱和度剖面。分析可以看出,GA110-1、GA110-2 两块岩心渗透率

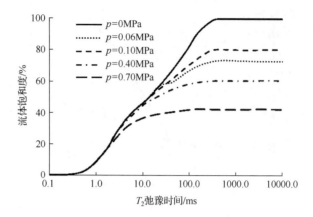

图 2-33　GA110-1 岩心含水饱和度剖面

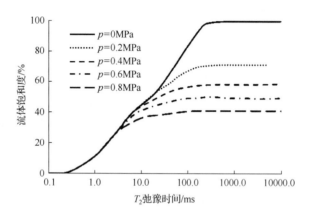

图 2-34　GA110-2 岩心含水饱和度剖面

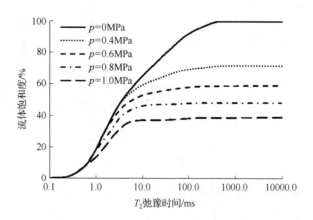

图 2-35　GA111-5 岩心含水饱和度剖面

较大（大于 1.0mD），在气驱压力为 0.05MPa 时，含水饱和度就开始降低，但
GA111-5、GA110-3 两块岩心渗透率较小（小于 1.0mD），含水饱和度开始降低的
气驱压力均较大，GA111-5 含水饱和度开始下降的气驱压力达到 0.4MPa，
GA110-3 含水饱和度开始下降的气驱压力达到 0.8MPa。从图中还可以看出，含
水饱和度在气驱初始阶段下降较大，随着气驱压力增加，含水饱和度下降幅度减
小，且渗透率越小的岩心，含水饱和度最终下降幅度越小。这说明，对于低渗透气
层，一旦含水，气驱压力较小时很难将水排出，说明小孔隙中的水束缚力（毛管力）
强，难于驱动。

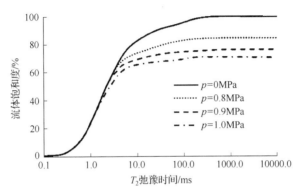

图 2-36　GA110-3 岩心含水饱和度剖面

　　图 2-37 是 GA110-1、GA110-2、GA111-5、GA110-3 四块岩心在不同气驱压力
下总含水饱和度变化曲线。分析可以看出：对于低渗含水岩心，需要有足够的驱替
压力（临界驱动压力）才能将岩心中的水驱替出来，岩心渗透率越低，临界驱动压力
越大；岩心中含水饱和度变化规律与岩石物性、气驱压力有直接关系。进一步分析
还可以得出，含水饱和度变化分为两部分，一部分是岩心大孔隙中可动水，这部分

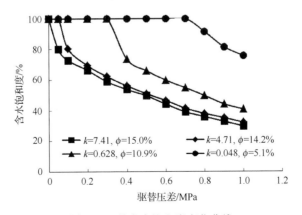

图 2-37　总含水饱和度变化曲线

水在较小的气驱压力下就能被驱出(图 2-38);另外一部分是岩心小孔隙中的残余水,这部分水在气驱压力较低时不能被驱出,但当气驱压力增大到一定程度时也可以被驱出一部分(图 2-39)。所以,当气驱压力大于临界驱动压力时,岩石孔隙中的可动水将全部被驱出,随着气驱压力增加,残余水也将部分被驱替出来。因此,对于低渗透气藏,储层岩石孔隙中残余水饱和度是与岩石物性、气驱压力直接相关的一个参数。

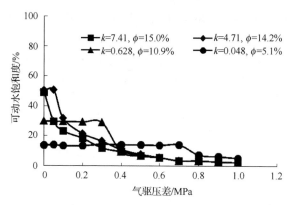

图 2-38　可动水饱和度变化曲线

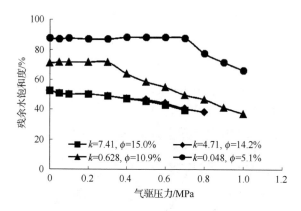

图 2-39　残余水饱和度变化曲线

低渗岩心含水大大降低其有效渗透率,岩心渗透率越小则渗透率损失越大,但当气驱压力达到一定值时会驱出岩心中部分水,能有效提高气相渗透率(图 2-40～图 2-43),所以,只有气驱压力大于"拟启动压力"时,气相才能有效流动,气驱压力越大则气相相对渗透率越高,流动能力越好(图 2-44)。

低渗岩心残余水饱和度较高,将引起气相相对渗透率大幅下降,高渗岩心残余水饱和度较低,对气相相对渗透率影响不大,随着气驱压力逐渐增加,高渗岩心渗透率恢复良好(图 2-45)。

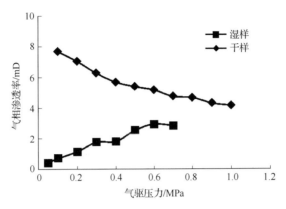

图 2-40 GA110-1 气相渗透率

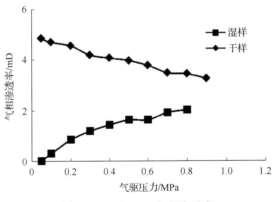

图 2-41 GA110-2 气相渗透率

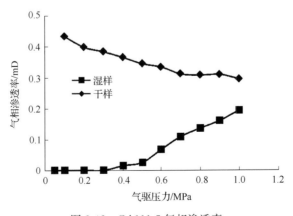

图 2-42 GA111-5 气相渗透率

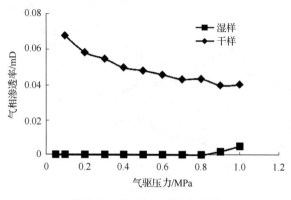

图 2-43　GA110-3 气相渗透率

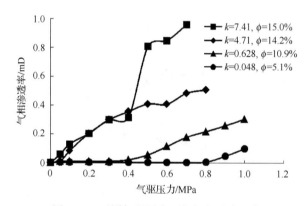

图 2-44　不同气驱压力下气相相对渗透率

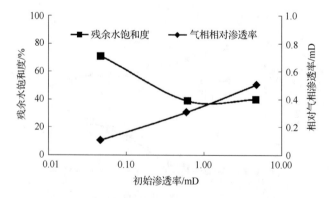

图 2-45　不同渗透率岩心残余水饱和度与气相相对渗透率变化曲线

2.4　水相启动压力梯度对渗流的影响

2.4.1　水相流动启动压力梯度

1. 实验方法

为了研究气体渗流时的启动压力梯度,进行了启动压力梯度测试,实验步骤如下:

(1) 测定岩心的几何尺寸;

(2) 根据实验流程设计,连接好实验装置,放入相应测试岩样;

(3) 打开高压氮气瓶,调节出口压力,测量不同气源压力下岩心的渗透率 K_g (测量压力依次为 0.04MPa、0.08MPa、0.12MPa、0.15MPa、0.20MPa、0.30MPa、0.40MPa);

(4) 用手摇泵改变岩心所受围压,重复步骤(3),测量不同有效覆压下(2~3 组)岩心的启动压力梯度。

2. 测量结果及数据处理

图 2-46~图 2-48 分别给出了三块不同渗透率级别岩心的测量结果图。从 K_g-1/p 关系图可看出其明显存在拐点,在拐点的右边区域,随 1/p 增大,渗透率减小,即随着流动压差的变小,岩心的视渗透率减小,这与液体低速渗流时的特征一样,即存在启动压力梯度;在拐点的左边区域,随 1/p 的减小,渗透率增大,即随着流动压差的变小,岩心的视渗透率增大,表明渗流过程中存在气体的滑脱效应。对 K_g-1/p 关系图拐点左边的点进行线性拟合,可以得到岩心的克氏渗透率 K_∞ 和滑脱系数 b 的值。从 Q-dp^2/dl 关系图可看出,在低压力梯度条件下时,流量和压

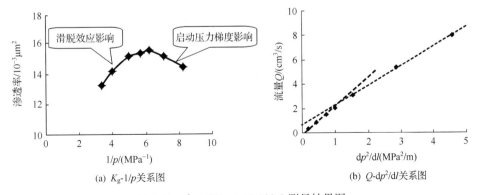

(a) K_g-1/p 关系图　　　　　　　(b) Q-dp^2/dl 关系图

图 2-46　岩心 X23-3-15-188-5 测量结果图

力梯度的拟合线不经过原点,即存在启动压力梯度(在此处通过线性拟合得到的相当于平均启动压力梯度)。在高压力梯度条件下时,流量和压力梯度的拟合线也不经过原点,而是有初始流量,即存在滑脱效应。

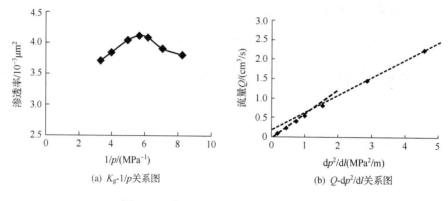

图 2-47　岩心 X23-3-15-188-8 测量结果图

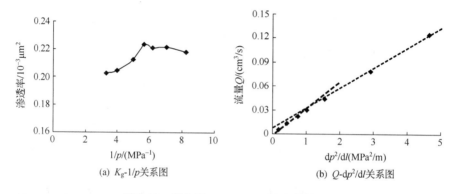

图 2-48　岩心 X39-3-36-164-8 测量结果图

启动压力梯度则通过以下方法求得。

气体的流速与压差的关系为

$$v = \frac{Q}{A} = \frac{10K(p_1^2 - p_0^2)}{2p_0 \mu L} \tag{2-8}$$

式中,v 为通过岩心的流速(cm/s);Q 为气体通过岩心的流量(cm³/s);A 为岩心横截面积(cm²);K 为岩心渗透率(μm²);p_1 为岩心上流进口压力(MPa);p_0 为试验条件下大气压力(MPa);μ 为氮气黏度(mPa·s);L 为岩心长度(cm)。

从式(2-8)看出,当气体渗流符合达西定律时,v-$(p_1^2 - p_0^2)$ 为通过原点的线性关系。气体启动压力梯度测试实验中,对低压力梯度下的 v-$(p_1^2 - p_0^2)$ 进行线性关系拟合,得到关系式不通过原点,其表现形式为

$$v = a(p_1^2 - p_0^2) - b \tag{2-9}$$

式中，a 和 b 分别为直线的斜率和截距。令 $v=0$，则实验岩样的气体启动压力为

$$p_\lambda = \left(\frac{b}{a} + p_0^2 \right)^{\frac{1}{2}} \tag{2-10}$$

因此，实验岩样的气体启动压力梯度为

$$\lambda_g = \frac{p_\lambda - p_a}{L} = \frac{\left(\frac{b}{a} + p_0^2 \right)^{\frac{1}{2}} - p_a}{L} \tag{2-11}$$

对岩样实验数据分别建立 $v(p_1^2 - p_0^2)$ 关系，求出各自的气体启动压力梯度，同时根据 K_g-$1/p$ 关系可求出克氏渗透率 K_∞，得到数据如表 2-3 所示。

表 2-3　实验岩样气体启动压力梯度计算结果

序号	岩心编号	有效覆压/MPa	克氏渗透率/$10^{-3}\mu m^2$	启动压力梯度/(MPa/m)
1		10	10.3340	0.0010
2	X-1	20	9.8005	0.0114
3		30	8.9925	0.0077
4		10	3.2658	0.0091
5	X-2	20	2.8464	0.0035
6		30	1.5354	0.0032
7		10	0.4768	0.0131
8	X-3	20	0.3544	0.0125
9		30	0.2577	0.0153
10		10	0.1916	0.0254
11	X-4	20	0.1723	0.0250
12		30	0.1180	0.0324
13		20	0.0993	0.0440
14	S-1	30	0.0921	0.0473
15		20	0.1756	0.0340
16	S-2	30	0.1590	0.0327

根据表 2-3 中的数据，拟合气体启动压力梯度与克氏渗透率的关系，得到气体启动压力梯度与克氏渗透率倒数按线性拟合时精度最高，相关系数在 0.9 以上，如图 2-49 所示，其表达式为

$$\lambda_g = 0.0039/K_\infty + 0.0047 \tag{2-12}$$

与滑脱系数的变化规律相似，在岩心所受有效应力增大的过程中，气体的启动压力梯度是变化的(呈增大趋势)，即气体的启动压力梯度并不是一个固定值，而是随着有效应力的变化而动态变化。分析其原因同样是因为气体的启动压力梯度是

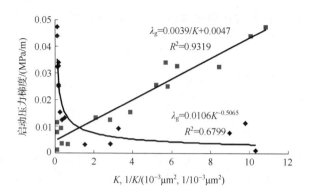

图 2-49　气体启动压力梯度与克氏渗透率的关系

与克氏渗透率密切相关的参数,而克氏渗透率是随着有效应力的变化而改变的。因此式(2-12)可以改写为

$$\lambda_g = 0.0039/K(p) + 0.0047 \qquad (2\text{-}13)$$

3. 低渗气藏岩心存在启动压力梯度的原因分析

目前国外鲜有研究气体启动压力梯度方面的文献。国内的研究者认为岩心在含水之后存在启动压力梯度,气藏束缚水的存在是气体存在启动压力梯度的原因。

对低渗储层气体非达西渗流的几种现象(启动压力梯度、滑脱效应、高速非达西)可以从分子受力的角度进行理论解释。

气体在岩心中流动时受到三种力:①气体分子与岩石(包括岩石表面的流体)表面分子之间的吸附力;②气体分子之间的相互作用力;③岩心两端压差形成的驱动力。

当气源压力特别低时,气体分子密度很低,气体分子几乎处于自由扩散状态,气体分子之间的相互作用力较弱,而气体分子与岩石表面的吸附作用比较强,被岩石表面吸附的气体分子不能运动,气源压力越低,气体渗透率越低,表现出启动压力梯度特征,如图 2-50 所示的第一阶段。在这个阶段内,气体与岩石表面之间的吸附力影响显著。当岩石内含有其他极性流体物质如水或油时,气体分子会与这些流体发生作用而被吸附,这时气体的启动压力梯度效应会增强。

随着气源压力增大,气体与岩石表面之间的吸附力变弱,管壁处的气体分子处于运动状态,并且相邻的气体分子由于动量交换,可连同管壁处的气体分子一起作定向的沿管壁流动,形成气体滑脱现象。随着气源压力进一步增大,气体分子密度增大,气体分子之间的相互碰撞作用增强,气源压力越高,气体渗透率越低。在这个阶段内,气体之间的相互碰撞作用影响显著,如图 2-50 所示的第二阶段。

随着气源压力的进一步增大,气体的滑脱效应逐渐减弱,气体进入稳定的达西

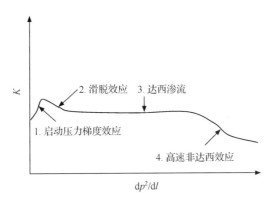

图 2-50　岩石渗透率与压力梯度的关系

渗流阶段，此时气源压力形成的驱动力居主导地位，如图 2-50 所示的第三阶段。

当气源压力更加增大时，气体密度变得很大，气体流动性质趋近于液体流动，气流之间相互干扰，形成湍流，此时气体进入高速非达西渗流阶段，如图 2-50 所示的第四阶段。

2.4.2　启动压力梯度与渗透率和含水饱和度的关系

岩石孔隙介质中，由于气水润湿性的差异和毛管压力的作用，水优先占据小孔喉和孔隙壁面，并且由于气体的易压缩性，因此气体在含水的孔隙中流动时，首先选择大的孔隙，随着流动压差的增大，逐渐驱动小一些吼道的水或使孔隙壁面的水膜变薄，所以岩心中的含水饱和度随气体的流动会产生一些变化，低流速时，随压差的增大，气体流量呈非线性增长；气体前沿呈跳跃式前行，且容易被水卡断。因此，气体在含水孔隙中流动时，需要一定的启动压力（临界流动压力），孔隙中含水饱和度越高，气体流动的启动压力越大，图 2-51 所示为一块岩样（2-43/92-3）测试

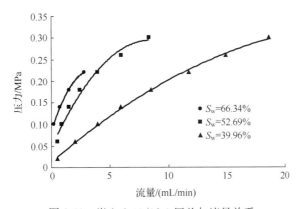

图 2-51　岩心 2-43/92-3 压差与流量关系

的气体流动压差与流量的关系曲线,不同曲线代表不同的含水饱和度。从图中可以看出,流量与压差并不呈线性关系,通过数据拟合可以求出不同含水饱和度时的启动压力,该岩样在含水饱和度为 66.34%、52.69% 和 39.96% 时的启动压力分别为 0.0864MPa、0.00973MPa、0.00239MPa,随着含水饱和度的降低,启动压力逐渐减小。用启动压力除以该岩心的长度即为该岩心的启动压力梯度,不同含水饱和度下的启动压力梯度分别为 0.019MPa/m、0.0021MPa/m、0.00053MPa/m。

　　通过选取不同物性岩心测试,可分析不同物性储层在不同含水饱和度条件下的启动压力(表 2-4)。启动压力随含水饱和度的增大而增大,岩石渗透率越小,启动压力随含水饱和度增大而增大的趋势越明显(图 2-52)。对低渗气藏来说,在较低的含水饱和度时就存在启动压力,使低渗气藏在开发过程中需要建立较大的压差生产,克服由于毛管压力产生的气体渗流阻力。

表 2-4　不同含水饱和度下的启动压力

序号	岩心编号	含水饱和度%	克氏渗透率/mD	启动压力/MPa
1		66.34	0.3152	0.08640
2	2-43/92-3	52.69	0.4560	0.00973
3		39.96	0.6240	0.00239
4		63.89	4.1745	0.00183
5	128-3	48.96	5.9467	0.00101
6		34.31	7.4927	0.00007
7		60.89	0.0303	0.41800
8	125-26	37.55	0.0546	0.04010
9		25.67	0.0964	0.02980
10		51.06	0.0037	0.51000
11	2-86/86-3	41.07	0.0049	0.07160
12		32.33	0.0182	0.06510
13		67.62	0.0989	0.13200
14	1-105/134-2	56.54	0.1499	0.04660
15		44.73	0.1821	0.03850
16		34.01	0.3425	0.00687

　　对表 2-4 数据进行转换,得到启动压力梯度数据(表 2-5),通过数据拟合可以看出,启动压力梯度与岩心渗透率具有较好的相关性,以广安气田须家河组储层岩样为例进行分析,启动压力梯度与平均渗透率倒数呈线性规律时的拟合精度最高(图 2-53),其统计规律如下:

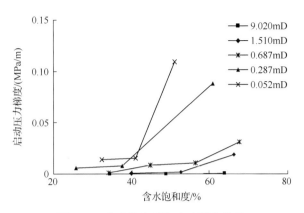

图 2-52　含水饱和度与启动压力关系

$$\lambda = \frac{0.0004}{K} + 0.0028 \qquad (2\text{-}14)$$

表 2-5　不同含水饱和度下启动压力梯度数据

岩心编号	含水饱和度/%	平均渗透率/mD	回归法启动压力/MPa	启动压力梯度/(MPa/m)
2-43/92-3	66.34	0.3152	0.08640	0.019000
	52.69	0.4560	0.00973	0.002000
	39.96	0.6240	0.00239	0.001000
128-3	63.89	4.1745	0.00183	0.000400
	48.96	5.9467	0.00101	0.000200
	34.31	7.4927	0.000074	0.000016
125-26	60.89	0.0303	0.41825	0.088400
	37.55	0.0546	0.04006	0.008000
	25.67	0.0964	0.02980	0.006000
2-86/86-3	51.06	0.0037	0.51030	0.109000
	41.07	0.0049	0.07159	0.015000
	32.33	0.0182	0.06505	0.014000
1-105/134-2	67.62	0.0989	0.13170	0.031000
	56.54	0.1499	0.04660	0.011000
	44.73	0.1821	0.03850	0.009000
	34.01	0.3425	0.00687	0.002000

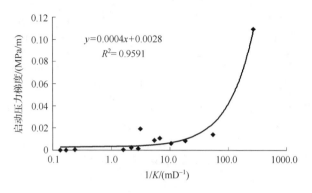

图 2-53　气体启动压力梯度与渗透率倒数的关系

2.4.3　启动压力梯度在气藏开发中的应用

气藏的开发一般采用压力衰竭开发方式,在气田开发方案设计中,从经济角度出发一般要求井网密度尽可能小,以扩大单井控储量和延长稳产期,降低开发成本。因此对于低渗小断块而言,井网部署往往是一次性的,后期调整余地较小,这就要求在气藏的开发设计中必须进行严格论证。井网密度太小,钻井投资虽然较小,但势必损失部分储量;井网密度太大,虽然能完全控制储量,但开发效益不一定很好。低渗透气藏由于启动压力的作用,致使低渗储层动用困难,单井的有效动用范围有限,应用气体的启动压力梯度规律,能计算出单井最大泄气半径,即能计算出气井的最大动用井距,更好地指导气藏的开发设计。

根据气体渗流理论,稳定渗流时地层中任一点的压力梯度为

$$\frac{\mathrm{d}p}{\mathrm{d}r} = \frac{p_e^2 - p_w^2}{\ln\frac{r_e}{r_w}}\frac{1}{2rp} \qquad (2\text{-}15)$$

式中,p_e 为供给边缘的地层压力(MPa);p_w 为井底流动压力(MPa);r_e 为供给边缘半径(m);r_w 为井筒半径(m)。

若要求取供给边缘处的压力梯度,此时 $p=p_e$,$r=r_e$,代入式(2-15)可得到边缘处的压力梯度值。实际气藏的开发中,随着井底流动压力的降低,其供给边缘不断扩大,当井底压力降低到某一程度而不能满足井口输气压力时,即为最小的井底流压,此时即可求得最大的供给半径和相应的边缘压力梯度。由于气体的启动压力规律的存在,边缘压力梯度须大于其启动压力梯度。以广安气田须家河组储层为例,则必须满足以下关系式:

$$\frac{p_e^2 - p_{wmin}^2}{\ln\frac{r_e}{r_w}}\frac{1}{2r_e p_e} \geqslant \frac{0.0004}{K} + 0.0028 \qquad (2\text{-}16)$$

当已知储层参数 p_e、p_{wmin} 和井筒半径 r_w 时,有效泄气边界 r_e 与储层渗透率 K 之间为一非齐次方程,通过采用试算法可求得最大的供给边缘半径 r_e,此值乘以 2 即可得到最大动用井距值。

如果气藏原始地层压力为 20MPa,井底最小流压为 2MPa,井筒半径取 0.1m 计算,当气层的渗透率分别为 0.001mD、0.01mD、0.1mD、1.0mD、10mD 时气井的最大动用井距分别为 12m、78m、384m、750m、836m。如果地层压力增大,则气井动用范围有所增大。图 2-54 给出了不同渗透率储层在地层压力分别为 20MPa 和 30MPa 时的最大动用井距,广安气田须家河组气藏储层渗透率主要在 0.01~1.00mD 的范围内,综合上述计算,其合理的井距以 400~800m 为宜。

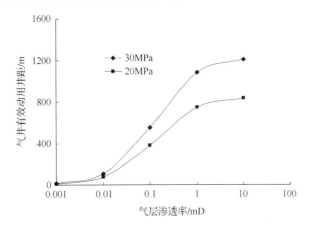

图 2-54　气井有效动用井距与气层渗透率的关系曲线

2.5　低渗透储层非线性渗流特征

2.5.1　单相气体渗流特征

不同岩心压力平方差梯度与流速的关系见图 2-55。从图 2-55 可以看出,低渗透干燥岩心中单相气体渗流曲线并不符合流速与压力平方差梯度的关系为一直线的特征,即由于气体滑脱效应的影响,在较低压力平方梯度下单相气体渗流出现了非达西流特征。

(1) 在实验压力范围之内,岩心压力平方差梯度与流速关系曲线由平缓的两段组成,即由较低压力平方差梯度下的上凸形非线性渗流曲线段向较高压力平方差梯度下的拟线性渗流直线段转变。

(2) 渗流曲线直线段的反向延长线在流速轴上有一个正截距,即压力平方梯度为 0 时存在一个拟初始流速 v_i,该初始流速反映了气体在干燥岩心中渗流时受

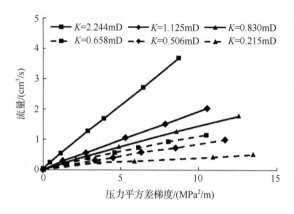

图 2-55　不同岩心压力平方差梯度与流速关系曲线

滑脱效应的影响。

（3）渗流曲线由较低压力平方差梯度下的曲线段平缓过渡到较高压力平方差梯度下的直线段，两者之间有一个交点，即存在一个从非线性渗流向拟线性渗流过渡的临界点，该点对应的压力平方差梯度称为临界压力平方梯度 $\Delta p^2/L$，对应的渗流速度为临界渗流速度 v_c。

从图 2-55 及非线性段和拟线性段的拟合结果看，在干燥岩心单相气体渗流条件下，渗透率对单相气体渗流曲线具有如下影响：

（1）岩心渗透率越大，相同压力平方差梯度下的气体流速越大，直线段的斜率也越大，即气体的渗流能力越好；

（2）随岩心渗透率的增加，非线性曲线段的长度变短，即非线性曲线段和拟线性直线段的交点向左移动，对应的临界压力平方梯度 $\Delta p^2/L$ 越来越小。

对几块不同渗透率岩心的渗流曲线进行了克氏回归，结果见图 2-56。

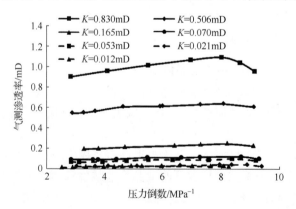

图 2-56　不同渗透率岩心克氏回归曲线

　　众所周知,低渗透气藏干燥岩心中单相气体渗流同时受毛管阻力和滑脱效应作用。从图 2-56 中的岩心克氏回归曲线不难看出,在较低的孔隙压力条件下,随压力的增加,岩心渗透率逐渐增加,毛管阻力作用大于滑脱效应作用;在较高的孔隙压力条件下,随压力的增加,岩心渗透率减小,气体滑脱效应起主要作用,但随孔隙压力的增加,气体滑脱效应逐渐减弱,即存在一个临界孔隙压力,当压力低于临界孔隙压力时,毛管阻力起主要作用;当压力高于临界孔隙压力时,滑脱效应起主要作用,临界点左右曲线反映的是不同的作用机理。对于本书所用实验岩心来说,该临界压力的倒数为 8~9,即对于低渗气藏干燥岩心来说反映不同作用机理的临界孔隙压力在 0.11MPa 左右。

2.5.2　有水条件下的渗流特征

　　在不同的含水饱和度下随着气驱压力的增大或减小,气体在岩心中的渗流具有不同的特征,图 2-57~图 2-61 给出了不同物性岩样的系列渗流曲线,从图 2-57~图 2-61 可以看出,当岩心含水饱和度较高时,其渗透率随着气驱压力的增加而逐渐增大,这是由于岩心中的水部分以可动水的形式存在,当施以岩心两端的压差大于相应孔隙启动压力时,岩心中的可动水便可克服毛管阻力的作用而流动;随着驱替的进行,岩心中的可动水越来越少,渗透率随压力的增加而增大的速度越来越慢。当含水饱和度低于一定程度时(达到束缚水状态),则渗透率随着压力的增加而逐渐减小,这主要是受滑脱效应的影响。

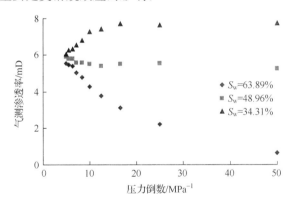

图 2-57　岩心 128-3 的 $1/p$ 与 K_g 关系图

　　经过对五块实验岩心分析发现(图 2-57~图 2-61),当含水饱和度大于 50%时,毛管阻力占主导地位,而滑脱效应的影响相对较小,图中反映为渗透率均随压力的增大而增大。随着驱替的进一步进行,岩心中的可动水进一步被驱出,岩心中许多大喉道中水都被驱出,此时渗透率随着驱替压力的增大而减小,滑脱效应占主导地位。在整个渗流过程中均存在毛管力和滑脱效应作用力的影响。

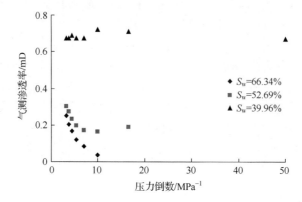

图 2-58　岩心 2-43/92-3 的 $1/p$ 与 K_g 关系图

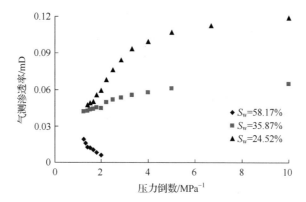

图 2-59　岩心 125-26 的 $1/p$ 与 K_g 关系图

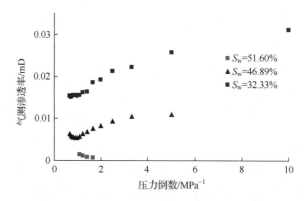

图 2-60　岩心 2-86/86-3 的 $1/p$ 与 K_g 关系图

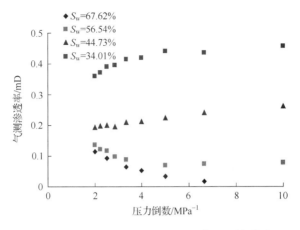

图 2-61　岩心 1-105/134-2 的 $1/p$ 与 K_g 关系图

如图 2-62 给出了岩心 2-86/86-3 在不同含水饱和度条件下的渗流曲线,从图 2-62(a)～图 2-62(c),岩心中的含水饱和度逐渐增大。分析压力倒数为 1.0～1.5/MPa 这个区间内曲线的变化形态,当 $S_w=51.6\%$ 时,气驱压力主要克服孔隙内的毛管力的作用,滑脱效应不明显,气测渗透率随压力的增大而增大;当 $S_w=46.89\%$ 和 $S_w=32.33\%$ 时,在该区间内的变化规律相同,都是随着压力的增大,气测渗透率逐渐减小,不同的是当 $S_w=32.33\%$ 时,气测渗透率减小的幅度要小一些。分析可以发现,产生这一现象的原因是:随着含水饱和度的降低,部分本来被水充满的小孔隙也解放出来,这些小孔隙对渗透率的降低幅度有一定减缓作用。如图 2-62(a)所示,当压力倒数小于 1.0/MPa 时,随着压力的增大,气测渗透率逐渐趋于一个平稳值,岩心中流体渗流逐渐进入拟线性流阶段。

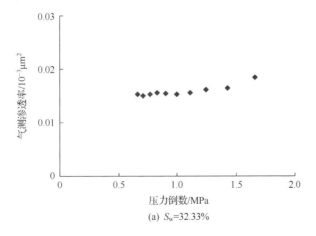

(a) $S_w=32.33\%$

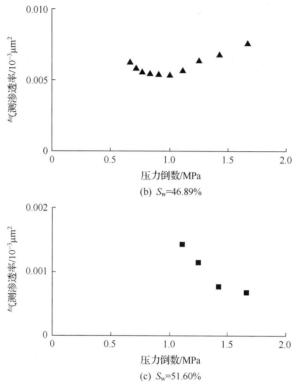

图 2-62　岩心 2-86/86-3 的渗流曲线

通过对岩样含水状态下气体渗流规律的实验研究表明：地层水的存在使得地层中的气、水接触关系变得复杂，气体不仅与固体孔道壁接触，同时也与孔隙中的地层水接触。在压力较低时，气体需克服束缚水产生的毛管阻力才能保持连续流动，在渗流曲线上表现为启动压差。随着驱替压力的进一步增加，气体渗透率增大，气、水接触关系发生变化，分布在较大喉道处封闭孔隙中气体的地层水逐渐变少，这部分地层水以水膜的形式分布在孔隙壁上，或者以毛管水状态充填那些更小的毛细管、喉道或盲端中，此时，较大喉道中的气体渗流相对变得通畅。当气液两相接触状态稳定以后，气体渗流受滑脱效应的影响，对应气体渗流曲线上随着压力的增加，渗透率逐渐减小。

2.6　裂缝对渗流的影响

2.6.1　微观可视化气驱水实验

对具有裂缝的非均质有水气藏的压力动态的研究，必然要求我们对该类气藏中的微观水侵机理进行研究。

大量生产资料证明生产井裂缝发育的主要产气层段也就是主要出水层段,而不是自下而上逐层水侵,在出水层下面或出水层段之间仍有含气的低渗层段,直接证明了裂缝水侵后对低渗岩块的孔、洞、小缝的剩余气的封隔。

低渗岩块孔、洞、小缝(或低孔低渗砂体)中的气是通过裂缝或高渗孔道产出的,而最先水侵的又是大裂缝或高渗孔道,这样,水侵堵塞了低渗孔洞缝中天然气产出的通道,同时水侵补充了大裂缝或高渗孔道中的压力,与岩块的压力相平衡后,气被封隔在低渗岩块中。

1. 试验流程

激光刻蚀微观物理模型的水驱气试验流程见图 2-63。

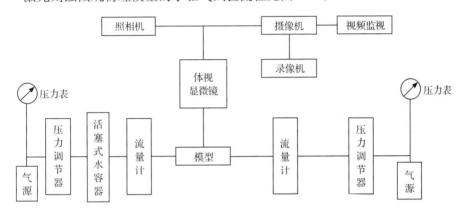

图 2-63　激光刻蚀微观物理模型的水驱气试验流程框图

2. 裂缝-孔隙模型水驱气试验

以真实岩心的铸体薄片照片所代表的孔隙结构为参照制作了二个裂缝-孔隙模型(1 号模型和 2 号模型)。1 号模型采用蒸馏水加甲基红作为驱替介质,2 号模型采用蒸馏水加甲基蓝作为驱替介质。

由于裂缝-孔隙模型的渗透率比均质孔隙型模型的要高,所以裂缝-孔隙模型的水驱气压力要比均质孔隙型模型要低得多。其中,1 号模型的初始驱替压力为 20kPa,2 号模型的初始驱替压力为 40kPa(均质孔隙模型达 0.1MPa)。在上述驱替压力下,水从管线进入模型入口大约需要时间 2h。当水进入模型入口时,水驱气开始。两个模型的水驱气机理,驱替现象基本一致。

裂缝-孔隙模型中裂缝是主要渗流通道,裂缝比均质孔隙中喉道具有更高的渗流能力,因此在裂缝-孔隙模型中,水进入模型入口后,便以极快的速度在模型中沿裂缝发生水窜现象。试验现象表明:在大约长 5cm 的模型中,从模型入口到出口,水窜时间在 10s 以内完成。

由于裂缝-孔隙模型具有亲水性,当水窜入模型后,水总是沿裂缝壁流动。同时水窜作用在储层中形成大量封闭气,从微观上看,绕流、卡断、孔隙盲端和连通性较差的孔隙,以及关井复压会压死部分气体等都是形成封闭气的原因。

3. 裂缝-孔隙模型水驱气主要渗流特征的认识

卡断形成封闭气。水窜入裂缝后,总是沿裂缝和孔隙表面流动,气体占据孔道中央流动。在比较粗糙的裂缝表面和孔隙喉道变形部位,由于贾敏效应产生附加阻力,使连续流动的气体发生卡断现象而形成封闭气。试验表明,提高驱替压差,在水动力作用下,卡断形成的封闭气可以进一步采出。另一方面,降低模型出口压力(相当于降低井底压力),卡断形成的封闭气能产生较大规模的膨胀和聚并,利用自身的膨胀能量可以将其采出,如图 2-64 所示。

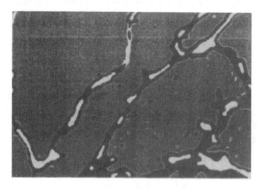

图 2-64　卡断形成封闭气

绕流形成封闭气。由于裂缝具有很高的导流能力,在较低的压差下,水就会窜入较大的裂缝,以较快的速度发生水窜,其结果会将许多孔隙和微细裂缝中的气体封闭起来,如图 2-65 所示。试验表明,提高驱替压差,可以进一步采出微细裂缝中由于绕流形成的封闭气;降低出口压力依靠封闭气膨胀能量也可采出部分绕流形成的封闭气。

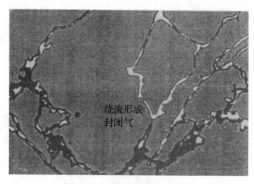

图 2-65　绕流形成封闭气

死孔隙形成封闭气。不连通的孔隙和孔隙盲端,也会形成一定数量的封闭气,并且不连通孔隙尤其是盲端形成的封闭气,通过提高驱替压差,也不能将其采出。因为提高驱替压差,实际上是表现为地层压力升高,这时死孔隙和盲端中的气体受到压缩而进一步向孔隙和盲端深处退缩,无法进入流动通道而依靠水驱能量将其带出。盲端形成的封闭气如图 2-66 所示。

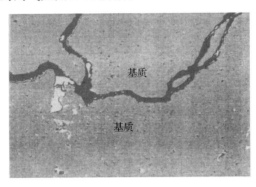

图 2-66　盲端形成封闭气

关井复压形成封闭气。在试验过程中,模拟了关井复压过程,即将出口端关闭,让模型出口端无流体产出,同时缓慢地非常平稳地适当提高出口端的压力(提高回压)。试验发现,关井后,水快速退回到模型,而且具有选择性,即总是沿着大裂缝和大孔道退回地层,将小孔道中的气体封闭起来。另外,退回的水还将部分气体压回地层中,出现反向渗流现象。回注的强弱取决于井底与地层的平衡压力,如果地层中的压力较高,退回的速度较慢,而且回注距离不大。如果地层压力较低,则气水退回地层的速度较快,退回距离较远,甚至达到边界。

关井复压后再开井,气水会重新产出。尤其是在主要渗流通道上退回的气水都可能采出。但是在那些连通状态较差的孔隙,退回后形成的封闭气就很难进一步采出。另一方面,虽然在试验模型中主要渗流通道上的气水容易采出,但是在实际地层中则相对困难,因为当气水进入井底后,再流到地面,需要较高的井底压力,如果这时的井底能量不够充分,就无法将气水举升到地面,其结果在环形空间上部形成气柱,下部形成积水,反过来给地层施加了一个附加回压,将会影响气水两相进一步向井底流动。

由此说明,一旦气藏发生水窜,井底见水,要维持气井产量,提高气藏采收率,气井切忌关井,尤其是地层能量不足,井底压力不高的气水同产井,一旦关井可能将其关死。提高驱替压差,提高排水强度采气才是较为理想的采气方式。

2.6.2　气水两相平面径向微观渗流可视化实验

水驱气实验压力为 0.55MPa,渗流半径为 10cm,压力梯度为 5.50MPa/m。

实验模型中心有一个直径为 4mm 的圆孔,见图 2-67(a)所示的浅色圆圈。实验用水采用蒸馏水加甲基蓝作为驱替介质。实验模型的圆周与模型夹持器形成一个约 0.5mm 的圆环,作为模型的排液道。实验模型是个标准的裂缝-孔隙模型。模型中心的基质具有比较均匀的孔隙分布,远离中心部位孔隙分布不均匀,同时模型在中心孔有四条裂缝并沿着径向向模型四周延伸。在远离模型中心部位,有裂缝与径向裂缝发生纵横交错。模型裂缝具有较高的导流能力。当驱替介质水在一定的压力作用下从模型中心孔进入模型后,在模型中心与排液道之间建立了驱替压差。

实验现象如下。在水驱气过程中,水从模型中心孔进入模型。由于模型在中心孔有四条裂缝存在,因此水在压力作用下优先进入四条裂缝。裂缝和基质相比具有较高的导流能力,因此水在裂缝中的流动速度比在基质孔隙中快得多。当水进入四条裂缝后,对基质进行了切割包围。由于基质具有亲水性,在毛细管力和水动力的作用下,在模型中心部位,水均匀地渗入基质孔隙,将其孔隙中的气体排出。排出的气体一方面在驱替压力的作用下向前流动,另一方面通过与水的渗吸交换进入裂缝中,在水动力的作用下沿裂缝向前流动。在模型均质的部分,水线推进比较均匀,水驱气效率比较高,估算可达 60% 左右,见图 2-67(b)所示的深色部分。平面径向渗流过程中基质的气水分布关系见图 2-68。

 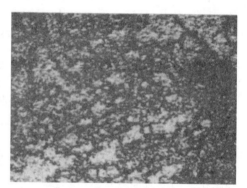

(a) t_1时刻　　　　　　　　　　　　　(b) t_2时刻($t_2 > t_1$)

图 2-67　平面径向渗流过程中的气水分布

当从模型均质部位均匀推进的水遇到与流动方向相交的裂缝时,水进入相交裂缝沿着裂缝流动而改变原来的流动方向。这条裂缝好像成为一条隔离墙而阻碍了气水的流动,也就是说,由于裂缝的存在,当水进入纵横交错的裂缝后,便将大量的基质中的天然气封闭起来而形成封闭气。从这一实验现象可以预见,在裂缝孔隙储层中,一旦底水或边水进入储层,水将沿着裂缝高速水窜而将大片基质中的天然气进行封闭,当水进入井底后,天然气产量必然急剧下降,产能必然急剧降低。对于低孔低渗裂缝性储层,这一现象更加明显,问题更加严重。沿着裂缝流动的

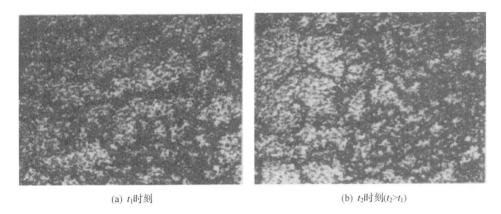

(a) t_1时刻　　　　　　　　　　　　(b) t_2时刻$(t_2>t_1)$

图 2-68　平面径向渗流过程中基质的气水分布关系

水,在渗流过程中遇到渗透性较好的区域或高渗透带,水也会进入高渗透带中而进行水驱气。在高渗透带中流动的水必然出现指进渗流现象。具体的气水两相渗流特征见图 2-69,图中深色部分是水,浅色部分是水没有波及的区域。

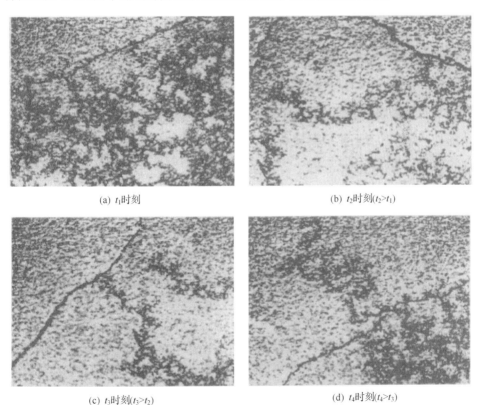

(a) t_1时刻　　　　　　　　　　　　(b) t_2时刻$(t_2>t_1)$

(c) t_3时刻$(t_3>t_2)$　　　　　　　　　(d) t_4时刻$(t_4>t_3)$

图 2-69　裂缝对气水两相渗流的影响

　　实验现象还表明,即使储层中有大片的基质岩块存在,但是由于受沉积环境、条件和时间的限制和沉积差异,无论从纵向还是横向上看,孔隙储层的非均质性宏观上是客观存在的。只要储层存在非均质性,一旦底水或边水侵入储层,就会造成水在储层中的指进渗流。当水进入井底后,气井产量也会下降,产能也会降低,但是和存在有裂缝沟通井底的裂缝性储层相比,其下降的速度相对要慢一些。对于低孔低渗储层,在储层还有一定产能的情况下,这时储层产水量往往不大。孔隙中的微观指进现象见图 2-70,图中深色部分是水,浅色部分是水没有波及的区域。

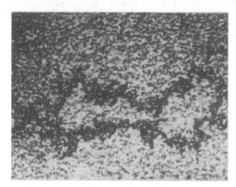 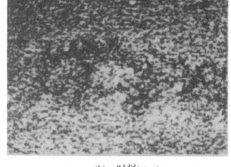

(a) t_1时刻　　　　　　　　　　　　　　(b) t_2时刻($t_2>t_1$)

图 2-70　孔隙中的微观指进渗流现象

2.7　储层供气机理与生产动态物理模拟研究

　　低渗透气田由于储层岩石孔隙结构复杂,其中的流体渗流也十分复杂,开发过程中存在非线性渗流特征,其渗流机理和供气动态目前尚未完全掌握,仍需开展深入的研究。为此,研究中除了利用常规的岩心流动实验进行渗流机理研究,更进一步地利用现代物理模拟技术,建立大型物理模拟模型及装置,结合低渗气藏储层地质特征,开展室内物理模拟实验,对非均质低渗气藏的生产规律及其影响因素进行综合分析和研究(李熙喆等,2010)。

2.7.1　物理模型的建立与实验方法

　　我国低渗透气田储层以陆相沉积为主,平面上非均质性强,纵向上存在多套储层,例如,苏里格气田,在辫状河砂岩大面积分布的背景下有效砂体的分布具有很强的非均质性,分布局限,连续性和连通性差,有效砂体以心滩类型为主,分布为孤立状,横向分布局限,有的心滩与河道下部粗岩相相连,部分沟通其他主砂体。对于钻遇多套气层的情况,由于不存在边底水的影响,一般也都同时射孔,进行多层合采,以提高气井产量。

根据上述地质模型,利用不同类型岩心进行"串联组合"和"并联组合",就可分别模拟平面非均质储层组合和多层合采的情况(图 2-71 和图 2-72)。

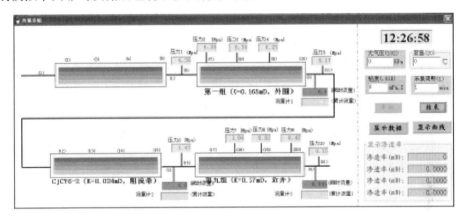

图 2-71　平面非均质物理模型示意图

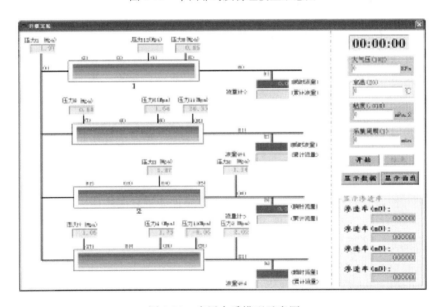

图 2-72　多层合采模型示意图

为此,研制了多个全直径长岩心夹持器(图 2-73),可依据研究设计需要进行灵活组合,形成不同的物理模型,模拟研究储层中气体的流动规律及其影响因素。该套岩心夹持器单个长度为 1m,其间等间距分布四个测压孔,可用于在线监测实验过程中不同位置的压力,整套装置耐压可达 50MPa,满足模拟一般低渗气藏压力的需要,可装入的岩心直径分别为 7cm 和 10cm 两种规格。

图 2-73　全直径长岩心实验装置

实验装置还包括数据采集系统、压力传感器、气体流量计、高压泵、中间容器、管线及阀门等。实验时根据不同模型的岩心渗透率组合连接实验流程,依据研究目的设置相关实验条件。主要实验过程如下:

(1) 测取岩心常规孔隙度和渗透率,选取合适岩心,组合成不同渗透率的岩心模型;

(2) 按设计的实验流程将岩心装入岩心夹持器,并连接好实验流程;

(3) 检查实验流程密封性,加围压,对岩心饱和气,达到模拟实验所需压力,然后静置一段时间,让其达到平衡;

(4) 打开出口,通过流量控制器控制出口流量进行衰竭生产;

(5) 定时记录或计算机采集每个位置的压力、生产时间、瞬时产气量、累计产气量等参数;

(6) 按设计实验步骤完成实验;

(7) 最后整理数据,进行分析。

2.7.2　非均质低渗气藏储层供气机理与影响因素研究

依据苏里格、广安须家河等气田储层地质特征,研究中建立了平面非均质储层模型和多层合采模型,分别模拟分析了储层物性差异、井位所处位置的差异、储层间致密阻流带和高含水带等因素对储层向气井供气的影响,以及储层应力敏感性和气井配产大小对生产的影响。

1. 储层物性差异模拟

利用不同渗透率岩样,分别建立了三组代表不同物性储层的模型,在相同流量生产条件下模拟生产。模型基础参数和模拟结果见表2-6。

表 2-6 不同渗透率模型模拟数据

模型编号	直径/cm	长度/cm	渗透率/mD	稳产期采出程度/%	最终采收率/%
1	7	50	0.076	16	48
2	10	20	0.113	74	93
3	10	60	1.080	94	99

三组模型初始孔隙压力均为20MPa,实验均以初始流量为1000mL/min的配产模拟生产,结果表明,由于模型渗透率的差异,模拟的稳产时间及稳产期采出程度产生很大的差异,储层渗透率越高,稳产期越长,采出程度越高。从第一组与其他两组的比较可以看出,当储层渗透率小于0.1mD后,其生产指标大大变差,稳产时间很短,稳产期采出程度很低(图2-74)。

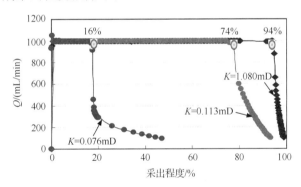

图 2-74 不同渗透率模型模拟生产曲线

通过该组实验表明:储层渗透率是制约气井生产的主控因素,其渗流能力控制气层产气能力,气层渗透率越低供气能力越差,则气井的稳产能力越弱,稳产期末采出程度也较低。

2. 井位差异模拟

利用不同渗透率岩心进行拼接,按渗透率大小顺序排列,组成非均质储层模型,如图2-75所示。分别以两端为出口,在相同流量生产条件下模拟生产,生产曲线如图2-76所示。从图中可以看出,以高渗端为出口开采明显优于在低渗端开采,相同初始配产($Q=800\text{mL/min}$),高渗端开采时稳产期为100min,比低渗端开采时的 40min 延长了 60%,同时稳产期的采出程度由 29.8% 提高到 82.0%,大幅度地提高了 52.2 个百分点。开采到废弃产量时(初始配产产量的 10%),最终采收率由 76.5% 提高到 91.1%(表 2-7)。由此可见,对于苏里格气田这类储层非均质性很强的气田,优选井位是非常关键的,应尽可能通过储层精细描述与研究,将气井井位确定在高渗砂体上,以获得更好的开发效益。

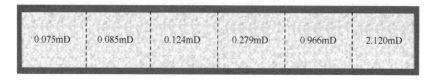

| 0.075mD | 0.085mD | 0.124mD | 0.279mD | 0.966mD | 2.120mD |

图 2-75　非均质储层模型

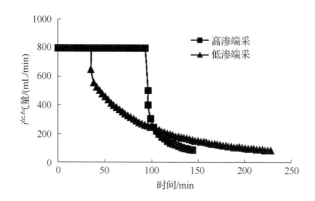

图 2-76　分别以非均质储层模型两端为出口模拟生产曲线

表 2-7　分别以非均质储层模型两端为出口模拟生产结果

出口位置	稳产时间/min	稳产期采出程度/%	最终采出程度/%
高渗端	98	82.0	91.1
低渗端	35	29.8	76.5

3. 阻流带对储层供气能力的影响

陆相河道沉积储层由于河道的摆动,有效砂体可能产生多种连通叠置模拟,其间可能存在一些致密阻流带(非有效储层)。如图 2-77 所示,当气井钻遇砂体 A 进行生产时,砂体 B 也可能向该气井供气,由于两砂体不是完全有效连通,之间可能存在致密砂岩带或泥岩条带(阻流带),该阻流带对砂体间的供气能力、对气井的生产有何影响目前尚未掌握。为此,设计了图 2-78 所示的阻流带实验模型——两端"有效砂体"岩心分别长 100cm,出口端一组岩心渗透率为 0.27mD,外围远端岩心渗透率为 0.165mD,中间阻流带岩心渗透率为 0.024mD,长度为 20cm。实验对比了中间有无阻流带对生产的影响。

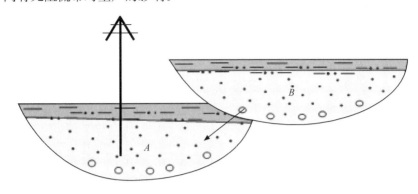

图 2-77 有效砂体叠置模式图

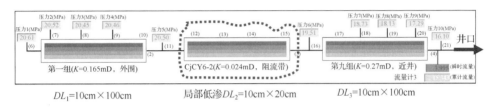

图 2-78 阻流带实验模型

图 2-79 是有阻流带和没有阻流带两组实验的模拟生产曲线,初始配产为
4000mL/min。实验结果表明,当中间存在阻流带时,会使稳产时间缩短 23%,稳
产期采出程度也会降低;达到最终废弃产量时(初始配产的 10%),有效生产时间
缩短了 30%,最终采收率减少了 23.9%(表 2-8),可见阻流带对储层供气能力具有
较大的影响。

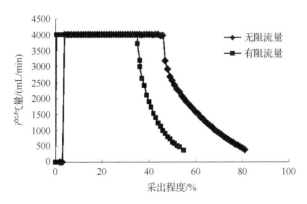

图 2-79 有无阻流带模拟生产曲线对比

表 2-8　有无阻流带模拟实验参数

模型	稳产时间/min	稳产期采出程度/%	最终生产时间/min	最终采出程度/%
无阻流带	31	42.4	128	79.1
有阻流带	24	32.4	89	55.2
参数对比	短 23%	低 10%	短 30%	低 23.9%

4. 储层高含水对生产的影响

致密砂岩储层随着其孔隙内含水饱和度的增加,气相渗透率会急剧下降,通过岩心实验可以发现,岩心气相渗透率随含水饱和度增加急剧下降,当岩心渗透率小于 1mD 时表现尤为突出,例如,常规空气渗透率 0.1mD 左右的岩心在含水饱和度大于 50% 以后气相渗透率降为 0.01mD 以下,当含水饱和度达到 80% 时的气相渗透率降为 0.0001mD,下降幅度上百倍至千倍(图 2-80)。

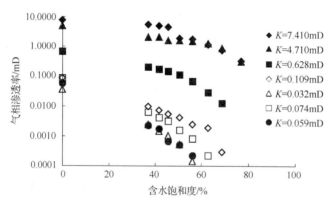

图 2-80　砂岩岩心气相渗透率与含水饱和度关系

研究中设计了在模型中部部分高含水的模拟实验,将模型中部的岩心侧面水侵或端面水侵形成高含水区域,然后进行模拟气藏衰竭开采实验,并与没有水侵的实验组进行对比,结果见图 2-81 和图 2-82。局部岩心高含水以后,影响远端气体采出,致使整个模型稳产期缩短,稳产结束后产量迅速下降。当水侵面是沿岩心供气方向侧面水侵时,水占据的是岩心的部分气相渗流通道,对生产的影响不是很大;当水侵面是垂直供气方向的岩心端面时,则在局部形成几乎完全饱和水的端面区,水封堵气相渗流通道,离出口远端的外围气体只有达到一定生产压差突破水封后才能流向出口,并且其动用非常缓慢,随时间的采出程度曲线明显低于另外两种情况(图 2-82)。

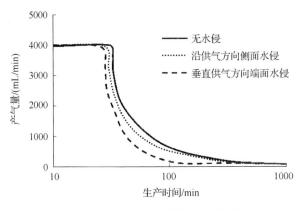

图 2-81　高含水模型模拟生产曲线

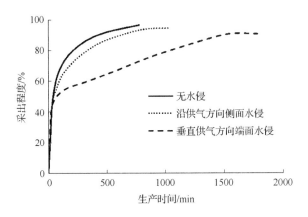

图 2-82　高含水模型采出程度曲线对比

5. 多层合采模拟

通过多组岩心并联,可形成多层合采模型。研究中采用两组岩心分别对两层合采和单层开采的模拟实验表明,定产量生产时,单层稳产时间短,稳产期结束后,产量则迅速下降;两层合采时具有较强的稳产能力,稳产期结束后也比单层的产量高(图 2-83)。如果定压生产,开采初期,合采产量远远小于单层分采的产量之和,说明合采时各单层的产能受到一定的抑制(李熙喆等,2010);随着开采时间的延长,由于单层供气能量有限,产量则迅速下降,而合采则能保持较好的产量,具有较强的稳产能力(图 2-84)。

不同压力层合采时层间具有明显的干扰现象,当井口产量即合采产量较高时,各分层都有产气,但初始阶段高压层产量高,随时间延长迅速下降;而低压层产量开始逐渐上升,达到某一临界点(各层压力趋于一致),产量达到最大,而后两层

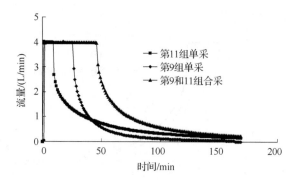

图 2-83　定产量生产多层合采与单层生产产量曲线图

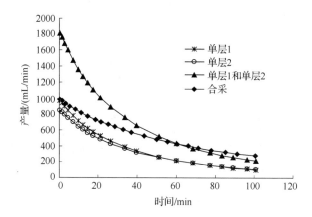

图 2-84　定压生产多层合采与单层生产产量曲线图

的产量趋于一致,具有相同的供气能力。当井口产量较小时,低压层的产气能力进一步受到抑制,初始时刻高压层的产量很高,高于井口产量,而低压层的产量为负值,说明高压层产出的气体部分"倒灌"进入低压层,使低压层压力上升,达到某一压力平衡点后,低压层逐渐发挥产气能力,随着开采时间的延长,各小层压力趋于一致,产能得到均匀发挥(图 2-85)。原始地层条件下各小层的压力差异越大,这种层间干扰越严重。

　　如果气层间物性存在较大差异,合采时各层向气井的能力也会不同,以第 9 组和第 11 组为例,两组模型合采时其压力下降剖面是不一致的,同一生产时间,相对高渗层压力下降快,相对低渗层的压力下降慢(图 2-86),说明渗透率高的层向外泄气快,对气井的供气能力强。通过系列层间物性差异的合采模拟,可得到不同物性层产气贡献率与储层渗透率的关系,图 2-87 是固定 K_1 层渗透率为 0.1mD 不变,K_2 层渗透率变换后两层合采时,各单层的产气贡献率与 K_2 层渗透率变化的关系,随着 K_2 层渗透率的增大,其产气贡献率逐渐增大,相对的 K_1 层的产气贡献

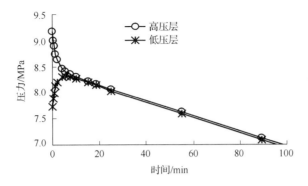

图 2-85 初始压力不同的产层合采时各层压力变化曲线图

率逐渐减小。两曲线以等值渗透率点为交点形成"剪刀形",交点处各层产气贡献率基本相等,向两边则是相对高渗层产气贡献率就大,两层间渗透率差异越大,产气贡献率的剪刀差也越大。

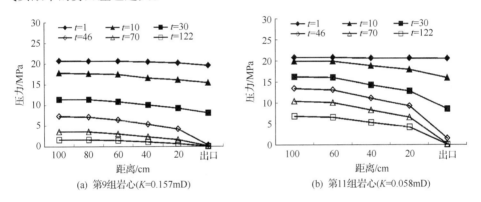

(a) 第9组岩心(K=0.157mD) (b) 第11组岩心(K=0.058mD)

图 2-86 不同渗透率气层合采时的压力下降剖面

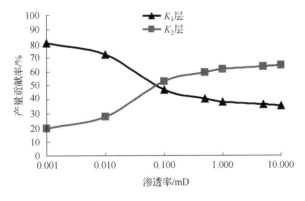

图 2-87 不同渗透率气层合采时的产气贡献率

第 3 章　低渗透气藏单相非线性稳定渗流理论

3.1　单相线性稳定渗流规律和数学模型

1. 连续性方程

$$\mathrm{div}(\rho_g \boldsymbol{v}) = 0 \tag{3-1}$$

式中，$\boldsymbol{v}$ 为流速；ρ_g 为气体密度。

2. 运动方程

$$v = -\frac{k}{\mu}\nabla p \tag{3-2}$$

式中，k 为气层渗透率(m^2)；μ 为平均压力下气体黏度；ρ_{gsc} 为标准状态下的气体密度。

3. 状态方程

$$\rho_g = \frac{T_{sc} Z_{sc} \rho_{gsc}}{P_{sc}} \frac{p}{TZ} \tag{3-3}$$

式中，T_{sc} 为标准状态下温度(K)；P_{sc} 为标准压力(Pa)；T 为气层温度(K)；Z 为平均压力下气体的压缩因子，无因次。

4. 典型渗流数学模型的建立

将运动方程和状态方程代入到质量守恒方程中，并且引入气体的等温压缩系数：

$$C_\rho = \frac{-\dfrac{\mathrm{d}V}{V}}{\mathrm{d}p} = -\frac{1}{V}\frac{\mathrm{d}V}{\mathrm{d}p} = \frac{1}{p} - \frac{1}{Z}\frac{\mathrm{d}Z}{\mathrm{d}p} \tag{3-4}$$

对空间相推导：

$$\frac{\partial(\rho_g v_x)}{\partial x} + \frac{\partial(\rho_g v_y)}{\partial y} + \frac{\partial(\rho_g v_z)}{\partial z} = -\frac{T_{sc} Z_{sc} \rho_{gsc} k}{P_{sc} T}\nabla\left[\frac{p}{\mu(p)Z(p)}\nabla p\right] \tag{3-5}$$

引入拟压力函数：

$$m^* = 2\int\frac{p}{\mu(p)Z(p)}\mathrm{d}p = \frac{p^2}{\mu z} \tag{3-6}$$

空间相可变为

$$\frac{\partial(\rho_g v_x)}{\partial x} + \frac{\partial(\rho_g v_y)}{\partial y} + \frac{\partial(\rho_g v_z)}{\partial z} = -\frac{T_{sc} Z_{sc} \rho_{gsc} k}{P_{sc} T}(\nabla^2 m^*) \qquad (3-7)$$

可得到总的控制方程为

$$\nabla^2 m^* = 0 \qquad (3-8)$$

建立数学模型的基本假设条件如下：①忽略重力和毛管压力；②不考虑井筒存储和表皮效应的影响；③气藏为各向同性均质的。

5. 边界条件

针对气体低速非达西径向渗流的解析解，有如下两种边界情况。

（1）内外边界定压力条件：

$$r = r_w, \quad p = p_w, \quad m^* = m_w^*$$
$$r = r_e, \quad p = p_e, \quad m^* = m_e^*$$

式中，r_w 为气井半径（m）；r_e 为边界半径（m）；p_w 为井底压力（Pa）；p_e 为地层压力（Pa）。

（2）内边界定产量外边界定压力条件：

$$r = r_w, \quad \frac{\partial p}{\partial r} = \frac{\mu q}{2\pi k h r_w}$$
$$r = r_e, \quad p = p_e, \quad m^* = m_e^*$$

式中，h 为气层厚度（m）。

天然气的体积流量是随压力发生变化的，在稳定渗流条件下，其质量流量不发生变化，故满足下列表达式：

$$\rho_g q = \rho_{gsc} q_{sc}$$

式中，q_{sc} 为标准条件下气井流量（m^3/s）。

将 $\rho_g = \dfrac{T_{sc} Z_{sc} \rho_{gsc}}{p_{sc}} \dfrac{p}{TZ}$ 代入上式，并用 p_e 近似代换 p，可得到气体在井底下的体积流量为

$$q = \frac{p_{sc} TZ}{p_e T_{sc} Z_{sc}} q_{sc}$$

由拟压力函数可得

$$\frac{\mathrm{d}m^*}{\mathrm{d}r} = 2 \frac{p_e}{\mu Z} \frac{\mathrm{d}p}{\mathrm{d}r}$$

故内边界定产量外边界定压力的边界条件可变换为

$$r = r_w, \quad \frac{\mu Z}{2 p_e} \frac{\mathrm{d}m^*}{\mathrm{d}r} = \frac{\mu q_{sc} p_{sc} TZ}{2\pi k h r_w p_e T_{sc} Z_{sc}}$$
$$r = r_e, \quad p = p_e, \quad m^* = m_e^*$$

3.2　气体非线性稳定渗流方程及其典型解

3.2.1　气体平面单向稳定非线性渗流规律

在气藏开发过程中,气体平面单向稳定非线性渗流方程为

$$-\frac{\mathrm{d}p}{\mathrm{d}x}=\frac{\mu}{K}v+\xi\rho_{\mathrm{g}}v^2 \tag{3-9}$$

式中

$$\xi=\frac{4.405\times10^{-5}}{K^{1.105}}$$

$$v=\frac{q_{\mathrm{m}}}{\rho_{\mathrm{g}}wh}=\frac{\rho_{\mathrm{gsc}}q_{\mathrm{sc}}}{\rho_{\mathrm{g}}wh}$$

$$\rho_{\mathrm{g}}=\frac{T_{\mathrm{sc}}Z_{\mathrm{sc}}\rho_{\mathrm{gsc}}}{p_{\mathrm{sc}}}\frac{p}{TZ}$$

则

$$v=\frac{p_{\mathrm{sc}}ZT}{whZ_{\mathrm{sc}}T_{\mathrm{sc}}p}q_{\mathrm{sc}} \tag{3-10}$$

将式(3-10)代入渗流方程中得

$$-\frac{\mathrm{d}p}{\mathrm{d}x}=\frac{\mu}{K}\frac{p_{\mathrm{sc}}ZT}{whZ_{\mathrm{sc}}T_{\mathrm{sc}}p}q_{\mathrm{sc}}+\frac{4.405\times10^{-5}}{K^{1.105}}\frac{\rho_{\mathrm{gsc}}p_{\mathrm{sc}}ZT}{w^2h^2Z_{\mathrm{sc}}T_{\mathrm{sc}}p}q_{\mathrm{sc}}^2 \tag{3-11}$$

引入拟压力函数的表达式

$$m^*=2\int\frac{p}{\mu(p)Z(p)}\mathrm{d}p=\frac{p^2}{\mu z} \tag{3-12}$$

对式(3-12)进行分离变量并积分整理得

$$m_{\mathrm{e}}^*-m_{\mathrm{w}}^*=\frac{2L}{K}\frac{p_{\mathrm{sc}}T}{whZ_{\mathrm{sc}}T_{\mathrm{sc}}}q_{\mathrm{sc}}+\frac{4.405\times10^{-5}}{K^{1.105}}\frac{2\rho_{\mathrm{gsc}}p_{\mathrm{sc}}T}{w^2h^2Z_{\mathrm{sc}}T_{\mathrm{sc}}\mu}Lq_{\mathrm{sc}}^2$$

式中,A 为渗流面积,$A=wh$;w 为地层宽度;h 为地层厚度。

3.2.2　气体平面径向稳定非线性渗流规律

在气藏开发过程中,井底附近基本上都呈现平面径向流。因此气体的高速非线性渗流方程可表示为

$$-\frac{\mathrm{d}p}{\mathrm{d}r}=\frac{\mu}{K}v+\xi\rho_{\mathrm{g}}v^2 \tag{3-13}$$

一般认为径向流截面的气体质量流量相等,则

$$v=\frac{q_{\mathrm{m}}}{\rho_{\mathrm{g}}2\pi rh}=\frac{\rho_{\mathrm{gsc}}q_{\mathrm{sc}}}{\rho_{\mathrm{g}}2\pi rh} \tag{3-14}$$

将式(3-14)代入式(3-13)可得

$$-\frac{\mathrm{d}p}{\mathrm{d}r}=\frac{\mu}{K}\frac{p_{\mathrm{sc}}ZT}{2\pi rhZ_{\mathrm{sc}}T_{\mathrm{sc}}p}q_{\mathrm{sc}}+\xi\frac{\rho_{\mathrm{gsc}}p_{\mathrm{sc}}ZT}{4\pi^2r^2h^2Z_{\mathrm{sc}}T_{\mathrm{sc}}p}q_{\mathrm{sc}}^2 \tag{3-15}$$

对式(3-15)进行分离变量并积分,整理得

$$m_{\mathrm{e}}^{*} - m_{\mathrm{w}}^{*} = \frac{1}{K} \frac{p_{\mathrm{sc}}T}{\pi h Z_{\mathrm{sc}}T_{\mathrm{sc}}} \ln\frac{r_{\mathrm{e}}}{r_{\mathrm{w}}}q_{\mathrm{sc}} + \frac{4.405\times10^{-5}}{K^{1.105}} \frac{\rho_{\mathrm{gsc}}p_{\mathrm{sc}}T}{2\pi^{2}h^{2}Z_{\mathrm{sc}}T_{\mathrm{sc}}\bar{\mu}}\left(\frac{1}{r_{\mathrm{w}}^{2}} - \frac{1}{r_{\mathrm{e}}^{2}}\right)q_{\mathrm{sc}}^{2}$$

$$(3\text{-}16)$$

3.2.3　非线性渗流与线性渗流的比较

对于线性渗流,其产能与压力的关系方程为

$$p(r)^{2} = p_{\mathrm{e}}^{2} + \frac{\mu Z T q_{\mathrm{sc}}p_{\mathrm{sc}}}{\pi k h T_{\mathrm{sc}}Z_{\mathrm{sc}}}\ln\left(\frac{r}{r_{\mathrm{e}}}\right) \qquad (3\text{-}17)$$

而对于考虑气体近井地带高速流动的非达西渗流时,其产能与压力的关系为

$$m_{\mathrm{e}}^{*} - m_{\mathrm{w}}^{*} = \frac{1}{K} \frac{p_{\mathrm{sc}}T}{\pi h Z_{\mathrm{sc}}T_{\mathrm{sc}}} \ln\frac{r_{\mathrm{e}}}{r_{\mathrm{w}}}q_{\mathrm{sc}} + \frac{4.405\times10^{-5}}{K^{1.105}} \frac{\rho_{\mathrm{gsc}}p_{\mathrm{sc}}T}{2\pi^{2}h^{2}Z_{\mathrm{sc}}T_{\mathrm{sc}}\bar{\mu}}\left(\frac{1}{r_{\mathrm{w}}^{2}} - \frac{1}{r_{\mathrm{e}}^{2}}\right)q_{\mathrm{sc}}^{2}$$

$$(3\text{-}18)$$

代入某实际区块气藏物性参数(表 3-1),考虑气体高速非达西渗流条件下与达西渗流条件下气井产能对比。

表 3-1　气藏物性参数

基础参数	数值	基础参数	数值
地层压力	25MPa	气体压缩因子	0.89
有效厚度	10m	生产井流压	15MPa
气层渗透率	4mD	地层温度	396K
气藏泄压半径	1000m	标态下气体密度	0.78g/cm³
井筒半径	0.1m	气体黏度	0.027mPa·s

从图 3-1 中可以看出,与达西渗流条件下气井产能相比,考虑气体高速非达西

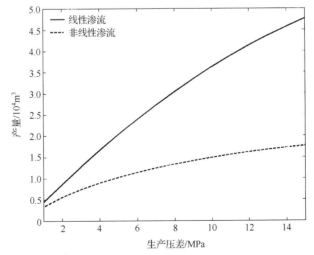

图 3-1　达西与非达西渗流条件下气井产量随压差变化曲线

渗流时,气井产能较低,更符合实际生产情况。

3.2.4 直井产能模型方程

1. 直井产能公式推导

直井周围的气体流动认为是平面径向流,因此采用式(3-18)作为气藏直井的产能公式:

$$m_e^* - m_w^* = \frac{1}{K}\frac{p_{sc}T}{\pi h Z_{sc}T_{sc}}\ln\frac{r_e}{r_w}q_{sc} + \frac{4.405\times10^{-5}}{2K^{1.105}}\frac{\rho_{gsc}p_{sc}T}{\pi^2 h^2 Z_{sc}T_{sc}\bar{\mu}}\left(\frac{1}{r_w^2}-\frac{1}{r_e^2}\right)q_{sc}^2$$

设

$$A = \frac{4.405\times10^{-5}}{2K^{1.105}}\frac{\rho_{gsc}p_{sc}T}{\pi^2 h^2 Z_{sc}T_{sc}\bar{\mu}}\left(\frac{1}{r_w^2}-\frac{1}{r_e^2}\right)$$

$$B = \frac{1}{K}\frac{p_{sc}T}{\pi h Z_{sc}T_{sc}}\ln\frac{r_e}{r_w}$$

$$C = -m_e^* + m_w^*$$

则

$$q_{sc} = \frac{-B+\sqrt{B^2-4AC}}{2A}$$

2. 直井产能影响因素分析

控制因素影响分析中采用的基本数据同表 3-1。

图 3-2 是渗透率不同时气井产能与生产压差的关系。在渗透率为 1mD、4mD、8mD 和 10mD 下,生产压差为 5～20MPa 时得到的产能。当渗透率不变时,产能随着生产压差的增加而增大,同时在生产压差一定时,渗透率越大,产能越大。

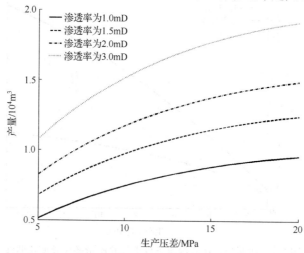

图 3-2 渗透率不同时生产压差与产能的关系

图 3-3 是黏度不同时气井产能与生产压差的关系。在黏度为 0.017mPa·s、0.027mPa·s、0.037mPa·s 和 0.050mPa·s 下,生产压差为 5～20MPa 时得到的产能。当黏度不变时,产能随着生产压差的增加而增大,同时在生产压差一定时,黏度越大,产能越小。

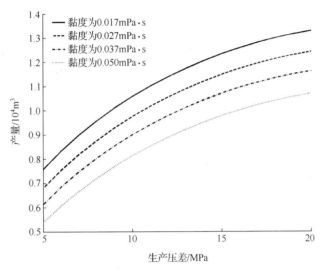

图 3-3　黏度不同时生产压差与产能的关系

图 3-4 是储层厚度不同时气井产能与生产压差的关系。在厚度为 5m、10m、15m、20m,生产压差由 5～20MPa 时得到的产能。当厚度不变时,产能随着生产压差的增加而增大,同时在生产压差一定时,厚度越大,产能越大。

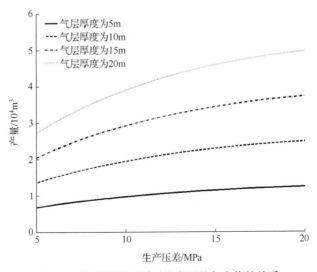

图 3-4　储层厚度不同时生产压差与产能的关系

3.3　非达西条件下水平井单相气体稳定渗流

3.3.1　水平井单相气体稳定渗流方程

根据刘慈群的理论,将水平井的流体流动看成在水平井周围地层中形成对称的共焦点的旋转等压椭球面和双曲面流线族。直角坐标系和椭球坐标系的关系为

$$\begin{cases} x = a\cos\eta \\ r = (y^2 + z^2)^{\frac{1}{2}} = b\sin\eta \end{cases} \qquad \begin{cases} a = c\mathrm{ch}\zeta \\ b = c\mathrm{sh}\zeta \end{cases}$$

旋转椭球的体积为

$$V = \frac{4}{3}\pi ab^2 = \frac{4}{3}\pi c^3\ \mathrm{sh}^2\zeta\mathrm{ch}\zeta \tag{3-19}$$

其等价的表面积为

$$A = 4\pi a\bar{r} = 8c^2\mathrm{sh}\zeta\mathrm{ch}\zeta \tag{3-20}$$

式中,$\bar{r}$ 为平均短轴半径

$$\bar{r} = \frac{2}{\pi}\int_0^{\frac{\pi}{2}} r\mathrm{d}\eta = \frac{2b}{\pi} = \frac{2c}{\pi}\mathrm{sh}\zeta \tag{3-21}$$

平均渗流速度和压力梯度公式,用椭球坐标 ζ 表示为

$$v = \frac{q_{\mathrm{m}}}{8c^2\mathrm{sh}\zeta\mathrm{ch}\zeta} = \frac{\rho_{\mathrm{gsc}}q_{\mathrm{sc}}}{\rho_{\mathrm{g}}8c^2\mathrm{sh}\zeta\mathrm{ch}\zeta} \tag{3-22}$$

$$-\frac{\mathrm{d}p}{\mathrm{d}r} = \frac{\mu}{K}v + \xi\rho_{\mathrm{g}}v^2 \tag{3-23}$$

式中,$\rho_{\mathrm{g}} = \dfrac{T_{\mathrm{sc}}Z_{\mathrm{sc}}\rho_{\mathrm{gsc}}}{p_{\mathrm{sc}}}\dfrac{p}{TZ}$。则式(3-22)可写为

$$v = \frac{q_{\mathrm{sc}}}{8c^2\mathrm{sh}\zeta\mathrm{ch}\zeta}\frac{p_{\mathrm{sc}}}{T_{\mathrm{sc}}Z_{\mathrm{sc}}}\frac{TZ}{p} \tag{3-24}$$

将式(3-24)代入式(3-23)可得

$$-\frac{\mathrm{d}p}{\mathrm{d}r} = \frac{\mu}{K}\frac{q_{\mathrm{sc}}}{8c^2\mathrm{sh}\zeta\mathrm{ch}\zeta}\frac{p_{\mathrm{sc}}}{T_{\mathrm{sc}}Z_{\mathrm{sc}}}\frac{TZ}{p} + \xi\frac{1}{64c^4}\frac{1}{\mathrm{sh}^2\zeta\ \mathrm{ch}^2\zeta}\frac{p_{\mathrm{sc}}}{T_{\mathrm{sc}}Z_{\mathrm{sc}}}\frac{TZ}{p}q_{\mathrm{sc}}^2 \tag{3-25}$$

引入拟压力函数的表达式

$$m^* = 2\int\frac{p}{\mu(p)Z(p)}\mathrm{d}p = \frac{p^2}{\mu z} \tag{3-26}$$

对式(3-25)进行分离变量并积分整理得

$$m_{\mathrm{e}}^* - m_{\mathrm{w}}^* = \frac{1}{8c^2}\frac{p_{\mathrm{sc}}}{KT_{\mathrm{sc}}Z_{\mathrm{sc}}}\Big[\ln(\tanh\zeta_{\mathrm{i}}) - \ln(\tanh\zeta_0)\Big]q_{\mathrm{sc}} + \frac{4.405\times10^{-5}}{K^{1.105}}$$

$$\frac{1}{64c^4}\frac{p_{\mathrm{sc}}}{T_{\mathrm{sc}}Z_{\mathrm{sc}}\bar{\mu}}\Big[2\tanh\zeta_0 - 2\tanh\zeta_{\mathrm{i}} + \frac{1}{\sinh\zeta_0\cosh\zeta_0} - \frac{1}{\sinh\zeta_{\mathrm{i}}\cosh\zeta_{\mathrm{i}}}\Big]q_{\mathrm{sc}}^2$$

$$\tag{3-27}$$

3.3.2 水平井产能方程

1. 水平井产能公式推导

由式(3-27)可以看出,水平井标准状态下的产能 q_{sc} 可由二次多项式的求解公式得出,即

$$q_{sc} = \frac{-b + \sqrt{b^2 - 4ac}}{2a} \qquad (3-28)$$

式中

$$a = \frac{4.405 \times 10^{-5}}{K^{1.105}} \frac{1}{64c^4} \frac{p_{sc}}{T_{sc} Z_{sc} \mu} \Big[2\tanh\zeta_0 - 2\tanh\zeta_i + \frac{1}{\sinh\zeta_0 \cosh\zeta_0} - \frac{1}{\sinh\zeta_i \cosh\zeta_i} \Big]$$

$$b = \frac{\mu}{K} \frac{1}{8c^2} \frac{p_{sc}}{T_{sc} Z_{sc}} \big[\ln(\tanh\zeta_i) - \ln(\tanh\zeta_0) \big]$$

$$c = -m_e^* + m_w^*$$

其中,ϕ 为孔隙度;S_w 为水饱和度;K_f 为水平井筒内的空气渗透率;υ 为流体的速度;q 为水平井筒内的流量;r_w 为水平井筒的半径;l 为水平井水平段的长度;ζ_w 为椭圆内边界;ζ_i 为椭圆外边界;p_{wf} 为水平段端点压力;p_i 为椭圆外边界压力;m_{wf}^* 为水平段端点拟压力;m_i^* 为椭圆外边界拟压力。

2. 水平井产能影响因素分析

控制因素影响分析中采用的基本数据如表 3-2 所示。

表 3-2 水平井控制因素影响分析基础参数表

基础参数	数值	基础参数	数值
地层压力	25MPa	水平井长度	500m
气井有效厚度	10m	标态下温度	293K
气层渗透率	4mD	地层温度	396K
气藏泄压半径	1000m	标态下气体密度	0.78g/cm³
井筒半径	0.1m	气体黏度	0.027mPa・s
气体压缩因子	0.89	生产井流压	15MPa

图 3-5 是渗透率不同时气井产能与生产压差的关系。在渗透率为 1mD、4mD、8mD 和 10mD 下,生产压差为 5~20MPa 时得到的产能。当渗透率不变时,产能随着生产压差的增加而增大,同时在生产压差一定时,渗透率越大,产能越大。

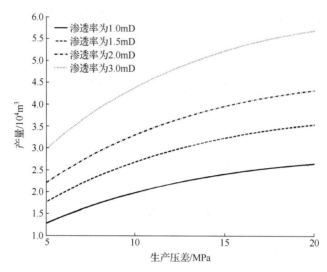

图 3-5　渗透率不同时生产压差与水平井产能的关系

图 3-6 是裂缝半长不同时气井产能与生产压差的关系。在裂缝半长为 80m、100m、120m 和 140m 下,生产压差为 5~20MPa 时得到的产能。当裂缝半长不变时,产能随着生产压差的增加而增大,同时在生产压差一定时,裂缝半长越大,产能越大。

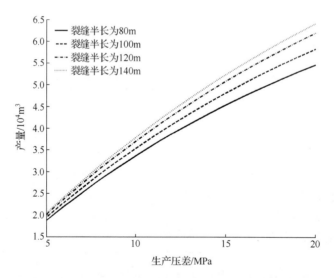

图 3-6　裂缝半长不同时生产压差与水平井产能的关系

3.4　非达西条件下压裂井单相气体稳定渗流

随着低渗透气藏开发的不断进行,单纯采用直井开采已经满足不了经济开发的要求,因而,为了增加单井产能,可采取压裂措施。直井压裂(压裂效果示意图见图 3-7)可以有效增加地下流体的渗流通道,增大井筒附近地层的渗透性,改善地下的渗流条件,进一步提高单井产量和最终采收率。

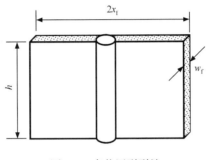

图 3-7　直井压裂裂缝

3.4.1　低渗透气藏基质——裂缝耦合定常渗流数学模型

根据低渗透气藏流动特点,其储层与压裂井中的流体流动可以分为三个部分:①人工压裂裂缝内的高速非达西渗流;②裂缝控制椭圆范围内的低速非达西渗流;③远离裂缝位置的流体流入裂缝控制范围椭圆的非达西渗流(图 3-8)。

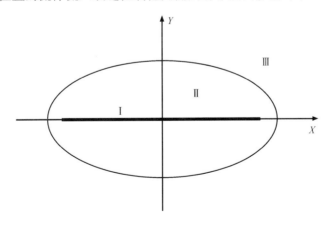

图 3-8　压裂井三区渗流示意图

数学模型的基本假设条件如下:
(1) 地层均质且各向同性;

（2）忽略重力和毛管压力，不考虑井筒存储和表皮效应的影响；

（3）裂缝关于井筒对称分布，具有有限导流能力，且位于气层中部。

1. 人工压裂裂缝内的高速非达西渗流

前人从大量的实验中发现达西定律并不是在任何情况下都适用。当渗流速度超过一定值后，速度与压力梯度之间的线性关系开始破坏，实验曲线开始偏离越多。人们经过大量的实验和理论推导，得出了上述地层流体非线性渗流的各种表达式，其中以二项式的高速非线性渗流模型用的最为广泛：

$$-\nabla p = \frac{\mu}{K}v + \xi\rho v^2 \tag{3-29}$$

式中，ξ 为高速非线性渗流系数即惯性系数，若有变化，则非线性渗流模型随之改变。研究中采用了 Frederic 等提出的方法来计算，具体的表达式为

$$\xi = \frac{4.405\times10^{-5}}{K^{1.105}} \tag{3-30}$$

人工压裂裂缝中的高速非线性渗流模型可简化为一维的情况。

气体的连续性方程：

$$\frac{\mathrm{d}(\rho v)}{\mathrm{d}x} = 0 \tag{3-31}$$

气体的运动方程：

$$v = \frac{q_m}{2w_f h} = \frac{p_{sc}ZT}{2whZ_{sc}T_{sc}p}q_{sc} \tag{3-32}$$

裂缝中高速非线性渗流模型可变化为

$$-\frac{\mathrm{d}p}{\mathrm{d}x} = \frac{\mu}{K_f}v + \xi\rho v^2 \tag{3-33}$$

将式（3-31）和式（3-29）代入式（3-33）可得

$$\frac{\mathrm{d}p}{\mathrm{d}x} = \frac{\mu}{K_f}\frac{p_{sc}ZT}{2whZ_{sc}T_{sc}p}q_{sc} + \frac{4.405\times10^{-5}}{K^{1.105}}\frac{\rho_{gsc}p_{sc}ZT}{4w^2h^2Z_{sc}T_{sc}p}q_{sc}^2 \tag{3-34}$$

引入拟压力函数

$$m^* = 2\int\frac{p}{\mu(p)Z(p)}\mathrm{d}p = \frac{p^2}{\mu z} \tag{3-35}$$

将式（3-35）分离变量并积分，求得压力的表达式为

$$m_{wf}^* - m_w^* = \frac{2x_f}{K_f}\frac{p_{sc}T}{whZ_{sc}T_{sc}}q_{sc} + \frac{4.405\times10^{-5}}{K_f^{1.105}}\frac{\rho_{gsc}p_{sc}Tx_f}{4w^2h^2Z_{sc}T_{sc}\mu}q_{sc}^2 \tag{3-36}$$

2. 裂缝控制椭圆范围内的达西流

裂缝井采气时，诱发地层中的平面二维椭圆渗流，形成以裂缝端点为焦点的共

轭等压椭圆和双曲线流线族,其直角坐标和椭圆坐标的关系为

$$x = a\cos\eta, \quad y = b\sin\eta$$
$$a = x_f \text{ch}\zeta, \quad b = x_f \text{sh}\zeta$$

由此关系得到等压椭圆族为

$$\frac{x^2}{a^2} + \frac{y^2}{b^2} = 1$$

式中,a 为椭圆的长半轴;b 为椭圆的短半轴。

平均短轴:$\bar{y} = \dfrac{2}{\pi} \displaystyle\int_0^{\frac{\pi}{2}} y \mathrm{d}\eta = \dfrac{2x_f \text{sh}\zeta}{\pi}$

连续性方程:

$$\frac{\mathrm{d}(\rho v)}{\mathrm{d}y} = 0 \tag{3-37}$$

运动方程:

$$v = \frac{K}{\mu} \frac{\partial p}{\partial y} \tag{3-38}$$

将式(3-37)和式(3-38)代入式(3-30)可得

$$\frac{\mathrm{d}(\rho v)}{\mathrm{d}y} = \frac{K T_{sc} Z_{sc} \rho_{gsc}}{p_{sc} T} \frac{\partial}{\partial y}\left(\frac{p}{\mu Z} \frac{\partial p}{\partial y}\right) = 0$$

即

$$\frac{\partial}{\partial y}\left(\frac{p}{\mu Z}\left(\frac{\partial p}{\partial y}\right)\right) = \frac{\partial}{\partial y}\left(\frac{p}{\mu Z} \frac{\partial p}{\partial y}\right) = 0$$

将式(3-35)代入上式可得

$$\frac{\mathrm{d}^2 m^*}{\mathrm{d}y^2} = 0$$

求解上述方程可得

$$m^* = c_1 y + c_2 \tag{3-39}$$

内边界条件为

$$\zeta = \zeta_w, \quad p = p_{wf}, \quad y\frac{\mathrm{d}m^*}{\mathrm{d}y} = \frac{p_{sc} T q_{sc}}{K \rho_{gsc} T_{sc} Z_{sc} h x_f \cosh\xi}$$

对应的椭圆的平均短轴为

$$\bar{y}_w = \frac{2}{\pi} \int_0^{\frac{\pi}{2}} y \mathrm{d}\eta = \frac{2x_f \text{sh}\zeta_w}{\pi}$$

外边界条件为

$$\zeta = \zeta_i, \quad p = p_i, \quad m^* = m_i^*$$

对应的椭圆的平均短轴为

$$\bar{y}_i = \frac{2}{\pi} \int_0^{\frac{\pi}{2}} y \mathrm{d}\eta = \frac{2x_f \mathrm{sh}\zeta_i}{\pi}$$

由控制方程和内外边界条件可以得到椭圆区产量解析解：

$$-m_{wf} + m_i = \frac{p_{sc} T q_{sc}}{K \rho_{gsc} T_{sc} Z_{sc} \pi h \cosh \zeta_w} (\sinh \zeta_i - \sinh \zeta_w) \tag{3-40}$$

3. 远离裂缝位置的流体流入裂缝控制范围椭圆的达西流

气体的连续性方程：

$$\frac{\mathrm{d}(\rho v)}{\mathrm{d}r} = 0$$

气体的运动方程：

$$v = \frac{K}{\mu} \frac{\partial p}{\partial r}$$

应用前面的方法可得远离裂缝位置的流体流入裂缝控制范围椭圆的控制方程：

$$\frac{\mathrm{d}^2 m^*}{\mathrm{d}r^2} + \frac{1}{r} \frac{\mathrm{d}m^*}{\mathrm{d}r} = 0$$

求解上述方程可得

$$m^*(r) = c_1 \ln r + c_2 \tag{3-41}$$

内边界条件为

$$r = r_i = \zeta_i, \quad p = p_i, \quad m^* = m_i^*$$

外边界条件为

$$r = r_e, \quad p = p_e, \quad m^* = m_e^*$$

将边界条件代入式(3-41)可得

$$c_1 = \frac{m_e^* - m_i^*}{\ln r_e - \ln r_i}$$

$$c_2 = m_i^* - \frac{m_e^* - m_i^*}{\ln r_e - \ln r_i} \ln r_i \tag{3-42}$$

将 c_1、c_2 的表达式代入式(3-41)可得

$$m^*(r) = m_i^* + \frac{m_e^* - m_i^*}{\ln r_e - \ln r_i} (\ln r - \ln r_i) \tag{3-43}$$

将 $m^* = \frac{p^2}{\mu z}$ 代入式(3-43)可得

$$p^2(r) = p_i^2 + \frac{(p_e^2 - p_i^2)(\ln r - \ln r_i)}{\ln r_e - \ln r_i}$$

$$= p_e^2 - \frac{(p_e^2 - p_i^2)(\ln r_e - \ln r)}{\ln r_e - \ln r_i} \tag{3-44}$$

3.4.2　压裂井产能方程

1. 压裂井单井产能公式推导

因为流体在两种流动的交界处压力相等,水平井筒内的流动和水平井筒外的流动相加即得此时的总流量。

由式(3-36)、式(3-40)和式(3-44)联立可得

$$m_{\mathrm{w}}^{*} + \frac{p_{\mathrm{sc}} T q_{\mathrm{sc}}}{k\rho_{\mathrm{gsc}} T_{\mathrm{sc}} Z_{\mathrm{sc}} \pi h \cosh\zeta_{\mathrm{w}}}(\sinh\zeta_{\mathrm{i}} - \sinh\zeta_{\mathrm{w}}) + \frac{2 p_{\mathrm{sc}} T x_{\mathrm{f}}}{k_{\mathrm{f}} w h T_{\mathrm{sc}} Z_{\mathrm{sc}}} q_{\mathrm{sc}} +$$

$$\frac{4.405 \times 10^{-5}}{k_{\mathrm{f}}^{1.105}} \frac{\rho_{\mathrm{gsc}} p_{\mathrm{sc}} T x_{\mathrm{f}}}{4 w^2 h^2 T_{\mathrm{sc}} Z_{\mathrm{sc}} \bar{\mu}} q_{\mathrm{sc}}^2 = m_{\mathrm{e}}^{*} - \frac{p_{\mathrm{sc}} T q_{\mathrm{sc}}}{\pi K h T_{\mathrm{sc}} Z_{\mathrm{sc}}} \ln\frac{r_{\mathrm{e}}}{r} \quad (3\text{-}45)$$

式(3-45)是关于水平井产量的一个二次多项式,由二次多项式的求解公式可得

$$q_{\mathrm{sc}} = \frac{-b + \sqrt{b^2 - 4ac}}{2a} \quad (3\text{-}46)$$

$$a = \frac{4.405 \times 10^{-5}}{k_{\mathrm{f}}^{1.105}} \frac{\rho_{\mathrm{gsc}} p_{\mathrm{sc}} T x_{\mathrm{f}}}{4 w^2 h^2 T_{\mathrm{sc}} Z_{\mathrm{sc}} \bar{\mu}}$$

式中, $b = \frac{p_{\mathrm{sc}} T}{k\rho_{\mathrm{gsc}} T_{\mathrm{sc}} Z_{\mathrm{sc}} \pi h \cosh\zeta_{\mathrm{w}}}(\sinh\zeta_{\mathrm{i}} - \sinh\zeta_{\mathrm{w}}) + \frac{2 p_{\mathrm{sc}} T x_{\mathrm{f}}}{k_{\mathrm{f}} w h T_{\mathrm{sc}} Z_{\mathrm{sc}}} + \frac{p_{\mathrm{sc}} T}{\pi K h T_{\mathrm{sc}} Z_{\mathrm{sc}}} \ln\frac{r_{\mathrm{e}}}{r}$; $c = m_{\mathrm{w}}^{*} - m_{\mathrm{e}}^{*}$ 。其中, ϕ 为孔隙度; s_{w} 为含水饱和度; k_{f} 为裂缝的空气渗透率; q 为裂缝中的流量; w_{f} 为裂缝的宽度; x_{w} 为井筒半径; x_{f} 为裂缝半长; ζ_{w} 为椭圆内边界; ζ_{i} 为椭圆外边界; p_{wf} 为裂缝尖端压力; p_{i} 为椭圆外边界压力; m_{wf}^{*} 为裂缝尖端拟压力; m_{i}^{*} 为椭圆外边界拟压力。

2. 压裂井单井产能影响因素分析

控制因素影响分析中采用的基本数据如表 3-3 所示。

表 3-3　压裂直井控制因素影响分析基础参数表

基础参数	数值	基础参数	数值
标态压力	0.1MPa	标态下温度	293K
气井有效厚度	10.0m	地层温度	396K
气层渗透率	4mD	标态下气体密度	0.78g/m³
气藏泄压半径	1000m	气体黏度	0.027mPa·s
井筒半径	0.1m	注水井流压	40MPa
裂缝宽度	0.04m	气体标态下压缩因子	1
裂缝半长	100m	气体压缩因子	0.89
裂缝渗透率	100D		

图 3-9 是渗透率不同时气井产能与生产压差的关系。在渗透率为 1mD、4mD、8mD 和 10mD 下，生产压差为 5～20MPa 时得到的产能。当渗透率不变时，产能随着生产压差的增加而增大，同时在生产压差一定时，渗透率越大，产能越大。

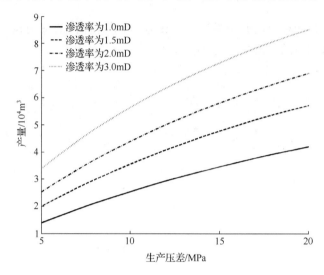

图 3-9　渗透率不同时生产压差与压裂直井产能的关系

图 3-10 是裂缝半长不同时气井产能与生产压差的关系。在裂缝半长为 80m、100m、120m 和 140m 下，生产压差为 5～20MPa 时得到的产能。当裂缝半长不变时，产能随着生产压差的增加而增大，同时在生产压差一定时，裂缝半长越大，产能越大。

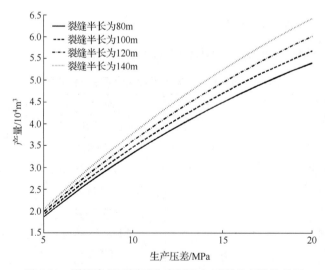

图 3-10　裂缝半长不同时生产压差与压裂井产能的关系

图 3-11 是裂缝导流能力不同时气井产能与生产压差的关系。在裂缝导流能力为 10D·cm、20D·cm、30D·cm 和 40D·cm 下,生产压差为 5~20MPa 时得到的产能。当裂缝导流能力不变时,产能随着生产压差的增加而增大,同时在生产压差一定时,裂缝导流能力越大,产能越大,但是增幅变小。

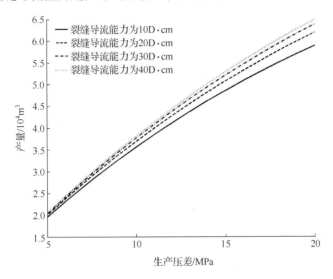

图 3-11　裂缝导流能力不同时生产压差与产能的关系

3.5　压裂水平井的稳定渗流数学模型和产能方程

目前大多数水平井的水力压裂是先用封隔器封隔后射孔,除了射孔压裂处,其余与井筒相接触的地方均为封闭的,对于这种情况,不考虑由基质向井筒的直接渗流过程。

这里仅讨论水平井压裂裂缝为纵向裂缝和横向裂缝时的产能模型。

3.5.1　水平井横向缝产能模型

1. 模型假设

在建立压后水平井产量预测模型之前,作如下假设:

(1)储层为上下封闭且无限大均质地层;

(2)气藏和裂缝内流体为单相流体,微可压缩,渗流为等温稳定渗流,不考虑重力的影响;

(3)裂缝完全穿透产层,裂缝高度等于气藏储层厚度;

(4)流体先沿裂缝壁面均匀的流入裂缝,再经裂缝流入水平井井筒;

（5）裂缝是垂直于水平井筒的横向裂缝并与井眼对称；

（6）水平井井筒为套管完井，仅依赖于射孔孔眼或裂缝生产；

当水平井压裂裂缝为横向裂缝时，它的流动可剖分为水平面内的地层向裂缝的椭圆流动（外部流场）和垂直平面内沿裂缝的高速非达西流动（内部流场），如图 3-12 所示。

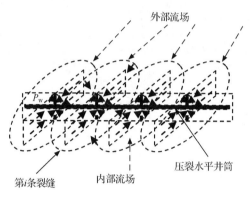

图 3-12　压裂水平井渗流场简化俯视图

2. 水平井压裂单条横向裂缝产量模型

对于椭圆渗流区，设椭圆渗流外边界压力为 p_e，内边界压力为 p_w，则椭圆区的流量公式可引用压裂直井的产能分析方法，即

$$-m_{wf}^* + m_e^* = \frac{p_{sc}Tq_{sc}}{k\rho_{gsc}T_{sc}Z_{sc}\pi h\cosh\zeta_w}(\sinh\zeta_e - \sinh\zeta_w) \tag{3-47}$$

对于裂缝内线性流动区，横向裂缝的流体流动面积为 wh，因此其流量公式可用式（3-47）表示：

$$m_{wf}^* - m_w^* = \frac{2x_f}{k_f}\frac{p_{sc}T}{whZ_{sc}T_{sc}}q_{sc} + \frac{4.405\times10^{-5}}{k_f^{1.105}}\frac{\rho_{gsc}p_{sc}Tx_f}{4w^2h^2Z_{sc}T_{sc}}q_{sc}^2 \tag{3-48}$$

两区联立求解，可得平井压裂单条横向裂缝产量表达式为

$$\frac{p_{sc}Tq_{sc}}{k\rho_{gsc}T_{sc}Z_{sc}\pi h\cosh\zeta_w}(\sinh\zeta_i - \sinh\zeta_w) + \frac{2p_{sc}Tx_f}{k_fwhT_{sc}Z_{sc}}q_{sc} +$$

$$\frac{4.405\times10^{-5}}{k_f^{1.105}}\frac{\rho_{gsc}p_{sc}Tx_f}{4w^2h^2T_{sc}Z_{sc}}q_{sc}^2 = m_e^* - m_w^* \tag{3-49}$$

由二次多项式的求解公式可得

$$q_{sc} = \frac{-b + \sqrt{b^2 - 4ac}}{2a} \tag{3-50}$$

式中

$$a = \frac{4.405 \times 10^{-5}}{k_{\mathrm{f}}^{1.105}} \frac{\rho_{\mathrm{gsc}} p_{\mathrm{sc}} T x_{\mathrm{f}}}{4 w^2 h^2 T_{\mathrm{sc}} Z_{\mathrm{sc}}}$$

$$b = \frac{p_{\mathrm{sc}} T}{k \rho_{\mathrm{gsc}} T_{\mathrm{sc}} Z_{\mathrm{sc}} \pi h \cosh \zeta_{\mathrm{w}}} (\sinh \zeta_{\mathrm{i}} - \sinh \zeta_{\mathrm{w}}) + \frac{2 p_{\mathrm{sc}} T x_{\mathrm{f}}}{k_{\mathrm{f}} w h T_{\mathrm{sc}} Z_{\mathrm{sc}}}$$

$$c = m_{\mathrm{w}}^* - m_{\mathrm{e}}^*$$

3. 水平井压裂多条横向裂缝产量模型

当水平井压裂为多条横向裂缝时,又可分为两种情况。

1) 多条裂缝泄流,各条裂缝形成的泄流区域不互相干扰

此时泄流的总流量为各条裂缝泄流量之和,则水平井压裂多条横向裂缝时的产量公式为

$$Q_{\mathrm{sc}} = \sum_{i=1}^{n} q_i \qquad (3\text{-}51)$$

2) 多条裂缝泄流,各条裂缝形成的泄流区域互相干扰

当两椭圆泄流区域相交时,相当于减少了该区域的控制面积,假如单条裂缝控制的椭圆区的产量为 q_i,则单位面积贡献的产量为 $\dfrac{q_i}{\pi a_i b_i}$,若两条裂缝存在干扰,假设两两椭圆相交时,此时水平井压裂多条横向裂缝相互干扰时的产量公式为

$$Q_{\mathrm{sc}} = \sum_{i=1}^{n} q_i \left(1 - \frac{S_i}{\pi a_i b_i} \right) \qquad (3\text{-}52)$$

式中

$$\begin{aligned}
S_i = &\, 2 \left(\frac{1}{4} \pi a_i b_i - \frac{1}{2} a_i b_i \arccos \frac{y_i}{b_i} \right) - \frac{W_i}{2} y_i \\
&+ 2 \left(\frac{1}{4} \pi a_{i+1} b_{i+1} - \frac{1}{2} a_{i+1} b_{i+1} \arccos \frac{y_i}{b_{i+1}} \right) - \frac{W_i}{2} y_i
\end{aligned} \qquad (3\text{-}53)$$

其中,y_i 由椭圆方程 $\dfrac{x^2}{b^2} + \dfrac{y^2}{a^2} = 1$ 求得,$x_i = \dfrac{W_i}{2}$,$y_i = \sqrt{\left[1 - \left(\dfrac{W_i}{2a} \right)^2 \right] b^2}$($i = 1,$ $2, \cdots, n-1$),当不干扰时 $S_i = 0$。

当水平井压裂的横向裂缝既存在相互干扰又存在不干扰的情况下,此时水平井的产量公式为上述两种情况的组合。

3.5.2　水平井纵向缝产能模型

1. 压裂水平井单条裂缝产能公式推导

当水平井压裂为纵向裂缝时,其流动模式等同于放倒的垂直压裂井,压裂裂缝

高度为地层厚度。由于水平井为封闭水平井,不考虑地层向水平井筒内的流动,此时流动状态可划分为远离裂缝区域地层向裂缝的椭圆流动和由地层沿裂缝向水平井筒内的线性流动。裂缝高度为地层厚度,引用垂直裂缝井产能分析方法,可以得到椭圆区的产量公式为

$$-m_{wf}^* + m_e^* = \frac{p_{sc}Tq_{sc}}{k\rho_{gsc}T_{sc}Z_{sc}\pi h\cosh\zeta_w}(\sinh\zeta_e - \sinh\zeta_w) \tag{3-54}$$

裂缝内的气体的流动面积为 WX_f,则裂缝内的产量公式为

$$m_{wf}^* - m_w^* = \frac{2h}{k_f}\frac{p_{sc}T}{wx_fZ_{sc}T_{sc}}q_{sc} + \frac{4.405\times10^{-5}}{k_f^{1.105}}\frac{\rho_{gsc}p_{sc}Th}{4w^2x_f^2Z_{sc}T_{sc}\bar{\mu}}q_{sc}^2 \tag{3-55}$$

则水平井单条纵向压裂裂缝的产能公式为

$$\frac{p_{sc}Tq_{sc}}{k\rho_{gsc}T_{sc}Z_{sc}\pi h\cosh\zeta_w}(\sinh\zeta_i - \sinh\zeta_w) + \frac{2p_{sc}Th}{k_fwx_fT_{sc}Z_{sc}}q_{sc} +$$

$$\frac{4.405\times10^{-5}}{k_f^{1.105}}\frac{\rho_{gsc}p_{sc}Th}{4w^2x_f^2T_{sc}Z_{sc}\bar{\mu}}q_{sc}^2 = m_e^* - m_w^* \tag{3-56}$$

2. 压裂水平井单条裂缝产能影响因素分析

控制因素影响分析中采用的基本数据如表 3-4 所示。

图 3-13 是渗透率不同时气井产能与生产压差的关系。在渗透率为 1mD、4mD、8mD 和 10mD 下,生产压差为 5～20MPa 时得到的产能。当渗透率不变时,产能随着生产压差的增加而增大,同时在生产压差一定时,渗透率的变化对产能影响不是太大。

表 3-4　压裂水平井控制因素影响分析基础参数表

基础参数	数值	基础参数	数值
标态压力	0.1MPa	标态下温度	293K
气井有效厚度	10.0m	地层温度	396K
气层渗透率	4mD	标态下气体密度	0.78g/m³
气藏泄压半径	1000m	气体黏度	0.027mPa·s
井筒半径	0.1m	注水井流压	40MPa
裂缝宽度	0.04m	气体标态下压缩因子	1
裂缝半长	100D	气体压缩因子	0.89
裂缝渗透率	100m	水平井长	500m

图 3-14 是裂缝半长不同时气井产能与生产压差的关系。在裂缝半长为 80m、100m、120m 和 140m 下,生产压差为 5～20MPa 时得到的产能。当裂缝半长不变时,产能随着生产压差的增加而增大,同时在生产压差一定时,裂缝半长越大,产能越小。

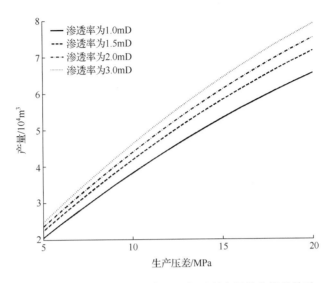

图 3-13　渗透率不同时生产压差与压裂水平井产能的关系

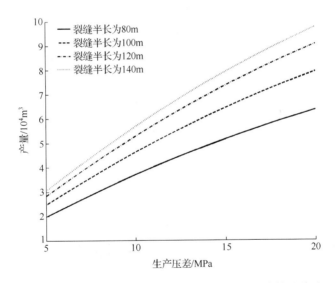

图 3-14　裂缝半长不同时生产压差与压裂水平井产能的关系

当水平井压裂多条纵向裂缝,且裂缝间产生相互干扰时,产量公式为

$$Q_{sc} = \sum_{i=1}^{n} q_i \left(1 - \frac{S_i}{\pi a_i b_i}\right) \tag{3-57}$$

图 3-15 是裂缝条数不同时气井产能与生产压差的关系。在裂缝条数为 3 条、4 条、5 条和 6 条下,生产压差为 5~20MPa 时得到的产能。当裂缝条数一定时,产能随着生产压差的增加而增大,同时在生产压差一定时,裂缝条数越大,产能越大。

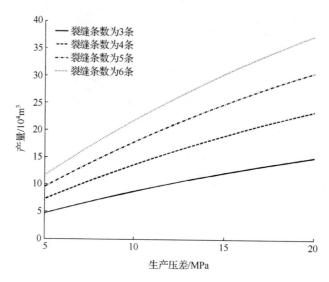

图 3-15　裂缝条数不同时生产压差与产能的关系

3.6　考虑应力敏感性和滑脱效应的直井单相气体稳定渗流数学模型和产能方程

3.6.1　考虑应力敏感性的直井稳定渗流数学模型和产能方程

气体平面径向流流动方程一般采取以下的二项式定律来描述:

$$-\frac{\mathrm{d}p}{\mathrm{d}r} = \frac{\mu}{K}v + \xi\rho_{\mathrm{g}}v^2 \tag{3-58}$$

式中,K 为气测渗透率

$$\xi = \frac{4.405 \times 10^{-5}}{K^{1.105}}$$

当地层压力降落很大时,K 随压力变化符合负指数衰减方程:

$$K = ke^{-\alpha(p_{\mathrm{e}} - p)} \tag{3-59}$$

式中,k 为绝对渗透率。

由气体状态方程 $PV = nZRT$ 和方程 $n = \dfrac{\rho_{\mathrm{g}}V}{M}$ 得

$$pV = \frac{\rho_{\mathrm{g}}V}{M}RTZ \tag{3-60}$$

在等温条件下天然气的密度为

$$\rho_{\mathrm{g}} = \frac{Mp}{RTZ} \tag{3-61}$$

同理可得到在标准条件下天然气的密度为

$$\rho_{gsc} = \frac{Mp_{sc}}{RT_{sc}Z_{sc}}$$ (3-62)

由式(3-61)和式(3-62)可得

$$\rho_g = \frac{T_{sc}Z_{sc}\rho_{gsc}}{p_{sc}} \frac{p}{TZ}$$ (3-63)

质量流量表达式,即

$$v = \frac{q_m}{\rho_g A} = \frac{\rho_{gsc}q_{sc}}{\rho_g 2\pi rh}$$ (3-64)

将式(3-63)代入式(3-64)可得

$$v = \frac{q_{sc}}{2\pi rh} \frac{p_{sc}}{T_{sc}Z_{sc}} \frac{TZ}{p}$$ (3-65)

将式(3-65)代入式(3-58),可得

$$-\frac{\mathrm{d}p}{\mathrm{d}r} = \frac{\mu}{k\mathrm{e}^{-\alpha(p_e-p)}} \frac{p_{sc}ZT}{2\pi rhZ_{sc}T_{sc}p}q_{sc} + \frac{4.405 \times 10^{-5}}{k^{1.105}\mathrm{e}^{-1.105\alpha(p_o-p)}} \frac{\rho_{gsc}p_{sc}ZT}{4\pi^2 r^2 h^2 Z_{sc}T_{sc}p}q_{sc}^2$$

(3-66)

引进拟压力函数 m^*:

$$m^* = 2\int_{p_a}^{p} \mathrm{e}^{\alpha p} \frac{p}{\mu Z}\mathrm{d}p$$ (3-67)

对式(3-66)进行分离变量并积分,整理得

$$m_e^* - m_w^* = \frac{1}{k\mathrm{e}^{-\alpha p_e}} \frac{p_{sc}}{2\pi hZ_{sc}T_{sc}}\ln\left(\frac{r_e}{r_w}\right) + \frac{4.405 \times 10^{-5}}{k^{1.105}\mathrm{e}^{-1.105\alpha p_o - 0.105\bar{p}}} \frac{\rho_{gsc}p_{sc}}{4\pi^2 h^2 Z_{sc}T_{sc}\bar{\mu}}\left(\frac{1}{r_w^2} - \frac{1}{r_e^2}\right)q_{sc}^2$$

(3-68)

3.6.2　考虑应力敏感性和滑脱效应的直井非稳态渗流数学模型和产能方程

1941 年 Klinkenberg 利用 Warburg 的滑脱理论建立了气测渗透率(K)与绝对渗透率(k)的关系式:

$$K = k\mathrm{e}^{-\alpha(p_e-p)}\left(1 + \frac{b}{\bar{p}}\right)$$ (3-69)

气体平面径向流流动方程一般采取以下的二项式定律来描述:

$$-\frac{\mathrm{d}p}{\mathrm{d}r} = \frac{\mu}{K}v + \xi\rho_g v^2$$ (3-70)

当考虑应力敏感性和滑脱效应时,式(3-70)可写为

$$-\frac{\mathrm{d}p}{\mathrm{d}r} = \frac{\mu}{k\left(1 + \frac{b}{\bar{p}}\right)\mathrm{e}^{-\alpha(p_e-p)}}v + \frac{4.405 \times 10^{-5}}{k^{1.105}\left(1 + \frac{b}{\bar{p}}\right)^{1.105}\mathrm{e}^{-1.105\alpha(p_o-p)}}\rho_g v^2$$ (3-71)

在稳定渗流条件下,通过各截面的质量流量不变,其渗流速度为

$$v = \frac{q_m}{\rho_g A} = \frac{\rho_{gsc} q_{sc}}{\rho_g 2\pi rh} \tag{3-72}$$

式中,$\rho_g = \frac{T_{sc} Z_{sc} \rho_{gsc}}{p_{sc}} \frac{p}{TZ}$。则式(3-72)可整理为

$$v = \frac{p_{sc} ZT}{2\pi rh Z_{sc} T_{sc} p} q_{sc} \tag{3-73}$$

将式(3-72)代入式(3-71),得

$$-\frac{dp}{dr} = \frac{\mu}{k\left(1+\frac{b}{\bar{p}}\right)e^{-\alpha(p_e-p)}} \frac{p_{sc} ZT}{2\pi rh Z_{sc} T_{sc} p} q_{sc} +$$

$$\frac{4.405 \times 10^{-5}}{k^{1.105}\left(1+\frac{b}{\bar{p}}\right)^{1.105} e^{-1.105\alpha(p_o-p)}} \frac{\rho_{gsc} p_{sc} ZT}{4\pi^2 r^2 h^2 Z_{sc} T_{sc} p} q_{sc}^2 \tag{3-74}$$

引入拟压力函数:

$$dm^* = \frac{2pe^{\alpha p}}{\mu(p)Z(p)}dp$$

对式(3-74)分离变量并积分整理得

$$m_e^* - m_w^* = \frac{1}{k\left(1+\frac{b}{\bar{p}}\right)e^{-\alpha p_e}} \frac{p_{sc} T}{2\pi h Z_{sc} T_{sc}} \ln\left(\frac{r_e}{r_w}\right) q_{sc} +$$

$$\frac{4.405 \times 10^{-5}}{k^{1.105}\left(1+\frac{b}{\bar{p}}\right)^{1.105} e^{-1.105\alpha p_o - 0.105\bar{p}}} \frac{\rho_{gsc} p_{sc} T}{4\pi^2 h^2 Z_{sc} T_{sc} \bar{\mu}}\left(\frac{1}{r_w^2}-\frac{1}{r_e^2}\right) q_{sc}^2 \tag{3-75}$$

3.6.3 产能因素分析

控制因素影响分析中采用的基本数据如表 3-5 所示。

表 3-5 控制因素影响分析基础参数表

基础参数	数值	基础参数	数值
标态压力	0.1MPa	气体压缩因子	0.89
气井有效厚度	10m	标态下温度	293K
气层渗透率	4mD	地层温度	396K
气藏泄压半径	1000m	标态下气体密度	0.78g/m³
井筒半径	0.1m	气体黏度	0.027mPa·s
气体标态下压缩因子	1	注水井流压	40MPa
应力敏感系数	0.036MPa⁻¹	滑脱系数	4MPa

图 3-16 是在不考虑滑脱效应条件下,应力敏感系数不同时气井产能与生产压差的关系。在应力敏感系数为 0.016MPa^{-1}、0.026MPa^{-1}、0.036MPa^{-1} 和 0.046MPa^{-1}下,生产压差为 5～20MPa 时得到的产能。当应力敏感系数不变时,产能随着生产压差的增加而增大,同时在生产压差一定时,应力敏感系数越大,产能越小。

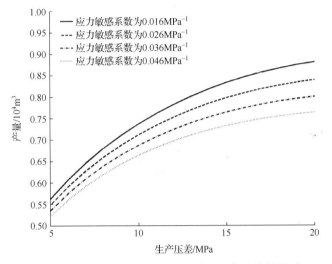

图 3-16　应力敏感系数不同时生产压差与产能的关系

图 3-17 是在不考虑应力敏感条件下,滑脱效应系数不同时气井产能与生产压差的关系。在滑脱效应系数为 0MPa、2MPa、4MPa 和 6MPa 下,生产压差为 5～20MPa 时得到的产能。当滑脱效应系数不变时,产能随着生产压差的增加而增大,同时在生产压差一定时,滑脱效应系数越大,产能越大。

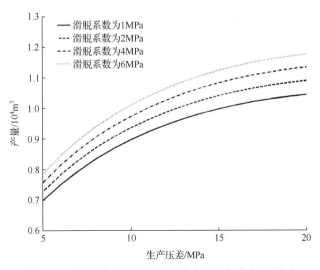

图 3-17　滑脱效应系数不同时生产压差与产能的关系

图 3-18 是在综合考虑滑脱效应和应力敏感系数不同时气井产能与生产压差的关系。在生产压差为 5～20MPa 时得到的产能。由图可知,在相同生产压差条件下,只考虑滑脱效应条件下,气井产量最高,只考虑应力敏感性时产量最低。

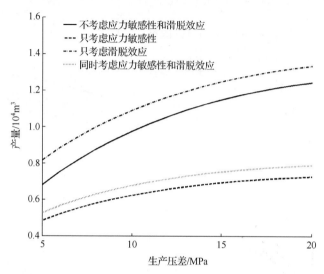

图 3-18 不同流动情况下生产压差与直井产能的关系

3.7 考虑应力敏感性和滑脱效应的水平井单相气体稳定渗流数学模型和产能方程

3.7.1 考虑应力敏感性的水平井稳定渗流数学模型和产能方程

由于应力敏感的存在,根据 Farquhar 的研究,绝对渗透率表达式为

$$K = k e^{-\alpha(p_{\text{o}} - p)} \tag{3-76}$$

根据 3.3 节对水平井的认识,认为水平井的流速公式和渗流规律公式为

$$v = \frac{q_{\text{sc}}}{8c^2 \operatorname{sh}\zeta \operatorname{ch}\zeta} \frac{p_{\text{sc}}}{T_{\text{sc}} Z_{\text{sc}}} \frac{TZ}{p} \tag{3-77}$$

$$-\frac{\mathrm{d}p}{\mathrm{d}r} = \frac{\mu}{K} v + \xi \rho_{\text{g}} v^2 \tag{3-78}$$

式中,$\xi = \dfrac{4.405 \times 10^{-5}}{K^{1.105}}$。将式(3-76)和式(3-77)代入式(3-78),可得

$$-\frac{\mathrm{d}p}{\mathrm{d}r} = \frac{\mu}{k e^{-\alpha(p_{\text{o}} - p)}} \frac{q_{\text{sc}}}{8c^2 \operatorname{sh}\zeta \operatorname{ch}\zeta} \frac{p_{\text{sc}}}{T_{\text{sc}} Z_{\text{sc}}} \frac{TZ}{p} + \frac{4.405 \times 10^{-5}}{k^{1.105} e^{-1.105\alpha(p_{\text{o}} - p)}} \frac{1}{64c^4 \operatorname{sh}^2\zeta \operatorname{ch}^2\zeta} \frac{p_{\text{sc}}}{T_{\text{sc}} Z_{\text{sc}}} \frac{TZ}{p} q_{\text{sc}}^2$$

$$\tag{3-79}$$

引进拟压力函数 m^*，则

$$dm^* = \frac{2pe^{\alpha p}}{\mu(p)Z(p)}dp$$

对式(3-79)进行分离变量并积分，整理可得

$$m_e^* - m_w^* = \frac{1}{ke^{-\alpha p_e}}\frac{p_{sc}}{2\pi h Z_{sc} T_{sc}}[\ln(\tanh\zeta_i) - \ln(\tanh\zeta_0)]q_{sc}$$

$$+ \frac{4.405 \times 10^{-5}}{k^{1.105}e^{-1.105\alpha p_0 - 0.105\bar{p}}}\frac{\rho_{gsc}p_{sc}}{4\pi^2 h^2 Z_{sc} T_{sc}\bar{\mu}}\Big(2\tanh\zeta_0 - 2\tanh\zeta_i$$

$$+ \frac{1}{\sinh\zeta_0 \cosh\zeta_0} - \frac{1}{\sinh\zeta_i \cosh\zeta_i}\Big)q_{sc}^2$$

3.7.2　考虑应力敏感性和滑脱效应的水平井稳定渗流数学模型和产能方程

1941 年 Klinkenberg 利用 Warburg 的滑脱理论建立了气测渗透率(K)与绝对渗透率(k)的关系式：

$$K = ke^{-\alpha(p_e - p)}\Big(1 + \frac{b}{p}\Big) \tag{3-80}$$

目前大多数人认为 b 是一个常数。由于实际地层中的平均压力 $\bar{p}$ 通过实验难以准确获得，所以直接用地层压力 p 带入进行推导。

推导过程同上，考虑气体滑脱、应力敏感的水平井产能二项式公式为

$$m_e^* - m_w^* = \frac{1}{k\Big(1 + \dfrac{b}{\bar{p}}\Big)e^{-\alpha p_e}}\frac{p_{sc}}{2\pi h Z_{sc} T_{sc}}[\ln(\tanh\zeta_i) - \ln(\tanh\zeta_0)]q_{sc}$$

$$+ \frac{4.405 \times 10^{-5}}{k^{1.105}\Big(1 + \dfrac{b}{\bar{p}}\Big)^{1.105}e^{-1.105\alpha p_0 - 0.105\bar{p}}}\frac{\rho_{gsc}p_{sc}}{4\pi^2 h^2 Z_{sc} T_{sc}\bar{\mu}}\Big(2\tanh\zeta_0 - 2\tanh\zeta_i$$

$$+ \frac{1}{\sinh\zeta_0 \cosh\zeta_0} - \frac{1}{\sinh\zeta_i \cosh\zeta_i}\Big)q_{sc}^2 \tag{3-81}$$

3.7.3　产能因素分析

控制因素影响分析中采用的基本数据如表 3-6 所示。

图 3-19 是在不考虑滑脱效应条件下，应力敏感系数不同时气井产能与生产压差的关系。在应力敏感系数为 0.016MPa^{-1}、0.026MPa^{-1}、0.036MPa^{-1} 和 0.046MPa^{-1}下，生产压差为 5～20MPa 时得到的产能。当应力敏感系数不变时，产能随着生产压差的增加而增大，同时在生产压差一定时，应力敏感系数越大，产能越小。

表 3-6　考虑应力敏感性和滑脱效应的水平井单井控制因素影响分析基础参数表

基础参数	数值	基础参数	数值
标态压力	0.1MPa	标态下温度	293K
气井有效厚度	10.0m	地层温度	396K
气层渗透率	4mD	标态下气体密度	0.78g/m³
气藏泄压半径	1000m	气体黏度	0.027mPa·s
井筒半径	0.1m	注水井流压	40MPa
气体压缩因子	0.89	气体标态下压缩因子	1
应力敏感系数	0.036MPa⁻¹	滑脱系数	4MPa
水平井长	500m		

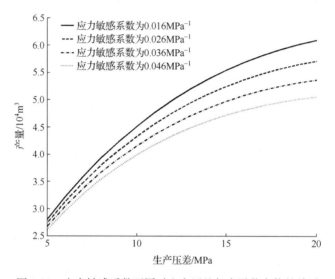

图 3-19　应力敏感系数不同时生产压差与水平井产能的关系

　　图 3-20 是在不考虑应力敏感条件下,滑脱效应系数不同时气井产能与生产压差的关系。在滑脱效应系数为 0MPa、2MPa、4MPa 和 6MPa 下,生产压差由 5～20MPa 时得到的产能。当滑脱效应系数不变时,产能随着生产压差的增加而增大,同时在生产压差一定时,滑脱效应系数越大,产能越大。

　　图 3-21 是在综合考虑滑脱效应和应力敏感系数不同时气井产能与生产压差的关系。在生产压差为 5～20MPa 时得到的产能。由图可知,在相同生产压差条件下,只考虑滑脱效应条件下,气井产量最高,只考虑应力敏感性时产量最低。

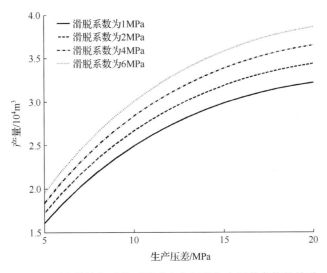

图 3-20 滑脱效应系数不同时生产压差与水平井产能的关系

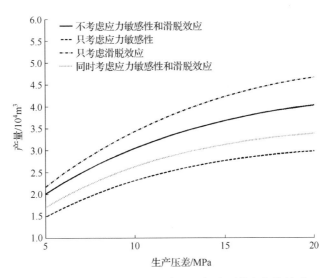

图 3-21 不同流动情况下生产压差与水平井产能的关系

3.8 考虑应力敏感性和滑脱效应的压裂井单相气体稳定渗流数学模型和产能方程

3.8.1 考虑应力敏感性的压裂井稳定渗流数学模型和产能方程

当考虑应力敏感性时,K 随压力变化符合负指数衰减方程:

$$K = k\mathrm{e}^{-\alpha(p_e - p)} \tag{3-82}$$

引用压裂井产量公式的分析方法,对于裂缝内的高速非达西流动,其产量公式为

$$m_{\mathrm{wf}}^* - m_{\mathrm{w}}^* = \frac{2x_{\mathrm{f}}}{k_{\mathrm{f}}} \frac{p_{\mathrm{sc}}T}{whZ_{\mathrm{sc}}T_{\mathrm{sc}}} q_{\mathrm{sc}} + \frac{4.405 \times 10^{-5}}{k_{\mathrm{f}}^{1.105}} \frac{\rho_{\mathrm{gsc}} p_{\mathrm{sc}} T x_{\mathrm{f}}}{4w^2 h^2 Z_{\mathrm{sc}} T_{\mathrm{sc}} \bar{\mu}} q_{\mathrm{sc}}^2 \tag{3-83}$$

此处拟压力函数为

$$m^* = 2 \int \frac{p}{\mu(p)Z(p)} \mathrm{d}p$$

对于椭圆渗流区域,其产量公式为

$$-m_{\mathrm{wf}} + m_{\mathrm{i}} = \frac{p_{\mathrm{sc}} T q_{\mathrm{sc}}}{k\mathrm{e}^{-\alpha p_e} \rho_{\mathrm{gsc}} T_{\mathrm{sc}} Z_{\mathrm{sc}} \pi h \cosh\zeta_{\mathrm{w}}} (\sinh\zeta_{\mathrm{i}} - \sinh\zeta_{\mathrm{w}}) \tag{3-84}$$

此处拟压力函数为

$$m^* = 2 \int_{p_a}^{p} \mathrm{e}^{\alpha p} \frac{p}{\mu Z} \mathrm{d}p$$

对于径向流区域,其产量公式为

$$-m_{\mathrm{i}} + m_{\mathrm{e}} = \frac{p_{\mathrm{sc}} T q_{\mathrm{sc}}}{\pi k \mathrm{e}^{-\alpha p_e} h T_{\mathrm{sc}} Z_{\mathrm{sc}}} \ln\frac{r_{\mathrm{e}}}{r} \tag{3-85}$$

此处拟压力函数为

$$m^* = 2 \int_{p_a}^{p} \mathrm{e}^{\alpha p} \frac{p}{\mu Z} \mathrm{d}p$$

由裂缝引起的椭圆渗流区的产量公式为

$$-m_{\mathrm{i}} + m_{\mathrm{e}} = \frac{p_{\mathrm{sc}} T q_{\mathrm{sc}}}{\pi k \mathrm{e}^{-\alpha p_e} h T_{\mathrm{sc}} Z_{\mathrm{sc}}} \ln\frac{r_{\mathrm{e}}}{r} + \frac{p_{\mathrm{sc}} T q_{\mathrm{sc}}}{k\mathrm{e}^{-\alpha p_e} \rho_{\mathrm{gsc}} T_{\mathrm{sc}} Z_{\mathrm{sc}} \pi h \cosh\zeta_{\mathrm{w}}} (\sinh\zeta_{\mathrm{i}} - \sinh\zeta_{\mathrm{w}})$$

$$+ \frac{2x_{\mathrm{f}}}{k_{\mathrm{f}}} \frac{p_{\mathrm{sc}}T}{whZ_{\mathrm{sc}}T_{\mathrm{sc}}} q_{\mathrm{sc}} + \frac{4.405 \times 10^{-5}}{k_{\mathrm{f}}^{1.105}} \frac{\rho_{\mathrm{gsc}} p_{\mathrm{sc}} T x_{\mathrm{f}}}{4w^2 h^2 Z_{\mathrm{sc}} T_{\mathrm{sc}} \bar{\mu}} q_{\mathrm{sc}}^2 \tag{3-86}$$

3.8.2　考虑应力敏感性和滑脱效应的压裂井稳定渗流数学模型和产能方程

当考虑应力敏感性和滑脱效应时,渗透率满足如下方程:

$$K = k\mathrm{e}^{-\alpha(p_e - p)} \left(1 + \frac{b}{\bar{p}}\right) \tag{3-87}$$

引用压裂井产量公式的分析方法,对于裂缝内的高速非达西流动,其产量公式为

$$m_{\mathrm{wf}}^* - m_{\mathrm{w}}^* = \frac{2x_{\mathrm{f}}}{k_{\mathrm{f}}} \frac{p_{\mathrm{sc}}T}{whZ_{\mathrm{sc}}T_{\mathrm{sc}}} q_{\mathrm{sc}} + \frac{4.405 \times 10^{-5}}{k_{\mathrm{f}}^{1.105}} \frac{\rho_{\mathrm{gsc}} p_{\mathrm{sc}} T x_{\mathrm{f}}}{4w^2 h^2 Z_{\mathrm{sc}} T_{\mathrm{sc}} \bar{\mu}} q_{\mathrm{sc}}^2 \tag{3-88}$$

此处拟压力函数为

$$m^* = 2 \int \frac{p}{\mu(p)Z(p)} \mathrm{d}p$$

对于椭圆渗流区域,其产量公式为

$$-m_{wf} + m_i = \frac{p_{sc} T q_{sc}}{k e^{-\alpha p_e}\left(1 + \dfrac{b}{\bar{p}}\right)\rho_{gsc} T_{sc} Z_{sc} \pi h \cosh\zeta_w}(\sinh\zeta_i - \sinh\zeta_w) \quad (3\text{-}89)$$

此处拟压力函数为

$$m^* = 2\int_{p_a}^{p} e^{\alpha p} \frac{p}{\mu Z} dp$$

对于径向流区域,其产量公式为

$$-m_i + m_e = \frac{p_{sc} T q_{sc}}{\pi k e^{-\alpha p_e}\left(1 + \dfrac{b}{\bar{p}}\right) h T_{sc} Z_{sc}}\ln\frac{r_e}{r} \quad (3\text{-}90)$$

此处拟压力函数为

$$m^* = 2\int_{p_a}^{p} e^{\alpha p} \frac{p}{\mu Z} dp$$

三区耦合后的产量方程表达式为

$$-m_i + m_e = \frac{p_{sc} T q_{sc}}{\pi k e^{-\alpha p_e}\left(1 + \dfrac{b}{\bar{p}}\right) h T_{sc} Z_{sc}}\ln\frac{r_e}{r} + \frac{p_{sc} T q_{sc}}{k e^{-\alpha p_e}\left(1 + \dfrac{b}{\bar{p}}\right)\rho_{gsc} T_{sc} Z_{sc} \pi h \cosh\zeta_w}$$

$$(\sinh\zeta_i - \sinh\zeta_w) + \frac{2x_f}{k_f}\frac{p_{sc} T}{w h Z_{sc} T_{sc}}q_{sc} + \frac{4.405 \times 10^{-5}}{k_f^{1.105}}\frac{\rho_{gsc} p_{sc} T x_f}{4 w^2 h^2 Z_{sc} T_{sc}\mu}q_{sc}^2$$

$$(3\text{-}91)$$

3.8.3　产能影响因素分析

控制因素影响分析中采用的基本数据如表 3-7 所示。

表 3-7　考虑应力敏感性和滑脱效应的压裂直井控制因素影响分析基础参数表

基础参数	数值	基础参数	数值
标态压力	0.1MPa	标态下温度	293K
气井有效厚度	10.0m	地层温度	396K
气层渗透率	4mD	标态下气体密度	0.78g/m³
气藏泄压半径	1000m	气体黏度	0.027mPa·s
井筒半径	0.1m	注水井流压	40MPa
裂缝宽度	0.04m	气体标态下压缩因子	1
裂缝半长	100m	气体压缩因子	0.89
裂缝渗透率	100D	应力敏感系数	0.036MPa^{-1}
滑脱系数	4MPa		

图 3-22 是在不考虑滑脱效应条件下,应力敏感系数不同时气井产能与生产压差

的关系。在应力敏感系数为 0.016MPa⁻¹、0.026MPa⁻¹、0.036MPa⁻¹ 和 0.046MPa⁻¹
下,生产压差为 5～20MPa 时得到的产能。当应力敏感系数不变时,产能随着生产
压差的增加而增大,同时在生产压差一定时,应力敏感系数越大,产能越小。

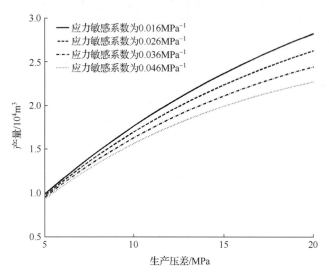

图 3-22 应力敏感系数不同时生产压差与压裂直井产能的关系

图 3-23 是在不考虑应力敏感条件下,滑脱效应系数不同时气井产能与生产压
差的关系。在滑脱效应系数为 0MPa、2MPa、4MPa 和 6MPa 下,生产压差为 5～
20MPa 时得到的产能。当滑脱效应系数不变时,产能随着生产压差的增加而增
大,同时在生产压差一定时,滑脱效应系数越大,产能越大。

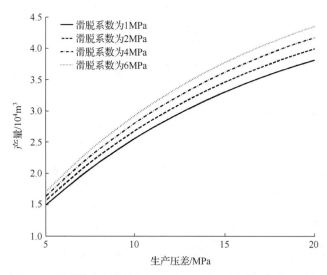

图 3-23 滑脱效应系数不同时生产压差与压裂直井产能的关系

图 3-24 是在综合考虑滑脱效应和应力敏感系数不同时气井产能与生产压差的关系。在生产压差为 5～20MPa 时得到的产能。由图可知，在相同生产压差条件下，只考虑滑脱效应条件下，气井产量最高，只考虑应力敏感性时产量最低。

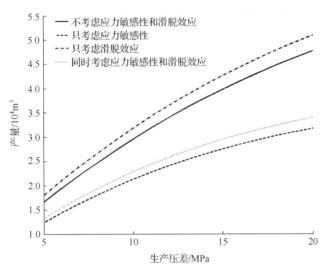

图 3-24　不同流动情况下生产压差与压裂直井产能的关系

3.9　考虑应力敏感性和滑脱效应的压裂水平井单相气体稳定渗流数学模型和产能方程

3.9.1　考虑应力敏感性的压裂水平井稳定渗流数学模型和产能方程

根据前面推出的结果，可以得出以下几个公式。

1. 水平井压裂横向裂缝产能

考虑应力敏感性压裂水平井产能公式：

$$\frac{p_{sc}Tq_{sc}}{ke^{-\alpha p_e}\rho_{gsc}T_{sc}Z_{sc}\pi h\cosh\zeta_w}(\sinh\zeta_i - \sinh\zeta_w) + \frac{2p_{sc}Tx_f}{k_fwhT_{sc}Z_{sc}}q_{sc} +$$

$$\frac{4.405\times10^{-5}}{k_f^{1.105}}\frac{\rho_{gsc}p_{sc}Tx_f}{4w^2h^2T_{sc}Z_{sc}}q_{sc}^2 = m_e^* - m_w^* \qquad (3-92)$$

2. 水平井压裂纵向裂缝产能

考虑应力敏感性压裂水平井产能公式：

$$\frac{p_{sc}Tq_{sc}}{ke^{-\alpha p_e}\rho_{gsc}T_{sc}Z_{sc}\pi h\cosh\zeta_w}(\sinh\zeta_i-\sinh\zeta_w)+\frac{2p_{sc}Th}{k_fwx_fT_{sc}Z_{sc}}q_{sc}+$$

$$\frac{4.405\times10^{-5}}{k_f^{1.105}}\frac{\rho_{gsc}p_{sc}Th}{4w^2x_f^2T_{sc}Z_{sc}\mu}q_{sc}^2=m_e^*-m_w^* \tag{3-93}$$

考虑到水平井压裂多条横向裂缝,并且存在相互干扰时,其产量公式为

$$Q_{sc}=\sum_{i=1}^n q_i\left(1-\frac{S_i}{\pi a_ib_i}\right) \tag{3-94}$$

式中,Q 为水平井裂缝椭圆的总流量;q_{sci} 为第 i 条裂缝椭圆的流量;x_{fi} 为第 i 条裂缝椭圆的半长。

3.9.2　考虑应力敏感性和滑脱效应的压裂水平井稳定渗流数学模型和产能方程

同理,考虑应力敏感性和滑脱效应后可得下面公式。

1. 水平井压裂横向裂缝产能

产能公式:

$$\frac{p_{sc}Tq_{sc}}{ke^{-\alpha p_e}\left(1+\frac{b}{\bar{p}}\right)\rho_{gsc}T_{sc}Z_{sc}\pi h\cosh\zeta_w}(\sinh\zeta_i-\sinh\zeta_w)+\frac{2p_{sc}Tx_f}{k_fwhT_{sc}Z_{sc}}q_{sc}+$$

$$\frac{4.405\times10^{-5}}{k_f^{1.105}}\frac{\rho_{gsc}p_{sc}Tx_f}{4w^2h^2T_{sc}Z_{sc}}q_{sc}^2=m_e^*-m_w^* \tag{3-95}$$

2. 水平井压裂纵向裂缝产能

产能公式:

$$\frac{p_{sc}Tq_{sc}}{ke^{-\alpha p_e}\left(1+\frac{b}{\bar{p}}\right)\rho_{gsc}T_{sc}Z_{sc}\pi h\cosh\zeta_w}(\sinh\zeta_i-\sinh\zeta_w)+\frac{2p_{sc}Th}{k_fwx_fT_{sc}Z_{sc}}q_{sc}+$$

$$\frac{4.405\times10^{-5}}{k_f^{1.105}}\frac{\rho_{gsc}p_{sc}Th}{4w^2x_f^2T_{sc}Z_{sc}\mu}q_{sc}^2=m_e^*-m_w^* \tag{3-96}$$

考虑到水平井水平压裂多条横向裂缝,并且存在相互干扰时,其产量公式为

$$Q_{sc}=\sum_{i=1}^n q_i\left(1-\frac{S_i}{\pi a_ib_i}\right) \tag{3-97}$$

式中,Q 为水平井裂缝椭圆的总流量;q_{sci} 为第 i 条裂缝椭圆的流量。

3.9.3　产能影响因素分析

控制因素影响分析中采用的基本数据如表 3-8 所示。

表 3-8　考虑应力敏感性和滑脱效应的压裂水平井控制因素影响分析基础参数表

基础参数	数值	基础参数	数值
标态压力	0.1MPa	水平井长	500m
气井有效厚度	10.0m	标态下温度	293K
气层渗透率	4mD	地层温度	396K
气藏泄压半径	1000m	标态下气体密度	0.78g/m³
井筒半径	0.1m	气体黏度	0.027mPa·s
裂缝宽度	0.04m	注水井流压	40MPa
裂缝半长	100m	气体标态下压缩因子	1
裂缝渗透率	100D	气体压缩因子	0.89
滑脱系数	4MPa	应力敏感系数	0.036MPa⁻¹

　　图 3-25 是在不考虑滑脱效应条件下,应力敏感系数不同时气井产能与生产压差的关系。在应力敏感系数为 0.016MPa^{-1}、0.026MPa^{-1}、0.036MPa^{-1} 和 0.046MPa^{-1} 下,生产压差为 5~20MPa 时得到的产能。当应力敏感系数不变时,产能随着生产压差的增加而增大,同时在生产压差一定时,应力敏感系数越大,产能越小。

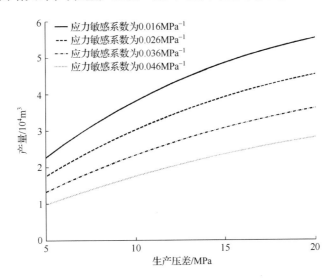

图 3-25　应力敏感系数不同时生产压差与压裂水平井产能的关系

　　图 3-26 是在不考虑应力敏感条件下,滑脱效应系数不同时气井产能与生产压差的关系。在滑脱效应系数为 0MPa、2MPa、4MPa 和 6MPa 下,生产压差为 5~20MPa 时得到的产能。当滑脱效应系数不变时,产能随着生产压差的增加而增大,同时在生产压差一定时,滑脱效应系数越大,产能越大。

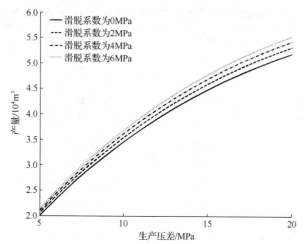

图 3-26　滑脱效应系数不同时生产压差与压裂水平井产能的关系

　　图 3-27 是在综合考虑滑脱效应和应力敏感系数不同时气井产能与生产压差的关系。在生产压差由 5～20MPa 时得到的产能。由图可知,在相同生产压差条件下,只考虑滑脱效应条件下,气井产量最高,只考虑应力敏感性时产量最低。

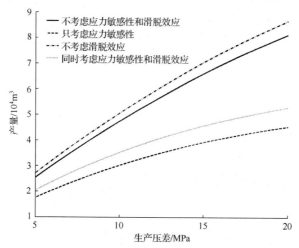

图 3-27　不同流动情况下生产压差与压裂水平井产能的关系

第4章　低渗透气藏单相非线性不稳定渗流理论

4.1　单相不稳定渗流规律和数学模型

1. 连续性方程

$$\frac{\partial}{\partial t}(\rho_g \phi) + \operatorname{div}(\rho_g \boldsymbol{v}) = 0 \tag{4-1}$$

2. 运动方程

$$v = -\frac{k}{\mu} \nabla p \tag{4-2}$$

3. 状态方程

$$\rho_g = \frac{T_{sc} Z_{sc} \rho_{gsc}}{P_{sc}} \frac{P}{TZ} \tag{4-3}$$

4. 典型渗流数学模型的建立

将运动方程和状态方程代入到质量守恒方程中,并且引入气体的等温压缩系数:

$$C_\rho = \frac{-\dfrac{\mathrm{d}V}{V}}{\mathrm{d}p} = -\frac{1}{V}\frac{\mathrm{d}V}{\mathrm{d}p} = \frac{1}{p} - \frac{1}{Z}\frac{\mathrm{d}Z}{\mathrm{d}p} \tag{4-4}$$

对空间相推导

$$\frac{\partial(\rho_g v_x)}{\partial x} + \frac{\partial(\rho_g v_y)}{\partial y} + \frac{\partial(\rho_g v_z)}{\partial z} = -\frac{T_{sc} Z_{sc} \rho_{gsc} k}{P_{sc} T} \nabla\left[\frac{p}{\mu(p) Z(p)} \nabla p\right] \tag{4-5}$$

引入拟压力函数

$$m^* = 2\int_{P_a}^{p} \frac{p}{\mu(p) Z(p)} \mathrm{d}p \tag{4-6}$$

时间相可变为

$$\frac{\partial(\rho_g \phi)}{\partial t} = \frac{T_{sc} Z_{sc} \rho_{gsc} \phi \mu(p)}{P_{sc} T} C_\rho \frac{\partial m^*}{\partial t} \tag{4-7}$$

空间相可变为

$$\frac{\partial(\rho_g v_x)}{\partial x} + \frac{\partial(\rho_g v_y)}{\partial y} + \frac{\partial(\rho_g v_z)}{\partial z} = -\frac{T_{sc} Z_{sc} \rho_{gsc} k}{P_{sc} T} (\nabla^2 m^*) \tag{4-8}$$

可得到总的控制方程

$$\nabla^2 m^* = \frac{\phi \mu(p) C_\rho}{k} \frac{\partial m^*}{\partial t} \tag{4-9}$$

定义气体的导压系数

$$\eta = \frac{k}{\phi \mu(p) C_\rho} \tag{4-10}$$

低渗透气藏开发过程中,此时控制方程为

$$\nabla^2 m^* = \frac{1}{\eta} \frac{\partial m^*}{\partial t} \tag{4-11}$$

建立数学模型的基本假设条件如下:①忽略重力和毛管压力;②不考虑井筒存储和表皮效应的影响;③气藏为各向同性均质的。

5. 边界条件

针对气体低速非达西径向渗流的解析解,有两种边界情况。
(1) 内外边界定压力条件:

$$\begin{aligned} r = r_{\rm w}, \quad p = p_{\rm w}, \quad m^* = m_{\rm w}^* \\ r = r_{\rm e}, \quad p = p_{\rm e}, \quad m^* = m_{\rm e}^* \end{aligned} \tag{4-12}$$

(2) 内边界定产量外边界定压力条件:

$$\begin{aligned} r = r_{\rm w}, \quad \frac{\partial p}{\partial r} = \frac{\mu q}{2\pi k h r_{\rm w}} \\ r = r_{\rm e}, \quad p = p_{\rm e}, \quad m^* = m_{\rm e}^* \end{aligned} \tag{4-13}$$

天然气的体积流量是随压力发生变化的,在稳定渗流条件下,其质量流量不发生变化,故满足如下表达式:

$$\rho_{\rm g} q = \rho_{\rm gsc} q_{\rm sc} \tag{4-14}$$

将 $\rho_{\rm g} = \frac{T_{\rm sc} Z_{\rm sc} \rho_{\rm gsc}}{p_{\rm sc}} \frac{p}{TZ}$ 代入式(4-14),并用 $p_{\rm e}$ 近似代换 p,可得到气体在井底下的体积流量为

$$q = \frac{p_{\rm sc} T Z}{p_{\rm e} T_{\rm sc} Z_{\rm sc}} q_{\rm sc} \tag{4-15}$$

由拟压力函数可得

$$\frac{{\rm d} m^*}{{\rm d} r} = 2 \frac{p_{\rm e}}{\mu Z} \frac{{\rm d} p}{{\rm d} r}$$

故内边界定产量外边界定压力的边界条件可变换为

$$\begin{aligned} r = r_{\rm w}, \quad \frac{\mu Z}{2 p_{\rm e}} \frac{{\rm d} m^*}{{\rm d} r} = \frac{\mu q_{\rm sc} p_{\rm sc} T Z}{2\pi k h r_{\rm w} p_{\rm e} T_{\rm sc} Z_{\rm sc}} \\ r = r_{\rm e}, \quad p = p_{\rm e}, \quad m^* = m_{\rm e}^* \end{aligned} \tag{4-16}$$

4.2　气体不稳定渗流直井产量变化规律数学模型

4.2.1　产能公式推导

由 4.1 节推导可知,气藏中气体不稳定渗流基本微分方程为

$$\nabla^2 m^* = \frac{1}{\eta} \frac{\partial m^*}{\partial t} \tag{4-17}$$

对于气藏中心一口直井的情况下,式(4-17)可写为

$$\frac{\partial^2 m^*}{\partial r^2} + \frac{1}{r} \frac{\partial m^*}{\partial r} = \frac{1}{\eta} \frac{\partial m^*}{\partial t} \tag{4-18}$$

根据边界条件

$$r = r_{\rm w}, \quad \frac{\mu Z}{2 p_{\rm e}} \frac{{\rm d} m^*}{{\rm d} r} = \frac{\mu q_{\rm sc} p_{\rm sc} T Z}{2\pi k h r_{\rm w} p_{\rm e} T_{\rm sc} Z_{\rm sc}} \tag{4-19}$$

$$r = r_{\rm e}, \quad p = p_{\rm e}, \quad m^* = m_{\rm e}^*$$

可以得到式(4-18)的解

$$m_{\rm e}^* - m_{\rm w}^* = \frac{q_{\rm sc}}{2\pi k h} \frac{p_{\rm sc} T}{Z_{\rm sc} T_{\rm sc}} \left[- Ei \left(\frac{-r_{\rm w}^2}{4\eta t} \right) \right] \tag{4-20}$$

4.2.2　产能影响因素分析

控制因素影响分析中采用的基本数据如表 4-1 所示。

表 4-1　控制因素影响分析基础参数表

基础参数	数值	基础参数	数值
标态压力	0.1MPa	气体压缩因子	0.89
气井有效厚度	10m	标态下温度	293K
气层渗透率	4mD	地层温度	396K
气藏泄压半径	1000m	标态下气体密度	0.78g/m³
井筒半径	0.1m	气体黏度	0.027mPa·s
气体标态下压缩因子	1	注水井流压	40MPa
最大气相相对渗透率	0.75	最大水相相对渗透率	0.8
最大含气饱和度	0.6	最大含水饱和度	0.6
初始割理含气饱和度	0.08	质量扩散系数	0.35×10^{-10}
水相渗方程指数系数	7	气相渗方程指数系数	5.4
水相启动压力梯度	0.001MPa/m		

图 4-1 是渗透率不同时气井气体产能与生产时间的关系。在渗透率为

0.5mD、1mD、5mD 和 10mD 下,生产时间有 1～3600d 时得到的产能。当渗透率不变时,产能随着生产时间的增加而出现先快速增加到保持稳定的趋势,同时在生产时间一定时,渗透率越大,产能越大。

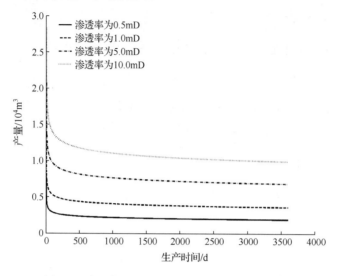

图 4-1　渗透率不同时生产时间与直井产能的关系

　　图 4-2 是黏度不同时气井气体产能与生产时间的关系。在黏度为 0.017MPa、0.027MPa、0.037MPa 和 0.050MPa 下,生产时间为 1～3600d 时得到的产能。当黏度不变时,产能随着生产时间的增加而出现先快速增加到保持稳定的趋势,同时在生产时间一定时,黏度越大,产能越小。

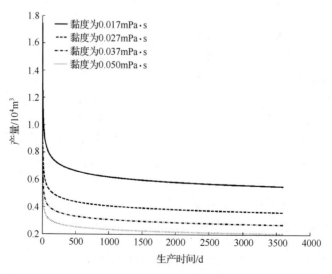

图 4-2　黏度不同时生产时间与直井产能的关系

图 4-3 是孔隙度不同时气井中水的产能与生产时间的关系。在孔隙度为 0.01、0.05、0.10 和 0.15 下,生产时间为 1~3600d 得到的产能。当孔隙度不变时,产能随着生产时间的增加而出现先快速减小到保持稳定的趋势,同时在生产时间一定时,孔隙度越大,产能越大。

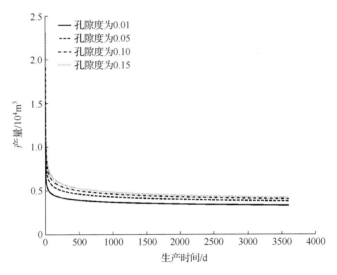

图 4-3　孔隙度不同时生产时间与产能的关系

图 4-4 是气层厚度不同时气井中水的产能与生产时间的关系。在气层厚度为 5m、10m、15m 和 20m 下,生产时间为 1~3600d 得到的产能。当气层厚度不变

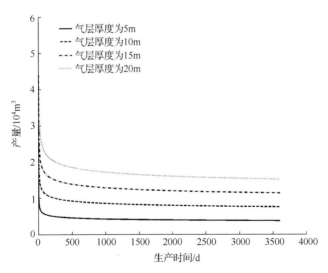

图 4-4　气层厚度不同时生产时间与产能的关系

时,产能随着生产时间的增加而出现先快速减小到保持稳定的趋势,同时在生产时间一定时,气层厚度越大,产能越大。

4.3　气体不稳定渗流水平井产量变化规律数学模型

4.3.1　产能公式推导

设均质、水平、等宽、等厚的长条形砂岩储集层两侧及顶底非渗透,渗透率沿坐标异性,长轴方向的外边界可以无限大、有界封闭或有界定压,水平井段全打开的水平气井以地面变产量生产(图 4-5),则描述理想气体渗流的数学模型为

$$
\left.\begin{array}{l}
k_x \dfrac{\partial^2 p^2}{\partial x^2} + k_y \dfrac{\partial^2 p^2}{\partial y^2} + k_z \dfrac{\partial^2 p^2}{\partial z^2} = \varphi \mu c \dfrac{\partial^2 p^2}{\partial t^2} \\[2mm]
p^2 \big|_{t=0} = p_i^2 \\[2mm]
\dfrac{\partial^2 p^2}{\partial x^2}\bigg|_{x=0,L_x} = 0 \\[2mm]
\dfrac{\partial^2 p^2}{\partial z^2}\bigg|_{z=0,L_z} = 0 \\[2mm]
\dfrac{\partial^2 p^2}{\partial y^2}\bigg|_{y=0} = 0
\begin{cases}
\dfrac{\mu Q(t)}{(L_2 - L_1)(L_4 - L_3)k_y}, & L_3 \leqslant z \leqslant L_4 ; L_1 \leqslant x \leqslant L_2 \\[2mm]
0, & \text{其他}
\end{cases} \\[2mm]
p^2 \big|_{y\to\infty} = p_i^2 (\text{无限大地层}) \\[2mm]
p^2 \big|_{y=L_y} = p_i^2 (\text{有界定压地层}) \\[2mm]
\dfrac{\partial p^2}{\partial y}\bigg|_{y=L_y} = 0 (\text{有界封闭地层})
\end{array}\right\} \tag{4-21}
$$

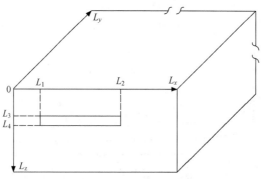

图 4-5　地层中水平井示意图

作代换

$$x_D = \frac{x}{L_x}, \quad y_D = \frac{y}{L_4 - L_3}, \quad z_D = \frac{z}{L_z}$$

$$p_D = \frac{k_y(L_2 - L_1)}{\mu}(p_i^2 - p^2)$$

$$t_D = \frac{k_y t}{\varphi \mu c \ (L_4 - L_3)^2}$$

则式(4-21)可写为

$$\left.\begin{aligned}
&\alpha_x^2 \frac{\partial^2 p_D}{\partial x_D^2} + \frac{\partial^2 p_D}{\partial y_D^2} + \alpha_z^2 \frac{\partial^2 p_D}{\partial z_D^2} = \frac{\partial p_D}{\partial t_D} \\
&p_D\big|_{t_D = 0} = 0 \\
&\frac{\partial p_D}{\partial x_D}\bigg|_{x_D = 0,1} = 0 \\
&\frac{\partial^2 p^2}{\partial z^2}\bigg|_{z = 0,1} = 0 \\
&\frac{\partial p_D}{\partial y_D}\bigg|_{y_D = 0} = 0 \begin{cases} -Q(t_D), & \frac{L_3}{L_z} \leqslant z_D \leqslant \frac{L_4}{L_z}, \frac{L_1}{L_x} \leqslant x_D \leqslant \frac{L_2}{L_x} \\ 0, & \text{其他} \end{cases} \\
&p_D\big|_{y_D \to \infty} = 0 \text{(无限大地层)} \\
&p_D\big|_{y_D = L_{y_D}} = 0 \text{(有界定压地层)} \\
&\frac{\partial p_D}{\partial y_D}\bigg|_{y_D = L_{y_D}} = 0 \text{(有界封闭地层)}
\end{aligned}\right\} \quad (4\text{-}22)$$

式中

$$\alpha_x = \frac{L_4 - L_3}{L_x}\sqrt{\frac{k_x}{k_y}}, \quad \alpha_z = \frac{L_4 - L_3}{L_z}\sqrt{\frac{k_z}{k_y}}, \quad L_{y_D} = \frac{L_y}{L_4 - L_3}$$

式(4-22)对 t_D 运用 Laplace 变换,对 x_D 和 z_D 运用两次有限 Fourier 余弦变换,得

$$\left.\begin{aligned}
&\frac{\mathrm{d}^2 \bar{p}_D}{\mathrm{d} y_D^2} - (s + \alpha_x^2 n^2 \pi^2 + \alpha_z^2 m^2 \pi^2)\bar{p}_D = 0 \\
&\frac{\mathrm{d}\bar{p}_D}{\mathrm{d} y_D}\bigg|_{y_D = 0} = -\frac{\bar{Q}(s)}{mn\pi^2}\left(\sin\frac{n\pi L_2}{L_x} - \sin\frac{n\pi L_1}{L_x}\right)\left(\sin\frac{n\pi L_4}{L_z} - \sin\frac{n\pi L_3}{L_z}\right) \\
&\bar{p}_D\big|_{t_D \to \infty} = 0 \\
&\bar{p}_D\big|_{y_D = L_{y_D}} = 0 \\
&\frac{\mathrm{d}\bar{p}_D}{\mathrm{d} y_D}\bigg|_{y_D = L_{y_D}} = 0
\end{aligned}\right\} \quad (4\text{-}23)$$

式(4-23)的解为

$$\bar{p}_D(j) = -\frac{\bar{Q}(s)}{mn\pi^2}\theta_{xn}\theta_{zm}\bar{\omega}_{mn}(j)(y_D,s), \quad j=1,2,3 \tag{4-24}$$

式中

$$\bar{\omega}_{mn}(1)(y_D,s) = \frac{\mathrm{e}^{-\sqrt{x_{mn}(s)}y_D}}{\sqrt{x_{mn}(s)}}$$

$$\bar{\omega}_{mn}(2)(y_D,s) = \frac{\sinh[\sqrt{x_{mn}(s)}(L_{y_D}-y_D)]}{\sqrt{x_{mn}(s)}\cosh[\sqrt{x_{mn}(s)}L_{y_D}]}$$

$$\bar{\omega}_{mn}(3)(y_D,s) = \frac{\cosh[\sqrt{x_{mn}(s)}(L_{y_D}-y_D)]}{\sqrt{x_{mn}(s)}\sinh[\sqrt{x_{mn}(s)}L_{y_D}]}$$

$$x_{mn}(s) = s + \alpha_x^2 n^2\pi^2 + \alpha_z^2 m^2\pi^2 \tag{4-25}$$

$$\theta_{xn} = \sin\frac{n\pi L_2}{L_x} - \sin\frac{n\pi L_1}{L_x}$$

$$\theta_{zm} = \sin\frac{n\pi L_4}{L_z} - \sin\frac{n\pi L_3}{L_z}$$

$$j = 1(\text{无限大地层}),2(\text{有界定压地层}),3(\text{有界封闭地层})$$

4.3.2　产能影响因素分析

控制因素影响分析中采用的基本数据同表 4-1。

图 4-6 是渗透率不同时气井气体产能与生产时间的关系。在渗透率为

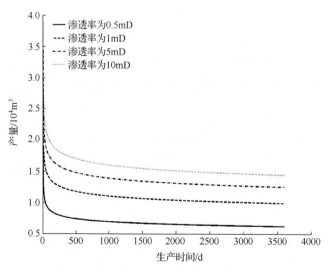

图 4-6　渗透率不同时生产时间与水平井产能的关系

0.5mD、1mD、5mD 和 10mD 下,生产时间为 1~3600d 时得到的产能。当渗透率不变时,产能随着生产时间的增加而出现先快速增加到保持稳定的趋势,同时在生产时间一定时,渗透率越大,产能越大。

图 4-7 是水平井长不同时气井气体产能与生产时间的关系。在水平井长为 500m、600m、700m 和 800m 下,生产时间为 1~3600d 时得到的产能。当水平井长不变时,产能随着生产时间的增加而出现先快速减小到保持稳定的趋势,同时在生产时间一定时,水平井长越长,产能越大。

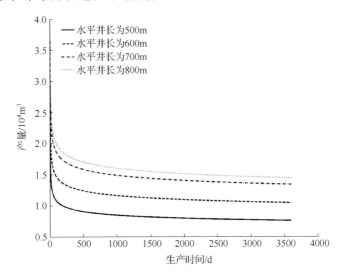

图 4-7　水平井长不同时生产时间与水平井产能的关系

4.4　气体不稳定渗流压裂井产量变化规律数学模型

4.4.1　产能公式推导

1. 模型假设

根据水力压裂直井的工艺特点,建立模型时作如下假设:①储层为上下封闭无限大均质地层;②储层物性、流体特性、压力系统等基本相近;③流体为单相微可压缩流体,且满足达西定律;④整个流动系统为等温非稳定渗流,不考虑重力作用的影响;⑤垂直裂缝完全穿透产层;⑥流体先沿裂缝壁面均匀地流入裂缝,再由裂缝流入直井井筒。

2. 数学模型

1）裂缝在地层中任意一点的压降计算

无限大均匀地层的点汇定流量的压降公式：

$$p_{\mathrm{e}}^2 - p^2(x,y,t) = \frac{q_{\mathrm{sc}}\mu_{\mathrm{g}}p_{\mathrm{sc}}ZT}{2\pi KhT_{\mathrm{sc}}}\left\{-Ei\left[-\frac{(x+x_0)^2+(-y+y_0)^2}{4\eta t}\right]\right\}$$

(4-26)

将裂缝左右两翼分成 n 等份（f 表示裂缝，l、r 分别表示其左、右翼），每等份均作为一个点汇来研究，这时裂缝上点汇的坐标与裂缝的长度有关。根据势能叠加原理，将各点汇压降进行叠加，可以得到裂缝 t 时刻在点 (x,y) 处产生的压降：

$$p_{\mathrm{e}}^2 - p^2(x,y,t) = \sum_{i=1}^{n}\frac{q_{\mathrm{fl}i}\mu_{\mathrm{g}}p_{\mathrm{sc}}ZT}{2\pi KhT_{\mathrm{sc}}}\left\{-Ei\left[-\frac{(x+x_{\mathrm{l}i})^2+(-y+y_{\mathrm{l}i})^2}{4\eta t}\right]\right\}$$
$$+ \sum_{i=1}^{n}\frac{q_{\mathrm{fr}i}\mu_{\mathrm{g}}p_{\mathrm{sc}}ZT}{2\pi KhT_{\mathrm{sc}}}\left\{-Ei\left[-\frac{(x+x_{\mathrm{r}i})^2+(-y+y_{\mathrm{r}i})^2}{4\eta t}\right]\right\}$$

(4-27)

2）裂缝内流动模型

从地层流入裂缝各个微元段的流入量在裂缝内汇合，从裂缝尖端变质量流向井筒。气体在裂缝内流动的压降可表示为

$$\Delta p_{\mathrm{f}}^2 = \frac{2q_{\mathrm{sc}}\mu_{\mathrm{g}}p_{\mathrm{sc}}ZTx_{\mathrm{f}}}{k_{\mathrm{f}}whT_{\mathrm{sc}}}$$

(4-28)

每条裂缝取左端压力为裂缝段的压力（右翼裂缝取右端压力为裂缝段压力），将裂缝微元段分成若干个小段，可认为在每个小段上的流入量相等，通过上可推导出从裂缝第 1 到第 m 段所产生的压降：

$$p_{\mathrm{f}m}^2 - p_{\mathrm{f}}^2 = \frac{\mu_{\mathrm{g}}p_{\mathrm{sc}}ZT\Delta L}{k_{\mathrm{f}}whT_{\mathrm{sc}}}(q_m + 2q_{m-1} + \cdots + 2q_1)$$

(4-29)

将裂缝外地层压降点汇公式和裂缝内的压降公式联立，采取迭代方法求解，根据时间步长，可以求出气藏垂直压裂井的产量。

4.4.2　产能影响因素分析

控制因素影响分析中采用的基本数据同表 4-1。

图 4-8 是渗透率不同时气井气体产能与生产时间的关系。在渗透率为 0.5mD、1mD、5mD 和 10mD 下，生产时间为 1～3600d 时得到的产能。当渗透率不变时，产能随着生产时间的增加而出现先快速增加到保持稳定的趋势，同时在生产时间一定时，渗透率越大，产能越大。

图 4-9 是裂缝半长不同时气井气体产能与生产时间的关系。在裂缝半长为 80m、100m、120m 和 140m 下，生产时间为 1～3600d 时得到的产能。当裂缝半长

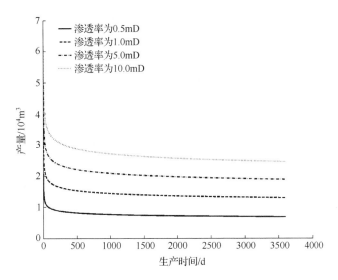

图 4-8　渗透率不同时生产时间与压裂直井产能的关系

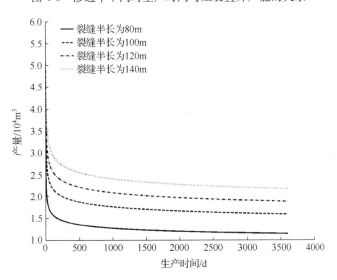

图 4-9　裂缝半长不同时生产时间与压裂直井产能的关系

不变时,产能随着生产时间的增加而出现先快速减小到保持稳定的趋势,同时在生产时间一定时,裂缝半长越长,产能越大。

图 4-10 是裂缝导流能力不同时气井气体产能与生产时间的关系。在裂缝导流能力为 10D • cm、20D • cm、30D • cm 和 40D • cm 下,生产时间为 1～3600d 时得到的产能。当裂缝导流能力不变时,产能随着生产时间的增加而出现先快速减小到保持稳定的趋势,同时在生产时间一定时,裂缝导流能力越大,产能越大。

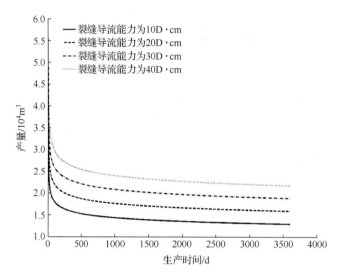

图 4-10　裂缝导流能力不同时生产时间与压裂直井产能的关系

4.5　气体不稳定渗流压裂水平井产量变化规律数学模型

4.5.1　模型假设

根据水平气井实施多段压裂的工艺特点,建立模型时作如下假设:①储层为上下封闭无限大均质地层;②储层物性、流体特性、压力系统等基本相近;③流体为单相微可压缩流体,且满足达西定律;④整个流动系统为等温非稳定渗流,不考虑重力作用的影响;⑤垂直裂缝完全穿透产层,且裂缝平面与水平井筒成任意角度;⑥流体先沿裂缝壁面均匀地流入裂缝,再由裂缝流入水平井筒;⑦不考虑由基质直接流入水平井筒的渗流过程。

4.5.2　数学模型

将裂缝半长均等分成 n 份,每等份可以看成是一个点汇。利用无限大均匀地层点汇定流量的压降公式,可以求出该点汇对地层中任意一点产生的压降;将地层任意一点替换为裂缝尖端,就可以得到所有点汇同时生产时对裂缝尖端产生的压降;考虑到裂缝半长远大于水平井井筒半径,裂缝内流体从裂缝边缘向井筒周围聚集,第 i 条裂缝可以看做流动直径为裂缝长度、地层厚度为裂缝宽度、边界压力为裂缝尖端压力、井底流压为水平井井筒内压力的微型平面径向流油藏;根据压力连续和流量守恒方程,就能得到考虑裂缝干扰的压裂水平井油井产量预测模型;进一步根据压力函数的定义和真实气体状态方程,并将地层条件下的产量换算为地面

标准情况下的气体产量,就可以得到气藏压裂水平井产量预测模型:

$$
\begin{aligned}
p_e^2 - p_{wf}^2 = &\Big[\sum_{k=1}^{N} \Big(\sum_{j=1}^{n} \frac{q_{fkj}\mu_g p_{sc}ZT}{4\pi KhT_{sc}} \Big\{ -Ei\Big[-\frac{(x_{fil}+x_{fkj})^2+(-y_{fil}+y_{fkj})^2}{4\eta t} \Big] \Big\} \\
&+ \sum_{j=1}^{n} \frac{q_{fkj}\mu_g p_{sc}ZT}{4\pi KhT_{sc}} \Big\{ -Ei\Big[-\frac{(x_{fil}-x_{fkj})^2+(-y_{fil}+y_{fkj})^2}{4\eta t} \Big] \Big\} \Big) \\
&+ \sum_{k=1}^{N} \Big(\sum_{j=1}^{n} \frac{q_{fkj}\mu_g p_{sc}ZT}{4\pi KhT_{sc}} \Big\{ -Ei\Big[-\frac{(x_{fir}+x_{fkj})^2+(-y_{fir}+y_{fkj})^2}{4\eta t} \Big] \Big\} \\
&+ \sum_{j=1}^{n} \frac{q_{fkj}\mu_g p_{sc}ZT}{4\pi KhT_{sc}} \Big\{ -Ei\Big[-\frac{(x_{fir}-x_{fkj})^2+(-y_{fir}+y_{fkj})^2}{4\eta t} \Big] \Big\} \Big) \Big] \\
&+ \frac{q_{fi}\mu_g p_{sc}ZT}{\pi K_{fi}w_i T_{sc}} \Big(\ln\frac{h}{2r_w} + S \Big)
\end{aligned} \tag{4-30}
$$

考虑到气体只通过裂缝进入水平井井眼,所以总产量等于各条点汇产量之和,即

$$
Q = \sum_{k=1}^{N} \sum_{j=1}^{n} q_{fkj} \tag{4-31}
$$

4.5.3　产能影响因素分析

控制因素影响分析中采用的基本数据同表 4-1。

图 4-11 是渗透率不同时气井气体产能与生产时间的关系。在渗透率为 0.5mD、1mD、5mD 和 10mD 下,生产时间为 1～3600d 时得到的产能。当渗透率不变时,产能随着生产时间的增加而出现先快速增加到保持稳定的趋势,同时在生产时间一定时,渗透率越大,产能越大。

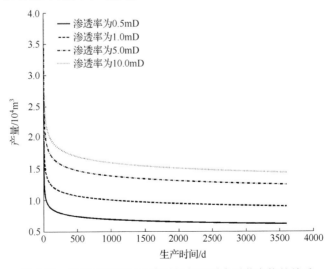

图 4-11　渗透率不同时生产时间与压裂水平井产能的关系

图 4-12 是裂缝半长不同时气井气体产能与生产时间的关系。在裂缝半长为 80m,100m,120m 和 140m 下,生产时间为 1～3600d 时得到的产能。当裂缝半长不变时,产能随着生产时间的增加而出现先快速减小到保持稳定的趋势,同时在生产时间一定时,裂缝半长越长,产能越大。

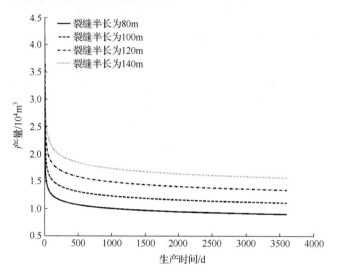

图 4-12　裂缝半长不同时生产时间与压裂水平井产能的关系

图 4-13 是裂缝条数不同时气井气体产能与生产时间的关系。在裂缝条数为 3条、4 条、5 条和 6 条下,生产时间为 1～3600d 时得到的产能。当裂缝条数不变时,

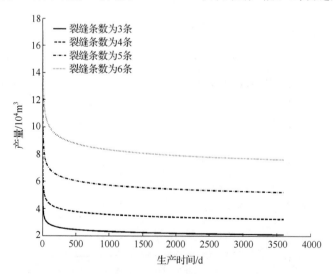

图 4-13　裂缝条数不同时生产时间与压裂水平井产能的关系

产能随着生产时间的增加而出现先快速减小到保持稳定的趋势,同时在生产时间一定时,裂缝条数越多,产能越大。

4.6　考虑应力敏感性和滑脱效应的直井单相气体不稳定渗流数学模型和产能方程

4.6.1　考虑应力敏感性的直井单相气体不稳定渗流数学模型和产能方程

渗透率应力敏感函数:

$$K = K_i e^{-\alpha(p_i - p)} \tag{4-32}$$

气体和岩石的压缩系数:

$$C_g = \frac{1}{\rho_g} \frac{\mathrm{d}\rho}{\mathrm{d}p} \tag{4-33}$$

$$C_m = \frac{1}{\phi} \frac{\mathrm{d}\phi}{\mathrm{d}p} \tag{4-34}$$

式中

$$\phi = \phi_i e^{-C_m(p_i - p)}$$

$$C_t = C_m + C_g$$

定义拟压力函数:

$$\Psi = 2 \int_{p_b}^{p} \frac{p}{uz} \mathrm{d}p \tag{4-35}$$

则应力敏感地层的气体流动方程变为

$$\frac{\partial^2 \Psi}{\partial r^2} + \frac{1}{r} \frac{\partial \Psi}{\partial r} + \alpha^* \left(\frac{\partial \Psi}{\partial r} \right)^2 = \frac{\phi_i \mu}{K} (C_g + C_m) \frac{\partial \Psi}{\partial t} \tag{4-36}$$

式中,α^* 是表观渗透率模函数,定义为

$$\alpha^* = \frac{1}{K} \frac{\partial K}{\partial \Psi} \tag{4-37}$$

假设 α^* 是常数,且 $C_g \leqslant C_m$,$\alpha^* \geqslant C_m$,引入下面的无因次变量,则气体的流动方程变为

$$\frac{\partial^2 \Psi_D}{\partial r_D^2} + \frac{1}{r_D} \frac{\partial \Psi_D}{\partial r_D} + \alpha_D^* \left(\frac{\partial \Psi_D}{\partial r_D} \right)^2 = e^{\alpha_D^* \Psi_D} \frac{\partial \Psi_D}{\partial t_D} \tag{4-38}$$

式中

$$\Psi_D = \frac{q K_i h T_{sc}}{q_{sc} \rho_{sc} T} \left[\Psi(p_i) - \Psi(p) \right]$$

$$\alpha_D^* = \frac{q_{sc} \rho_{sc} T}{q K_i h T_{sc}} a^*$$

$$t_D^* = \frac{K_i t}{\mu \phi_i C_t r_w^2} a^*$$

内边界条件：

$$\lim_{r_D \to 0} \left(r_D e^{-r_D^* \Psi_D} \frac{\partial \Psi_D}{\partial r_D} \right) = -1 \qquad (4\text{-}39)$$

引入无因此变量形式：

$$\psi_D = -\frac{1}{\alpha_D^*} \ln(1 - \alpha_D^* \eta) \qquad (4\text{-}40)$$

原方程可转化为

$$\frac{\partial^2 \eta}{\partial r_D^2} + \frac{1}{r_D} \frac{\partial \eta}{\partial r_D} = \frac{1}{1 - \alpha_D^* \eta} \frac{\partial \eta}{\partial t_D} \qquad (4\text{-}41)$$

初边界条件变为

$$\eta(r_D, 0) = 0$$

$$\lim_{r_D \to 0} \left(r_D \frac{\partial \eta}{\partial r_D} \right) = -1 \qquad (4\text{-}42)$$

$$\lim_{r_D \to \infty} \eta = 0$$

引入如下代换式：

$$\overline{\psi_D} = \int_0^\infty \psi_D e^{-\mu t_D} \, dt_D \qquad (4\text{-}43)$$

应用 Laplace 变换得

$$\frac{1}{r_D} \frac{d}{dr_D} \left(r_D \frac{d\bar{\eta}}{dr_D} \right) = u\bar{\eta} \qquad (4\text{-}44)$$

可求得井底压力

$$\psi_D = -\ln(1 - r_D l^{-1}(\bar{\eta}))/r_D \qquad (4\text{-}45)$$

4.6.2　考虑应力敏感性和滑脱效应的直井不稳定渗流数学模型和产能方程

考虑应力敏感和滑脱效应的渗透率函数：

$$K = K_i e^{-a(p_i - p)} \left(1 + \frac{b}{p_m} \right) \qquad (4\text{-}46)$$

气体和岩石的压缩系数：

$$C_g = \frac{1}{\rho_g} \frac{d\rho}{dp} \qquad (4\text{-}47)$$

$$C_m = \frac{1}{\phi} \frac{d\phi}{dp} \qquad (4\text{-}48)$$

式中

$$\phi = \phi_i e^{-C_m(p_i - p)}$$

$$C_t = C_m + C_g$$

定义拟压力函数：

$$\Psi = 2 \int_{p_b}^{p} \frac{p}{uz} \mathrm{d}p \tag{4-49}$$

则应力敏感地层的气体流动方程变为

$$\frac{\partial^2 \Psi}{\partial r^2} + \frac{1}{r} \frac{\partial \Psi}{\partial r} + \alpha^* \left(\frac{\partial \Psi}{\partial r} \right)^2 = \frac{\phi_i \mu}{K} (C_g + C_m) \frac{\partial \Psi}{\partial t} \tag{4-50}$$

式中，α^* 是表观渗透率模函数，定义为

$$\alpha^* = \frac{1}{K} \frac{\partial K}{\partial \Psi} \tag{4-51}$$

假设 α^* 是常数，且 $C_g \leqslant C_m$，$\alpha^* \geqslant C_m$，引入下面的无因次变量，则气体的流动方程变为

$$\frac{\partial^2 \Psi_D}{\partial r_D^2} + \frac{1}{r_D} \frac{\partial \Psi_D}{\partial r_D} + \alpha_D^* \left(\frac{\partial \Psi_D}{\partial r_D} \right)^2 = e^{\alpha_D^* \Psi_D} \frac{\partial \Psi_D}{\partial t_D} \tag{4-52}$$

式中

$$\Psi_D = \frac{q K_i h T_{sc}}{q_{sc} \rho_{sc} T} \left[\Psi(p_i) - \Psi(p) \right] \left(1 + \frac{b}{p_m} \right)$$

$$\alpha_D^* = \frac{q_{sc} \rho_{sc} T}{q K_i \left(1 + \frac{b}{p_m} \right) h T_{sc}} a^*$$

$$t_D^* = \frac{K_i \left(1 + \frac{b}{p_m} \right) t}{\mu \phi_i C_t r_w^2} a^*$$

内边界条件：

$$\lim_{r_D \to 0} \left(r_D e^{-r_D^* \Psi_D} \frac{\partial \Psi_D}{\partial r_D} \right) = -1 \tag{4-53}$$

引入无因此变量形式：

$$\psi_D = -\frac{1}{\alpha_D^*} \ln(1 - \alpha_D^* \eta) \tag{4-54}$$

原方程可转化为

$$\frac{\partial^2 \eta}{\partial r_D^2} + \frac{1}{r_D} \frac{\partial \eta}{\partial r_D} = \frac{1}{1 - \alpha_D^* \eta} \frac{\partial \eta}{\partial t_D} \tag{4-55}$$

初边界条件变为

$$\eta(r_D, 0) = 0$$

$$\lim_{r_D \to 0} \left(r_D \frac{\partial \eta}{\partial r_D} \right) = -1 \tag{4-56}$$

$$\lim_{r_D \to \infty} \eta = 0$$

引入如下代换式:

$$\overline{\psi_{\mathrm{D}}} = \int_0^\infty \psi_{\mathrm{D}} \mathrm{e}^{-\mu t_{\mathrm{D}}} \,\mathrm{d}t_{\mathrm{D}} \qquad (4\text{-}57)$$

应用 Laplace 变换得

$$\frac{1}{r_{\mathrm{D}}} \frac{\mathrm{d}}{\mathrm{d}r_{\mathrm{D}}} \left(r_{\mathrm{D}} \frac{\mathrm{d}\overline{\eta}}{\mathrm{d}r_{\mathrm{D}}} \right) = u\overline{\eta} \qquad (4\text{-}58)$$

可求得井底压力

$$\psi_{\mathrm{D}} = -\ln(1 - r_{\mathrm{D}} l^{-1}(\overline{\eta}))/r_{\mathrm{D}} \qquad (4\text{-}59)$$

4.6.3　产能影响因素分析

控制因素影响分析中采用的基本数据同表 4-1。

图 4-14 是应力敏感系数不同时气井气体产能与生产时间的关系。在应力敏感系数为 0.016MPa^{-1}、0.026MPa^{-1}、0.036MPa^{-1} 和 0.046MPa^{-1} 下,生产时间为 1～3600d 时得到的产能。当应力敏感系数不变时,产能随着生产时间的增加而出现先快速增加到保持稳定的趋势,同时在生产时间一定时,应力敏感系数越大,产能越小。

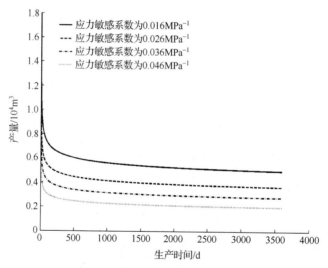

图 4-14　应力敏感系数不同时生产时间与直井产能的关系

图 4-15 是滑脱系数不同时气井气体产能与生产时间的关系。在滑脱系数为 1MPa、2MPa、4MPa 和 6MPa 下,生产时间为 1～3600d 时得到的产能。当滑脱系数不变时,产能随着生产时间的增加而出现先快速减小到保持稳定的趋势,同时在生产时间一定时,滑脱系数越长,产能越大。

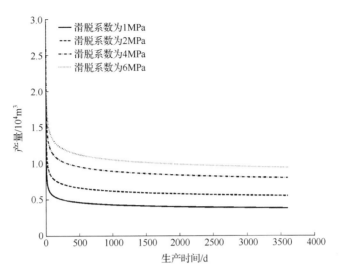

图 4-15 滑脱系数不同时生产时间与直井产能的关系

4.7 考虑应力敏感性和滑脱效应的水平井单相气体不稳定渗流数学模型和产能方程

4.7.1 考虑应力敏感性的水平井单相气体不稳定渗流数学模型和产能方程

假设条件如下：

（1）地层为水平方向圆形封闭，垂向为不渗透边界；

（2）地层等厚，水平井段位于地层中心，距离地边界 z_w，水平井段为 $2L$，井筒半径为 r_w；

（3）忽略重力，毛细管力；

（4）生产前地层各处压力均为原始地层压力 p_i；

（5）井以一定的产量生产。

渗透率应力敏感函数：

$$K = K_i e^{-a(p_i - p)} \tag{4-60}$$

引入无量纲的定义。

无量纲压力：

$$P_D = \frac{Kh}{qT} m^* = \frac{K_i h}{qT} 2 \int_{p_b}^{p} e^{-a(p_i - p)} \frac{p}{uz} dp \tag{4-61}$$

无量纲产量：

$$Q_D = \frac{1}{P_D} = \frac{qT}{K_i h 2 \int_{p_b}^{p} e^{-\alpha(p_i - p)} \frac{p}{uz} dp} \tag{4-62}$$

无量纲物质平衡拟时间:

$$t_D = \frac{K t_{ea}}{\phi \mu_g C_t r_{we}^2} \tag{4-63}$$

式中, t_{ea} 为物质平衡拟时间,定义为

$$t_{ea} = \frac{(\mu_g C_g)_i}{q_g} \int_0^t \frac{q_g}{\mu_{gav} C_{gaw}} dt \tag{4-64}$$

无量纲半径:

$$r_D = \frac{r}{L} \tag{4-65}$$

无量纲水平井长:

$$L_D = \frac{L}{h} \tag{4-66}$$

无量纲地层厚度:

$$h_D = \frac{h}{r_{we}} \tag{4-67}$$

无量纲垂向距离:

$$z_D = \frac{z}{h} \tag{4-68}$$

无量纲气藏半径:

$$r_{eD} = \frac{r_e}{r_{we}} \tag{4-69}$$

根据渗流力学理论,建立无量纲化模型,得到不稳态控制方程:

$$\frac{\partial^2 P_D}{\partial r_D^2} + \frac{1}{r_D} \frac{\partial P_D}{\partial r_D} + L_D^2 \frac{\partial^2 P_D}{\partial z_D^2} = \frac{\partial P_D}{\partial r_D} \tag{4-70}$$

初始条件:

$$P_D(r_D, z_D, t_D) = 0 \tag{4-71}$$

内边界条件:

$$r_D \left. \frac{\partial P_D}{\partial r_D} \right|_{r_D} = -1 \tag{4-72}$$

外边界条件:

$$\left. \frac{\partial P_D}{\partial z_D} \right|_{z_D=0} = 0$$

$$\left. \frac{\partial P_D}{\partial z_D} \right|_{z_D=1} = 0 \tag{4-73}$$

$$\left.\frac{\partial P_{\mathrm{D}}}{\partial z_{\mathrm{D}}}\right|_{r_{\mathrm{D}}=r_{eD}} = 0$$

当达到拟稳态时,利用 Fourier 积分变换,反演和积分叠加方法,可以得到 Laplace 空间下模型的解:

$$\widetilde{P}_{\mathrm{wD}}(r_{\mathrm{D}},u) = \frac{1}{2u}\left\{\int_{-1}^{1} K_0 \ \sqrt{(r_{\mathrm{D}}-\alpha)^2\varepsilon_0}\,\mathrm{d}\alpha + \frac{K_1(r_{eD}\varepsilon_0)}{I_1(r_{eD}\varepsilon_0)}\int_{-1}^{1} I_0 \ \sqrt{(r_{\mathrm{D}}-\alpha)^2\varepsilon_0}\,\mathrm{d}\alpha\right.$$

$$+ 2\sum_{n=1}^{\infty}\left[\int_{-1}^{1} K_0 \ \sqrt{(r_{\mathrm{D}}-\alpha)^2\varepsilon_n}\,\mathrm{d}\alpha\right.$$

$$\left.\left.+ \frac{K_1(r_{eD}\varepsilon_n)}{I_1(r_{eD}\varepsilon_n)}\int_{-1}^{1} I_0 \ \sqrt{(r_{\mathrm{D}}-\alpha)^2\varepsilon_n}\,\mathrm{d}\alpha\cos(n\pi z_{\mathrm{rD}})\cos(n\pi z_{\mathrm{wD}})\right]\right\} \quad (4\text{-}74)$$

式中

$$\varepsilon_n = \sqrt{u + n\pi/hb^2}$$

不稳定无量纲化产量和无量纲井底压力的 laplace 变换定义分别为

$$\widetilde{Q}_{\mathrm{D}}(u) = \int_0^{\infty} Q_{\mathrm{D}}(t_{\mathrm{D}})\mathrm{e}^{-ut} \quad (4\text{-}75)$$

$$\widetilde{P}_{\mathrm{wD}}(u) = \int_0^{\infty} P_{\mathrm{wD}}(t_{\mathrm{D}})\mathrm{e}^{-ut} \quad (4\text{-}76)$$

再定产量和定压力两种情况下,通过 laplace 变换可分别求得生产井的压力和产量为

$$\widetilde{P}_{\mathrm{wD}}(u) = \frac{K_0(\sqrt{u})}{u \sqrt{u}K_1(\sqrt{u})} \quad (4\text{-}77)$$

$$\widetilde{Q}_{\mathrm{D}}(u) = \frac{\sqrt{u}K_1(r_{\mathrm{D}}\sqrt{u})}{uK_0(\sqrt{u})} \quad (4\text{-}78)$$

联立以上各式,则无量纲井底产量为

$$\widetilde{Q}_{\mathrm{D}} = 1/(u^2\widetilde{P}_{\mathrm{wD}}) \quad (4\text{-}79)$$

4.7.2　考虑应力敏感性和滑脱效应的水平井不稳定渗流数学模型和产能方程

假设条件如下:

(1) 地层为水平方向圆形封闭,垂向为不渗透边界;

(2) 地层等厚,水平井段位于地层中心,距离地边界 z_{w},水平井段为 $2L$,井筒半径为 r_{w};

(3) 忽略重力,毛细管力;

(4) 生产前地层各处压力均为原始地层压力 p_{i};

(5) 井以一定的产量生产。

考虑应力敏感和滑脱效应的渗透率函数:

$$K = K_i e^{-\alpha(p_i - p)} \left(1 + \frac{b}{p_m}\right) \tag{4-80}$$

引入无量纲的定义。

无量纲压力：

$$P_D = \frac{Kh}{qT} m^* = \frac{K_i h}{qT} \left(1 + \frac{b}{p_m}\right) 2 \int_{p_b}^{p} e^{-\alpha(p_i - p)} \frac{p}{uz} dp \tag{4-81}$$

无量纲产量：

$$Q_D = \frac{1}{P_D} = \frac{qT}{K_i h \left(1 + \dfrac{b}{p_m}\right) 2 \displaystyle\int_{p_b}^{p} e^{-\alpha(p_i - p)} \dfrac{p}{uz} dp} \tag{4-82}$$

无量纲物质平衡拟时间：

$$t_D = \frac{K t_{ea}}{\phi \mu_g C_t r_{we}^2} \tag{4-83}$$

式中，t_{ea} 为物质平衡拟时间，定义为

$$t_{ea} = \frac{(\mu_g C_g)_i}{q_g} \int_0^t \frac{q_g}{\mu_{gav} C_{gaw}} dt \tag{4-84}$$

无量纲半径：

$$r_D = \frac{r}{L} \tag{4-85}$$

无量纲水平井长：

$$L_D = \frac{L}{h} \tag{4-86}$$

无量纲地层厚度：

$$h_D = \frac{h}{r_{we}} \tag{4-87}$$

无量纲垂向距离：

$$z_D = \frac{z}{h} \tag{4-88}$$

无量纲气藏半径：

$$r_{eD} = \frac{r_e}{r_{we}} \tag{4-89}$$

根据渗流力学理论，建立无量纲化模型，得到不稳态控制方程：

$$\frac{\partial^2 P_D}{\partial r_D^2} + \frac{1}{r_D} \frac{\partial P_D}{\partial r_D} + L_D^2 \frac{\partial^2 P_D}{\partial z_D^2} = \frac{\partial P_D}{\partial r_D} \tag{4-90}$$

初始条件：

$$P_D(r_D, z_D, t_D) = 0 \tag{4-91}$$

内边界条件：

$$r_D \left. \frac{\partial P_D}{\partial r_D} \right|_{r_D} = -1 \tag{4-92}$$

外边界条件：

$$\left. \frac{\partial P_D}{\partial z_D} \right|_{z_D=0} = 0 \tag{4-93}$$

$$\left. \frac{\partial P_D}{\partial z_D} \right|_{z_D=1} = 0 \tag{4-94}$$

$$\left. \frac{\partial P_D}{\partial z_D} \right|_{r_D=r_{eD}} = 0 \tag{4-95}$$

当达到拟稳态时，利用 Fourier 积分变换，反演和积分叠加方法，可以得到 Laplace 空间下模型的解：

$$
\begin{aligned}
\widetilde{P}_{wD}(r_D, u) = \frac{1}{2u} \Bigg\{ & \int_{-1}^{1} K_0 \sqrt{(r_D-\alpha)^2 \varepsilon_0} \, d\alpha + \frac{K_1(r_{eD}\varepsilon_0)}{I_1(r_{eD}\varepsilon_0)} \int_{-1}^{1} I_0 \sqrt{(r_D-\alpha)^2 \varepsilon_0} \, d\alpha \\
& + 2 \sum_{n=1}^{\infty} \bigg[\int_{-1}^{1} K_0 \sqrt{(r_D-\alpha)^2 \varepsilon_n} \, d\alpha \\
& + \frac{K_1(r_{eD}\varepsilon_n)}{I_1(r_{eD}\varepsilon_n)} \int_{-1}^{1} I_0 \sqrt{(r_D-\alpha)^2 \varepsilon_n} \, d\alpha \cos(n\pi z_{rD}) \cos(n\pi z_{wD}) \bigg] \Bigg\}
\end{aligned} \tag{4-96}
$$

式中

$$\varepsilon_n = \sqrt{u + n\pi/hb^2}$$

不稳定无量纲化产量和无量纲井底压力的 laplace 变换定义分别为

$$\widetilde{Q}_D(u) = \int_0^{\infty} Q_D(t_D) e^{-ut} \tag{4-97}$$

$$\widetilde{P}_{wD}(u) = \int_0^{\infty} P_{wD}(t_D) e^{-ut} \tag{4-98}$$

再定产量和定压力两种情况下，通过 laplace 变换可分别求得生产井的压力和产量为

$$\widetilde{P}_{wD}(u) = \frac{K_0(\sqrt{u})}{u\sqrt{u}K_1(\sqrt{u})} \tag{4-99}$$

$$\widetilde{Q}_D(u) = \frac{\sqrt{u}K_1(r_D\sqrt{u})}{uK_0(\sqrt{u})} \tag{4-100}$$

联立以上各式，则无量纲井底产量为

$$\widetilde{Q}_D = 1/(u^2 \widetilde{P}_{wD}) \tag{4-101}$$

4.7.3　产能影响因素分析

控制因素影响分析中采用的基本数据同表 4-1。

图 4-16 是应力敏感系数不同时气井气体产能与生产时间的关系。在应力敏

感系数为 0.016MPa^{-1}、0.026MPa^{-1}、0.036MPa^{-1} 和 0.046MPa^{-1} 下，生产时间为 $1\sim3600\text{d}$ 时得到的产能。当应力敏感系数不变时，产能随着生产时间的增加而出现先快速增加到保持稳定的趋势，同时在生产时间一定时，应力敏感系数越大，产能越小。

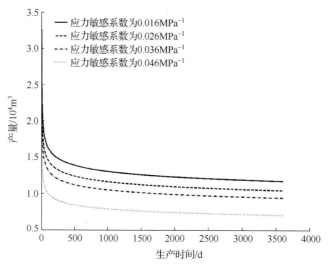

图 4-16　应力敏感系数不同时生产时间与水平井产能的关系

图 4-17 是滑脱系数不同时气井气体产能与生产时间的关系。在滑脱系数为 1MPa、2MPa、4MPa 和 6MPa 下，生产时间为 $1\sim3600\text{d}$ 时得到的产能。当滑脱系数不变时，产能随着生产时间的增加而出现先快速减小到保持稳定的趋势，同时在生产时间一定时，滑脱系数越长，产能越大。

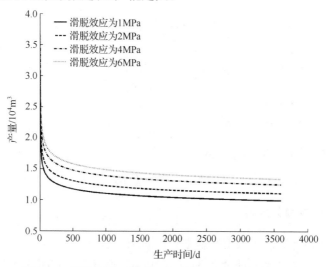

图 4-17　滑脱系数不同时生产时间与水平井产能的关系

4.8 考虑应力敏感性和滑脱效应的压裂井单相气体不稳定渗流数学模型和产能方程

4.8.1 考虑应力敏感性的压裂井单相气体不稳定渗流数学模型和产能方程

渗透率应力敏感函数：

$$K = K_i e^{-a(p_i - p)} \tag{4-102}$$

引入无量纲的定义，根据渗流力学理论，建立无量纲化模型，得到不稳态控制方程：

$$\frac{\partial^2 \psi_D}{\partial r_D^2} + \frac{1}{r_D} \frac{\partial \psi_D}{\partial r_D} = e^{a_D^* \Psi_D} \frac{\partial \psi_D}{\partial r_D} \tag{4-103}$$

式中，$a_D^* = \dfrac{q_{sc}\rho_{sc}T}{qK_ihT_{sc}}a^*$，其中，$a^* = \dfrac{1}{K}\dfrac{\partial K}{\partial \Psi}$。

拟压力函数：

$$P_D = \frac{Kh}{qT}m^* = \frac{K_ih}{qT}2\int_{p_b}^{p} e^{-a(p_i-p)}\frac{p}{uz}\mathrm{d}p \tag{4-104}$$

初始条件：

$$\psi_D(r_D, z_D, t_D) = 0 \tag{4-105}$$

内边界条件：

$$r_D \left.\frac{\partial \psi_D}{\partial r_D}\right|_{r_D} = -1 \tag{4-106}$$

外边界条件：

$$
\begin{aligned}
\left.\frac{\partial \psi_D}{\partial z_D}\right|_{z_D=0} &= 0 \\
\left.\frac{\partial \psi_D}{\partial z_D}\right|_{z_D=1} &= 0 \\
\left.\frac{\partial \psi_D}{\partial z_D}\right|_{r_D=r_{eD}} &= 0
\end{aligned}
\tag{4-107}
$$

采用 Green 函数和 Newman 乘积原理，求得微分方程的解析解：

$$\Delta\psi = \psi_i - \psi(x,y,z,t) = \frac{aq_{sc}p_{sc}T}{2\pi T_{sc}h\phi\mu C_t} \tag{4-108}$$

式中

$$
\begin{aligned}
a = \frac{1}{L}\int_0^t \frac{1}{4\sqrt{\pi\eta\tau}}&\left\{\operatorname{erf}\left[\frac{L+(x-L_w)}{2\sqrt{\eta\tau}}\right] + \operatorname{erf}\left[\frac{L-(x-L_w)}{2\sqrt{\eta\tau}}\right]\right\} \\
&\cdot \exp\left[-\frac{(y-y_w)^2}{4\eta\tau}\right]\left[1 + 2\sum_{n=1}^{\infty}\cos\frac{n\pi z}{h}\cos\frac{n\pi z_w}{h}\exp\left(-\frac{n^2\pi^2\eta\tau}{h^2}\right)\right]\mathrm{d}\tau
\end{aligned}
$$

其中

$$\mathrm{erf}(x) = \frac{2}{\sqrt{\pi}} \int_0^x \mathrm{e}^{-t^2} \,\mathrm{d}t$$

4.8.2 考虑应力敏感性和滑脱效应的压裂井不稳定渗流数学模型和产能方程

考虑应力敏感和滑脱效应的渗透率函数：

$$K = K_\mathrm{i} \mathrm{e}^{-\alpha(p_\mathrm{i}-p)} \left(1 + \frac{b}{p_\mathrm{m}}\right) \tag{4-109}$$

根据渗流力学理论，建立无量纲化模型，得到不稳态控制方程：

$$\frac{\partial^2 \psi_\mathrm{D}}{\partial r_\mathrm{D}^2} + \frac{1}{r_\mathrm{D}} \frac{\partial \psi_\mathrm{D}}{\partial r_\mathrm{D}} = \mathrm{e}^{\alpha_\mathrm{D}^* \Psi_\mathrm{D}} \frac{\partial \psi_\mathrm{D}}{\partial r_\mathrm{D}} \tag{4-110}$$

式中

$$\alpha_\mathrm{D}^* = \frac{q_\mathrm{sc} \rho_\mathrm{sc} T}{q K_\mathrm{i} \left(1 + \dfrac{b}{p_\mathrm{m}}\right) h T_\mathrm{sc}} \alpha^*$$

其中

$$\alpha^* = \frac{1}{K} \frac{\partial K}{\partial \Psi}$$

拟压力函数：

$$P_\mathrm{D} = \frac{Kh}{qT} m^* = \frac{K_\mathrm{i} h}{qT} 2 \int_{p_\mathrm{b}}^p \mathrm{e}^{-\alpha(p_\mathrm{i}-p)} \frac{p}{uz} \mathrm{d}p \tag{4-111}$$

初始条件：

$$\psi_\mathrm{D}(r_\mathrm{D}, z_\mathrm{D}, t_\mathrm{D}) = 0 \tag{4-112}$$

内边界条件：

$$r_\mathrm{D} \left. \frac{\partial \psi_\mathrm{D}}{\partial r_\mathrm{D}} \right|_{r_\mathrm{D}} = -1 \tag{4-113}$$

外边界条件：

$$\left. \frac{\partial \psi_\mathrm{D}}{\partial z_\mathrm{D}} \right|_{z_\mathrm{D}=0} = 0$$

$$\left. \frac{\partial \psi_\mathrm{D}}{\partial z_\mathrm{D}} \right|_{z_\mathrm{D}=1} = 0 \tag{4-114}$$

$$\left. \frac{\partial \psi_\mathrm{D}}{\partial z_\mathrm{D}} \right|_{r_\mathrm{D}=r_{e\mathrm{D}}} = 0$$

采用 Green 函数和 Newman 乘积原理，求得微分方程的解析解：

$$\Delta \psi = \psi_\mathrm{i} - \psi(x, y, z, t) = \frac{a q_\mathrm{sc} p_\mathrm{sc} T}{2\pi T_\mathrm{sc} h \phi \mu C_\mathrm{t}} \tag{4-115}$$

式中

$$a = \frac{1}{L} \int_0^t \frac{1}{4\sqrt{\pi\eta\tau}} \left\{ \mathrm{erf}\left[\frac{L+(x-L_w)}{2\sqrt{\eta\tau}} \right] + \mathrm{erf}\left[\frac{L-(x-L_w)}{2\sqrt{\eta\tau}} \right] \right\}$$

$$\cdot \exp\left[-\frac{(y-y_w)^2}{4\eta\tau} \right] \left[1 + 2\sum_{n=1}^{\infty} \cos\frac{n\pi z}{h} \cos\frac{n\pi z_w}{h} \exp\left(-\frac{n^2\pi^2\eta\tau}{h^2} \right) \right] \mathrm{d}\tau$$

其中

$$\mathrm{erf}(x) = \frac{2}{\sqrt{\pi}} \int_0^x \mathrm{e}^{-t^2} \mathrm{d}t$$

4.8.3　产能影响因素分析

控制因素影响分析中采用的基本数据同表 4-1。

图 4-18 是应力敏感系数不同时气井气体产能与生产时间的关系。在应力敏感系数为 0.016MPa^{-1}、0.026MPa^{-1}、0.036MPa^{-1} 和 0.046MPa^{-1} 下,生产时间为 1~3600d 时得到的产能。当应力敏感系数不变时,产能随着生产时间的增加而出现先快速增加到保持稳定的趋势,同时在生产时间一定时,应力敏感系数越大,产能越小。

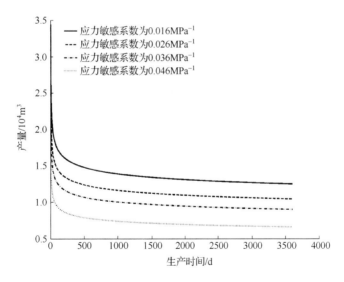

图 4-18　应力敏感系数不同时生产时间与压裂直井产能的关系

图 4-19 是滑脱系数不同时气井气体产能与生产时间的关系。在滑脱系数为 1MPa、2MPa、4MPa 和 6MPa 下,生产时间为 1~3600d 时得到的产能。当滑脱系数不变时,产能随着生产时间的增加而出现先快速减小到保持稳定的趋势,同时在生产时间一定时,滑脱系数越长,产能越大。

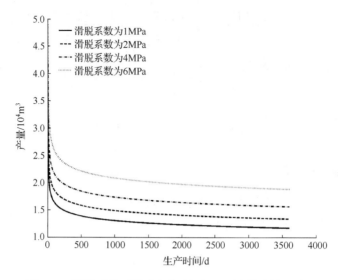

图 4-19　滑脱系数不同时生产时间与压裂直井产能的关系

4.9　考虑应力敏感性和滑脱效应的压裂水平井单相气体不稳定渗流数学模型和产能方程

4.9.1　考虑应力敏感性的压裂水平井单相气体不稳定渗流数学模型和产能方程

假设通过水平井压裂产生多条垂直于水平井的 n_j 条平行的无限导流裂缝 (图 4-20)。将每条裂缝划分为 n 段,则共有 NF$=nXn_f$ 个裂缝单元。

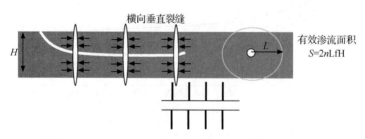

图 4-20　横向均布等量裂缝模型示意图

假设裂缝单元的流率是均匀的,单元 i 的中心为 (x_{Di}, y_{Di}),单元半长为 L_{fDi},渗透率应力敏感函数:

$$K = K_i e^{-\alpha(p_i-p)} \tag{4-116}$$

流率为 $\tilde{Q}_{yDi}$(y 代表有应力敏感作用的),则单元对单元中心产生的压力为

$$\Delta \widetilde{P}_{yDij} = \widetilde{Q}_{yDi} G_{yij}$$

$$G_{yij} = \frac{1}{2sL_{fDi}} \int_{-L_{fDi}}^{L_{fDi}} K_0 \left[\sqrt{u} \sqrt{(x_{Di} - x_{Dj} - \alpha)^2 + (y_{Di} - y_{Dj})} \right] d\alpha \quad (4\text{-}117)$$

$$i = 1,2,3,\cdots,\mathrm{NF}; j = 1,2,3,\cdots,\mathrm{NF}$$

裂缝单元 j 中心处的壁面压力 $\widetilde{P}_{yDij}$ 为本单元压力加上全部其他单元的压力之和为

$$\widetilde{P}_{yDij} = \sum_{i=1}^{\mathrm{NF}} \widetilde{Q}_{yDi} G_{yij} \quad (4\text{-}118)$$

考虑裂缝的表皮效应,裂缝单元 j 的缝内压力:

$$\widetilde{P}_{yfD,j} = \sum_{i=1}^{\mathrm{NF}} \widetilde{Q}_{yDi} G_{yij} + \widetilde{Q}_{yDj} S_{yf,j} \quad (4\text{-}119)$$

式中, $S_{yf,j}$ 为单元 j 的壁面表皮系数。由于无限导流裂缝内部压力处处相等,均为井筒压力 $\widetilde{P}_{ywD}$,因此获得 NF 个压力方程:

$$\sum_{i=1}^{\mathrm{NF}} \widetilde{Q}_{yDi} G_{yij} + \widetilde{Q}_{yDj} S_{yf,j} - \widetilde{P}_{ywD} = 0 \quad (4\text{-}120)$$

$$i = 1,2,3,\cdots,\mathrm{NF}; j = 1,2,3,\cdots,\mathrm{NF}$$

再加上流量约束:

$$\sum_{i=1}^{\mathrm{NF}} (\widetilde{Q}_{yDi} L_{yfDi}) = \frac{1}{s} \quad (4\text{-}121)$$

构成 NF+1 个方程,即可数值求解 $\widetilde{P}_{ywD}$ 、 $\widetilde{Q}_{yD,1}$ 、 $\widetilde{Q}_{yD,\mathrm{NF}}$ 。

4.9.2　考虑应力敏感性和滑脱效应的压裂水平井不稳定渗流数学模型和产能方程

假设裂缝单元的流率是均匀的,单元 i 的中心为 (x_{Di}, y_{Di}) ,单元半长为 L_{fDi} ,考虑应力敏感和滑脱效应的渗透率函数:

$$K = K_i \mathrm{e}^{-\alpha(p_i - p)} \left(1 + \frac{b}{p_m} \right) \quad (4\text{-}122)$$

流率为 $\widetilde{Q}_{zDi}$ (z 代表有应力敏感和滑脱效应作用的),则单元对单元中心产生的压力为

$$\Delta \widetilde{P}_{zDij} = \widetilde{Q}_{zDi} G_{zij}$$

$$G_{zij} = \frac{1}{2sL_{fDi}} \int_{-L_{fDi}}^{L_{fDi}} K_0 \left[\sqrt{u} \sqrt{(x_{Di} - x_{Dj} - \alpha)^2 + (y_{Di} - y_{Dj})} \right] d\alpha \quad (4\text{-}123)$$

$$i = 1,2,3,\cdots,\mathrm{NF}; j = 1,2,3,\cdots,\mathrm{NF}$$

裂缝单元 j 中心处的壁面压力 $\widetilde{P}_{zDij}$ 为本单元压力加上全部其他单元的压力之和为

$$\widetilde{P}_{zDij} = \sum_{i=1}^{NF} \widetilde{Q}_{zDi}G_{zij} \tag{4-124}$$

考虑裂缝的表皮效应,裂缝单元 j 的缝内压力:

$$\widetilde{P}_{zfD,j} = \sum_{i=1}^{NF} \widetilde{Q}_{zDi}G_{zij} + \widetilde{Q}_{zDj}S_{zf,j} \tag{4-125}$$

式中,$S_{f,j}$ 为单元 j 的壁面表皮系数。由于无限导流裂缝内部压力处处相等,均为井筒压力 $\widetilde{P}_{zwD}$,因此获得 NF 个压力方程:

$$\sum_{i=1}^{NF} \widetilde{Q}_{zDi}G_{zij} + \widetilde{Q}_{zDj}S_{zf,j} - \widetilde{P}_{zwD} = 0 \tag{4-126}$$
$$i = 1,2,3,\cdots,NF; j = 1,2,3,\cdots,NF$$

再加上流量约束:

$$\sum_{i=1}^{NF} (\widetilde{Q}_{zDi}L_{zfDi}) = \frac{1}{s} \tag{4-127}$$

构成 NF+1 个方程,即可数值求解 $\widetilde{P}_{zwD}$、$\widetilde{Q}_{zD,1}$、$\widetilde{Q}_{zD,NF}$。

4.9.3 产能影响因素分析

控制因素影响分析中采用的基本数据同表 4-1。

图 4-21 是应力敏感系数不同时气井气体产能与生产时间的关系。在应力敏感系数为 $0.016MPa^{-1}$、$0.026MPa^{-1}$、$0.036MPa^{-1}$ 和 $0.046MPa^{-1}$ 下,生产时间为 $1\sim3600d$ 时得到的产能。当应力敏感系数不变时,产能随着生产时间的增加而出现先快速增加到保持稳定的趋势,同时在生产时间一定时,应力敏感系数越大,产能越小。

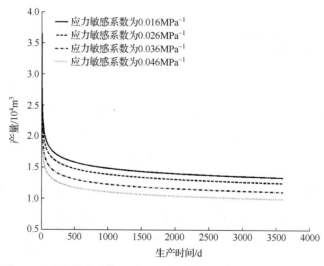

图 4-21 应力敏感系数不同时生产时间与压裂水平井产能的关系

　　图 4-22 是滑脱系数不同时气井气体产能与生产时间的关系。在滑脱系数为 1MPa、2MPa、4MPa 和 6MPa 下,生产时间为 1～3600d 时得到的产能。当滑脱系数不变时,产能随着生产时间的增加而出现先快速减小到保持稳定的趋势,同时在生产时间一定时,滑脱系数越长,产能越大。

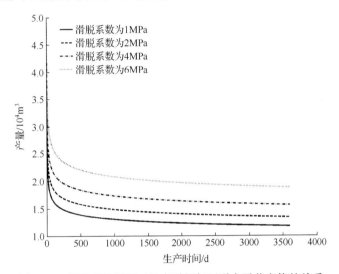

图 4-22　滑脱系数不同时生产时间与压裂水平井产能的关系

第 5 章　低渗透气藏两相非线性渗流理论

对于存在边水、底水及层间水的低渗透气藏,在实际生产时地层中很容易形成气水两相流动。当边水、底水及层间水侵入到井底时,气井的产水量明显增大,若积液不能被及时带出,严重时还会造成气井水淹,使气井产能降低。在气田开发过程中,气井产能的计算关系到各项开发指标的合理确定,有利于整个气田的高效开发。本章以质量守恒原理为基础,在定义气水两相拟压力函数和水相拟启动压力梯度之后,推导出了包含启动压力梯度低渗透气藏气水两相流井的三项式产能方程,并通过实例分析了产水及启动压力梯度对气井产能的影响。

5.1　低渗透气藏气水两相渗流基本方程

1. 连续性方程

根据物质守恒定律,质量守恒方程为

$$\frac{\partial}{\partial t}(\phi \rho_g S_g) + \mathrm{div}(\rho_g V_g) = 0 \quad \text{(气相)} \tag{5-1}$$

$$\frac{\partial}{\partial t}(\phi \rho_w S_w) + \mathrm{div}(\rho_w V_w) = 0 \quad \text{(水相)} \tag{5-2}$$

式中,ϕ 为孔隙度(小数);ρ_g 为气相密度($\mathrm{kg/m^3}$);S_g 为含气饱和度(小数);v_g 为气相的渗流速度(m/s);t 为井的开采时间(s);ρ_w 为水的密度($\mathrm{kg/m^3}$);S_w 为含水饱和度(小数);v_w 为气相的渗流速度(m/s)。

2. 运动方程

气相和液相考虑启动压力梯度的运动方程可表示为

$$V_g = -\frac{kk_{rg}}{\mu_g} \nabla p \quad \text{(气相)} \tag{5-3}$$

$$V_w = -\frac{kk_{rw}}{\mu_w}(\nabla p - G) \quad \text{(水相)} \tag{5-4}$$

式中,k 为绝对渗透率(mD);k_{rg} 为气相相对渗透率;μ_g 为气体黏度(mPa·s);k_{rw} 为水的相对渗透率;μ_w 为水的黏度(mPa·s);∇p 为压力梯度(MPa/m)。

3. 状态方程

$$\rho_{\mathrm{g}} = \frac{T_{\mathrm{sc}} Z_{\mathrm{sc}} \rho_{\mathrm{gsc}}}{p_{\mathrm{sc}}} \frac{p}{TZ} \quad （气相） \tag{5-5}$$

$$\rho_{\mathrm{w}} = \rho_{\mathrm{w}} \quad （水相） \tag{5-6}$$

式中，T_{sc} 为标准状态下温度(K)；Z_{sc} 为标准状态下压缩因子(无量纲)；ρ_{gsc} 为标准状态下气相密度(kg/m³)；p_{sc} 为标准压力(MPa)；p 为气相当前地层压力(MPa)；T 为地层温度(K)；Z 为实际压缩因子(无量纲)。

4. 辅助方程

对于气水两相流动而言，设气水两相间不存在质量转移，气水两相共同充满孔隙空间。于是水相饱和度 S_{w}（当束缚水饱和度大于一定值时，存在启动压力梯度）和气相饱和度 S_{g} 之和应为

$$S_{\mathrm{w}} + S_{\mathrm{g}} = 1 \tag{5-7}$$

两相流动时液相启动压力梯度：

$$G_{\mathrm{w}} = G_{\mathrm{w}}(K, S_{\mathrm{w}}) \tag{5-8}$$

5. 典型渗流数学模型的建立

将运动方程和状态方程代入连续性方程可得控制方程：

$$\nabla \left[\frac{p}{\mu(p)Z(p)} \nabla p \right] = \frac{\phi}{kk_{\mathrm{rg}}} \frac{\partial}{\partial t} \left(\frac{p}{Z} S_{\mathrm{g}} \right) \quad （气相） \tag{5-9}$$

引入拟压力函数：

$$m^* = 2 \int_{p_{\mathrm{a}}}^{p} \frac{p}{\mu(p)Z(p)} \mathrm{d}p \tag{5-10}$$

则气相的控制方程可变为

$$\nabla^2 m^* = \frac{2\phi}{kk_{\mathrm{rg}}} \frac{\partial}{\partial t} \left(\frac{p}{Z} S_{\mathrm{g}} \right) \tag{5-11}$$

$$\nabla^2 p + C_{\mathrm{w}} \left[\left(\frac{\partial p}{\partial x} \right)^2 + \left(\frac{\partial p}{\partial y} \right)^2 + \left(\frac{\partial p}{\partial z} \right)^2 \right] = \frac{\mu_{\mathrm{w}} \phi}{kk_{\mathrm{rw}} \rho_{\mathrm{w}}} \frac{\partial}{\partial t} (\rho_{\mathrm{w}} S_{\mathrm{w}}) \quad （水相） \tag{5-12}$$

省略二次项，可得水相的控制方程：

$$\nabla^2 p = \frac{\mu_{\mathrm{w}} \phi}{kk_{\mathrm{rw}} \rho_{\mathrm{w}}} \frac{\partial}{\partial t} (\rho_{\mathrm{w}} S_{\mathrm{w}}) \tag{5-13}$$

若水的密度 ρ_{w} 为常数，则水相的控制方程可变为

$$\nabla^2 p = \frac{\mu_{\mathrm{w}} \phi}{kk_{\mathrm{rw}}} \frac{\partial S_{\mathrm{w}}}{\partial t} \tag{5-14}$$

等饱和度平面移动时（$S_g = C$），气相的控制方程可变为

$$\nabla^2 m^* = \frac{\mu \phi S_g}{k k_{rg}} \frac{\partial m^*}{\partial t} \tag{5-15}$$

即

$$\nabla^2 m^* = \frac{1}{\eta} \frac{\partial m^*}{\partial t} \tag{5-16}$$

式中，η 为导压系数，$\eta = \dfrac{k k_{rg}}{\mu \phi S_g}$。

5.2　低渗透气藏直井气水两相渗流数学模型

5.2.1　非线性渗流模型方程

对于气相，其渗流方程为

$$-\frac{\mathrm{d}p}{\mathrm{d}r} = \frac{\mu_g}{K K_{rg}} v_g + \xi \rho_g v_g^2 \tag{5-17}$$

根据气体的状态方程，气相流量和流速的关系公式为

$$v_g = \frac{q_m}{\rho_g 2\pi r h} = \frac{\rho_{gsc} q_{sc}}{\rho_g 2\pi r h} = \frac{p_{sc} ZT}{2\pi r h Z_{sc} T_{sc} p} q_{sc} \tag{5-18}$$

将式（5-18）代入式（5-17）可得

$$-\frac{\mathrm{d}p}{\mathrm{d}r} = \frac{\mu_g}{K K_{rg}} \frac{p_{sc} ZT}{2\pi r h Z_{sc} T_{sc} p} q_{sc} + \xi \frac{\rho_{gsc} p_{sc} ZT}{4\pi^2 r^2 h^2 Z_{sc} T_{sc} p} q_{sc}^2 \tag{5-19}$$

引入拟压力函数：

$$-\frac{\mathrm{d}p}{\mathrm{d}r} = \frac{\mu_g}{K K_{rg}} \frac{p_{sc} ZT}{2\pi r h Z_{sc} T_{sc} p} q_{sc} + \xi \frac{\rho_{gsc} p_{sc} ZT}{4\pi^2 r^2 h^2 Z_{sc} T_{sc} p} q_{sc}^2$$

将式（5-19）进行分离变量并且积分，可以得到气相产量的二项式表达式为

$$m_e^* - m_w^* = \frac{1}{K} \frac{p_{sc} T}{\pi h Z_{sc} T_{sc}} \ln \frac{r_e}{r_w} q_{sc} + \frac{4.405 \times 10^{-5}}{K^{1.105}} \frac{2\rho_{gsc} p_{sc} T}{\pi^2 h^2 Z_{sc} T_{sc} \bar{\mu}} \left(\frac{1}{r_w^2} - \frac{1}{r_e^2} \right) q_{sc}^2 \tag{5-20}$$

运用二项式求根公式可以得到气体产量的表达式为

$$q_{sc} = \frac{-B + \sqrt{B^2 - 4AC}}{2A} \tag{5-21}$$

式中，$A = \dfrac{4.405 \times 10^{-5}}{2K^{1.105}} \dfrac{\rho_{gsc} p_{sc} T}{\pi^2 h^2 Z_{sc} T_{sc} \bar{\mu}} \left(\dfrac{1}{r_w^2} - \dfrac{1}{r_e^2} \right)$；$B = \dfrac{1}{K} \dfrac{p_{sc} T}{w h Z_{sc} T_{sc}} \ln \dfrac{r_e}{r_w}$；$C = -m_e^* + m_w^*$。

对于水相：

$$v_w = -\frac{K K_{rw}}{\mu_w} \left(\frac{\mathrm{d}p}{\mathrm{d}r} - G_w \right) \tag{5-22}$$

水相的流量方程为

$$v_w = \frac{q_w}{2\pi rh} \tag{5-23}$$

式(5-22)和式(5-23)整理可得

$$q_w = \frac{2\pi Kh}{\mu_w \dfrac{\ln r_e}{\ln r_w}} \left[p_e - p_w - G_w(r_e - r_w) \right] K_{rw} \tag{5-24}$$

5.2.2　影响因素分析

控制因素影响分析中采用的基本数据如表 5-1 所示。

表 5-1　气水两相渗流控制因素影响分析基础参数表

基础参数	数值	基础参数	数值
地层压力	25MPa	气体压缩因子	0.89
有效厚度	10m	生产井流压	15MPa
气层渗透率	4mD	地层温度	396K
气藏泄压半径	1000m	标态下气体密度	0.78g/cm³
井筒半径	0.1m	气体黏度	0.027mPa·s

由图 5-1 可以看出,随着井底流压的减小,地层驱动压力增加,气井产量增加;井底流压越小即驱动压力越大,地层内流体大量流出,地层能量衰竭较快,因此气井产量递减较快,反之亦然。

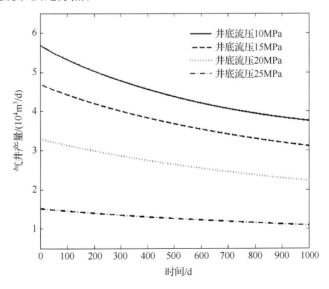

图 5-1　井底流压不同气井产量随时间的变化关系

由图 5-2 可以看出,含可动水低渗气藏,随着井底流压的减小,地层驱动压力增加,含水气层水和气的产量都较大,水气比较高,随着时间的推移地层能量衰竭较快,水气比递减得也较快。在放大井底流压情况下,水气比递减的比较平缓。同理可以推断,含约束可动水低渗气藏,当减小井底流压即放大驱动压力梯度达到可动滞留水的启动压力梯度时,水就会流出;而适当增大井底流压即减小驱动压力梯度,达不到可动滞留水的启动压力梯度,但是能达到气体的启动压力梯度,就会在不见水情况下稳定产气。

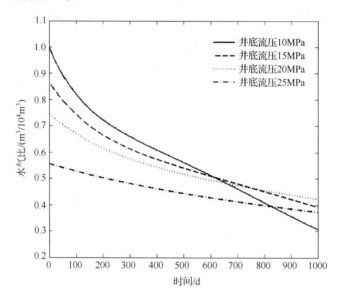

图 5-2 井底流压不同水气比随时间的变化关系

由图 5-3 可以看出,随着渗透率的增加,气井产量增加,但是递减幅度也逐渐增加,采出程度增加。

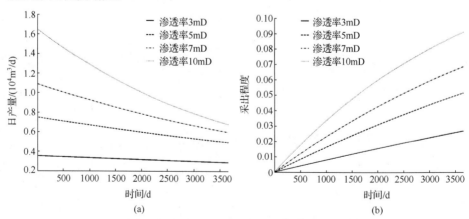

(a)　　　　　　　　　(b)

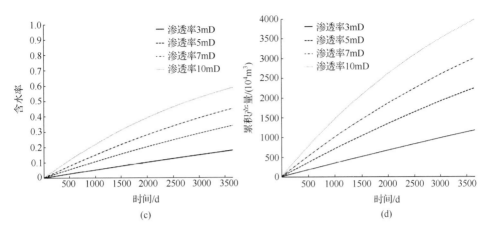

图 5-3　渗透率不同时产量、累积产量、采出程度、含水率随时间的变化关系

由图 5-4 可以看出，随着储层厚度的增加，气井产量、采出程度都呈线性增加。

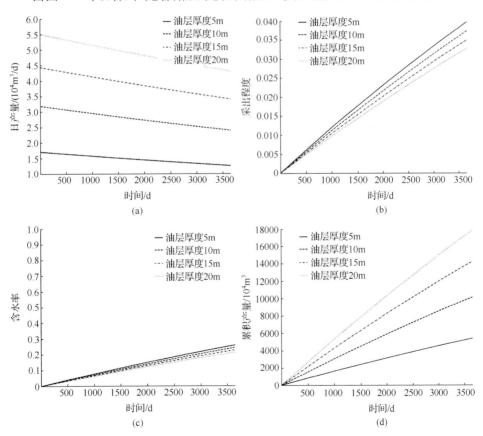

图 5-4　储层厚度不同产量、采出程度、含水率和累积产量随时间的变化关系

由图 5-5 可以看出,随着气体黏度的增加,气井产量增加,气体黏度越小,产量增幅越大,但是递减幅度也逐渐增加,采出程度增加。

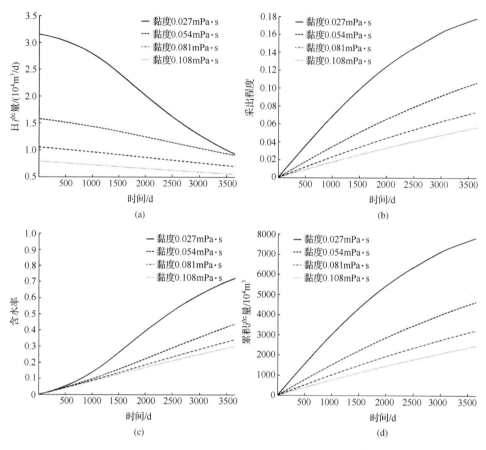

图 5-5　气体黏度不同产量、采出程度、含水率和累积产量随时间的变化关系

5.3　非达西条件下水平井气水两相渗流规律

引用第 3 章水平井的流体椭球渗流规律,可以得到流体流速与椭球坐标之间的关系。

对于气相:

$$v_{\mathrm{g}} = \frac{q_{\mathrm{sc}}}{8c^2 \mathrm{sh}\zeta \mathrm{ch}\zeta} \frac{p_{\mathrm{sc}}}{T_{\mathrm{sc}} Z_{\mathrm{sc}}} \frac{TZ}{p} \qquad (5\text{-}25)$$

气相的渗流规律依旧认为符合二项式流动:

$$-\frac{\mathrm{d}p}{\mathrm{d}r} = \frac{\mu_{\mathrm{g}}}{KK_{\mathrm{rg}}}v_{\mathrm{g}} + \xi\rho_{\mathrm{g}}v_{\mathrm{g}}^2 \tag{5-26}$$

将式(5-26)代入式(5-25),可得

$$-\frac{\mathrm{d}p}{\mathrm{d}r} = \frac{\mu_{\mathrm{g}}}{KK_{\mathrm{rg}}}\frac{q_{\mathrm{sc}}}{8c^2\,\mathrm{sh}\zeta\mathrm{ch}\zeta}\frac{p_{\mathrm{sc}}}{T_{\mathrm{sc}}Z_{\mathrm{sc}}}\frac{TZ}{p} + \xi\rho_{\mathrm{g}}\left(\frac{q_{\mathrm{sc}}}{8c^2\,\mathrm{sh}\zeta\mathrm{ch}\zeta}\frac{p_{\mathrm{sc}}}{T_{\mathrm{sc}}Z_{\mathrm{sc}}}\frac{TZ}{p}\right)^2 \tag{5-27}$$

引入拟压力函数:

$$m^* = 2\!\int\! \frac{p}{\mu(p)Z(p)}\mathrm{d}p = \frac{p^2}{\mu z}$$

对式(5-27)进行分离变量并积分,整理可得

$$m_{\mathrm{e}}^* - m_{\mathrm{w}}^* = \frac{1}{8c^2}\frac{p_{\mathrm{sc}}}{KK_{\mathrm{rg}}T_{\mathrm{sc}}Z_{\mathrm{sc}}}\big[\ln(\tanh\zeta_{\mathrm{i}}) - \ln(\tanh\zeta_0)\big]q_{\mathrm{sc}}$$

$$+ \frac{4.405\times 10^{-5}}{K^{1.105}K_{\mathrm{rg}}^{1.105}}\frac{1}{64c^4}\frac{p_{\mathrm{sc}}}{T_{\mathrm{sc}}Z_{\mathrm{sc}}\bar{\mu}_{\mathrm{g}}}\Big(2\tanh\zeta_0 - 2\tanh\zeta_{\mathrm{i}}$$

$$+ \frac{1}{\sinh\zeta_0\cosh\zeta_0} - \frac{1}{\sinh\zeta_{\mathrm{i}}\cosh\zeta_{\mathrm{i}}}\Big)q_{\mathrm{sc}}^2 \tag{5-28}$$

对于水相:

$$v_{\mathrm{w}} = \frac{q_{\mathrm{w}}}{8c^2\,\mathrm{sh}\zeta\mathrm{ch}\zeta} \tag{5-29}$$

$$v_{\mathrm{w}} = -\frac{KK_{\mathrm{rw}}}{\mu_{\mathrm{w}}}\Big(\frac{\mathrm{d}p}{\mathrm{d}r} - G_{\mathrm{w}}\Big) \tag{5-30}$$

式(5-29)和式(5-30)整理可得

$$q_{\mathrm{w}} = \frac{K}{\mu_{\mathrm{w}}8c^2(\tanh\zeta_{\mathrm{i}} - \tanh\zeta_0)}\big[p_{\mathrm{e}} - p_{\mathrm{w}} - G_{\mathrm{w}}(\zeta_{\mathrm{i}} - \zeta_0)\big]K_{\mathrm{rw}} \tag{5-31}$$

控制因素影响分析中采用的基本数据同表 3-2。

由图 5-6 可以看出,随着水平井长度的增加,气井产量增加,但是增幅也逐渐减小,同时递减幅度也逐渐增加,采出程度增加。

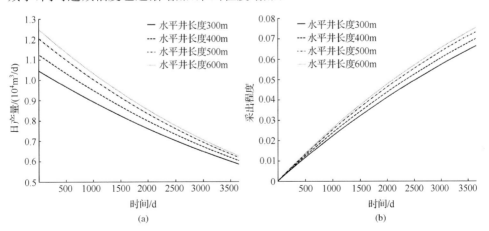

(a)　　　　　　　　　　　　　(b)

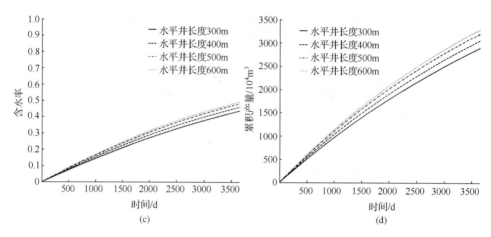

图 5-6　水平井长度不同产量、采出程度、含水率和累积产量随时间的变化关系

5.4　非达西条件下压裂井气水两相渗流规律

5.4.1　人工压裂裂缝内的高速非达西渗流

对于气相：

$$v_g = \frac{q_m}{2w_f h} = \frac{p_{sc}ZT}{2whZ_{sc}T_{sc}p}q_{sc} \tag{5-32}$$

气相的渗流规律依旧认为符合二项式流动：

$$-\frac{\mathrm{d}p}{\mathrm{d}r} = \frac{\mu_g}{k_f K_{rg}}v_g + \xi\rho_g v_g^2 \tag{5-33}$$

经过整理可得

$$m_{wf}^* - m_w^* = \frac{2x_f}{k_f K_{rg}}\frac{p_{sc}T}{whZ_{sc}T_{sc}}q_{sc} + \frac{4.405\times10^{-5}}{(k_f K_{rg})^{1.105}}\frac{\rho_{gsc}p_{sc}Tx_f}{4w^2h^2Z_{sc}T_{sc}\bar{\mu}_g}q_{sc}^2 \tag{5-34}$$

对于水相：

$$v_w = \frac{q_w}{2w_f h} \tag{5-35}$$

$$-\frac{\mathrm{d}p}{\mathrm{d}r} = \frac{\mu_w}{k_f K_{rw}}v_w + \xi\rho_w v_w^2 \tag{5-36}$$

整理可得

$$p_{wf} - p_w = \frac{\mu_w x_f}{k_f K_{rw}2wh}q_w + \frac{4.405\times10^{-5}}{(k_f K_{rw})^{1.105}}\frac{\rho_w x_f}{4w^2h^2}q_w^2 \tag{5-37}$$

5.4.2　裂缝控制椭圆范围内的达西流

对于气相：

$$\frac{\mathrm{d}^2 m^*}{\mathrm{d}y^2} = 0 \tag{5-38}$$

内边界条件为

$$\zeta = \zeta_{\mathrm{w}}, \quad p = p_{\mathrm{wf}}, \quad y\frac{\mathrm{d}m^*}{\mathrm{d}y} = \frac{p_{\mathrm{sc}}Tq_{\mathrm{sc}}}{k\rho_{\mathrm{gsc}}T_{\mathrm{sc}}Z_{\mathrm{sc}}hx_{\mathrm{f}}\cosh\xi}$$

外边界条件为

$$\zeta = \zeta_{\mathrm{i}}, \quad p = p_{\mathrm{i}}, \quad m^* = m_{\mathrm{i}}^*$$

由控制方程和内外边界条件可以得到椭圆区产量解析解:

$$-m_{\mathrm{wf}} + m_{\mathrm{i}} = \frac{p_{\mathrm{sc}}Tq_{\mathrm{sc}}}{kK_{\mathrm{rg}}\rho_{\mathrm{gsc}}T_{\mathrm{sc}}Z_{\mathrm{sc}}\pi h\cosh\zeta_{\mathrm{w}}}(\sinh\zeta_{\mathrm{i}} - \sinh\zeta_{\mathrm{w}}) \tag{5-39}$$

对于水相:

$$v_{\mathrm{w}} = \frac{KK_{\mathrm{rw}}}{\mu_{\mathrm{w}}}\left(\frac{\partial p}{\partial y} - G\right) \tag{5-40}$$

$$v_{\mathrm{w}} = \frac{q_{\mathrm{w}}}{4x_{\mathrm{f}}h\cosh\zeta} \tag{5-41}$$

由式(5-40)和式(5-41)可得

$$p_{\mathrm{i}} - p_{\mathrm{wf}} = \frac{q_{\mathrm{w}}\mu_{\mathrm{w}}}{8x_{\mathrm{f}}hKK_{\mathrm{rw}}(\arctan\zeta_{\mathrm{i}} - \arctan\zeta_0)} + G_{\mathrm{w}}(\zeta_{\mathrm{i}} - \zeta_0) \tag{5-42}$$

5.4.3　远离裂缝位置的流体流入裂缝控制范围椭圆的达西流动

对于气相,应用前面的方法可得远离裂缝位置的流体流入裂缝控制范围椭圆的控制方程:

$$\frac{\mathrm{d}^2 m^*}{\mathrm{d}r^2} + \frac{1}{r}\frac{\mathrm{d}m^*}{\mathrm{d}r} = 0 \tag{5-43}$$

内边界条件为

$$r = r_{\mathrm{i}} = \zeta_{\mathrm{i}}, \quad p = p_{\mathrm{i}}, \quad m^* = m_{\mathrm{i}}^*$$

外边界条件为

$$r = r_{\mathrm{e}}, \quad p = p_{\mathrm{e}}, \quad m^* = m_{\mathrm{e}}^*$$

$$m^*(r) = m_{\mathrm{i}}^* + \frac{m_{\mathrm{e}}^* - m_{\mathrm{i}}^*}{\ln r_{\mathrm{e}} - \ln r_{\mathrm{i}}}(\ln r - \ln r_{\mathrm{i}}) \tag{5-44}$$

对于水相:

$$p_{\mathrm{e}} - p_{\mathrm{i}} = \frac{q_{\mathrm{w}}\mu_{\mathrm{w}}}{2\pi hKK_{\mathrm{rw}}\ln\dfrac{r_{\mathrm{e}}}{r_{\mathrm{i}}}} + G_{\mathrm{w}}(r_{\mathrm{e}} - r_{\mathrm{i}}) \tag{5-45}$$

5.4.4　影响因素分析

控制因素影响分析中采用的基本数据同表3-3。

　　图 5-7 是在其他基本条件不变的情况下,裂缝导流能力不同时裂缝长度与气井产量的变化关系。从图 5-7 中可以看出,随着裂缝长度增加,气井的产量也在增加,但是增加到一定界限时,裂缝长度对产量增加的贡献不大,即存在最佳的裂缝长度;导流能力对气井产量的影响是正面的,随着导流能力的增加,气井产量增幅在降低。

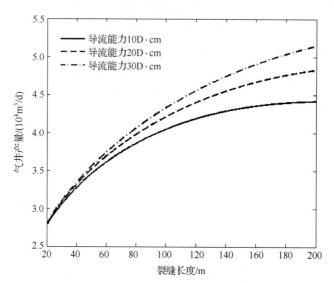

图 5-7　导流能力不同裂缝长度与气井产量关系

　　图 5-8 是在其他基本条件不变的情况下,生产压差不同时裂缝长度与气井产

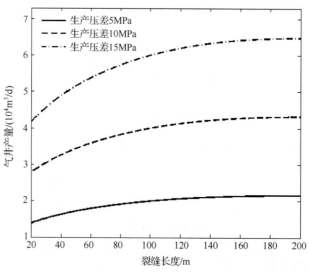

图 5-8　生产压差不同裂缝长度与气井产量关系

量的变化关系。从图 5-8 中可以看出,随着生产压差和裂缝长度的增加,气井的产量也在增加,在一定生产压差下,裂缝长度增加到一定界限就对实际气井产量影响不大了,因此不同生产压差匹配各自最佳的裂缝长度。如图 5-8 所示,生产压差为 5MPa 时,最佳裂缝长度为 80～100m;生产压差为 10MPa 时,最佳裂缝长度为 100～120m;生产压差为 15MPa 时,最佳裂缝长度为 120～140m。

由图 5-9 可以看出,随着裂缝半长的增加,气井产量增加,但增幅逐渐减小,并且递减幅度也逐渐增加,采出程度增加,其合理半长为 80～120m。

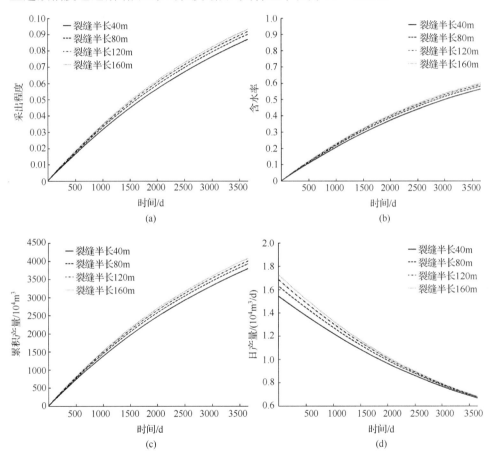

图 5-9 裂缝半长不同产量、采出程度、含水率和累积产量随时间的变化关系

由图 5-10 可以看出,随着裂缝导流能力的增加,气井产量增加,导流能力对产量增加较明显,但是递减幅度也逐渐增加,采出程度增加。

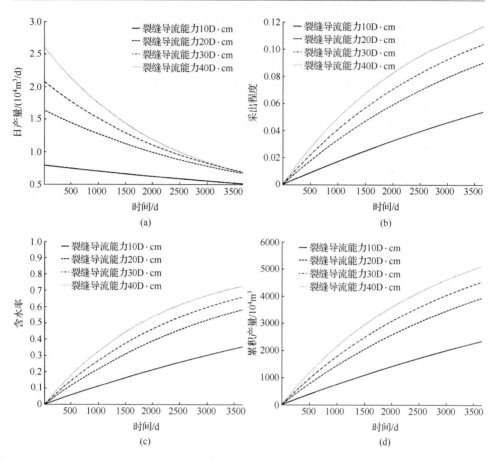

图 5-10　裂缝导流能力不同产量、采出程度、含水率和累积产量随时间的变化关系

5.5　压裂水平井的稳定渗流数学模型和产能方程

5.5.1　水平井横向缝产能模型

沿用第 3 章的假设条件,引用 5.4 节压裂井气水两相产能分析方法,可以得到如下。

1. 水平井压裂单条横向裂缝气水两相模型

(1) 椭圆渗流区
对于气相:

$$-m_{wf} + m_e = \frac{p_{sc} T q_{sc}}{k K_{rg} \rho_{gsc} T_{sc} Z_{sc} \pi h \cosh \zeta_w} (\sinh \zeta_i - \sinh \zeta_w) \qquad (5\text{-}46)$$

对于水相：

$$p_e - p_{wf} = \frac{q_w \mu_w}{8 x_f h K K_{rw} (\arctan \zeta_i - \arctan \zeta_0)} + G_w (\zeta_i - \zeta_0) \tag{5-47}$$

（2）裂缝内流动

对于气相：

$$m_{wf} - m_w = \frac{2 x_f}{k_f K_{rw}} \frac{p_{sc} T}{w h Z_{sc} T_{sc}} q_{sc} + \frac{4.405 \times 10^{-5}}{k_f^{1.105} K_{rw}} \frac{\rho_{gsc} p_{sc} T x_f}{4 w^2 h^2 Z_{sc} T_{sc}} q_{sc}^2 \tag{5-48}$$

对于水相：

$$p_{wf} - p_w = \frac{\mu_w x_f}{k_f K_{rw} 2 w h} q_w + \frac{4.405 \times 10^{-5}}{(k_f K_{rw})^{1.105}} \frac{\rho_w x_f}{4 w^2 h^2} q_w^2 \tag{5-49}$$

（3）两区联立求解

对于气相：

$$\frac{p_{sc} T q_{sc}}{k K_{rw} \rho_{gsc} T_{sc} Z_{sc} \pi h \cosh \zeta_w} (\sinh \zeta_i - \sinh \zeta_w) + \frac{2 p_{sc} T x_f}{k_f K_{rw} w h T_{sc} Z_{sc}} q_{sc}$$

$$+ \frac{4.405 \times 10^{-5}}{k_f^{1.105} K_{rw}} \frac{\rho_{gsc} p_{sc} T x_f}{4 w^2 h^2 T_{sc} Z_{sc}} q_{sc}^2 = m_e^* - m_w^* \tag{5-50}$$

对于水相：

$$p_e - p_w = \frac{\mu_w x_f}{k_f K_{rw} 2 w h} q_w + \frac{4.405 \times 10^{-5}}{(k_f K_{rw})^{1.105}} \frac{\rho_w x_f}{4 w^2 h^2} q_w^2$$

$$+ \frac{q_w \mu_w}{8 x_f h K K_{rw} (\arctan \zeta_i - \arctan \zeta_0)} + G_w (\zeta_i - \zeta_0) \tag{5-51}$$

可以由二项式求解公式求出气相与水相的产量：

$$q_{sc}(q_w) = \frac{-b + \sqrt{b^2 - 4ac}}{2a} \tag{5-52}$$

2. 水平井压裂多条横向裂缝产量模型

考虑多条裂缝控制的椭圆渗流区可能会相交,此时水平井压裂多条横向裂缝相互干扰时的产量公式为

$$Q_{sc} = \sum_{i=1}^{n} q_i \left(1 - \frac{S_i}{\pi a_i b_i} \right) \tag{5-53}$$

5.5.2　水平井纵向缝产能模型

分析方法同横向缝

对于气相：

$$\frac{p_{sc} T q_{sc}}{k K_{rw} \rho_{gsc} T_{sc} Z_{sc} \pi h \cosh \zeta_w} (\sinh \zeta_i - \sinh \zeta_w) + \frac{2 p_{sc} T h}{k_f K_{rw} w x_f T_{sc} Z_{sc}} q_{sc}$$

$$+ \frac{4.405 \times 10^{-5}}{k_f^{1.105} K_{rw}} \frac{\rho_{gsc} p_{sc} T h}{4 w^2 x_f^2 T_{sc} Z_{sc} \mu} q_{sc}^2 = m_e^* - m_w^* \tag{5-54}$$

对于水相：

$$p_e - p_w = \frac{\mu_w h}{k_f K_{rw} 2w x_f} q_w + \frac{4.405 \times 10^{-5}}{(k_f K_{rw})^{1.105}} \frac{\rho_w h}{4w^2 x_f^2} q_w^2$$

$$+ \frac{q_w \mu_w}{8 x_f h K K_{rw} (\arctan \zeta_i - \arctan \zeta_0)} + G_w (\zeta_i - \zeta_0) \quad (5-55)$$

当水平井压裂多条纵向裂缝，且裂缝间产生相互干扰时，产量公式为

$$Q_{sc} = \sum_{i=1}^{n} q_i \left(1 - \frac{S_i}{\pi a_i b_i} \right) \quad (5-56)$$

5.5.3 影响因素分析

控制因素影响分析中采用的基本数据同表 3-4。

由图 5-11 可以看出，随着裂缝条数的增加，气井产量增加，但增幅逐渐减小，并且递减幅度也逐渐增加，采出程度增加，对于 1000m 长的水平井，适合的裂缝条数是 8 条。

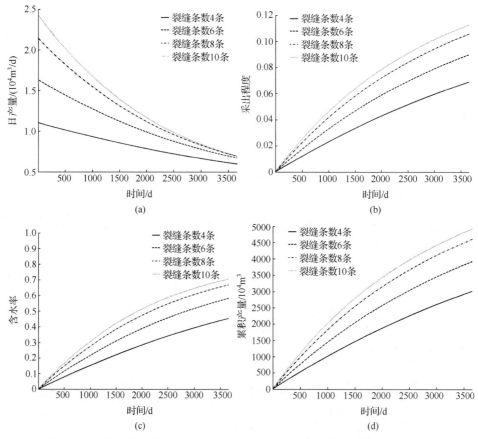

图 5-11 裂缝条数不同产量、采出程度、含水率和累积产量随时间的变化关系

5.6 考虑应力敏感性和流动特性变化的单井两相气体渗流数学模型和产能方程

5.6.1 考虑应力敏感性的单井气水两相渗流数学模型和产能方程

引用渗透率 K 随压力变化符合负指数衰减的方程:

$$K = k\mathrm{e}^{-\alpha(p_e - p)} \tag{5-57}$$

对于气相:

$$-\frac{\mathrm{d}p}{\mathrm{d}r} = \frac{\mu_g}{KK_{rg}} v_g + \xi\rho_g v_g^2 \tag{5-58}$$

引用拟压力函数:

$$m^* = 2\int_{p_a}^{p} \mathrm{e}^{\alpha p} \frac{p}{\mu Z}\mathrm{d}p$$

则气相产量的二项式表达式:

$$m_e^* - m_w^* = \frac{1}{KK_{rg}} \frac{p_{sc}T}{\pi h Z_{sc} T_{sc}} \ln\frac{r_e}{r_w} q_{sc} + \frac{4.405\times10^{-5}}{K^{1.105}\mathrm{e}^{-1.105\alpha p_o - 0.105\bar{p}}} \frac{2\rho_{gsc} p_{sc} T}{\pi^2 h^2 Z_{sc} T_{sc}\bar{\mu}}\left(\frac{1}{r_w^2} - \frac{1}{r_e^2}\right)q_{sc}^2 \tag{5-59}$$

对于水相:

$$v_w = -\frac{KK_{rw}}{\mu_w}\left(\frac{\mathrm{d}p}{\mathrm{d}r} - G_w\right) \tag{5-60}$$

则水相产量公式为

$$q_w = \frac{2\pi KK_{rw}h}{\mu_w} \frac{-\mathrm{e}^{\alpha(-Gr_w + p_e)} + \mathrm{e}^{\alpha(-Gr_e + p_w)}}{\alpha\left[Ei(1, \alpha Gr_w) - Ei(1, \alpha Gr_e)\right]} \tag{5-61}$$

5.6.2 考虑应力敏感性和滑脱效应及启动压力梯度的直井气水两相渗流数学模型和产能方程

当考虑应力敏感性和滑脱效应及启动压力梯度时:

$$K(p) = K\mathrm{e}^{-\alpha(p_e - p)}\left(1 + \frac{b}{p_m}\right) \tag{5-62}$$

对于气相:

$$-\frac{\mathrm{d}p}{\mathrm{d}r} = \frac{\mu_g}{KK_{rg}} v_g + \xi\rho_g v_g^2 \tag{5-63}$$

整理可得

$$m_e^* - m_w^* = \frac{1}{kK_{rg}\left(1 + \dfrac{b}{\bar{p}}\right)\mathrm{e}^{-\alpha p_e}} \frac{p_{sc}}{2\pi h Z_{sc} T_{sc}}\ln\left(\frac{r_e}{r_w}\right)q_{sc}$$

$$+ \frac{4.405 \times 10^{-5}}{(kK_{rg})^{1.105}\left(1+\frac{b}{\bar{p}}\right)^{1.105}\mathrm{e}^{-1.105a\bar{p}_o - 0.105\bar{p}}} \frac{\rho_{gsc}p_{sc}}{4\pi^2 h^2 Z_{sc} T_{sc}\bar{\mu}}\left(\frac{1}{r_w^2} - \frac{1}{r_e^2}\right)q_{sc}^2$$

$$(5\text{-}64)$$

对于水相：

$$v_w = -\frac{KK_{rw}}{\mu_w}\left(\frac{\mathrm{d}p}{\mathrm{d}r} - G_w\right) \tag{5-65}$$

则水相产量公式为

$$q_w = 2\pi rh \frac{K(p)K_{rw}}{\mu_w}\left(\frac{\mathrm{d}p}{\mathrm{d}r} - G_w\right) \tag{5-66}$$

$$q_w = \frac{2\pi KK_{rw}h}{\mu_w} \frac{-\mathrm{e}^{a(-Gr_w+p_e)} + \mathrm{e}^{a(-Gr_e+p_w)}}{a\left[Ei(1,aGr_w) - Ei(1,aGr_e)\right]} \tag{5-67}$$

整理可得

$$q_w = \frac{2\pi Kh\,\mathrm{e}^{-aK p_o}K_{rw}}{\mu_w \ln\dfrac{r_e}{r_w}}\left[\frac{1}{\alpha_K}\mathrm{e}^{\alpha_K p_e} - \frac{1}{\alpha_K}\mathrm{e}^{\alpha_K p_w} - \mathrm{e}^{\alpha_K p_e}G_w(r_e - r_w)\right] \tag{5-68}$$

5.6.3 影响因素分析

控制因素影响分析中采用的基本数据同表 3-5。

由图 5-12 可以看出，只考虑滑脱效应时计算产量最大，只考虑启动压力梯度时计算产量最小；二者都考虑的情况下计算产量位于中间，亦大于常规达西流动时的产量。

由图 5-13 可以看出，应力敏感系数对气井产能有影响，随着应力敏感系数的增加，气井产量降低。

由图 5-14 可以看出，滑脱系数对气井产能有影响，随着滑脱系数的增加，气井产量增加。

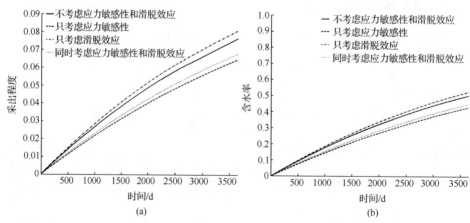

(a)   (b)

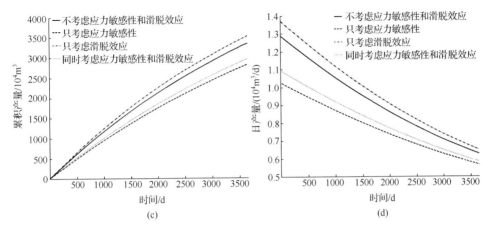

图 5-12　不同流动情况下气井产量、采出程度、含水率和累积产量随时间变化关系

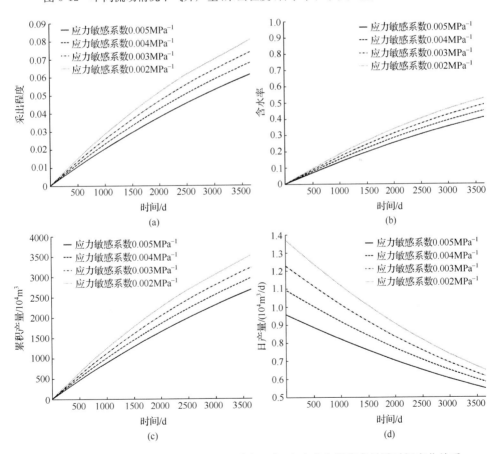

图 5-13　应力敏感系数不同气井产量、采出程度、含水率和累积产量随时间变化关系

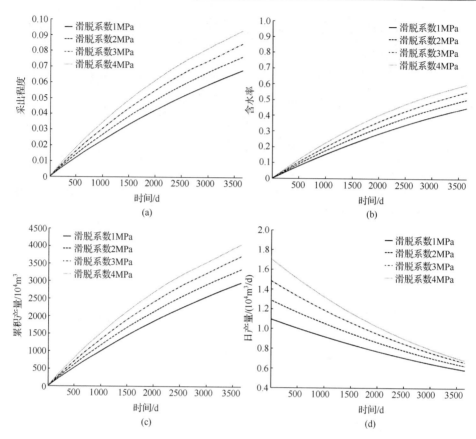

图 5-14　滑脱系数不同气井产量、采出程度、含水率和累积产量随时间变化关系

5.7　考虑应力敏感性和流动特性变化的水平井气水两相渗流数学模型和产能方程

5.7.1　考虑应力敏感性的水平井气水两相渗流数学模型和产能方程

1. 气相产能公式推导

$$v = \frac{q_{sc}}{8c^2 \mathrm{sh}\zeta\mathrm{ch}\zeta}\frac{p_{sc}}{T_{sc}Z_{sc}}\frac{TZ}{p} \tag{5-69}$$

$$-\frac{\mathrm{d}p}{\mathrm{d}r} = \frac{\mu_g}{KK_{rg}}v + \xi\rho_g v^2 \tag{5-70}$$

将式(5-69)和式(5-70)整理,并引入拟压力函数:

$$\mathrm{d}m^* = \frac{2p\mathrm{e}^{\alpha p}}{\mu(p)Z(p)}\mathrm{d}p$$

整理可得

$$m_e^* - m_w^* = \frac{1}{8c^2} \frac{1}{kK_{rg}e^{-\alpha p_e}} \frac{p_{sc}}{T_{sc}Z_{sc}} [\ln(\tanh\zeta_i) - \ln(\tanh\zeta_0)]q_{sc}$$

$$+ \frac{4.405 \times 10^{-5}}{(kK_{rg})^{1.105}e^{-1.105\alpha p_0 - 0.105\bar{p}}} \frac{1}{64c^4} \frac{p_{sc}}{T_{sc}Z_{sc}\bar{\mu}_g} \Big(2\tanh\zeta_0 - 2\tanh\zeta_i$$

$$+ \frac{1}{\sinh\zeta_0\cosh\zeta_0} - \frac{1}{\sinh\zeta_i\cosh\zeta_i}\Big)q_{sc}^2 \tag{5-71}$$

2. 水相产能公式推导

$$v_w = \frac{q_w}{8c^2 \mathrm{sh}\zeta\mathrm{ch}\zeta} \tag{5-72}$$

$$v_w = -\frac{KK_{rw}}{\mu_w}\Big(\frac{\mathrm{d}p}{\mathrm{d}r} - G_w\Big) \tag{5-73}$$

$$q_w = \frac{2c^2kK_{rw}[-e^{-\alpha(G_{r_w}-p_w)} + e^{-\alpha(G_{r_e}-p_e)}]}{\mu_w\alpha\Big[\dfrac{e^{\alpha G_{r_w}}(e^{2r_w} + e^{-2r_w}) + e^{\alpha G_{r_e}}(e^{2r_e} + e^{-2r_e})}{\alpha G + 2}\Big]} \tag{5-74}$$

5.7.2　考虑应力敏感性和滑脱效应及启动压力梯度的水平井两相气体不稳定渗流数学模型和产能方程

1. 气相产能公式推导

$$v = \frac{q_{sc}}{8c^2 \mathrm{sh}\zeta\mathrm{ch}\zeta} \frac{p_{sc}}{T_{sc}Z_{sc}} \frac{TZ}{p} \tag{5-75}$$

$$-\frac{\mathrm{d}p}{\mathrm{d}r} = \frac{\mu_g}{KK_{rg}}v + \xi\rho_g v^2 \tag{5-76}$$

$$m_e^* - m_w^* = \frac{1}{kK_{rg}e^{-\alpha p_e}\Big(1 + \dfrac{b}{p}\Big)} \frac{p_{sc}}{2\pi h Z_{sc} T_{sc}} [\ln(\tanh\zeta_i) - \ln(\tanh\zeta_0)]q_{sc}$$

$$+ \frac{4.405 \times 10^{-5}}{(kK_{rg})^{1.105}e^{-1.105\alpha p_0 - 0.105\bar{p}}\Big(1 + \dfrac{b}{p}\Big)} \frac{\rho_{gsc}p_{sc}}{4\pi^2 h^2 Z_{sc} T_{sc}\bar{\mu}} \Big(2\tanh\zeta_0$$

$$- 2\tanh\zeta_i + \frac{1}{\sinh\zeta_0\cosh\zeta_0} - \frac{1}{\sinh\zeta_i\cosh\zeta_i}\Big)q_{sc}^2 \tag{5-77}$$

2. 水相产能公式推导

$$v_w = \frac{q_w}{8c^2 \mathrm{sh}\zeta\mathrm{ch}\zeta} \tag{5-78}$$

$$v_w = -\frac{KK_{rw}}{\mu_w}\Big(\frac{\mathrm{d}p}{\mathrm{d}r} - G_w\Big) \tag{5-79}$$

$$q_{\mathrm{w}} = \frac{2c^2 k K_{\mathrm{rw}}\left[-\mathrm{e}^{-\alpha(Gr_{\mathrm{w}}-p_{\mathrm{w}})} + \mathrm{e}^{-\alpha(Gr_{\mathrm{e}}-p_{\mathrm{e}})}\right]}{\mu_{\mathrm{w}}\alpha\left[\dfrac{\mathrm{e}^{\alpha Gr_{\mathrm{w}}}(\mathrm{e}^{2r_{\mathrm{w}}}+\mathrm{e}^{-2r_{\mathrm{w}}}) + \mathrm{e}^{\alpha Gr_{\mathrm{e}}}(\mathrm{e}^{2r_{\mathrm{e}}}+\mathrm{e}^{-2r_{\mathrm{e}}})}{\alpha G+2}\right]} \tag{5-80}$$

5.7.3　影响因素分析

控制因素影响分析中采用的基本数据同表 3-6。

由图 5-15 可以看出,只考虑滑脱效应时计算产量最大,只考虑启动压力梯度时计算产量最小;二者都考虑的情况下计算产量位于中间,亦大于常规达西流动时的产量。

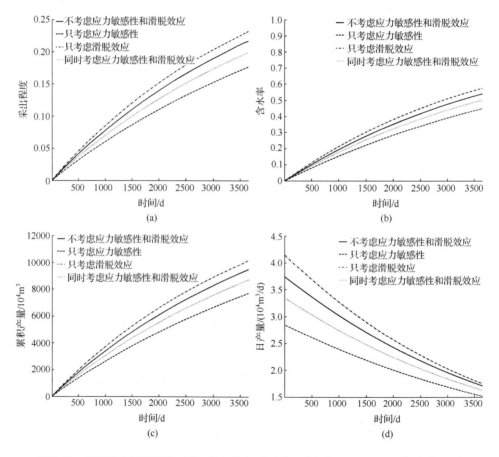

图 5-15　不同流动情况下水平井、采出程度、含水率、累积产量和产量随时间变化关系

由图 5-16 可以看出,滑脱系数对气井产能有影响,随着滑脱系数的增加气井产量增大。

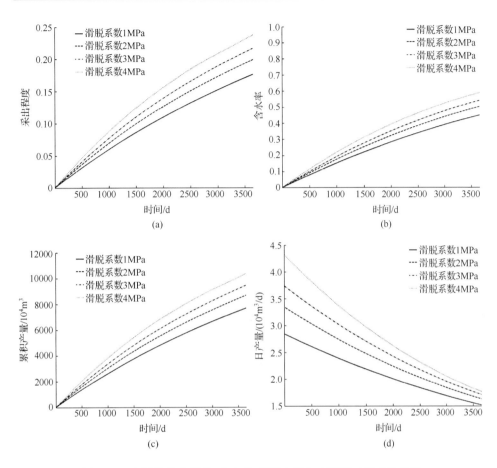

图 5-16　水平井采出程度、含水率、累积产量和产量随时间变化关系

5.8　考虑应力敏感性和流动特性变化的压裂直井气水 两相渗流数学模型和产能方程

5.8.1　考虑应力敏感性的压裂直井气水两相渗流数学模型和产能方程

1. 气相产能公式推导

压裂缝内的高速非达西渗流(一区):

$$m_{wf}^* - m_w^* = \frac{2x_f}{k_f K_{rg}} \frac{p_{sc} T}{wh Z_{sc} T_{sc}} q_{sc} + \frac{4.405 \times 10^{-5}}{(k_f K_{rg})^{1.105}} \frac{\rho_{gsc} p_{sc} T x_f}{4w^2 h^2 Z_{sc} T_{sc} \bar{\mu}_g} q_{sc}^2 \quad (5-81)$$

此处拟压力函数为

$$m^* = 2\int \frac{p}{\mu(p)Z(p)}\mathrm{d}p$$

压裂缝控制椭圆范围内的低速非达西渗流(二区):

$$-m_{\mathrm{wf}} + m_{\mathrm{i}} = \frac{p_{\mathrm{sc}}Tq_{\mathrm{sc}}}{kK_{\mathrm{rg}}\mathrm{e}^{-ap_{\mathrm{e}}}\rho_{\mathrm{gsc}}T_{\mathrm{sc}}Z_{\mathrm{sc}}\pi h\cosh\zeta_{\mathrm{w}}}(\sinh\zeta_{\mathrm{i}} - \sinh\zeta_{\mathrm{w}}) \tag{5-82}$$

此处拟压力函数为

$$m^* = 2\int_{p_{\mathrm{a}}}^{p}\mathrm{e}^{ap}\frac{p}{\mu Z}\mathrm{d}p$$

对于径向流区域,其产量公式为

$$-m_{\mathrm{i}} + m_{\mathrm{e}} = \frac{p_{\mathrm{sc}}Tq_{\mathrm{sc}}}{\pi k\mathrm{e}^{-ap_{\mathrm{e}}}K_{\mathrm{rg}}hT_{\mathrm{sc}}Z_{\mathrm{sc}}}\ln\frac{r_{\mathrm{e}}}{r} \tag{5-83}$$

此处拟压力函数为

$$m^* = 2\int_{p_{\mathrm{a}}}^{p}\mathrm{e}^{ap}\frac{p}{\mu Z}\mathrm{d}p$$

三区联立求解,可得

$$\begin{aligned}-m_{\mathrm{w}} + m_{\mathrm{e}} =& \frac{p_{\mathrm{sc}}Tq_{\mathrm{sc}}}{\pi kK_{\mathrm{rg}}\mathrm{e}^{-ap_{\mathrm{e}}}hT_{\mathrm{sc}}Z_{\mathrm{sc}}}\ln\left(\frac{r_{\mathrm{e}}}{r}\right)\\ &+ \frac{p_{\mathrm{sc}}Tq_{\mathrm{sc}}}{k\mathrm{e}^{-ap_{\mathrm{e}}}K_{\mathrm{rg}}\rho_{\mathrm{gsc}}T_{\mathrm{sc}}Z_{\mathrm{sc}}\pi h\cosh\zeta_{\mathrm{w}}}(\sinh\zeta_{\mathrm{i}} - \sinh\zeta_{\mathrm{w}})\\ &+ \frac{2x_{\mathrm{f}}}{k_{\mathrm{f}}K_{\mathrm{rg}}}\frac{p_{\mathrm{sc}}T}{whZ_{\mathrm{sc}}T_{\mathrm{sc}}}q_{\mathrm{sc}} + \frac{4.405\times10^{-5}}{(k_{\mathrm{f}}K_{\mathrm{rg}})^{1.105}}\frac{\rho_{\mathrm{gsc}}p_{\mathrm{sc}}Tx_{\mathrm{f}}}{4w^2h^2Z_{\mathrm{sc}}T_{\mathrm{sc}}\bar{\mu}}q_{\mathrm{sc}}^2\end{aligned} \tag{5-84}$$

2. 水相产能公式推导

压裂缝内的高速非达西渗流(一区):

$$p_{\mathrm{wf}} - p_{\mathrm{w}} = \frac{\mu_{\mathrm{w}}x_{\mathrm{f}}}{k_{\mathrm{f}}K_{\mathrm{rw}}2wh}q_{\mathrm{w}} + \frac{4.405\times10^{-5}}{(k_{\mathrm{f}}K_{\mathrm{rw}})^{1.105}}\frac{\rho_{\mathrm{w}}x_{\mathrm{f}}}{4w^2h^2}q_{\mathrm{w}}^2 \tag{5-85}$$

压裂缝控制椭圆范围内的低速非达西渗流(二区):

$$v = \frac{K(p)K_{\mathrm{rw}}}{\mu_{\mathrm{w}}}\left(\frac{\partial p}{\partial y} - G_{\mathrm{w}}\right) = \frac{q}{4x_{\mathrm{f}}h\mathrm{ch}\zeta} \tag{5-86}$$

$$\frac{\mathrm{e}^{a_{\mathrm{K}}p}}{\mu_{\mathrm{w}}}\left(\frac{\partial p}{\partial y} - G_{\mathrm{w}}\right) = \frac{q}{4x_{\mathrm{f}}h\mathrm{ch}\zeta KK_{\mathrm{rw}}\mathrm{e}^{-a_{\mathrm{K}}p_{\mathrm{o}}}} \tag{5-87}$$

$$\mathrm{e}^{a_{\mathrm{K}}p}\mathrm{d}p = \frac{\mu_{\mathrm{w}}q}{4x_{\mathrm{f}}h\mathrm{ch}\zeta KK_{\mathrm{rw}}\mathrm{e}^{-a_{\mathrm{K}}p_{\mathrm{o}}}}\mathrm{d}y + \mathrm{e}^{a_{\mathrm{K}}p_{\mathrm{e}}}G_{\mathrm{w}}\mathrm{d}y \tag{5-88}$$

$$\frac{1}{a_{\mathrm{K}}}\mathrm{e}^{a_{\mathrm{K}}p} - \frac{1}{a_{\mathrm{K}}}\mathrm{e}^{a_{\mathrm{K}}p_{\mathrm{o}}} = \frac{\mu_{\mathrm{w}}q}{4x_{\mathrm{f}}h\mathrm{ch}\zeta KK_{\mathrm{rw}}\mathrm{e}^{-a_{\mathrm{K}}p_{\mathrm{o}}}}(\zeta - \zeta_0) + \mathrm{e}^{a_{\mathrm{K}}p_{\mathrm{e}}}G_{\mathrm{w}}(\zeta - \zeta_0) \tag{5-89}$$

$$\frac{1}{a}\mathrm{e}^{ap_{\mathrm{i}}} - \frac{1}{a}\mathrm{e}^{ap_{\mathrm{wf}}} = \frac{\mu_{\mathrm{w}}q}{2hKK_{\mathrm{rw}}\mathrm{e}^{-ap_{\mathrm{e}}}}(\zeta - \zeta_0) + \mathrm{e}^{ap_{\mathrm{e}}}G_{\mathrm{w}}\frac{2x_{\mathrm{f}}}{\pi}(\zeta - \zeta_0) \tag{5-90}$$

远离压裂缝的流体流入压裂缝控制范围椭圆的非达西渗流(三区):

$$v = \frac{K(p)K_{rw}}{\mu_w}\left(\frac{\partial p}{\partial r} - G_w\right) = \frac{q}{2\pi rh} \tag{5-91}$$

$$e^{\alpha_K p}\frac{\partial p}{\partial r} = \frac{\mu_w q}{2\pi rh\, e^{-\alpha_K p_o}KK_{rw}} + e^{\alpha_K p_e}G_w \tag{5-92}$$

$$\frac{1}{\alpha_K}e^{\alpha_K p_e} - \frac{1}{\alpha_K}e^{\alpha_K p} = \frac{\mu_w q}{2\pi h\, e^{-\alpha_K p_o}KK_{rw}}\ln\frac{r_e}{r} + e^{\alpha_K p_e}G_w(r_e - r) \tag{5-93}$$

因为流体在两种流动的交界处压力相等,水平井筒内的流动和水平井筒外的流动相加即为此时的总流量。

由式(5-85)～式(5-93)可得

$$\frac{4.405\times10^{-5}}{(k_f K_{rw})^{1.105}}\frac{\rho_w x_f}{4w^2h^2}e^{\alpha p_e}q_w^2 + \frac{\mu_w x_f e^{\alpha p_e}}{2w_f hK_f K_{rw}}q_w + \frac{\mu_w q}{2\pi h\, e^{-\alpha p_o}KK_{rw}}\ln\frac{r_e}{r}$$

$$+\frac{\mu_w q}{2hKK_{rw}e^{-\alpha p_e}}(\zeta - \zeta_0) = \frac{1}{\alpha}e^{\alpha p_e} - e^{\alpha p_e}G_w(r_e - r) - e^{\alpha p_e}G_w\frac{2x_f}{\pi}(\zeta - \zeta_0) - \frac{1}{\alpha}e^{\alpha p_0}$$

$$\tag{5-94}$$

5.8.2　考虑应力敏感性和滑脱效应及启动压力梯度的压裂直井两相气体不稳定渗流数学模型和产能方程

1. 气相产能公式推导

压裂缝内的高速非达西渗流区域:

$$m_{wf}^* - m_w^* = \frac{2x_f}{k_f K_{rg}}\frac{p_{sc}T}{whZ_{sc}T_{sc}}q_{sc} + \frac{4.405\times10^{-5}}{(k_f K_{rg})^{1.105}}\frac{\rho_{gsc}p_{sc}Tx_f}{4w^2h^2Z_{sc}T_{sc}\mu_g}q_{sc}^2 \tag{5-95}$$

此处拟压力函数为

$$m^* = 2\int\frac{p}{\mu(p)Z(p)}\mathrm{d}p$$

对于椭圆渗流区域,其产量公式为

$$-m_{wf} + m_i = \frac{p_{sc}Tq_{sc}}{ke^{-\alpha p_e}\left(1 + \dfrac{b}{p}\right)K_{rg}\rho_{gsc}T_{sc}Z_{sc}\pi h\cosh\zeta_w}(\sinh\zeta_i - \sinh\zeta_w)$$

$$\tag{5-96}$$

此处拟压力函数为

$$m^* = 2\int_{p_a}^{p}e^{\alpha p}\frac{p}{\mu Z}\mathrm{d}p$$

对于径向流区域,其产量公式为

$$-m_i + m_e = \frac{p_{sc}Tq_{sc}}{\pi ke^{-\alpha p_e}\left(1 + \dfrac{b}{p}\right)K_{rg}hT_{sc}Z_{sc}}\ln\frac{r_e}{r} \tag{5-97}$$

此处拟压力函数为

$$m^* = 2\int_{p_a}^{p} e^{ap} \frac{p}{\mu Z} dp$$

三区耦合后的产量方程表达式为

$$-m_i + m_e = \frac{p_{sc} T q_{sc}}{\pi k e^{-ap_e}\left(1+\dfrac{b}{\bar{p}}\right) K_{rg} h T_{sc} Z_{sc}} \ln \frac{r_e}{r}$$

$$+ \frac{p_{sc} T q_{sc}}{k e^{-ap_e}\left(1+\dfrac{b}{\bar{p}}\right) K_{rg}\rho_{gsc} T_{sc} Z_{sc} \pi h \cosh\zeta_w}(\sinh\zeta_i - \sinh\zeta_w)$$

$$+ \frac{2x_f}{k_f K_{rg}} \frac{p_{sc} T}{wh Z_{sc} T_{sc}} q_{sc} + \frac{4.405\times10^{-5}}{(k_f K_{rg})^{1.105}} \frac{\rho_{gsc} p_{sc} T x_f}{4w^2 h^2 Z_{sc} T_{sc}\mu} q_{sc}^2 \qquad (5\text{-}98)$$

2. 水相产能公式推导

压裂缝内的高速非达西渗流(一区):

$$p_{wf} - p_w = \frac{\mu_w x_f}{k_f K_{rw} 2wh} q_w + \frac{4.405\times10^{-5}}{(k_f K_{rw})^{1.105}} \frac{\rho_w x_f}{4w^2 h^2} q_w^2 \qquad (5\text{-}99)$$

压裂缝控制椭圆范围内的低速非达西渗流(二区):

$$v = \frac{K(p) K_{rw}}{\mu_w}\left(\frac{\partial p}{\partial y} - G_w\right) = \frac{q}{4x_f h \mathrm{ch}\zeta} \qquad (5\text{-}100)$$

$$\frac{1}{\alpha} e^{ap_i} - \frac{1}{\alpha} e^{ap_{wf}} = \frac{\mu_w q}{2hK K_{rw} e^{-ap_e}}(\zeta - \zeta_0) + e^{ap_e} G_w \frac{2x_f}{\pi}(\zeta - \zeta_0) \qquad (5\text{-}101)$$

远离压裂缝的流体流入压裂缝控制范围椭圆的非达西渗流(三区):

$$v = \frac{K(p) K_{rw}}{\mu_w}\left(\frac{\partial p}{\partial r} - G_w\right) = \frac{q}{2\pi r h} \qquad (5\text{-}102)$$

$$e^{\alpha_K p} \frac{\partial p}{\partial r} = \frac{\mu_w q}{2\pi r h e^{-\alpha_K p_0} K K_{rw}} + e^{\alpha_K p_e} G_w \qquad (5\text{-}103)$$

$$\frac{1}{\alpha_K} e^{\alpha_K p_e} - \frac{1}{\alpha_K} e^{\alpha_K p} = \frac{\mu_w q}{2\pi h e^{-\alpha_K p_0} K K_{rw}} \ln \frac{r_e}{r} + e^{\alpha_K p_e} G_w(r_e - r) \qquad (5\text{-}104)$$

因为流体在两种流动的交界处压力相等,水平井筒内的流动和水平井筒外的流动相加即为此时的总流量。

由式(5-99)~式(5-104)可得

$$\frac{4.405\times10^{-5}}{(k_f K_{rw})^{1.105}} \frac{\rho_w x_f}{4w^2 h^2} e^{ap_e} q_w^2 + \frac{\mu_w x_f e^{ap_e}}{2w_f h K_f K_{rw}} q_w + \frac{\mu_w q}{2\pi h e^{-ap_e} K K_{rw}} \ln \frac{r_e}{r}$$

$$+ \frac{\mu_w q}{2hK K_{rw} e^{-ap_e}}(\zeta - \zeta_0) = \frac{1}{\alpha} e^{ap_e} - e^{ap_e} G_w(r_e - r) - e^{ap_e} G_w \frac{2x_f}{\pi}(\zeta - \zeta_0) - \frac{1}{\alpha} e^{ap_0}$$

$$(5\text{-}105)$$

5.8.3　影响因素分析

控制因素影响分析中采用的基本数据同表 3-7。

由图 5-17 可以看出,只考虑滑脱效应时计算产量最大,只考虑启动压力梯度时计算产量最小;二者都考虑的情况下计算产量位于中间,亦大于常规达西流动时的产量。

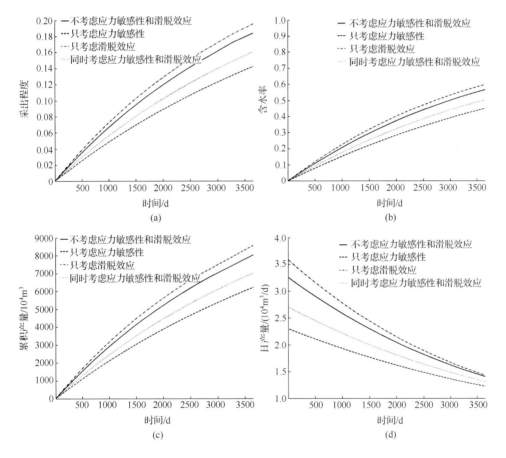

图 5-17　不同流动情况下压裂井采出程度、含水率、累积产量和产量随时间变化关系

由图 5-18 可以看出,应力敏感系数对气井产能有影响,随着应力敏感系数的增加,气井产量降低。

由图 5-19 可以看出,滑脱系数对气井产能有影响,随着应力敏感系数的增加,气井产量增加。

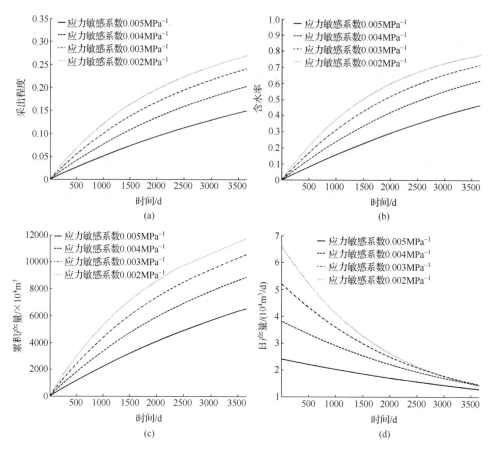

图 5-18 应力敏感系数不同压裂井采出程度、含水率、累积气量和产量随时间变化关系

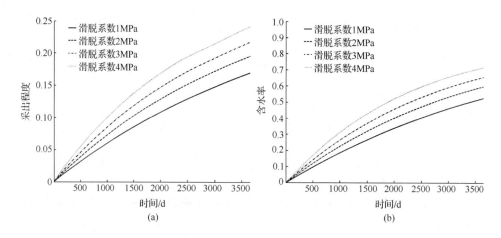

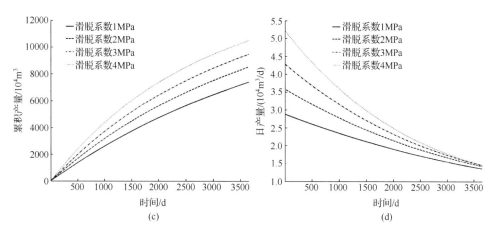

图 5-19　滑脱系数不同压裂井采出程度、含水率、累积产量和产量随时间变化关系

5.9　考虑应力敏感性和流动特性变化的压裂水平井气水两相渗流数学模型和产能方程

5.9.1　考虑应力敏感性的压裂水平井两相气体不稳定渗流数学模型和产能方程

1. 气相产能公式推导

根据前面推出的结果,可以得出

(1) 水平井横向裂缝:

$$\frac{p_{sc}Tq_{sc}}{ke^{-\alpha p_e}K_{rg}\rho_{gsc}T_{sc}Z_{sc}\pi h\cosh\zeta_w}(\sinh\zeta_i - \sinh\zeta_w) + \frac{2p_{sc}Tx_f}{k_fK_{rg}wh T_{sc}Z_{sc}}q_{sc}$$

$$+ \frac{4.405\times10^{-5}}{(k_fK_{rg})^{1.105}}\frac{\rho_{gsc}p_{sc}Tx_f}{4w^2h^2T_{sc}Z_{sc}}q_{sc}^2 = m_e^* - m_w^* \tag{5-106}$$

(2) 水平井纵向裂缝:

$$\frac{p_{sc}Tq_{sc}}{ke^{-\alpha p_e}K_{rg}\rho_{gsc}T_{sc}Z_{sc}\pi h\cosh\zeta_w}(\sinh\zeta_i - \sinh\zeta_w) + \frac{2p_{sc}Th}{k_fK_{rg}wx_f T_{sc}Z_{sc}}q_{sc}$$

$$+ \frac{4.405\times10^{-5}}{(k_fK_{rg})^{1.105}}\frac{\rho_{gsc}p_{sc}Th}{4w^2x_f^2T_{sc}Z_{sc}\bar{\mu}}q_{sc}^2 = m_e^* - m_w^* \tag{5-107}$$

其中,每条裂缝的气相产能为

$$q_{scgi} = \frac{-b + \sqrt{b^2 - 4ac}}{2a} \tag{5-108}$$

考虑到水平井水平井压裂多条横向裂缝,并且存在相互干扰时,其产量公式为

$$Q_{sc} = \sum_{i=1}^{n} q_{scgi}\left(1 - \frac{S_i}{\pi a_i b_i}\right) \tag{5-109}$$

式中，Q 为水平井裂缝椭圆的总流量；q_{sci} 为第 i 条裂缝椭圆的流量；x_{fi} 为第 i 条裂缝椭圆的半长。

2. 水相产能公式推导

（1）水平井横向裂缝：

$$\frac{4.405\times10^{-5}}{(k_f K_{rw})^{1.105}}\frac{\rho_w x_f}{4w^2 h^2}e^{\alpha p_e}q_w^2 + \frac{\mu_w x_f e^{\alpha p_e}}{2w_f h K_f K_{rw}}q_w + \frac{\mu_w q}{2\pi h e^{-\alpha p_e}KK_{rw}}\ln\frac{r_e}{r}$$

$$+ \frac{\mu_w q}{2hKK_{rw}e^{-\alpha p_e}}(\zeta-\zeta_0) = \frac{1}{\alpha}e^{\alpha p_e} - e^{\alpha p_e}G_w(r_e-r) - e^{\alpha p_e}G_w\frac{2x_f}{\pi}(\zeta-\zeta_0) - \frac{1}{\alpha}e^{\alpha p_0}$$
$$\tag{5-110}$$

（2）水平井纵向裂缝：

$$\frac{4.405\times10^{-5}}{(k_f K_{rw})^{1.105}}\frac{\rho_w h}{4w^2 x_f^2}e^{\alpha p_e}q_w^2 + \frac{\mu_w h e^{\alpha p_e}}{2w_f x_f K_f K_{rw}}q_w + \frac{\mu_w q}{2\pi h e^{-\alpha p_e}KK_{rw}}\ln\frac{r_e}{r}$$

$$+ \frac{\mu_w q}{2hKK_{rw}e^{-\alpha p_e}}(\zeta-\zeta_0) = \frac{1}{\alpha}e^{\alpha p_e} - e^{\alpha p_e}G_w(r_e-r) - e^{\alpha p_e}G_w\frac{2x_f}{\pi}(\zeta-\zeta_0) - \frac{1}{\alpha}e^{\alpha p_0}$$
$$\tag{5-111}$$

其中每条裂缝的水相产能为

$$q_{scwi} = \frac{-b+\sqrt{b^2-4ac}}{2a} \tag{5-112}$$

因此，压裂水平井的水相产能为

$$Q_w = \sum_{i=1}^{n} q_{scwi} \tag{5-113}$$

式中，Q_w 为水平井裂缝椭圆的总流量；q_{scwi} 为第 i 条裂缝椭圆的流量。

5.9.2 考虑应力敏感性和滑脱效应及启动压力梯度的压裂水平井两相气体不稳定渗流数学模型和产能方程

1. 气相产能公式推导

根据前面推出的结果，可以得出

（1）水平井横向裂缝：

$$\frac{p_{sc}Tq_{sc}}{ke^{-\alpha p_e}\left(1+\frac{b}{p}\right)K_{rg}\rho_{gsc}T_{sc}Z_{sc}\pi h\cosh\zeta_w}[\sinh\zeta_i - \sinh\zeta_w]$$

$$+ \frac{2p_{sc}Tx_f}{k_f K_{rg}wh T_{sc}Z_{sc}}q_{sc} + \frac{4.405\times10^{-5}}{(k_f K_{rg})^{1.105}}\frac{\rho_{gsc}p_{sc}Tx_f}{4w^2 h^2 T_{sc}Z_{sc}}q_{sc}^2 = m_e^* - m_w^* \tag{5-114}$$

（2）水平井纵向裂缝：

$$\frac{p_{sc}Tq_{sc}}{ke^{-ap_e}K_{rg}\left(1+\dfrac{b}{p}\right)\rho_{gsc}T_{sc}Z_{sc}\pi h\cosh\zeta_w}(\sinh\zeta_i-\sinh\zeta_w)$$

$$+\frac{2p_{sc}Th}{k_fK_{rg}wx_fT_{sc}Z_{sc}}q_{sc}+\frac{4.405\times10^{-5}}{(k_fK_{rg})^{1.105}}\frac{\rho_{gsc}p_{sc}Th}{4w^2x_f^2T_{sc}Z_{sc}\mu}q_{sc}^2=m_e^*-m_w^*$$

$$(5\text{-}115)$$

其中每条裂缝的气相产能为

$$q_{scgi}=\frac{-b+\sqrt{b^2-4ac}}{2a} \tag{5-116}$$

考虑到水平井水平井压裂多条横向裂缝，并且存在相互干扰时，其产量公式为

$$Q_{sc}=\sum_{i=1}^{n}q_{scgi}\left(1-\frac{S_i}{\pi a_ib_i}\right) \tag{5-117}$$

式中，Q 为水平井裂缝椭圆的总流量；q_{sci} 为第 i 条裂缝椭圆的流量；x_{fi} 为第 i 条裂缝椭圆的半长。

2. 水相产能公式推导

（1）水平井横向裂缝：

$$\frac{4.405\times10^{-5}}{(k_fK_{rw})^{1.105}}\frac{\rho_w x_f}{4w^2h^2}e^{ap_e}q_w^2+\frac{\mu_w x_f e^{ap_e}}{2w_fhK_fK_{rw}}q_w+\frac{\mu_w q}{2\pi he^{-ap_e}KK_{rw}}\ln\frac{r_e}{r}$$

$$+\frac{\mu_w q}{2hKK_{rw}e^{-ap_e}}(\zeta-\zeta_0)=\frac{1}{\alpha}e^{ap_e}-e^{ap_e}G_w(r_e-r)-e^{ap_e}G_w\frac{2x_f}{\pi}(\zeta-\zeta_0)-\frac{1}{\alpha}e^{ap_0}$$

$$(5\text{-}118)$$

（2）水平井纵向裂缝：

$$\frac{4.405\times10^{-5}}{(k_fK_{rw})^{1.105}}\frac{\rho_w h}{4w^2x_f^2}e^{ap_e}q_w^2+\frac{\mu_w h e^{ap_e}}{2w_fx_fK_fK_{rw}}q_w+\frac{\mu_w q}{2\pi he^{-ap_e}KK_{rw}}\ln\frac{r_e}{r}$$

$$+\frac{\mu_w q}{2hKK_{rw}e^{-ap_e}}(\zeta-\zeta_0)=\frac{1}{\alpha}e^{ap_e}-e^{ap_e}G_w(r_e-r)-e^{ap_e}G_w\frac{2x_f}{\pi}(\zeta-\zeta_0)-\frac{1}{\alpha}e^{ap_0}$$

$$(5\text{-}119)$$

其中每条裂缝的水相产能为

$$q_{scwi}=\frac{-b+\sqrt{b^2-4ac}}{2a} \tag{5-120}$$

因此，压裂水平井的水相产能为

$$Q_w=\sum_{i=1}^{n}q_{scwi} \tag{5-121}$$

式中，Q_w 为水平井裂缝椭圆的总流量；q_{scwi} 为第 i 条裂缝椭圆的流量。

5.9.3 影响因素分析

控制因素影响分析中采用的基本数据同表 3-8。

由图 5-20 可以看出,只考虑滑脱效应时计算产量最大,只考虑启动压力梯度时计算产量最小;二者都考虑的情况下计算产量位于中间,亦大于常规达西流动时的产量。

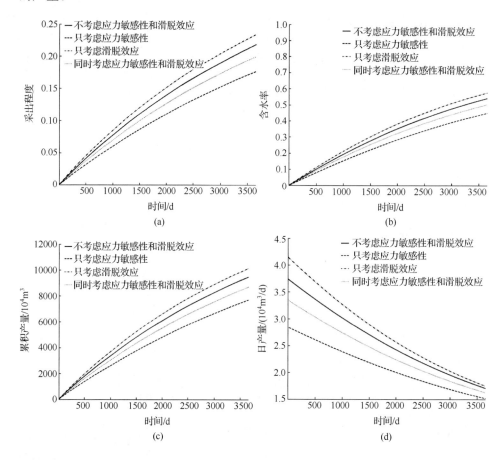

图 5-20　不同流动情况下压裂水平井采出程度、含水率、累积产量和日产量随时间变化关系

由图 5-21 可以看出,滑脱系数对气井产能有影响,随着滑脱系数的增加,气井产量增加。

由图 5-22 可以看出,应力敏感系数对气井产能有影响,随着应力敏感系数的增加,气井产量降低。

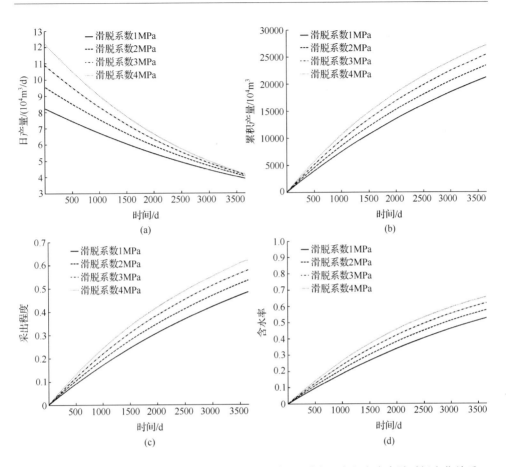

图 5-21　滑脱系数不同压裂水平井、日产量、累积产量、采出程度和含水率随时间变化关系

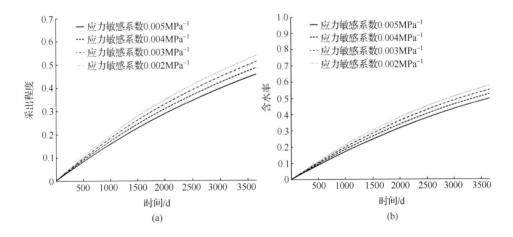

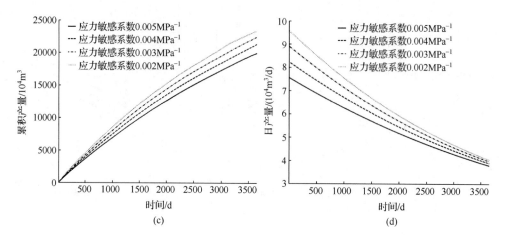

图 5-22　应力敏感系数不同压裂水平井采出程度、含水率、累积产量和日产量随时间变化关系

第6章　低渗透非均质气藏有效动用计算方法

目前研究表明,气体的滑脱效应是有条件的,在更低速条件下,气体的渗流具有启动压力现象,启动压力梯度与岩心的渗透率成反比。另外,地层水在气藏储层中的分布导致孔隙喉道狭窄,孔隙连通性差,气泡分布不均匀是造成非达西渗流的重要因素。气藏投入开发以后,地层压力不断降低,岩石颗粒膨胀致使孔隙空间和孔隙喉道减小,地层水分布状态发生变化也是产生气体"阈压效应",造成气体低速非达西渗流的原因之一。

为此,根据含水类型不同,将含水低渗气藏气体非达西渗流分为三类(图 6-1)。

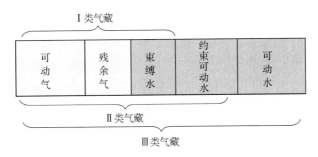

图 6-1　含水低渗气藏类型划分示意图

I类:束缚水影响,视为低渗砂岩气藏单相气体流动区。该区束缚水占据一定的孔隙空间,但不对气体流动形成阻力,气藏开采主要考虑滑脱效应影响。

II类:约束可动水影响,视为低压状态下气体连续流动区。其中,气藏含水饱和度既包含了束缚水饱和度也包含了约束可动水饱和度,即该类型约束可动水存在启动压力梯度,在低压状态下轻易不能动用,因此,该区应同时考虑滑脱效应和启动压力梯度对低渗砂岩气藏开采的影响。

III类:可动水影响,视为气-水两相连续流动区。该区含水饱和度较大,启动压力梯度影响明显,且含可动自由水,即压力梯度既能达到气相启动压力梯度,也能达到液相启动压力梯度。

流体在低渗透介质中流动时,与岩石孔隙内表面之间产生的界面作用加强,因此必须有一个附加的压力梯度克服吸附层的阻力才能开始流动,即存在启动压力梯度。在储层开采过程中,由于启动压力梯度的存在,地层各处驱动压力梯度只有大于启动压力梯度时,流体才能流动,这就势必导致开采时,存在单井控制不到的流动区域,储层难以有效动用。

本章基于渗流理论中质量守恒和动量守恒方程,建立了考虑启动压力梯度存在的新的不稳定渗流数学模型,推导出非达西径向流解析解和产能方程,建立了低渗透储层压裂情况下的基质-裂缝耦合非达西渗流数学模型;建立了低渗透非均质储层未压裂和压裂情况下有效动用半径的计算方法,创建了低渗透多孔介质非达西渗流有效动用模板;建立了不同类型面积井网未压裂和整体压裂时非达西渗流启动系数的计算方法,对低渗透储层难以有效动用进行了系统详细的理论研究。

6.1　低渗透非达西渗流基本微分方程

根据建立渗流数学模型的方法和步骤,以单相可压缩液体渗流为例,建立了在均质低渗透地层中不稳定渗流的数学模型。渗流数学模型基本组成部分是运动方程(动量守恒方程)、状态方程和连续性方程(质量守恒方程)。若要描述真实的低速非达西流动全过程以及反映真实的启动压力梯度,遵循如下拟线性非达西渗流规律。

(1) 质量守恒方程为

$$\frac{\partial}{\partial t}(\rho_g \phi) + \mathrm{div}(\rho_g \boldsymbol{v}) = 0 \tag{6-1}$$

(2) 运动方程为

$$v = \frac{K}{\mu}(\nabla p - G) \tag{6-2}$$

(3) 状态方程为

$$\rho_g = \frac{T_{sc} Z_{sc} \rho_{gsc}}{p_{sc}} \frac{p}{TZ} \tag{6-3}$$

气体等温压缩系数表达式为

$$C_\rho = \frac{-\dfrac{\mathrm{d}V}{V}}{\mathrm{d}p} = -\frac{1}{V}\frac{\mathrm{d}V}{\mathrm{d}p} = \frac{1}{p} - \frac{1}{Z}\frac{\mathrm{d}Z}{\mathrm{d}p} \tag{6-4}$$

将式(6-2)～式(6-4)代入式(6-1),对时间项推导为

$$\frac{\partial(\rho_g \phi)}{\partial t} = \frac{T_{sc} Z_{sc} \rho_{gsc} \phi}{p_{sc} T}\left[\frac{1}{p} - \frac{1}{Z(p)}\frac{\partial Z(p)}{\partial p}\right]\frac{p}{Z(p)}\frac{\partial p}{\partial t} \tag{6-5}$$

$$\frac{\partial(\rho_g \phi)}{\partial t} = \frac{T_{sc} Z_{sc} \rho_{gsc} \phi \mu(p)}{p_{sc} T} C_\rho \frac{p}{\mu(p) Z(p)}\frac{\partial p}{\partial t} \tag{6-6}$$

同理可以推导出空间项 X 方向的表达式为

$$\frac{\partial(\rho_g v_x)}{\partial x} = \frac{\partial}{\partial x}\left[\frac{T_{sc} Z_{sc} \rho_{gsc}}{p_{sc}} \frac{p}{TZ} \frac{k}{\mu(p)}\left(\frac{\partial p}{\partial x} - G\right)\right]$$

$$= \frac{T_{sc}Z_{sc}\rho_{gsc}k}{p_{sc}T} \left\{ \frac{\partial}{\partial x} \left[\frac{p}{\mu(p)Z(p)} \frac{\partial p}{\partial x} \right] - GC_\rho \frac{p}{\mu(p)Z(p)} \frac{\partial p}{\partial x} \right\} \tag{6-7}$$

引入拟压力函数：

$$m^* = 2 \int_{p_a}^{p} \frac{p}{\mu(p)Z(p)} \mathrm{d}p \tag{6-8}$$

则整理得到时间项与 X、Y、Z 方向的空间项表达式分别为

$$\frac{\partial(\rho_g \phi)}{\partial t} = \frac{T_{sc}Z_{sc}\rho_{gsc}\phi\mu(p)C_\rho}{p_{sc}T} \frac{\partial m^*}{\partial t} \tag{6-9}$$

$$\frac{\partial(\rho_g v_x)}{\partial x} = \frac{T_{sc}Z_{sc}\rho_{gsc}k}{p_{sc}T} \left(\frac{\partial^2 m}{\partial x^2} - GC_\rho \frac{\partial m}{\partial x} \right) \tag{6-10}$$

$$\frac{\partial(\rho_g v_y)}{\partial y} = \frac{T_{sc}Z_{sc}\rho_{gsc}k}{p_{sc}T} \left(\frac{\partial^2 m}{\partial y^2} - GC_\rho \frac{\partial m}{\partial y} \right) \tag{6-11}$$

$$\frac{\partial(\rho_g v_z)}{\partial z} = \frac{T_{sc}Z_{sc}\rho_{gsc}k}{p_{sc}T} \left(\frac{\partial^2 m}{\partial z^2} - GC_\rho \frac{\partial m}{\partial z} \right) \tag{6-12}$$

引入哈密顿算子并简化后得

$$-\nabla^2 m^* + C_\rho G \nabla m^* = \frac{1}{\eta} \frac{\partial m^*}{\partial t} \tag{6-13}$$

式(6-13)就是气体低速非达西渗流的偏微分控制方程，其中，η 为气体导压系数：

$$\eta = \frac{k}{\phi\mu(p)C_\rho}$$

式中，ρ 为任一压力 p 时流体的密度（kg/m³）；ϕ 为压力 p 时的孔隙度（小数）；K 为绝对渗透率（mD）；μ 为流体黏度（mPa·s）；G 为启动压力梯度（MPa/m）；ρ_0 为大气压力下流体的密度（kg/m³）；C_ρ 为液体的弹性压缩系数（1/atm[①]）；p_0 为大气压力（MPa）；ϕ_0 为大气压力下岩石的孔隙度（小数）；C_ϕ 为岩石的弹性压缩系数（1/atm）；C 为总压缩系数（1/atm）。

6.2　低渗透非达西径向流方程解析解

只要能求解不可压缩稳态模型的解，就能反映直井低渗透非达西渗流有效动用情况，以平面径向流的情况进行研究。在平面径向流时，流线是一组流向点汇（生产井）或由点源（注水井）发散出来的直线（图 6-2）。

将式(6-13)转换成柱坐标系下的稳态径向流常微分方程形式及定压边界条件：

$$\frac{\mathrm{d}^2 m^*}{\mathrm{d}r^2} + \frac{1}{r} \frac{\mathrm{d}m^*}{\mathrm{d}r} - C_\rho G \frac{\mathrm{d}m^*}{\mathrm{d}r} = 0 \tag{6-14}$$

---

① atm 是指标准大气压，1atm＝1.01325×10⁵Pa。

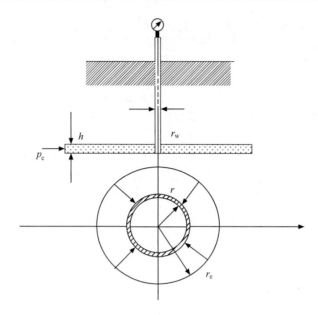

图 6-2　平面径向渗流模型

（1）当定压力边界条件时

$$\begin{cases} r = r_w, \\ r = r_e \end{cases} \quad \begin{cases} m^*(p = p_w) = m_w \\ m^*(p = p_e) = m_e \end{cases} \tag{6-15}$$

根据内外边界定压条件得到式(6-15)的解析解：

$$m^*(r) = C_1 + Ei(1, -C_\rho Gr)C_2 \tag{6-16}$$

式中

$$C_1 = \frac{m_w Ei(1, -C_\rho Gr_e) - m_e Ei(1, -C_\rho Gr_w)}{Ei(1, -C_\rho Gr_e) - Ei(1, -C_\rho Gr_w)}$$

$$C_2 = \frac{m_e - m_w}{Ei(1, -C_\rho Gr_e) - Ei(1, -C_\rho Gr_w)}$$

图 6-3 为平面径向流压力分布曲线示意图。当储层不是低渗透储层的时候，公式中启动压力梯度 $G = 0$，式(6-16)退化成常规达西稳定渗流地下任意点压力表达式：

$$m^*(r) = m_w + \frac{m_e - m_w}{\ln \dfrac{r_e}{r_w}} \ln \frac{r}{r_w} \tag{6-17}$$

式中，r_w 为井筒半径(m)；p_w 为井筒压力(MPa)；r_e 为泄压半径(m)；p_e 为边界压力(MPa)。

（2）当定流量边界条件时

结合内边界定产量、外边界定压力的边界条件下，得出低渗透储层直井非达西

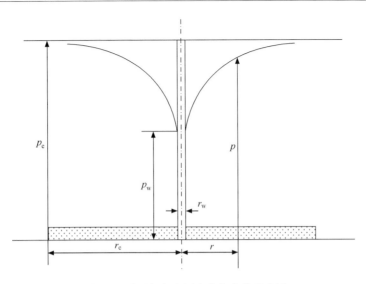

图 6-3　平面径向流压力分布曲线示意图

渗流压力分布公式。

内边界条件为

$$r = r_{\rm w}, \quad r\frac{\partial m^*}{\partial r} = \frac{q_{\rm m}Tp_{\rm sc}}{\pi khZ_{\rm sc}T_{\rm sc}\rho_{\rm gsc}} \tag{6-18}$$

外边界条件为

$$r = r_{\rm e}, \quad m^* = m_{\rm e}^* \quad (p = p_{\rm e}) \tag{6-19}$$

求解可得

$$Q_{\rm sc} = \frac{\pi khZ_{\rm sc}T_{\rm sc}(p_{\rm e}^2 - p_{\rm w}^2)}{\mu ZTp_{\rm sc}{\rm e}^{-C_\rho Gr_{\rm w}}\left[Ei(-C_\rho Gr_{\rm w}) - Ei(-C_\rho Gr_{\rm e})\right]} \tag{6-20}$$

式(6-20)为液体平面非达西径向流的产量公式。当储层不是低渗透储层的时候,公式中启动压力梯度 $G \to 0$ 时,则 $E_i(Gr_{\rm e}) - E_i(Gr_{\rm w}) \approx \ln\dfrac{r_{\rm e}}{r_{\rm w}}$,此时,产量式(6-20)退化成达西定律直接积分得到的平面径向流产能公式:

$$Q_{\rm sc} = \frac{\pi khZ_{\rm sc}T_{\rm sc}(p_{\rm e}^2 - p_{\rm w}^2)}{\mu ZTp_{\rm sc}\ln\dfrac{r_{\rm e}}{r_{\rm w}}}$$

6.3　低渗透基质动用模板

将式(6-16)两边进行数值求导,就得出了储层直井开采情况下地层中任意点的驱动压力梯度 $\dfrac{{\rm d}p}{{\rm d}r}(r)$,若 $\dfrac{{\rm d}p}{{\rm d}r}(r) \leqslant G$,则所对应的泄压半径的距离为直井未压裂基质动用半径的值 r_m。

图 6-4 是在生产压差由 5MPa 变化到 25MPa 下,启动压力梯度由 0.003MPa/m 变化到 0.3MPa/m 时,动用半径的关系图。在生产压差 5MPa 下,启动压力梯度由 0.003MPa/m 变化到 0.3MPa/m 时,动用半径由 360m 逐渐下降,下降趋势最快。在生产压差 10MPa 下,启动压力梯度由 0.003MPa/m 变化到 0.3MPa/m 时,动用半径初始值由 600m 逐渐下降,下降趋势很快。在生产压差 15MPa 下,启动压力梯度由 0.003MPa/m 变化到 0.3MPa/m 时,动用半径初始值

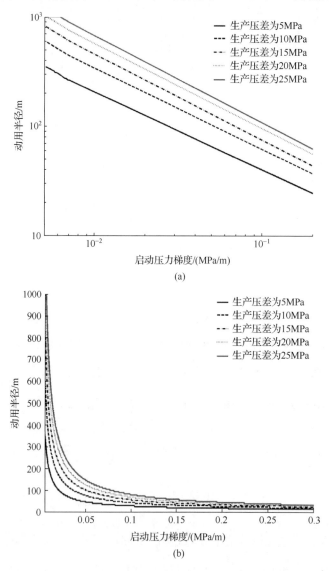

图 6-4　不同生产压差下动用半径与生产压差关系图

由 800m 逐渐下降,下降趋势很快。在生产压差 20MPa 下,启动压力梯度由 0.003MPa/m 变化到 0.3MPa/m 时,动用半径初始值由 900m 逐渐下降,下降趋势 很快。在生产压差 25MPa 下,启动压力梯度由 0.003MPa/m 变化到 0.3MPa/m 时,动用半径初始值由 1000m 逐渐下降,下降趋势很快。

6.3.1 低渗透基质非达西渗流理论分析

采用以下数据试算,进行理论分析:孔隙度 $\phi=0.05$;渗透率 $K=2mD$;黏度 $\mu=0.027mPa \cdot s$;泄压半径 $r_e=1000m$;地层压力 $p_e=26MPa$;井筒半径 $r_w=0.1m$;井底流压 $p_w=10MPa$;气藏厚度 $h=10m$;流量 $q=0.8\times10^4m^3/d$。

图 6-5 是在生产压差为 10MPa 时,定压边界条件下达西与非达西流动压力分 布比较图。由图 6-5 可知,非达西流动情况下,压力沿泄压半径到一定位置就不再 变化,说明井筒外围有很大一部分面积的储层没有动用,这与常规达西流动压降情 况明显不同,达西流动情况下全部动用。

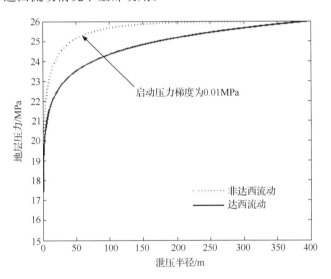

图 6-5 定压边界条件下达西与非达西流动压力分布比较图

图 6-6 是定产量边界条件下达西与非达西流动压力分布比较图。由图 6-6 可 以看出,定产量边界条件下,储层存在启动压力梯度时,地层能量要远大于达西流 动情况,才能维持相同的流量,可见克服启动压力梯度的非达西渗流需要很大的 能量。

图 6-7 是定产量边界条件下不同启动压力梯度下的地层压力分布图。由图可 以看出其他条件不变,启动压力梯度逐级增大时,所需要的地层能量是成倍增 加的。

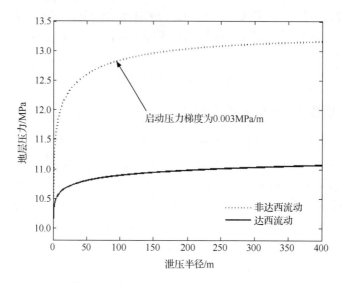

图 6-6　定产量边界条件下达西与非达西流动压力分布比较图

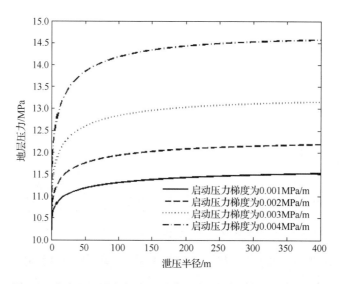

图 6-7　定产量边界条件下不同启动压力梯度下压力分布比较图

图 6-8 是定压边界条件下启动压力梯度不同时地层压力分布图。由图 6-8 可知,启动压力梯度越大,井筒周围压力下降越快,能量主要消耗在井筒附近,越远处的流体难以流动;反之,启动压力梯度约小,能量波及的范围越大,动用半径也越大。

图 6-9 是启动压力梯度不同时地层压力梯度沿泄压半径分布图。由图可知,在生产压差为 15MPa 下,启动压力梯度为 0.1MPa/m 时,地层压力梯度大于启动

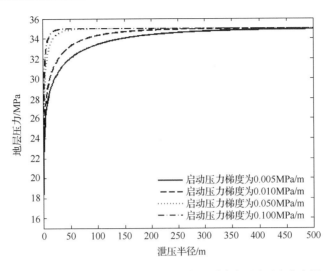

图 6-8　定压边界条件下启动压力梯度不同时地层压力分布图

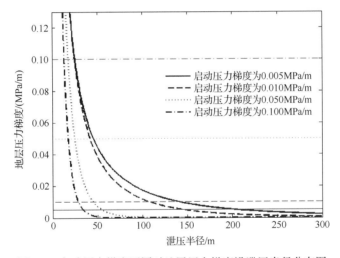

图 6-9　启动压力梯度不同时地层压力梯度沿泄压半径分布图

压力梯度的位置大约在 15m 处,也就是说只有井筒附近 15m 以内的气藏才能有效动用;而启动压力梯度仅为 0.005MPa/m 时,地层压力梯度大于启动压力梯度的位置大约在 210m 处,也就是说井筒附近 210m 以内的气藏都能有效动用,可见启动压力梯度对低渗透气藏的动用情况影响非常大。

6.3.2　压裂直井非达西渗流有效动用数学模型

1. 基质-裂缝三区耦合流动数学模型

邓英尔等(2000)根据低渗透介质中非线性渗流三参数连续函数模型,用质量守恒定律及椭圆渗流的概念,建立了低渗透介质中两相流体椭圆非线性渗流数学模型,如图 6-10 所示。该研究成果是建立在线性达西定律之上的,几乎没有考虑人工裂缝中高速非达西现象和低渗透介质中启动压裂梯度对流体渗流的影响,也未考虑压裂裂缝导流能力随时间和空间位置的变化及整体压裂后气井渗流问题。

根据低渗透气藏储层压裂开发特点,其流体流动可以分为三个部分:第一部分为远离裂缝位置的流体流入裂缝控制椭圆范围的非达西非定常渗流;第二部分为裂缝控制椭圆范围内的低速非达西非定常渗流;第三部分为人工压裂裂缝内的高速非达西渗流,如图 6-11 所示。

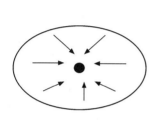

图 6-10　椭圆流动示意图

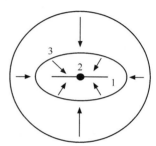

图 6-11　人工压裂 3 区流动模型示意图

对于裂缝建立模型时,应考虑将地层及裂缝看做两个相对独立的渗流系统,两者之间通过地层与裂缝间的渗流量和压力相等的原则确定连接条件,建立了带有人工裂缝的耦合流动模型。

其数学模型的基本假设条件如下。

(1)裂缝是位于气藏储层中部,且关于井筒对称分布,并具有有限导流能力的。压裂裂缝介质格块只与相邻的压裂裂缝介质格块和微裂缝格块以及本地空间的基质块发生流体交换。

(2)在那些含有人工压裂裂缝的压裂裂缝介质格块中的流体渗流服从高速非线性渗流规律。这是因为流体在压裂裂缝中的渗流速度较大。而且研究表明,当渗流速度较大时,渗流速度与压力梯度之间的线性关系破坏,从而进入高速的渗流平方区。但是,认为基质与裂缝系统间的流体流动是符合低速非线形渗流规律的。

(3)地层均质且各向同性。地层及流体都具有微可压缩性,而且忽略重力与毛细管力的影响。

(4)假设裂缝温度恒定。致密基质岩块为亲水岩石,并且忽略重力作用。

根据实际情况,在地层中应采用三维两相模型。但是,由于裂缝宽度很小,只有几毫米,所以在裂缝内采用两维两相模型。

（1）第 1 区裂缝中的高速非达西非定常渗流

经过大量的实验和理论推导,得出了一个广泛使用的高速非线性渗流模型:

$$-\nabla p = \frac{\mu}{K}v + \xi\rho v^2 \tag{6-21}$$

通过推导可得出压裂裂缝内流体渗流时压力与产量的关系表达式:

$$m_{\mathrm{wf}}^* - m_{\mathrm{w}}^* = \frac{2x_{\mathrm{f}}}{k_{\mathrm{f}}} \frac{p_{\mathrm{sc}}T}{whZ_{\mathrm{sc}}T_{\mathrm{sc}}}q_{\mathrm{sc}} + \frac{4.405 \times 10^{-5}}{k_{\mathrm{f}}^{1.105}} \frac{\rho_{\mathrm{gsc}}p_{\mathrm{sc}}Tx_{\mathrm{f}}}{4w^2h^2Z_{\mathrm{sc}}T_{\mathrm{sc}}\mu}q_{\mathrm{sc}}^2 \tag{6-22}$$

式中,ξ 为惯性系数（无量纲）;p_{wf} 为气井井底压力（MPa）;p_{wfl} 为裂缝前端压力（MPa）;K_{f} 为裂缝的空气渗透率（mD）;w_{f} 为人工压裂裂缝的宽度（m）;q 为地层中的流量（m^3/s）;x_{f} 为人工压裂裂缝的长度（m）。

（2）第 2 区裂缝控制椭圆区域内的椭圆不定常渗流

对于低渗透储层中的一口压裂生产气井,当井生产时,等压面呈旋转椭球面的形状分布,压裂裂缝控制区域内的渗流为椭圆流。所以,此部分的渗流在椭圆坐标内研究比较适宜。

如此,可以得到椭圆控制区域内压力与产量的关系表达式:

$$-m_{\mathrm{wf}} + m_{\mathrm{i}} = \frac{p_{\mathrm{sc}}Tq_{\mathrm{sc}}}{k\rho_{\mathrm{gsc}}T_{\mathrm{sc}}Z_{\mathrm{sc}}\pi h\cosh\zeta_{\mathrm{w}}}(\sinh\zeta_{\mathrm{i}} - \sinh\zeta_{\mathrm{w}}) \tag{6-23}$$

（3）第 3 区远离人工裂缝的流体渗流规律

此处流体的流动为低速非达西渗流,遵循一般的平面径向非定常渗流规律。平面径向流的压力分布只与自变量 r 和 t 有关,而与角度和高度 z 无关。

那么,综合式（6-21）～式（6-23）可得

$$m_0^* + \frac{p_{\mathrm{sc}}Tq_{\mathrm{sc}}}{\pi Kr_{\mathrm{w}}x_{\mathrm{f}}T_{\mathrm{sc}}Z_{\mathrm{sc}}}(\zeta - \zeta_0) + \frac{2p_{\mathrm{sc}}Tx_{\mathrm{f}}}{K_{\mathrm{f}}\pi r_{\mathrm{w}}^2T_{\mathrm{sc}}Z_{\mathrm{sc}}}q_{\mathrm{sc}} + 2\xi\frac{\rho_{\mathrm{gsc}}p_{\mathrm{sc}}Tx_{\mathrm{f}}}{\pi^2r_{\mathrm{w}}^4\mu T_{\mathrm{sc}}Z_{\mathrm{sc}}}q_{\mathrm{sc}}^2$$

$$= m_{\mathrm{e}}^* - \frac{p_{\mathrm{sc}}Tq_{\mathrm{sc}}}{\pi KhT_{\mathrm{sc}}Z_{\mathrm{sc}}}\ln\frac{r_{\mathrm{e}}}{r} \tag{6-24}$$

式（6-24）即为低渗透储层中气井压裂直井渗流情况下,产能与压力的关系表达式。

2. 压裂直井有效动用半径的确定

对于低渗透储层气井压裂开采情况,基质-裂缝耦合渗流情况对影响有效动用的以下因素:启动压力梯度、裂缝角度、裂缝半长、基质动用半径以及生产压差进行研究。以径向流为例,压裂缝就相当于圆形地层中一条直线源,当裂缝半长等于 0 的时候,直线源退化成点源,因此直井压裂缝所控制的椭圆区域的短轴长度等于直井基质动用半径的长度。

对于低渗透储层气井压裂开采情况,基质-裂缝耦合渗流情况如图 6-12 所示。

基质压裂后,裂缝周围渗流区域形状近似为椭圆,裂缝方向与水平方向连线角度为 α;c 是裂缝半长即椭圆的焦半径,记为 x_{f};$b = r_{\mathrm{m}}$ 是椭圆短轴的距离,其等于

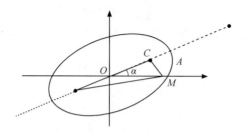

图 6-12　基质-裂缝耦合椭圆渗流示意图

低渗透基质未压裂所能驱动的半径距离 r_m；a 是椭圆长轴的距离，即 $a = \sqrt{b^2 + c^2} = \sqrt{x_f^2 + r_m^2}$；$OM$ 为所求驱动半径，即 r_f。

在 $\triangle COM$ 中，由余弦定理得 $CM = \sqrt{OC^2 + OM^2 - 2 \cdot OC \cdot OM \cdot \cos\alpha}$。

在 $\triangle C'OM$ 中，同理得到 $C'M = \sqrt{OC'^2 + OM^2 + 2 \cdot OC' \cdot OM \cdot \cos\alpha}$。

再由椭圆性质，$CM + C'M = 2a$，$CM = C'M = c$，则所求 $OM = r_f = r$ 为式 (6-25)的解：

$$\sqrt{c^2 + r^2 - 2cr\cos\alpha} + \sqrt{c^2 + r^2 + 2cr\cos\alpha} = 2a \tag{6-25}$$

平方后，可得

$$c^2 + r^2 + \sqrt{(c^2 + r^2)^2 - 4c^2 r^2 \cos^2\alpha} = 2a^2 \tag{6-26}$$

移项，再平方后得

$$(c^2 + r^2)^2 - 4c^2 r^2 \cos^2\alpha^2 = 4a^4 - 4a^2(c^2 + r^2) + (c^2 + r^2)^2 \tag{6-27}$$

化简整理，得

$$r^2 = \frac{a^4 - a^2 c^2}{a^2 - c^2 \cos^2\alpha} \tag{6-28}$$

则驱动半径为

$$r_f = a\sqrt{\frac{a^2 - c^2}{a^2 - c^2 \cos^2\alpha}} = \frac{ar_m}{\sqrt{a^2 - x_f^2 \cos\alpha}} \tag{6-29}$$

式中，$a = \sqrt{r_m^2 + x_f^2}$。

(1) $\alpha = 0°$时，即当裂缝与水平线共线时：

$$r_f = a = \sqrt{r_m^2 + x_f^2} \tag{6-30}$$

(2) 当 $\alpha = 90°$时，即当裂缝与水平线垂直时：

$$r_f = b = r_m \tag{6-31}$$

3. 压裂直井有效动用半径影响因素分析

控制因素影响分析中采用的基本数据如表 6-1 所示。

表 6-1　控制因素影响分析基础参数表

基础参数	数值	基础参数	数值
泄压半径	600m	井筒半径	0.1m
有效厚度	14m	有效孔隙度	0.05
裂缝半长	60m	地层压力	26MPa
裂缝角度	30°	有效渗透率	4md
启动压力梯度	0.007MPa/m	生产井流压	16MPa

图 6-13 是启动压力梯度不同时裂缝角度与动用半径的关系。在启动压力梯度为 0.007MPa/m、0.009MPa/m 和 0.011MPa/m 下,裂缝角度为 0°～90°时得到的动用半径。在启动压力梯度为 0.007MPa/m 下,裂缝角度由 0°变化到 90°时,动用半径逐渐下降最缓;在启动压力梯度为 0.009MPa/m 下,裂缝角度由 0°变化到 90°时,动用半径逐渐下降较快;当启动压力梯度为 0.011MPa/m 时,裂缝角度由 0°变化到 90°时,动用半径逐渐下降最快。

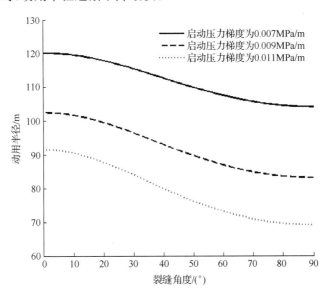

图 6-13　启动压力梯度不同时裂缝角度与动用半径的关系

图 6-14 为启动压力梯度不同时裂缝半长与动用半径的关系。在启动压力梯度为 0.007MPa/m、0.009MPa/m 和 0.011MPa/m 下,裂缝半长为 0～250m 时得到的动用半径。在启动压力梯度为 0.007MPa/m 下,裂缝半长由 0m 变化到 250m 时,动用半径逐渐上升最快;启动压力梯度为 0.009MPa/m 下,裂缝半长由 0m 变化到 250m 时,动用半径逐渐上升较快;当启动压力梯度为 0.011MPa/m 时,裂缝半长由 0m 变化到 250m 时,动用半径逐渐上升最缓。

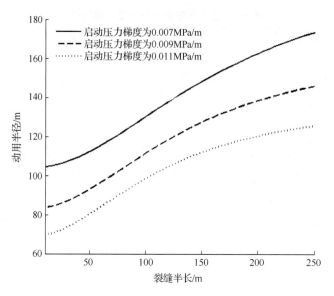

图 6-14　启动压力梯度不同时裂缝半长与动用半径的关系

　　在生产压差为 10MPa、12MPa 和 14MPa 下,启动压力梯度由 0.003MPa/m 变化到 0.012MPa/m 时得到的动用半径如图 6-15 所示。在生产压差 10MPa 下, 启动压力梯度由 0.003MPa/m 变化到 0.012MPa/m 时,动用半径逐渐下降最缓; 在生产压差 12MPa 下,启动压力梯度由 0.003MPa/m 变化到 0.012MPa/m 时,动 用半径逐渐下降较缓;在生产压差 14MPa 下,启动压力梯度由 0.003MPa/m 变化 到 0.012MPa/m 时,动用半径逐渐下降最快。

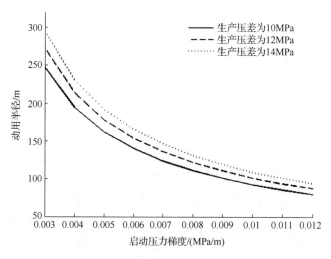

图 6-15　生产压差不同时启动压力梯度与动用半径的关系

在裂缝角度分别为 0°、30°、60°和 90°下,启动压力梯度由 0.003MPa/m 变化到 0.012MPa/m 时得到的动用半径如图 6-16 所示。在裂缝角度为 0°下,启动压力梯度由 0.003MPa/m 变化到 0.012MPa/m 时,动用半径逐渐下降最缓;在裂缝角度为 30°下,启动压力梯度由 0.003MPa/m 变化到 0.012MPa/m 时,动用半径逐渐下降较缓;在裂缝角度为 60°下,启动压力梯度由 0.003MPa/m 变化到 0.012MPa/m 时,动用半径逐渐下降较快;在裂缝角度为 90°下,启动压力梯度由 0.003MPa/m 变化到 0.012MPa/m 时,动用半径逐渐下降最快。

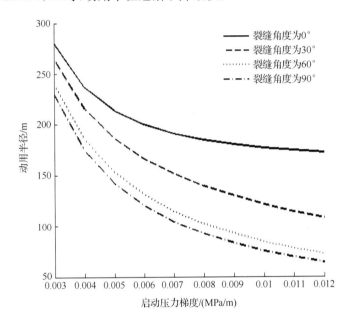

图 6-16 裂缝角度不同时启动压力梯度与动用半径的关系

在裂缝半长分别为 50m、100m、150m 和 200m 下,启动压力梯度由 0.003MPa/m 变化到 0.012MPa/m 时得到的动用半径如图 6-17 所示。在裂缝半长为 50m 下,启动压力梯度由 0.003MPa/m 变化到 0.012MPa/m 时,动用半径逐渐下降最缓;在裂缝半长为 100m 下,启动压力梯度由 0.003MPa/m 变化到 0.012MPa/m 时,动用半径逐渐下降较缓;在裂缝半长为 150m 下,启动压力梯度由 0.003MPa/m 变化到 0.012MPa/m 时,动用半径逐渐下降较快;在裂缝半长为 200m 下,启动压力梯度由 0.003MPa/m 变化到 0.012MPa/m 时,动用半径逐渐下降最快。

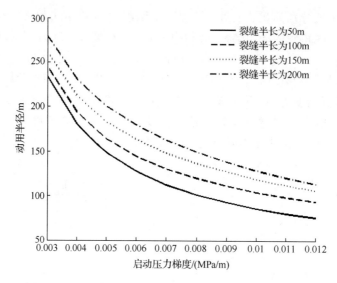

图 6-17 裂缝半长不同时启动压力梯度与动用半径的关系

第7章 低渗透气藏混合井型整体压裂开发渗流理论

对于"丰度低、渗透率低、产量低"的三低油气藏,主要采取井网加密的方式来提高气藏产量。合理的开发井网井距是高效开发气田的重要因素之一。对于任何一个气田,合理的井网井距部署应以提高气藏采收率为目标,力争有较高的采气速度和采出程度,它主要取决于气层地质特征和气藏驱动类型。井距的确定可以通过第6章有效动用半径来确定。

7.1 直井排布产能计算方法

对于直井排布的井网模式,在均质理想条件下,可将其渗流分为两个不同的渗流区。

1)从有效动用半径处向各直井的平面径向渗流场

直井的二项式产能公式为

$$m_e^* - m_w^* = \frac{1}{K} \frac{p_{sc}T}{whZ_{sc}T_{sc}} \ln \frac{r_c}{r_w} q_{sc} + \frac{4.405 \times 10^{-5}}{2K^{1.105}} \frac{\rho_{gsc}p_{sc}T}{\pi^2 h^2 Z_{sc}T_{sc}\bar{\mu}} \left(\frac{1}{r_w^2} - \frac{1}{r_c^2}\right)q_{sc}^2 \tag{7-1}$$

式中,r_c 为有效动用半径。

2)井间的干扰区

如图 7-1 所示,根据两井之间的距离 d 以及有效动用半径 r_c 判断两井是否存在干扰,若干扰,则两直井的干扰区的面积 S_{vert} 为

$$S_{vert} = r_c^2 \arccos \frac{d}{2r_c} - d\sqrt{r_c^2 - \left(\frac{d}{2}\right)^2} \tag{7-2}$$

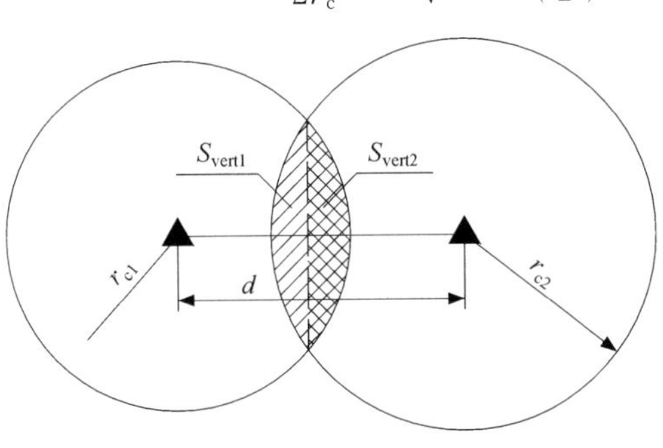

图 7-1 直井排布井网单元简化示意图

3）干扰区产能影响因素分析

控制因素影响分析中采用的基本数据如表 7-1 所示。

表 7-1　直井排布井网控制因素影响分析基础参数表

基础参数	数值	基础参数	数值
标态压力	0.1MPa	气体压缩因子	0.89
气井有效厚度	10m	标态下温度	293K
气层渗透率	4mD	地层温度	396K
气藏动用半径	500m	标态下气体密度	0.78g/m³
井筒半径	0.1m	气体黏度	0.027mPa·s
气体标态下压缩因子	1	注水井流压	40MPa
两井间距离	800m		

图 7-2 是井间距不同时气井产能与生产压差的关系。在井间距为 700m、800m、900m 和 1000m 下，生产压差为 5～20MPa 时得到的产能。当井间距不变时，产能随着生产压差的增加而增大，同时在生产压差一定时，井间距越大，干扰区面积越小，产能越大。

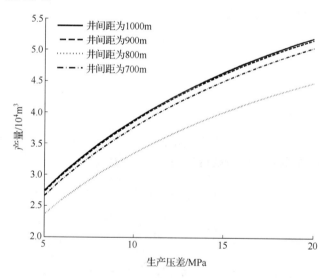

图 7-2　井间距不同时生产压差与直井井网产能的关系

7.2　水平井和直井排布井网产能计算

对于水平井与直井混合排布的井网模式，在均质理想条件下，可将其渗流分为三个不同的渗流区。

1) 从有效动用半径处向直井的平面径向渗流区

直井的二项式产能公式为

$$m_e^* - m_w^* = \frac{1}{K}\frac{p_{sc}T}{whZ_{sc}T_{sc}}\ln\frac{r_c}{r_w}q_{sc} + \frac{4.405\times10^{-5}}{2K^{1.105}}\frac{\rho_{gsc}p_{sc}T}{\pi^2 h^2 Z_{sc}T_{sc}\bar{\mu}}\left(\frac{1}{r_w^2}-\frac{1}{r_c^2}\right)q_{sc}^2$$

(7-3)

2) 从有效动用半径处向水平井的椭球渗流区

$$m_e^* - m_w^* = \frac{1}{8c^2}\frac{p_{sc}}{KT_{sc}Z_{sc}}\left[\ln(\tanh\zeta_c)-\ln(\tanh\zeta_0)\right]q_{sc}$$

$$+ \frac{4.405\times10^{-5}}{K^{1.105}}\frac{1}{64c^4}\frac{p_{sc}}{T_{sc}Z_{sc}\bar{\mu}}\left(2\tanh\zeta_0 - 2\tanh\zeta_c\right.$$

(7-4)

$$\left. + \frac{1}{\sinh\zeta_0\cosh\zeta_0} - \frac{1}{\sinh\zeta_c\cosh\zeta_c}\right)q_{sc}^2$$

式中，ζ_c 为 $r = r_c$ 时对应的椭圆坐标。

3) 井间的干扰区

如图 7-3 所示，根据两井之间的距离 d 以及有效动用半径 r_c 判断两井是否存在干扰，若干扰，则水平井干扰区的面积 $S_{ellipse}$ 和直井干扰区的面积 S_{vert} 分别为

$$S_{vert} = \frac{1}{2}r_c^2\arccos\frac{d}{2r_c} - \frac{d}{2}\sqrt{r_c^2-\left(\frac{d}{2}\right)^2}$$

(7-5)

$$S_{ellipse} = ab\arccos\frac{\sqrt{a^2-\frac{d^2}{4}}}{a} - \frac{bd}{2a}\sqrt{a^2-\frac{d^2}{4}}$$

(7-6)

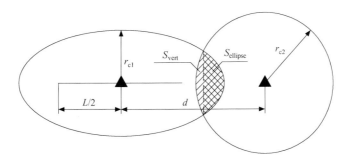

图 7-3　水平井和直井排布井网单元简化示意图

4) 干扰区产能影响因素分析

控制因素影响分析中采用的基本数据如表 7-2 所示。

表 7-2　水平井与直井排布井网控制因素影响分析基础参数表

基础参数	数值	基础参数	数值
标态压力	0.1MPa	水平井椭圆区长轴半长	500m
气井有效厚度	10m	标态下温度	293K
气层渗透率	4mD	地层温度	396K
气藏泄压半径	1000m	标态下气体密度	0.78g/m³
井筒半径	0.1m	气体黏度	0.027mPa·s
气体压缩因子	0.89	注水井流压	40MPa
水平井椭圆区短轴半长	150m	气体标态下压缩因子	1
两井间距离	800m		

图 7-4 是井间距不同时气井产能与生产压差的关系。在井间距为 700m、800m、900m 和 1000m 下,生产压差为 5～20MPa 时得到的产能。当井间距不变时,产能随着生产压差的增加而增大,同时在生产压差一定时,井间距越大,干扰区面积越小,产能越大。

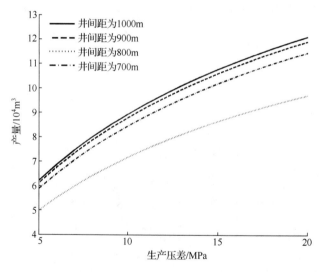

图 7-4　井间距不同时生产压差与水平井与直井井网产能的关系

7.3　垂直压裂井和直井排布产能计算方法

对于垂直压裂井与直井混合排布的井网模式,在均质理想条件下,可将其渗流分为三个主要的不同的渗流区。

1）从有效动用半径处向直井的平面径向渗流区

$$m_e^* - m_w^* = \frac{1}{K}\frac{p_{sc}T}{whZ_{sc}T_{sc}}\ln\frac{r_c}{r_w}q_{sc} + \frac{4.405\times10^{-5}}{2K^{1.105}}\frac{\rho_{gsc}p_{sc}T}{\pi^2h^2Z_{sc}T_{sc}\bar{\mu}}\left(\frac{1}{r_w^2}-\frac{1}{r_c^2}\right)q_{sc}^2$$

(7-7)

2）垂直压裂井的渗流区细分为两个不同的区

（1）从有效动用半径处向压裂井的椭圆渗流区：

$$-m_{wf} + m_i = \frac{p_{sc}Tq_{sc}}{k\rho_{gsc}T_{sc}Z_{sc}\pi h\cosh\zeta_w}(\sinh\zeta_c - \sinh\zeta_w)$$

(7-8)

式中，ζ_c 为 $r = r_c$ 时对应的椭圆坐标。

（2）裂缝内的线性流动区：

$$m_{wf}^* - m_w^* = \frac{2x_f}{k_f}\frac{p_{sc}T}{whZ_{sc}T_{sc}}q_{sc} + \frac{4.405\times10^{-5}}{k_f^{1.105}}\frac{\rho_{gsc}p_{sc}Tx_f}{4w^2h^2Z_{sc}T_{sc}\bar{\mu}}q_{sc}^2$$

(7-9)

3）井间的干扰区

如图 7-5 所示，根据两井之间的距离 d 以及有效动用半径 r_c 判断两井是否存在干扰，若干扰，则水平井干扰区的面积 $S_{ellipse}$ 和直井干扰区的面积 S_{vert} 分别为

$$S_{vert} = \frac{1}{2}r_c^2\arccos\frac{d}{2r_c} - \frac{d}{2}\sqrt{r_c^2 - \left(\frac{d}{2}\right)^2}$$

(7-10)

$$S_{ellipse} = ab\arccos\frac{\sqrt{a^2 - \frac{d^2}{4}}}{a} - \frac{bd}{2a}\sqrt{a^2 - \frac{d^2}{4}}$$

(7-11)

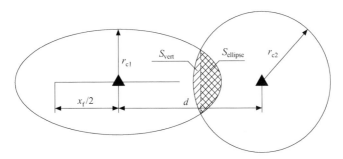

图 7-5　垂直压裂井和直井排布井网单元示意图

4）干扰区产能影响因素分析

控制因素影响分析中采用的基本数据如表 7-3 所示。

图 7-6 是井间距不同时气井产能与生产压差的关系。在井间距为 700m、800m、900m 和 1000m 下，生产压差为 5～20MPa 时得到的产能。当井间距不变时，产能随着生产压差的增加而增大，同时在生产压差一定时，井间距越大，干扰区面积越小，产能越大。

表 7-3 压裂直井与直井排布井网控制因素影响分析基础参数表

基础参数	数值	基础参数	数值
标态压力	0.1MPa	压裂直井椭圆区长轴半长	500m
气井有效厚度	10m	标态下温度	293K
气层渗透率	4mD	地层温度	396K
气藏泄压半径	500m	标态下气体密度	0.78g/m³
井筒半径	0.1m	气体黏度	0.027mPa·s
裂缝宽度	0.04m	注水井流压	40MPa
裂缝半长	100m	气体标态下压缩因子	1
裂缝渗透率	100D	气体压缩因子	0.89
压裂直井椭圆区短轴半长	150m	两井间距离	800m

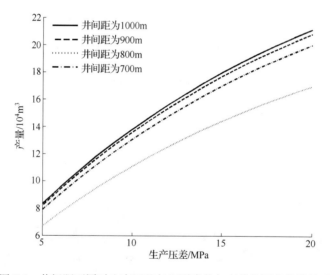

图 7-6 井间距不同时生产压差与压裂直井与直井井网产能的关系

7.4 压裂水平井与直井排布产能计算方法

对于压裂水平井与直井混合排布的井网模式,在均质理想条件下,可将其渗流分为三个主要的不同的渗流区。

1) 从有效动用半径处向直井的平面径向渗流区

直井的二项式产能公式为

$$m_e^* - m_w^* = \frac{1}{K} \frac{p_{sc} T}{w h Z_{sc} T_{sc}} \ln \frac{r_c}{r_w} q_{sc} + \frac{4.405 \times 10^{-5}}{2 K^{1.105}} \frac{\rho_{gsc} p_{sc} T}{\pi^2 h^2 Z_{sc} T_{sc} \bar{\mu}} \left(\frac{1}{r_w^2} - \frac{1}{r_c^2} \right) q_{sc}^2$$

(7-12)

2) 压裂水平井的分区情况

压裂水平井的压裂裂缝形态有两种,一是横向缝,二是纵向缝,因此根据缝的形态不同,压裂水平井渗流区形态分成两种情况来讨论:

(1) 压裂横向缝水平井的渗流区。

从有效动用半径处向水平井各压裂横向裂缝的椭圆渗流区:

$$-m_{wf}^* + m_e^* = \frac{p_{sc}Tq_{sc}}{k\rho_{gsc}T_{sc}Z_{sc}\pi h\cosh\zeta_w}(\sinh\zeta_c - \sinh\zeta_w) \tag{7-13}$$

各裂缝内的线性流动区:

$$m_{wf}^* - m_w^* = \frac{2x_f}{k_f}\frac{p_{sc}T}{whZ_{sc}T_{sc}}q_{sc} + \frac{4.405\times10^{-5}}{k_f^{1.105}}\frac{\rho_{gsc}p_{sc}Tx_f}{4w^2h^2Z_{sc}T_{sc}}q_{sc}^2 \tag{7-14}$$

裂缝间的干扰区:

$$S_{ellipse} = ab\arccos\frac{\sqrt{a^2 - \dfrac{d_2^{\ 2}}{4}}}{a} - \frac{bd_2}{2a}\sqrt{a^2 - \frac{d_2^{\ 2}}{4}} \tag{7-15}$$

(2) 压裂纵向缝水平井的渗流区

从有效动用半径处向水平井各压裂纵向裂缝的椭圆渗流区:

$$-m_{wf}^* + m_e^* = \frac{p_{sc}Tq_{sc}}{k\rho_{gsc}T_{sc}Z_{sc}\pi h\cosh\zeta_w}(\sinh\zeta_e - \sinh\zeta_w) \tag{7-16}$$

各裂缝内的线性流动区:

$$m_{wf}^* - m_w^* = \frac{2h}{k_f}\frac{p_{sc}T}{wx_fZ_{sc}T_{sc}}q_{sc} + \frac{4.405\times10^{-5}}{k_f^{1.105}}\frac{\rho_{gsc}p_{sc}Th}{4w^2x_f^2Z_{sc}T_{sc}\mu}q_{sc}^2 \tag{7-17}$$

裂缝间的干扰区:

$$S_{ellipse} = ab\arccos\frac{\sqrt{a^2 - \dfrac{d_2^{\ 2}}{4}}}{a} - \frac{bd_2}{2a}\sqrt{a^2 - \frac{d_2^{\ 2}}{4}} \tag{7-18}$$

3) 井间干扰

如图 7-7 所示,根据压裂水平井与直井两井之间的距离 d_2 以及有效动用半径 r_c 判断两井是否存在干扰,若干扰,则水平井干扰区的面积为 $S_{ellipse}$,直井干扰区的面积为 S_{vert};同时根据两条压裂水平井之间的距离 d_1 以及有效动用半径 r_c 判断两井是否存在干扰,若干扰,则两条压裂水平井干扰区的总面积为 S_{hor_frac},分别如下:

$$S_{vert} = \frac{1}{2}r_c^2\arccos\frac{d_2}{2r_c} - \frac{d_2}{2}\sqrt{r_c^2 - \left(\frac{d_2}{2}\right)^2} \tag{7-19}$$

$$S_{ellipse} = ab\arccos\frac{\sqrt{a^2 - \dfrac{d_2^2}{4}}}{a} - \frac{bd_2}{2a}\sqrt{a^2 - \frac{d_2^2}{4}} \tag{7-20}$$

$$S_{hor\_frac} = 2ab\arccos\frac{\sqrt{b^2 - \dfrac{d_1^2}{4}}}{b} - \frac{ad}{b}\sqrt{b^2 - \frac{d_1^2}{4}} \tag{7-21}$$

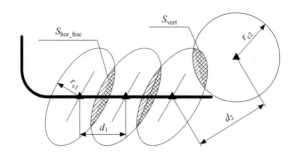

图 7-7　压裂水平井和直井排布井网单元示意图

4) 干扰区产能影响因素分析

控制因素影响分析中采用的基本数据如表 7-4 所示。

表 7-4　压裂水平井与直井排布井网控制因素影响分析基础参数表

基础参数	数值	基础参数	数值
标态压力	0.1MPa	压裂水平井椭圆区长轴半长	500m
气井有效厚度	10m	标态下温度	293K
气层渗透率	4mD	地层温度	396K
气藏泄压半径	500m	标态下气体密度	$0.78g/m^3$
井筒半径	0.1m	气体黏度	$0.027mPa \cdot s$
裂缝宽度	0.04m	注水井流压	40MPa
裂缝半长	100m	气体标态下压缩因子	1
裂缝渗透率	100D	气体压缩因子	0.89
压裂水平井椭圆区短轴半长	150m	两井间距离	800m

图 7-8 是井间距不同时气井产能与生产压差的关系。在井间距为 700m、

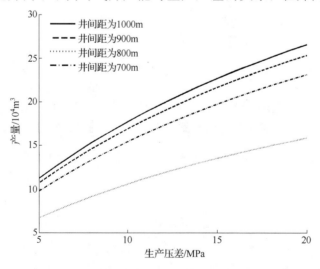

图 7-8　井间距不同时生产压差与压裂水平井与直井井网产能的关系

800m、900m 和 1000m 下,生产压差为 5～20MPa 时得到的产能。当井间距不变时,产能随着生产压差的增加而增大,同时在生产压差一定时,井间距越大,干扰区面积越小,产能越大。

7.5　水平井与垂直压裂井排布产能计算方法

对于水平井与垂直压裂井混合排布的井网模式,在均质理想条件下,可将其渗流分为三个主要的不同的渗流区。

1) 从有效动用半径处向水平井的椭球渗流区

$$
\begin{aligned}
m_{\mathrm{e}}^{*} - m_{\mathrm{w}}^{*} = & \frac{1}{8c^2}\frac{p_{\mathrm{sc}}}{KT_{\mathrm{sc}}Z_{\mathrm{sc}}}\big[\ln(\tanh\zeta_{\mathrm{c}}) - \ln(\tanh\zeta_0)\big]q_{\mathrm{sc}} \\
& + \frac{4.405\times10^{-5}}{K^{1.105}}\frac{1}{64c^4}\frac{p_{\mathrm{sc}}}{T_{\mathrm{sc}}Z_{\mathrm{sc}}\bar{\mu}}\Big(2\tanh\zeta_0 - 2\tanh\zeta_{\mathrm{c}} \\
& + \frac{1}{\sinh\zeta_0\cosh\zeta_0} - \frac{1}{\sinh\zeta_{\mathrm{c}}\cosh\zeta_{\mathrm{c}}}\Big)q_{\mathrm{sc}}^2
\end{aligned} \tag{7-22}
$$

2) 垂直压裂井的渗流区细分为两个不同的区

从有效动用半径处向压裂裂缝的椭圆渗流区:

$$
-m_{\mathrm{wf}} + m_{\mathrm{i}} = \frac{p_{\mathrm{sc}}Tq_{\mathrm{sc}}}{k\rho_{\mathrm{gsc}}T_{\mathrm{sc}}Z_{\mathrm{sc}}\pi h\cosh\zeta_{\mathrm{w}}}(\sinh\zeta_{\mathrm{c}} - \sinh\zeta_{\mathrm{w}}) \tag{7-23}
$$

裂缝内的线性流动区:

$$
m_{\mathrm{wf}}^{*} - m_{\mathrm{w}}^{*} = \frac{2x_{\mathrm{f}}}{k_{\mathrm{f}}}\frac{p_{\mathrm{sc}}T}{whZ_{\mathrm{sc}}T_{\mathrm{sc}}}q_{\mathrm{sc}} + \frac{4.405\times10^{-5}}{k_{\mathrm{f}}^{1.105}}\frac{\rho_{\mathrm{gsc}}p_{\mathrm{sc}}Tx_{\mathrm{f}}}{4w^2h^2Z_{\mathrm{sc}}T_{\mathrm{sc}}\bar{\mu}}q_{\mathrm{sc}}^2 \tag{7-24}
$$

3) 井间的干扰区

如图 7-9 所示,根据压裂水平井与压裂直井两井之间的距离 d_2 以及有效动用半径 r_{c} 判断两井是否存在干扰,若干扰,则压裂水平井与压裂直井干扰区的面积 S_{ellipse} 为

$$
S_{\mathrm{ellipse}} = 2ab\arccos\frac{\sqrt{a^2 - \dfrac{d_2^2}{4}}}{a} - \frac{bd_2}{a}\sqrt{a^2 - \frac{d_2^2}{4}} \tag{7-25}
$$

$$
Q_{\mathrm{sc}} = \sum_{i=1}^{n}q_i\Big(1 - \frac{S_i}{\pi a_ib_i}\Big) \tag{7-26}
$$

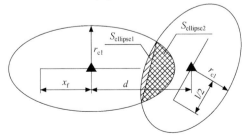

图 7-9　水平井和垂直压裂井排布井网单元示意图

4）干扰区产能影响因素分析

控制因素影响分析中采用的基本数据如表 7-5 所示。

表 7-5 控制因素影响分析基础参数表

基础参数	数值	基础参数	数值
标态压力	0.1MPa	水平井椭圆区长轴半长	500m
气井有效厚度	10m	标态下温度	293K
气层渗透率	4mD	地层温度	396K
气藏泄压半径	500m	标态下气体密度	0.78g/m³
井筒半径	0.1m	气体黏度	0.027mPa·s
裂缝宽度	0.04m	注水井流压	40MPa
裂缝半长	100m	气体标态下压缩因子	1
裂缝渗透率	100D	气体压缩因子	0.89
水平井椭圆区短轴半长	150m	压裂直井椭圆区短轴半长	150m
压裂直井椭圆区长轴半长	500m	井间距	800m

图 7-10 是井间距不同时气井产能与生产压差的关系。在井间距为 700m、800m、900m 和 1000m 下,生产压差为 5～20MPa 时得到的产能。当井间距不变时,产能随着生产压差的增加而增大,同时在生产压差一定时,井间距越大,干扰区面积越小,产能越大。

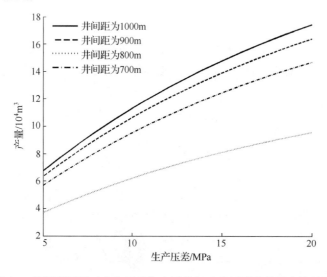

图 7-10 井间距不同时生产压差与水平井与垂直压裂井井网产能的关系

7.6　压裂水平井与垂直压裂井排布产能计算方法

对于压裂水平井与直井混合排布的井网模式,在均质理想条件下,可将其渗流分为三个主要的不同的渗流区。

1) 压裂水平井分区情况

由于压裂水平井的压裂裂缝形态有两种,一是横向缝,二是纵向缝,因此根据缝的形态不同,压裂水平井渗流区形态分成两种情况来讨论

(1) 压裂横向缝水平井的渗流区

从有效动用半径处向水平井各压裂横向裂缝的椭圆渗流区:

$$-m_{\mathrm{wf}}^{*}+m_{\mathrm{e}}^{*}=\frac{p_{\mathrm{sc}}Tq_{\mathrm{sc}}}{k\rho_{\mathrm{gsc}}T_{\mathrm{sc}}Z_{\mathrm{sc}}\pi h\cosh\zeta_{\mathrm{w}}}(\sinh\zeta_{\mathrm{c}}-\sinh\zeta_{\mathrm{w}}) \qquad (7\text{-}27)$$

各裂缝内的线性流动区:

$$m_{\mathrm{wf}}^{*}-m_{\mathrm{w}}^{*}=\frac{2x_{\mathrm{f}}}{k_{\mathrm{f}}}\frac{p_{\mathrm{sc}}T}{whZ_{\mathrm{sc}}T_{\mathrm{sc}}}q_{\mathrm{sc}}+\frac{4.405\times10^{-5}}{k_{\mathrm{f}}^{1.105}}\frac{\rho_{\mathrm{gsc}}p_{\mathrm{sc}}Tx_{\mathrm{f}}}{4w^{2}h^{2}Z_{\mathrm{sc}}T_{\mathrm{sc}}}q_{\mathrm{sc}}^{2} \qquad (7\text{-}28)$$

裂缝间的干扰区:

$$S_{\mathrm{ellipse}}=2ab\arccos\frac{\sqrt{a^{2}-\dfrac{d_{2}^{2}}{4}}}{a}-\frac{bd_{2}}{a}\sqrt{a^{2}-\frac{d_{2}^{2}}{4}} \qquad (7\text{-}29)$$

(2) 压裂纵向缝水平井的渗流区

从有效动用半径处向水平井各压裂纵向裂缝的椭圆渗流区:

$$-m_{\mathrm{wf}}^{*}+m_{\mathrm{e}}^{*}=\frac{p_{\mathrm{sc}}Tq_{\mathrm{sc}}}{k\rho_{\mathrm{gsc}}T_{\mathrm{sc}}Z_{\mathrm{sc}}\pi h\cosh\zeta_{\mathrm{w}}}(\sinh\zeta_{\mathrm{e}}-\sinh\zeta_{\mathrm{w}}) \qquad (7\text{-}30)$$

各裂缝内的线性流动区:

$$m_{\mathrm{wf}}^{*}-m_{\mathrm{w}}^{*}=\frac{2h}{k_{\mathrm{f}}}\frac{p_{\mathrm{sc}}T}{wx_{\mathrm{f}}Z_{\mathrm{sc}}T_{\mathrm{sc}}}q_{\mathrm{sc}}+\frac{4.405\times10^{-5}}{k_{\mathrm{f}}^{1.105}}\frac{\rho_{\mathrm{gsc}}p_{\mathrm{sc}}Th}{4w^{2}x_{\mathrm{f}}^{2}Z_{\mathrm{sc}}T_{\mathrm{sc}}\mu}q_{\mathrm{sc}}^{2} \qquad (7\text{-}31)$$

裂缝间的干扰区:

$$S_{\mathrm{ellipse}}=2ab\arccos\frac{\sqrt{a^{2}-\dfrac{d_{2}^{2}}{4}}}{a}-\frac{bd_{2}}{a}\sqrt{a^{2}-\frac{d_{2}^{2}}{4}} \qquad (7\text{-}32)$$

2) 垂直压裂井的渗流区细分为两个不同的区

从有效动用半径处向压裂裂缝的椭圆渗流区:

$$-m_{\mathrm{wf}}+m_{\mathrm{i}}=\frac{p_{\mathrm{sc}}Tq_{\mathrm{sc}}}{k\rho_{\mathrm{gsc}}T_{\mathrm{sc}}Z_{\mathrm{sc}}\pi h\cosh\zeta_{\mathrm{w}}}(\sinh\zeta_{\mathrm{c}}-\sinh\zeta_{\mathrm{w}}) \qquad (7\text{-}33)$$

裂缝内的线性流动区:

$$m_{\mathrm{wf}}^{*}-m_{\mathrm{w}}^{*}=\frac{2x_{\mathrm{f}}}{k_{\mathrm{f}}}\frac{p_{\mathrm{sc}}T}{whZ_{\mathrm{sc}}T_{\mathrm{sc}}}q_{\mathrm{sc}}+\frac{4.405\times10^{-5}}{k_{\mathrm{f}}^{1.105}}\frac{\rho_{\mathrm{gsc}}p_{\mathrm{sc}}Tx_{\mathrm{f}}}{4w^{2}h^{2}Z_{\mathrm{sc}}T_{\mathrm{sc}}\mu}q_{\mathrm{sc}}^{2} \qquad (7\text{-}34)$$

3) 井间的干扰区

如图 7-11 所示，根据压裂水平井与压裂直井两井之间的距离 d_2 以及有效动用半径 r_c 判断两井是否存在干扰，若干扰，则压裂水平井与压裂直井干扰区的面积为 S_{ellipse}；同时根据两条压裂水平井之间的距离 d_1 以及有效动用半径 r_c 判断两井是否存在干扰，若干扰，则两条压裂水平井干扰区的总面积为 $S_{\text{hor\_frac}}$，分别如下：

$$S_{\text{ellipse}} = 2ab \arccos \frac{\sqrt{a^2 - \dfrac{d_2^2}{4}}}{a} - \frac{bd_2}{a}\sqrt{a^2 - \frac{d_2^2}{4}} \tag{7-35}$$

$$S_{\text{hor\_frac}} = 2ab \arccos \frac{\sqrt{b^2 - \dfrac{d_1^2}{4}}}{b} - \frac{ad}{b}\sqrt{b^2 - \frac{d_1^2}{4}} \tag{7-36}$$

$$Q_{\text{sc}} = \sum_{i=1}^{n} q_i \left(1 - \frac{S_i}{\pi a_i b_i}\right) \tag{7-37}$$

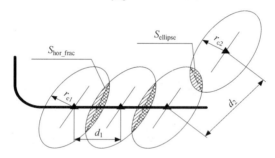

图 7-11　压裂水平井和垂直压裂井排布井网单元示意图

4) 干扰区产能影响因素分析

控制因素影响分析中采用的基本数据如表 7-6 所示。

表 7-6　压裂水平井与垂直压裂井排布井网控制因素影响分析基础参数表

基础参数	数值	基础参数	数值
标态压力	0.1MPa	压裂水平井椭圆区长轴半长	500m
气井有效厚度	10m	标态下温度	293K
气层渗透率	4mD	地层温度	396K
气藏泄压半径	500m	标态下气体密度	0.78g/m³
井筒半径	0.1m	气体黏度	0.027mPa·s
裂缝宽度	0.04m	注水井流压	40MPa
裂缝半长	100m	气体标态下压缩因子	1
裂缝渗透率	100D	气体压缩因子	0.89
压裂水平井椭圆区短轴半长	150m	压裂直井椭圆区短轴半长	150m
压裂直井椭圆区长轴半长	500m	井间距	800m

图 7-12 是井间距不同时气井产能与生产压差的关系。在井间距为 700m、800m、900m 和 1000m 下,生产压差为 5～20MPa 时得到的产能。当井间距不变时,产能随着生产压差的增加而增大,同时在生产压差一定时,井间距越大,干扰区面积越小,产能越大。

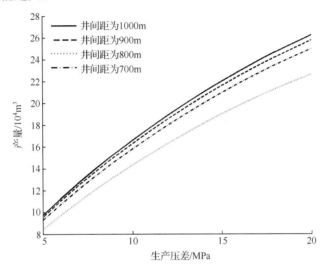

图 7-12　井间距不同时生产压差与压裂水平井与垂直压裂井井网产能的关系

第二部分 凝析气藏有效开发非线性渗流理论

第8章 我国主要凝析气田的基本特征

8.1 凝析气田的地质特征

8.1.1 凝析气藏分布特点

（1）特高含油的凝析气藏类型主要分布在塔里木地区,其次是大港和渤海地区。

（2）高含油和中含油的凝析气藏类型也主要分布在塔里木盆地,占现有发现资源量一半多,其次是大港、吐哈、华北、渤海、东海地区。

（3）低含油和微含油的凝析气藏类型主要分布在南海、中原、辽河和准噶尔等地区,四川盆地凝析气也多属于这种类型。

目前我国已发现的凝析气资源中,塔里木盆地比较集中,地层气中凝析油含量高、储量多,在全国占绝对优势。

8.1.2 凝析气藏压力、温度特点

高温、高压是形成凝析气藏的重要条件。压力起主导作用,温度次之。气藏压力通常都超过 14MPa,气藏温度超过 38℃。多数凝析气藏的压力又为 21～42MPa,温度为 93～204℃。但地层压力和温度并不是形成凝析气藏的唯一条件,油气在地层条件下的比例、烃类混合物的原始组成以及各种地质条件等也都是形成凝析气藏的必要条件。

气层埋藏越深,压力和温度越高。在其他相同条件下,凝析油在气体中的含量也越高。压力限制了气藏的最小深度,否则形成不了这类气藏。根据美国 1945 年前发现的 224 个凝析气田的统计,其中,约 80% 的凝析气田深度都大于 1500m。

8.1.3 凝析气组成特征

1）具有足够数量的气态烃

凝析气藏流体组分中 90%（体积分数或摩尔分数）以上是甲烷、乙烷和丙烷。在高温、高压下,气体才能溶解相当数量的液态烃。

2）具有一定数量的液态烃

气相中的凝桥泊含量是由凝析油的密度、馏分组成、族分组成（烷烃、环烷烃和芳香烃等）以及某些物理性质（相对分子质量和密度等）所决定的 c 环烷烃含量越

高,油的含量越低。随着密度和沸点降低。凝析油含量增大。在较低的温度下,凝析油含量相对较高。

在地层条件下,凝析油含量存在着临界值,高于此值,凝析油不可能处于气相状态,它与气油比的临界值相当。气油比大于临界值时,油气体系处于气相状态,小于临界值则为液相。气与油临界比值主要取决于烃类组成及气层的热动力条件。

3)具有一定的甲烷同系物

在高压下,液态烃在甲烷气体中的溶解度非常低。高液态烃的溶解度,有利于凝析气藏的形成。

8.1.4　凝析气藏析气井井流物性特征

大致有以下几点(李士伦等,2004)。

(1) 高压分离器气体中甲烷(C_1)含量为 75%～90%。

(2) 高压分离器气体中 C_{2+} 含量为 7%～15%,若 C_{2+} 含量大于 10%,凝析气藏一般有油环。

(3) 气体干燥系数(C_1/C_2+C_3),均为摩尔或体积含量比,为 10～20。

(4) 气体的湿度(C_{2+}/C_1),均为摩尔或体积含量比,为 6～15。

(5) 分离器气体的相对密度<空气相对密度设为 1,$\gamma_g=0.6\sim0.7$。

(6) 油罐油(或称稳定凝析油)的相对密度(对水,相对密度设为 1),$\gamma_o<0.8$,为 0.7260～0.8120。

(7) 油罐油的地面动力黏度 $\mu_o<3\mathrm{mPa\cdot s}$,苏联凝析气田油罐油(20℃)的动力黏度为 0.64～1.67$\mathrm{mPa\cdot s}$,平均为 1.00$\mathrm{mPa\cdot s}$,中国的凝析油 μ_o(30℃)约为 0.377～1.88$\mathrm{mPa\cdot s}$。

(8) 凝析油的凝点一般小于 11℃,苏联尤比列依凝析气出的油凝点为-76℃,中国板桥沙河街组凝析油的凝点为 11℃。

(9) 凝析油的初馏点一般小于 80℃,而且 200℃时的馏分含量大于 45%。

(10) 含硫量一般小于 0.5%。

(11) 含蜡量一般小于 1.0%。

(12) 胶质沥青质量一般小于 8%。

目前对凝析气藏凝析油含里划分世界上尚没有统一的标准,俄罗斯认为油气比一般为 1000～18000,气油比上限的凝析油含量为 39.6～44.1$\mathrm{g/m^3}$,美国也在 17600$\mathrm{m^3/m^3}$ 左右,凝析油含量为 40.9～45.0$\mathrm{g/m^3}$ 左右。都认为气油比有个临界值,如 600～800$\mathrm{m^3/m^3}$,气油比小于此值,只能形成油藏,不可能成为凝析气藏。

法国有个油气藏分类的标准供参考(表 8-1)。

表 8-1　法国的油气藏分类

项目	黑油	挥发油	凝析气	湿气	干气
原始生产气油比	<312	312~570	>570	>2670	>17800
油罐油相对密度(水=1)	>0.7972	<0.8251	<0.8251	<0.7022	无液
油罐油,API	<46	>40	>40	>70	无液
储集层中相态转化点	泡点	泡点	露点	—	—
油罐油色泽	黑	有色	色淡	无	无
C_7,摩尔分数/%	>50	12.5~20.0	<12.5	<4	<0.7
原油泡点体积系数	<2	>2	—	—	—

国际上较多地按以下标准来划分各种凝析气藏。

低含凝析油的凝析气藏：　$5000m^3/m^3 <$ GOR(凝析气油比) $<18000m^3/m^3$

$45g/m^3 <$ CN(凝析油含量) $<5000g/m^3$

中等含凝析油的凝析气藏：$2500m^3/m^3 <$ GOR $<5000m^3/m^3$

$150g/m^3 <$ CN $<290g/m^3$

高含凝析油的凝析气藏：　$1000m^3/m^3 <$ GOR $<2500m^3/m^3$

$290g/m^3 <$ CN $<675g/m^3$

特高含凝析油的凝析气藏：$600m^3/m^3 <$ GOR $<1000m^3/m^3$

$675g/m^3 <$ CN $<1035g/m^3$

世界上有许多含量超过 $1035g/m^3$ 的特高含凝析油的凝析气藏,美国加利福尼亚州卡尔-卡尔纳凝析气田的凝析油含量达 $1590cm^3/m^3$。

中国标准分类参见 SY/T6168-1995。

要确定凝析气藏类型,还得依靠 PVT 相态实验和初始地层压力、温度条件下凝析油气体系在相图中(如 $p\text{-}T$ 相图)所处的位置。

8.2　凝析气藏的开发特征

凝析气藏通常指地下聚集的烃类混合物在储集层温度和压力下,汽油馏分至煤油馏分以及少量高分子烃类呈均一蒸汽状态分散在天然气中。凝析气藏的基本特点是,在原始地层条件下,天然气和凝析油呈单一的气相状态,并在一定的压力范围内符合反凝析(又称逆行凝析)规律,所以凝析气藏既不同于油藏,也不同于干气气藏,其开发的特殊性表现在如下。

(1) 在凝析气藏开发过程中,凝析油气体系会发生反凝析现象。随着凝析气藏的衰竭式开发,地层压力降到初始凝析压力(上露点压力)以下某个压力(最大凝析压力)区间内,会有一部分凝析油在储集层中析出,并滞留在储集层岩石孔隙表面而造成损失。凝析油气体系的相态和组分组成都会随时随地随压力、温度改变而变化,而且,多孔介质中吸附、毛管力、毛细凝聚和岩石润湿性等界面特性及束缚水的存在都会对油气相态和凝析油气开采产生影响。黏滞力、重力、惯性力和毛管力等相互作用,都会影响凝析油气的渗流持征。

(2) 引起凝析气井井流物组分组成及相态变化的热动力学条件(压力、温度和组成)变化也会直接影响到凝析油和其他烃类的地面回收率,所以,地面和地下两大开发系统联系得非常紧密。

(3) 凝析油气在储集层中渗流是一种有质量交换,并发生相态变化的物理化学渗流,这是目前渗流力学研究中的重点和难点。

(4) 近些年来,我国又相继发现深层、近临界态的、高含蜡的富含凝析油的凝析气藏,它们埋藏深、压力高、体系复杂,开发难度更大,相应的投资、成本和技术要求都高。

(5) 我国西部,尤其是塔里木,多为带油环的凝析气藏或带凝析气顶的油藏。油环有次生的,也有原生的,在原生油环中,原油轻重,在次生油环中,原油则较轻。这是开发最难的油藏类型之一,要求同时提高原油、凝析油和天然气的采收率,油气界面的开发动态很难控制。

(6) 在我国许多油气区凝析气田、气顶油田和干气气田往往成片分布,伴生气、气顶气和气层气同时存在,它有个成组优化开发的问题。

(7) 凝析气井井流物具有与原油、干气不同的物理化学性质,也具有与干气和原油不同特点的相图(如 p-T 相图),判断油气藏类型还主要靠其相图。

针对这些特点,在凝析气藏开发上应特别注意如下。

(1) 准确的取样和凝析气 PVT 相态分析评价是凝析气藏开发的基础,必须相应地发展一套先进适用的油气取样技术和相态实验分析技术。而且,在开发过程中,随着压力的下降和温度的变化,油气体系相态和组成随时随地都会发生变化,所以一定要十分重视获得气藏原始压力、温度条件下的准确的、有代表性的凝析油气样品,有高质量的 PVT 和相态分析实验数据,很好地拟合状态方程参数,建立凝析气相态模型,为组分模型数值模拟技术的准确应用打下扎实的基础。

(2) 对于高含凝析油的凝析气藏(按我国目前情况,含量一般在 $250\sim600\text{g/m}^3$ 以上),当地层压力低于初始凝析压力时,地层反凝析液饱和度会急剧地增加,在最大凝析压力时地层含油饱和度可达到 $20\%\sim45\%$,凝析油的地层损失量很大,采收率很低,对这样的凝析气藏应重点进行保持压力开发和注入工作介质(烃类富气、干气、N_2、CO_2 以及特定条件下气水交替和注水等)优选的技术经济可行性论证,对于贫凝析气(凝析油含量一般为 $100\sim250\text{g/m}^3$),最大反凝析液饱和度一般为 $0.5\%\sim5.0\%$,地层凝析油损失最相对较小,在中国目前技术经济条件下,一般采取衰竭式开发方式。

（3）凝析气田开发的地下系统和地面系统结合得特别紧密,在一定程度上,地层的凝析油损失靠增加地面的回收率来弥补,所以两者要很好地结合,加强研究,千方百计地提高中间烃($C_2 \sim C_6$)和凝析油的回收率,并能建立起联系紧密的一体化数值模拟技术和工程设计方法。

（4）带油环凝析气藏和凝析气顶油藏的相态和开发特征尤为复杂,属于最难开发的油气藏之列,在开发中要正确发挥油-气-水三相驱动力的作用,恰当地控制油气、油水两个界面的运动,严防原油进入气顶,要有防止气窜、水窜的措施,要探索经济有效的开发方式,达到同时提高原油、凝析油和天然气的采收率的目的。

（5）要拓展气液固(蜡、沥青质、元素硫和水合物等)相态、注气过程的油气体系相态、近临界态油气体系相态、多孔介质油气体系相态、渗流过程油气体系相态(相渗曲线、近井带饱和度分布、凝析油临界流动饱和度等)和凝析气-地层水体系的相态研究,开发出新的更好指导开发的数值模拟软件,并发展相应的开采工艺技术。

（6）注气保持压力开发凝析气藏特别要发展以下八项配套技术:注气开发的气藏描述技术、注气开发凝析油气相态评价技术、注气开发气藏工程技术、注气开发多组分数值模拟技术、注气开发钻井完井工艺技术、注气开发注采工艺技术、注气开发动态监测技术和注气开发地面工艺技术。

衰竭式开发凝析气藏也要发展上述相似的配套技术,但着重还要注意解决以下几个重要问题:油气体系相态研究进展与凝析气井取样方法的改进;近井地带反凝析液析出对气井产能影响机理和防治措施;凝析气井的动态分析和试井分析,凝析油气两相相对渗透率曲线测定;近井带凝析油饱和度分布和临界流动饱和度的测定分析;凝析气藏水平井开采技术应用及工程参数的测定等。

（7）对成组凝析气田,气田如何开发,如何实现产能接替,如何实现地面工程建设的统筹规划,如何实现全局的最佳开发效果,这也是当前凝析气田开发的重要研究课题。

第9章 凝析气藏流体的相态特征

9.1 凝析气-液二相相平衡

9.1.1 相变过程的观察

1. 未充填介质时相变过程的观察

在温度 $T \in (T_c, T_{max})$ 内的系列相变观察,发现下列现象:①高于第一露点压力时,视场清晰可见,流体为气体;②随着压力的下降,有一暗场呈现似淡咖啡色,随即消失,然后浓雾状物呈现,随后雾状物消失,小液滴清晰可见。此现象时的压力与 p-V 曲线折点对应,为露点压力;③随着压力的降低,液滴变大,壁面液体增加。

2. 多孔介质中相变过程的观察

在同样的实验条件下,对多孔介质中的相变过程进行了观察,发现高于第一露点压力时,视场清晰可见,流体为无色透明气体(图 9-1(a))。随着压力的下降,突然出现混乱,随即消失,此时的压力与 P 平曲线折点对应,为露点压力,此压力低于无介质时折点的压力,然后小液滴分布整个空间,随即运移,部分附着于微珠表面(图 9-1(b))。继续降压,液体全部附着于微珠表面,并占据微珠接点及角隅,成弯液面(图 9-1(c)和图 9-1(d))。随着压力的继续降低,液体凝析呈连续分布,占据孔隙体系(图 9-1(e))。

3. 两种相变过程的差别

对有、无介质存在时相变过程的观察表明,多孔介质对相变过程有着一定的影响。由于多孔介质作为固体相的存在,使气—液两相的变化和平衡受到了影响。露点处突然出现混乱代替了体积相变中的暗场及雾状物的呈现。气—液在孔隙介质中整体的均匀分布代替了体积相变中的整体不均匀分布。产生了多孔介质的骨架作用和对气—液分布状态的作用等等。如照片所示,照片是放大 48 倍的效果,大圆球是玻璃微珠,微珠中间是气—液的分布情况。

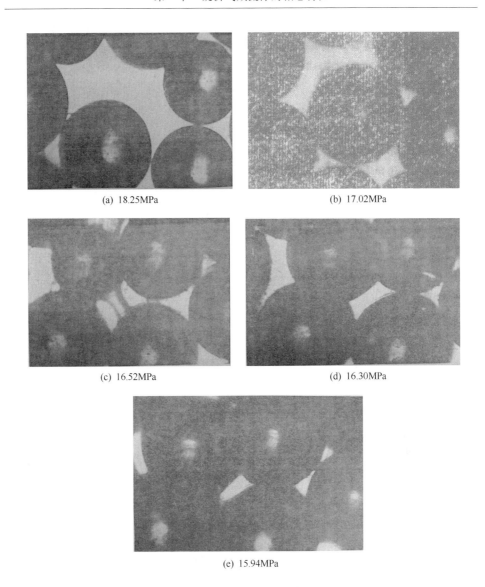

(a)　18.25MPa　　　　　　　　　　(b)　17.02MPa

(c)　16.52MPa　　　　　　　　　　(d)　16.30MPa

(e)　15.94MPa

图 9-1　不同压力下凝析气-液的变化

9.1.2　PVT 特性

宏观 PVT 实验结果如图 9-2~图 9-4 所示。图 9-2 表明多孔介质中的相变曲线 p-V 折点即露点,一般略低于无介质相变 p-V 曲线的折点。多孔介质的孔隙结构和大小对露点的降低程度(较无介质)有着一定的影响。图 9-3 表明,由于多孔介质的存在,使 p-T 相图的曲线位置产生了影响。图 9-4 表明多孔介质影响流体的 PVT 特性,在临界点附近影响程度较小,其他区域影响较大,由此表明,多孔介质影响气-液流体的相变和相变过程,并对气-液产生新的平衡,从而不同于无介质时的气液相变和相平衡。

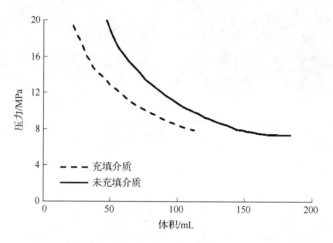

图 9-2 凝析气-液的压力-体积关系(T_c＝44.0℃)

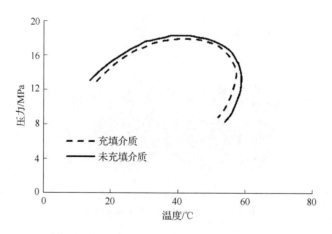

图 9-3 凝析气-液在不同情况下的压力-温度关系(T_c＝44.0℃)

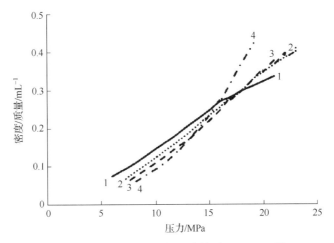

图 9-4　凝析气-液的密度-压力关系($T_c = 44.0\,℃$)

1 为未填充介质情况；2 为充填石英(40 目砂)；3 为充填 1mm 亲油玻璃微珠；

4 为充填 1mm 亲水玻璃微珠

9.2　含蜡凝析气的气-液-固三相相平衡

9.2.1　含蜡凝析油气体系析蜡实验

实验在自行研制的具有观察窗的高温高压可视化渗流物理模拟实验装置上进行(图 9-5)。

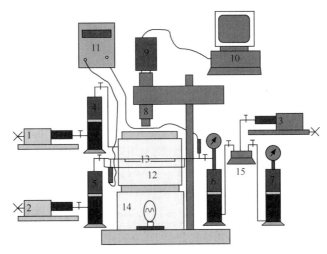

图 9-5　高温高压可视化微观实验流程

1~3 为高压计量泵；4~7 为中间容器；8 为显微镜；9 为数码摄像机；10 为计算机；11 为温控系统；12 为高压可观察流动模拟设备；13 为玻璃微珠模型；14 为光源；15 为气液分离器

实验所用微观仿真玻璃模型的流动网格结构具有与储集层岩石孔隙系统的真实标配性及相似的集合形状和形态分布特点。模型尺寸为 40mm×40mm,孔隙体积约为 50μL,平均孔径为 100μm,最小孔径为 10μm,孔道截面为椭圆形。

实验样品由油田凝析油及分离气配置的凝析气混合而成。实验分别采用固定温度降低压力和固定压力降低温度两种途径使石蜡析出。实验步骤如下:①首先将气相组分和液相组分按照一定比例打入高压容器中;②将实验模型和已经装入气体的高压容器安装到实验系统中;③将实验系统升到指定实验温度;④用氮气将模型升压到实验压力;⑤将装入气体的高压容器升到实验压力;⑥打开高压容器与模型之间的阀门,打开出口回压阀出口阀门,让凝析气将模型中的氮气排尽;⑦改变模型压力(温度),观察模型图像以便分析固态蜡是否析出。

在等温降压过程中,固相的析出比较缓慢。其中,少量吸附在多孔介质孔隙内表面;大部分的固相析出遵循以下顺序:首先液相析出,然后固相再从液相中逐渐析出,形成絮状物,阻塞凝析液的流动。等温降压过程中,固相的析出以在液相中析出为主,孔隙内表面直接析出较少。因此,固相的析出位置同液相的析出位置相对应。

等温降压过程中,析出的蜡以下面三种形式分布:以片状吸附在多孔介质孔隙内表面(图 9-6);以絮状吸附在多孔介质孔隙内表面(图 9-7);在析出的液相中呈絮状沉淀,影响液相的流动(图 9-8)。

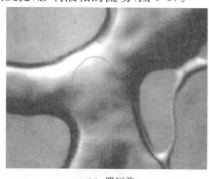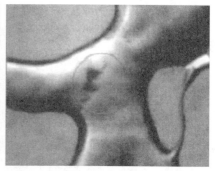

(a) 降压前　　　　　　　　　　　　　　　(b) 降压后

图 9-6　降压过程中蜡质片状吸附于孔隙内表面

在等压降温过程中,凝析液的析出过程比较集中,因此其分布没有明显规律性,部分析出的固相沉积在孔隙内表面;部分均匀分布在液相中,随液相一起流动,增加了液相的视黏度,从而影响气液流动过程。同降压过程固相的析出机理比较,固相的析出对温度比较敏感,在温度降低到一定程度时,会有大量的固相同时析出,这些固相主要沉积在孔隙内表面,位置的选择性较差(图 9-9)。

对比图 9-9(a)和图 9-9(b)可发现,图 9-6(b)图像孔道表面变暗,这是由于降温过程中,析出的固相沉积于孔隙内表面。其黑色斑块为凝析油液滴。

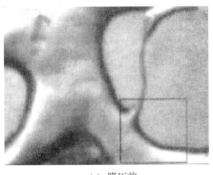

(a) 降压前　　　　　　　　　　　　(b) 降压后

图 9-7　降压过程中蜡质絮状吸附于孔隙内表面

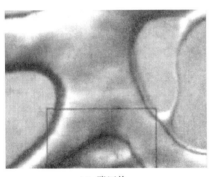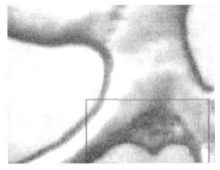

(a) 降压前　　　　　　　　　　　　(b) 降压后

图 9-8　降压过程之中蜡质在液相中絮状沉淀

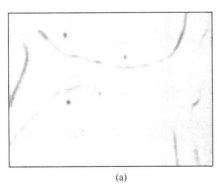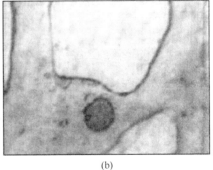

(a)　　　　　　　　　　　　(b)

图 9-9　降温过程中蜡质在孔隙内表面的吸附

从分析等温降压和等压降温情况下的两种析蜡过程可以看出,等温降压时,主要先析出液相,再由液相析出固相,所析出的固相在液相中形成絮状沉淀,而不是沉积在孔隙内表面;等压降温时,固相析出现象比等温降压时明显,析出的固相多吸附于孔隙内表面。

9.2.2　含蜡凝析油气体系的气-液-固三相相平衡理论

1. 相平衡的热力学判据

据相态理论及多孔介质界面效应,假设蜡质只从液相中析出,多孔介质相态平衡的热力学判据为(朱维耀等,2007;张乃文等,2006;张茂林等,2002;朱维耀等,1998)

$$T^V = T^L = T^S$$
$$p^V = p^L + p_c = p^S + p_c$$
$$f_i^V = f_i^L = f_i^S$$

毛管力为

$$p_c = \frac{2\sigma\cos\theta}{r}$$

式中,f 为逸度(MPa);p_c 为毛管压力(MPa);V、L、S 分别为气相、液相和固相;i 表示组分。

2. 相平衡热力学模型

采用状态方程计算气相和液相的逸度,采用正规溶液理论计算固相的逸度,可得相平衡热力学模型为

$$f_i^V = y_i^V \phi_i^V p^V$$
$$f_i^L = x_i^V \phi_i^L p^L$$
$$f_i^S = x_i^S \gamma_i^S f_i^{OS}$$

式中,x 为固相、液相摩尔分数;y 为气相摩尔分数;ϕ 为逸度系数;γ 为活度系数;O 表示标准态。

气相和液相逸度系数准 ϕ_i^V 及 ϕ_i^L 由 PR 状态方程求得。固相标准态逸度 f_i^{OS} 由下式计算:

$$f_i^{OS} = f_i^{OL}\exp\left[-\frac{\Delta H_i^f}{RT}\left(1-\frac{T}{T_i^f}\right)+\frac{b_1 M_i}{R}\left(\frac{T_i^f}{T}-1-\ln\frac{T_i^f}{T}\right)+\frac{b_2 M_i}{2R}\left(\frac{T_i^{f^2}}{T}+T-2T_i^f\right)\right]$$

液相标准态逸度 $f_i^{OL} = \phi_i^{OL} p$,ϕ_i^{OL} 由状态方程求得。

固相组分的活度系数为

$$\ln\gamma_i^S = \frac{V_{im}^S(\delta_m^S-\delta_i^S)^2}{RT}$$

式中,δ 为溶解度参数$((J \cdot cm^{-2})^{0.5})$;$V_{im}^S$、$\delta_m^S$、$\delta_i^S$ 可查资料或估算(Ali,1995;童景山等,1982)。

3. 闪蒸方程

根据物质守恒原则及相平衡常数的意义,得闪蒸方程为

$$\sum_{i=1}^{n} y_i^{\mathrm{V}} = \sum_{i=1}^{n} \frac{n_i K_i^{\mathrm{VL}}}{V(K_i^{\mathrm{VL}} - 1) + S(K_i^{\mathrm{SL}} - 1) + 1} = 1$$

$$\sum_{i=1}^{n} x_i^{\mathrm{L}} = \sum_{i=1}^{n} \frac{n_i}{V(K_i^{\mathrm{VL}} - 1) + S(K_i^{\mathrm{SL}} - 1) + 1} = 1$$

$$\sum_{i=1}^{n} x_i^{\mathrm{S}} = \sum_{i=1}^{n} \frac{n_i K_i^{\mathrm{SL}}}{V(K_i^{\mathrm{VL}} - 1) + S(K_i^{\mathrm{SL}} - 1) + 1} = 1$$

式中，K 为平衡常数；n 为体系中各组分的摩尔组成。

9.2.3　模拟计算

根据以上多孔介质中的三相相平衡理论，以某一凝析油气为例，分别模拟实验中的等温降压过程和等压降温过程，对多孔介质中的固相析出进行了模拟试算，试算时将固相摩尔分数超过 0.01 视为有蜡质析出。试算结果表明，多孔介质的界面效应对固相的析出具有一定影响(图 9-10 和图 9-11)。

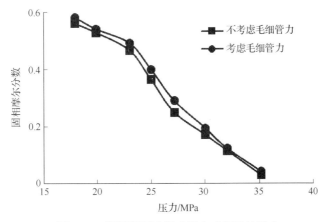

图 9-10　等温降压过程毛管力对析蜡的影响

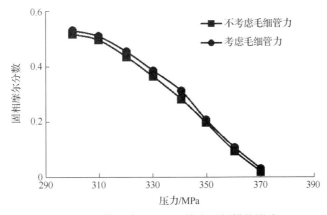

图 9-11　等压降温过程毛管力对析蜡的影响

第 10 章　高温高压下凝析气-液微观渗流机理

10.1　高温高压下凝析气-液微观可视化实验方法

10.1.1　实验方法

1. 实验装置

实验装置同图 9-5。设备参数和性能：①高压可观察流动模拟设备，最高工作温度 150℃；最大工作压力 60MPa；②恒温油浴，最高温度 200℃；③ISCO 柱塞泵，最大工作压力 80MPa；④回压阀，最大工作压力 80MPa。

2. 实验材料

使用正庚烷和甲烷气配制流体样品。配样的温度为 90.0℃，压力为 28MPa，按配样压力高于露点压力配样。配制的流体样品组成为：甲烷 85%；正庚烷为 15%，经计算得到常温下配制的有关参数（表 10-1）。其实测相图如图 10-1 所示。

表 10-1　不同配比样品的流体特征参数

甲烷含量（摩尔分数）	0.85	0.80	0.75	0.70
正戊烷含量（摩尔分数）	0.15	0.20	0.25	0.30
临界温度/℃	0	40.00	60.00	80.00
临界压力/MPa	15.11	17.22	16.21	15.70

3. 实验步骤

（1）准备凝析气样和仪器：凝析气样需按 SY/T5543-92《凝析气藏流体取样配样和分析方法》标准进行样品的配制。安装好微观模型，对仪器进行校正、清洗和吹干，试温和试压，并将系统恒温到 90℃。

（2）在孔隙网络模型中建立初始压力，模型饱和凝析气：先用天然气驱替模型中的空气；在微观模型中建立高于露点的压力，然后在微观模型中饱和凝析气（在此过程中始终保持围压高于系统压力），在实验温度下保持 28MPa，并平衡一段时间。

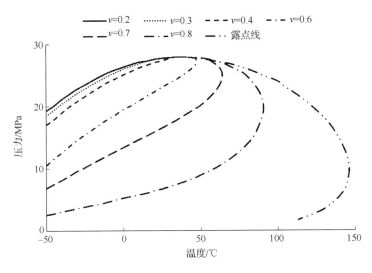

图 10-1　实验凝析气相图（液体的摩尔组成：C_1，0.85；C_7，0.15）

（3）调节显微镜与光源，使模型在计算机上成像比较清晰。

（4）调节压力，使凝析油逐步析出并流动。

通过高压计量泵调节入口压力，使凝析气在 90℃ 等温条件下逐渐降低压力，达到凝析状态，同时逐渐降低围压。当整体压力降到 25MPa 时，从相图可知此时凝析气处于反凝析区，凝析油饱和度约为 20%。在图像中明显可以看见颜色发黑的气液界面，其中被凝析油占据的部分颜色发暗。调整回压阀，降低回压，直到收集器内有气泡开始出现，表明凝析气开始流动。此时开始摄像观察模型中析出液的产状、流动规律，同时记录系统稳定期间的参数，如时间、驱替速度、驱替压力、回压、围压等。

10.1.2　高温高压下微观可视化模型

（1）高温高压玻璃微珠模型。高温高压玻璃微珠模型是用两片玻璃或有机玻璃密集地夹持一层分选良好的玻璃微珠，封闭四周，留下进口和出口，制成的一个层状多孔介质模型。

（2）高压光刻仿真微观模型。实验用微观仿真玻璃模型是一种透明的二维模型，采用光化学刻蚀工艺，根据天然岩心铸体薄片的真实孔隙系统精密光刻到平板玻璃上经高温烧结而制成。微观模型的流动网格结构上具有储层岩石孔隙系统的真实标配性及相似的集合形状和形态分布的特点。模型大小为 40mm×40mm，孔隙体积约为 50μL，平均孔径为 100μm，最小孔径可达 10μm，孔道截面为椭圆形。

10.2　高温高压下凝析气-液微观渗流机理

10.2.1　高压玻璃微珠模型可观察流动模拟实验

　　在实验条件下,对多孔介质中的相变过程进行了观察,发现高于第一露点压力时,视场清晰可见,流体为无色透明气体(图 10-2(a))。随着压力的下降,突然出现混乱,但随即消失,此为露点压力,然后小液滴分布整个空间,并随即运移,但有部分附着于微珠表面(图 10-2(b))。继续降压,液体全部附着于微珠表面,并占据微珠接点及角隅,形成弯液面(图 10-2(c))。随着压力的继续降低,液体凝析呈连续分布,占据孔隙体积(图 10-2(d))。运移机理:携带运移;汇聚运移。液相富集机理:携带富集;聚并富集。

(a) 高于露点压力　　　　　　　　　　(b) 低于露点压力p_1

(c) 低于露点压力$p_2(p_2<p_1)$　　　　　(d) 远离露点压力

图 10-2　多孔介质中凝析气相变和流体

10. 2. 2　高压光刻仿真微观模型可观察流动模拟实验

1. 试验结果

实验记录了实验压力为 25MPa,实验温度为 90℃状态下凝析油的产状和流动规律。图 10-3 为不同时间凝析气在微观模型流动过程中的微观图片(实验压力为 25MPa,实验温度为 90℃),白色部分为岩石骨架,孔道中颜色较浅的部分为凝析气,颜色较深的部分为凝析油,模型的上方为入口,下方为出口。图片中用箭头共标出 a、b、c、d、e、f 六个不同的位置,在图中可以看出不同位置凝析油形成、聚集和流动的过程。

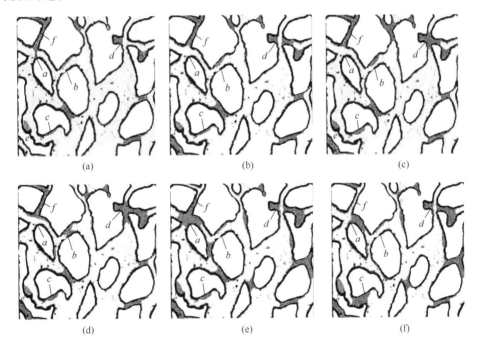

图 10-3　多孔介质中凝析油的产状和流动规律

2. 试验结果分析

1) 凝析油形成过程及产状

凝析油易聚集在孔道较小的空隙内,包括部分死端孔隙、喉道转弯处以及岩石颗粒表面,凝析油聚集后逐渐演化形成段塞;而大孔道凝析油不容易聚集(图 10-3)。

从图 10-3 中可以看到,油气界面是凹向凝析气的,说明凝析油是润湿相,而凝析气是非润湿相。凝析油首先形成在凝析气流速变缓处,如与小孔道、喉道连接的大空隙内(位置 a)及死端孔隙内,形成的凝析油经运移,最后聚集在小孔道(位置 f)、部分死端孔隙内(位置 d)、喉道(位置 b)以及孔壁表面(图 10-3(b)中位置 c)。黏附在孔壁表面的凝析油逐渐聚集,演化形成段塞;而大孔道内凝析气流动速度较快,凝析油不容易聚集。凝析油形成过程主要是靠分散在气相中的微小凝析油液滴浓度达到一定程度并且互相碰撞并合而增大的。首先,在凝析气压力刚达到露点,凝析油饱和度很低,几乎观察不到,随着压力下降到露点压力以下,凝析油开始析出并不断增加,才能在孔道的某个部位凝结并增长;其次,凝析气的流动会增加小凝析油滴多次碰撞合并的机会。另外,当气流速度较快时,气流会携带或蒸发原来聚集的凝析油,这样,相对流速较低的区域,凝析油容易聚集。

2) 凝析油流动方式

凝析油流动方式主要有携带、贴壁爬行、段塞流。

凝析油小液滴大部分被凝析气携带一起流动穿过大部分孔隙,部分凝析油小液滴附着在孔壁表面上(图 10-3(a)中位置 c),部分凝析油聚集小孔道内(图 10-3(a)中位置 f)。附着在孔隙壁上的凝析油小液滴,在压力和气体流动产生的表面张力联合作用下,沿着孔隙壁向前爬行形成贴壁爬行流;图 10-3(a)中位置 b 析油开始聚集,图 10-3(b)、图 10-3(c)、图 10-3(d)位置 b 处逐渐形成段塞,段塞形成后,堵塞凝析气流动的通道,在这个阶段,由于凝析油段塞堵塞造成后续的凝析气压力不断升高,直到压力克服凝析油段塞阻力时,凝析气从孔隙的轴心突入,并同时在孔壁上留下一层厚薄不同的油膜,形成的油膜沿孔隙壁爬行,原来被堵塞的孔隙重新成为凝析气流动的通道(位置 b 从图 10-3(d)逐渐演化为图 10-3(e)),相同的流动规律在 a 点也观测到。当段塞被突破后,孔隙重新成为凝析气液流动的通道,凝析油又开始聚集并逐渐演变为下一个段塞,这个过程在凝析气液流动过程中循环往复,周而复始。

实验观测到,在油气两相区,凝析气总是抢先占据大孔隙,由于凝析油使润湿相,气体突入小孔隙要克服毛管力,所以凝析油很难流动(位置 f 从图 10-3(a)至图 10-3(b))。但如果在喉道出口处随着凝析油饱和度的增加和毛管半径的逐渐增大(图 10-3(b)~图 10-3(d)),毛管力减小,凝析油在后续的凝析气压力作用下开始流动(图 10-3(e)~图 10-3(f))。

第11章 含蜡凝析气藏气-液-固变相态微观渗流机理

11.1 凝析气-液-固微观渗流实验方法

1. 实验流程

在实验中,采用了同一套实验流程,具体如下。

(1) 液、固两相析出及三相渗流过程:①首先将气相组分和液相组分按照一定比例配制在高压容器中;②将实验模型、装入气体的高压容器安装到实验系统中;③将实验系统恒定到指定实验温度;④模型用氮气升压到实验压力;⑤将装入气体的高压容器升到实验压力;⑥打开高压容器与模型之间的阀门,打开出口回压阀的出口阀门,让凝析气将模型中的氮气排尽,并流过模型,记录两端压力;⑦观察液相和气相的析出及气、液、固三相的流动过程并录像。

(2) 析蜡点测试:①首先将气相组分和液相组分按照一定比例打入高压容器中;②将实验模型、装入气体的高压容器安装到实验系统中;③将实验系统升到指定实验温度;④模型中用氮气升压到实验压力;⑤将装入气体的高压容器升到实验压力;⑥打开高压容器与模型之间的阀门和出口回压阀的出口阀门,让凝析气将模型中的氮气排尽;⑦改变模型温度,观察模型图像以便分析蜡是否析出。

2. 微观仿真玻璃模型

选用具有储集层岩石孔隙系统集合形状和分布特点的流动网格结构的微观仿真玻璃模型。模型的尺寸大小为 $40mm \times 40mm$,孔隙体积约为 $50\mu L$,平均孔径为 $100\mu m$,最小孔径可达 $10\mu m$,孔道截面为椭圆形。

3. 实验用凝析气

使用正庚烷和甲烷气配制流体样品。配样的温度为 $90℃$,压力为 $31MPa$,按配样压力高于露点压力配样。配制的流体样品组成质量分数为甲烷 85%、正庚烷 15%。

11.2 气-液-固相态变化和流动特征

实验记录了压力为 $25 \sim 35MPa$、温度为 $85℃$ 状态下凝析油的产状和流动规律,给出了微观模型流动过程中的微观图片(实验压力为 28MPa,实验温度为 85℃)。图 11-1 中凹陷部分为岩石骨架,孔道中大部分为凝析气,颜色渐深的部分为凝析油。

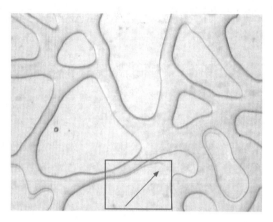

图 11-1　不含水模型中凝析液析出及聚集过程

11.2.1　高温、高压下液体析出及凝聚过程

在不含水模型中,液体析出后平铺在孔道壁上,并在颗粒边缘聚集、运移。实验条件:凝析气配制压力为 22MPa,温度为 80℃;凝析液析出压力为 18MPa,温度为 80℃。从图 11-1 可以看出,当模型中不含束缚水时,凝析液为润湿相,凝析液析出后,平铺在孔道表面,因此不能观察到液滴的存在。由于气、液、固界面现象,凝析液在颗粒(固体介质)周围聚集,并在气体流动产生的携带作用下产生流动。

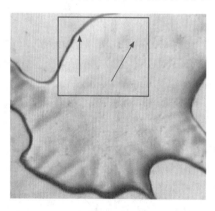

图 11-2　含水条件下凝析液以液滴状吸附在孔道表面

在含水模型中束缚水较少的情况下,以液滴状析出:当凝析液达到一定程度时,靠重力作用平铺在孔道壁上,并由于毛管力作用在颗粒边缘聚集和发生运移。同图 11-1 实验条件,图 11-2 为含有少量束缚水的条件下,凝析液以滴状存在的图像;这是因为少量凝析液在颗粒表面存在时,由界面张力的作用而形成液滴。当凝析液较多时,依然会在水膜表面形成凝析液膜,形成与不含水模型相似的聚集状态(图 11-3)。

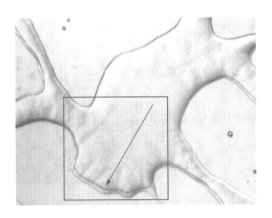

图 11-3　含水条件下凝析液在颗粒边缘聚集

11.2.2　高温、高压下蜡的析出及凝聚

1. 降压析蜡过程

（1）蜡以片状在颗粒表面析出。实验条件：凝析气配制压力为 22MPa，温度为 80℃；凝析液析出压力为 28MPa，温度为 80℃。图 11-4 和图 11-5 为降压过程中在颗粒表面固相蜡的析出过程图像，图 11-4 中，蜡以类似结晶的过程析出。

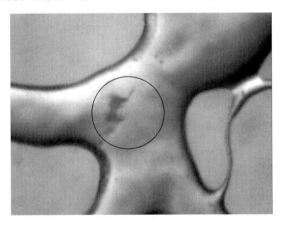

图 11-4　降压孔道表面蜡的析出过程（类似结晶）

（2）蜡在液相中以絮状物析出并影响液相流动。图 11-5 中，析出的蜡以絮状零散地吸附在颗粒表面（图 11-5 右框内）。从图 11-6 中可以看出，在降压过程中，液相首先析出。而后固相蜡逐渐在液相中析出，形成絮状沉淀（图 11-5 左框内），从而影响液相的流动过程。

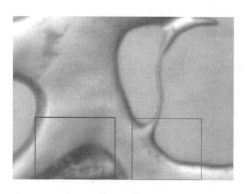

图 11-5　降压孔道表面蜡的析出过程(絮状)

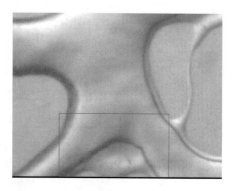

图 11-6　降压过程中液相中蜡的析出过程

（3）其他几处析蜡位置。图 11-7 为其他几处蜡的析出图像。从图中可以看出,降压过程中蜡的析出以液相中析出为主(左箭头所指处),颗粒表面析出次之(右箭头指处)。因此,蜡的析出位置同液相的析出位置相对应。

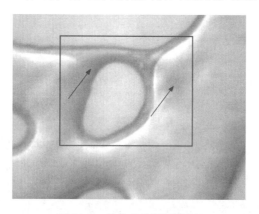

图 11-7　其他几处析蜡位置

2. 降温析蜡过程

实验条件：凝析气配制压力为 22MPa,温度为 70℃；凝析液析出压力为 18MPa,温度为 50℃。图 11-8(a)为实验开始时的图像,图 11-8(b)为降温后的图像。对比后发现孔道表面变暗,这是由蜡析出吸附在颗粒表面造成的,其中黑色斑块为油液滴。

同降压过程蜡的析出机理比较,由于蜡的析出对温度比较敏感,在温度降低到一定程度时,会有大量的蜡同时析出,这些蜡主要吸附在孔道表面,位置的选择性较差。

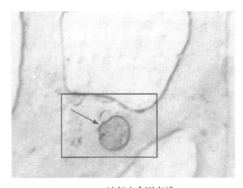

(a) 蜡析出　　　　　　　　　　　　　　(b) 液相中含固态蜡

图 11-8　降温过程蜡的析出

11.3　孔隙介质中气-液-固(蜡)三相流动机理

1. 凝析油形成蝌蚪状流动

当温度较低,流体中虽然含有固体组分,但仍然可以流动时,凝析液为非牛顿流体。此时,如果凝析液量较少,凝析油以滴状沿水膜不连续流动。

实验条件:凝析气配制压力为 22MPa,温度为 70℃;凝析液析出压力为 18MPa,温度为 50℃。如图 11-9 所示,在凝析液量较少的情况下,由于凝析液中存在固相,本身黏度增加,在界面张力和本身黏滞力的作用下,以液滴状存在。在气体的携带作用下,以蝌蚪状运移。

2. 溪状流

实验条件同上。当温度较低,流体中虽含有固体组分,但仍然可以流动时,凝析液为非牛顿流体。此时,如果凝析液较多,就以溪状流在孔道内发生流动(图 11-10)。

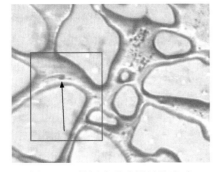
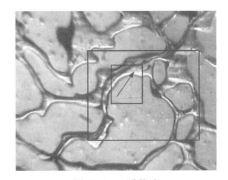

图 11-9　凝析油形成蝌蚪状流动　　　　　　　　图 11-10　溪状流

3. 脉冲式流动

在束缚水较少或没有束缚水的条件下,凝析油一般以环状连续存在于孔道中,并在颗粒边缘聚集,随气体的流动,发生脉冲式流动。

实验条件:凝析气配制压力为 22MPa,温度为 80℃;凝析液析出压力为 18MPa,温度为 80℃。在束缚水很少或没有束缚水的条件下,析出的凝析液是平铺在孔道表面的,并在界面张力的作用下,聚集在颗粒周围,在气体的携带作用下发生变形,随着周围凝析液的聚集,变形会越来越大,最终一部分凝析油被携带走,形成一次脉冲流动,而剩余的凝析液重新开始一次聚集、变形和被携带走的过程。图 11-11(a)为脉冲开始阶段,图 11-11(b)为脉冲最后阶段。

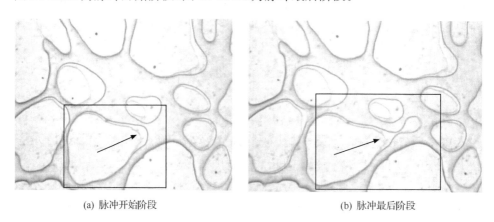

(a) 脉冲开始阶段　　　　　　　　　　　(b) 脉冲最后阶段

图 11-11　脉冲式流动

4. 凝析液的界面流

图 11-12 是凝析液流动过程中,凝析油发生界面的合并,形成贾敏效应的过程。在某些条件下,即使两个凝析油界面距离很近,界面依旧不能合并。图 11-13 为凝析液在流动过程中形成的贾敏效应。从图中可以看出,当有大量凝析油存在时,贾敏效应非常强烈,在计算时必须考虑。

5. 凝析液优先充满细小孔道

实验条件同上,在毛管力作用下,凝析油会优先进入细小孔道(图 11-14),并在这些位置形成堵塞,此时大孔道成为主要流动空间。只有在脉冲力大于毛管力时,部分细小的毛细管才能打开。

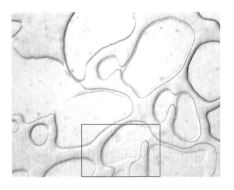

图 11-12　凝析液流动过程的气/液界面现象

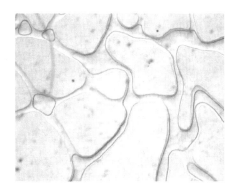

图 11-13　贾敏效应

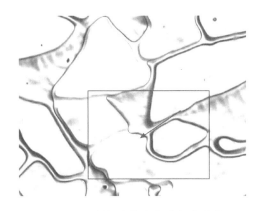

图 11-14　凝析液优先充满细小孔道

6. 凝析液贴壁流动

凝析气从孔隙的轴心突入,同时在孔壁上留下一层厚薄不同的油膜,形成的油膜沿孔隙壁爬行(图 11-15 箭头所指处),原来被堵塞的孔隙重新成为凝析气流动的通道。当段塞被突破后,孔隙重新成为凝析气、液流动的通道,凝析油又开始聚集并逐渐演变为下一个段塞。这个过程在凝析流动中循环往复,周而复始。

实验条件同上,在降压过程中,固相析出比较缓慢。其中,少量吸附在颗粒表面;大部分的固相析出

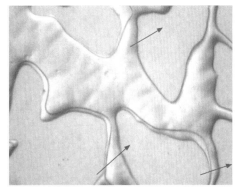

图 11-15　贴壁流动

遵循以下顺序：液相首先析出，然后固相再从液相中逐渐析出，形成絮状物，阻塞凝析液的流动。

以上研究表明，凝析气-液-固渗流过程中部分蜡沉积吸附在多孔介质表面，部分蜡沉积随气相流动，蜡沉积在凝析液中随凝析液流动。凝析液随析出量的增加，表现为悬浮流、贴壁流、界面流、溪流、段塞流、连续流，小液滴随大液滴和液流汇聚。

总体来看，凝析气复杂渗流可以分为三类：①当温度和压力较高时，没有固相析出，凝析气藏中的流体为气、液两相，其中，液相主要吸附在颗粒表面，形成连续相，以脉冲式、贴壁式和段塞式流动为主；②当温度和压力降低到一定程度时，由于析出液中含有固相成分，析出的流体为非牛顿流体，少量流体析出时以滴状为主，在气体的携带作用下，形成蝌蚪状流动，大量凝析液流动时则形成溪状流和段塞流；③当大量固相析出时，液相中的蜡将析出，使流动阻力增大，其中，液相流动受较大的影响。

第12章 凝析气藏变相态渗流特征

12.1 凝析气液两相渗流特征

12.1.1 凝析油形成过程及产状

实验中记录了实验压力为 25～35MPa、实验温度为 85℃状态下凝析油的产状和流动规律。不同时间凝析气在微观模型流动过程中(实验压力为 28MPa,实验温度为 85℃)的微观动态见图 12-1～图 12-3。图中凹陷部分为岩石骨架,孔道中大部分为凝析气,颜色较深的部分为凝析油。模型的左下方为入口,右上方为出口。

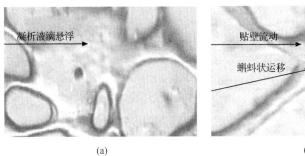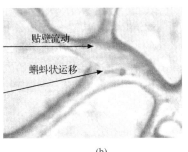

(a) (b)

图 12-1 凝析液滴的悬浮携带流动及贴壁流动

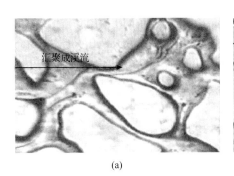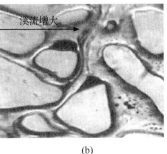

(a) (b)

图 12-2 凝析液的汇聚和成溪流动

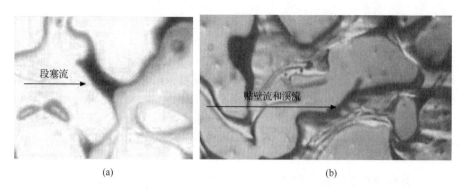

图 12-3　凝析液段塞流动及贴壁流动和成溪流动

从图 12-1～图 12-3 可以看出,凝析油小液滴大部分被凝析气携带,一起流动穿过大部分孔隙,少部分附着在孔壁表面上。附着在孔隙壁上的凝析油小液滴在压力和气体流动产生的表面张力联合作用下沿着孔隙壁缓慢向前滚动,形成贴壁爬行流。同时凝析油不断聚集,逐渐形成段塞,从而堵塞凝析气流动的通道,使后续的凝析气压力不断升高。当压力克服凝析油段塞阻力时,凝析气从孔隙的轴心突入,并同时在孔壁上留下一层厚薄不同的油膜。形成的油膜沿孔隙壁缓慢流动,原来被堵塞的孔隙重新成为凝析气流动的通道。当段塞被突破后,孔隙重新成为凝析气液流动的通道,凝析油又开始聚集并逐渐演变为下一个段塞。该过程在凝析气液流动过程中循环出现。

12.1.2　凝析油流动方式

在压力低于露点压力初期,凝析液析出,并吸附在固体表面,以液滴悬浮状被气体携带运移。从图 12-1 可以看出,凝析油析出液滴悬浮在孔隙中间随凝析气体流动,并伴随着液滴的增大及汇聚,由小液滴变成较大的液滴,继续悬浮运移。由于多孔介质的弥散作用,凝析液吸附在孔隙介质表面,随着凝析液的增加其饱和度增大,界面液体为连续状。随凝析液的进一步增加,界面开始流动,表现为壁面流动。随着压力的降低,凝析油饱和度进一步增加,液滴汇聚在壁面的液体也增加,使凝析液由液滴变成蝌蚪状运移(图 12-1)。

随着压力的降低,凝析油饱和度进一步增加,凝析气不断析出液体并汇聚液体相,凝析液像长龙状汇聚成溪流。壁面流变为溪流(图 12-2),且溪流流量逐渐变大。

随着压力的进一步降低,凝析液汇聚并充填孔隙角隅和孔道。小孔隙中充满连续流动液体,大孔道中为溪状流。凝析液为贴壁流和溪流(图 12-3),凝析气加速运移。

12.1.3　多孔介质对渗流的影响

多孔介质对渗流影响,主要体现在对气-液的相变过程的影响。

1. 界面弯曲对气-液平衡的影响

多孔介质的存在,使孔隙内形态凸凹各异、千姿百态,表现为多孔介质的复杂性,大比面、多孔隙。由于这些储运特性,使凝析气-液在多孔介质中的平衡过程不同于无多孔介质存在时的平衡过程,这主要在于多孔介质形态的机械作用,使凝析气-液旧的平衡被破坏产生新的平衡。加上液体较气体润湿于固体介质,液面产生弯曲,从而使压力分布也不同于无多孔介质存在时的情形。

在多孔介质存在时,饱和蒸汽压和同温平面液面上的饱和蒸汽压 p_o 不同。在弯曲液面时,饱和蒸汽压 p'_o 为

$$RT\ln \frac{p'_o}{p_o} = \pm \frac{2\sigma}{r}\frac{M}{\rho}$$

式中,σ 为液体表面张力系数(10^{-5} N/cm);M 为摩尔质量(g/mol);r 为液面曲率半径(cm);R 为气体常数(J/(K·mol));p_o、p'_o 为饱和蒸汽压(MPa);T 为绝对温度(K)。

凸形液面取正号,凹形液面取负号,它不同于无介质时的情况。

2. 多孔介质的吸附对凝析过程的影响

任何介质都有着一定的吸附,这种吸附无疑对流体的状态和平衡产生影响。在单相区,由于多孔介质对气体的吸附作用,使有效密度相对增加,压力减小,从而表现为图 12-4 方框内的特征。

3. 多孔介质作为固体相对气-液平衡的影响

多孔介质为不变的固体相与它周围的气、液相发生作用,这种作用的交接面反映在比表面能上(即表面张力)。比表面能的变化必将影响相内部自由能的变化,从而与无介质存在情形下流体的自由能大小和分布有所不同。

$$G = f(T,p,n_1,n_2,\cdots,n_k)$$

$$\delta G = -S(T,p,n_i)\delta T + V(T,p,n_i)\delta p + \sum_{j=1}^{k} \mu_j(T,p,n_i)\delta n_j$$

对于恒温恒组分比例,气-液平衡体系有

$$\delta G = \delta G_g + \delta G_l = [V_g(T,p,n_i^g) + V_l(T,p,n_i^l)]\delta p$$

式中,G 为自由能;S 为熵;V 为体积;μ 为化学势;n_i 为 i 组分的摩尔分数;g 和 l 分别代表气相和液相。

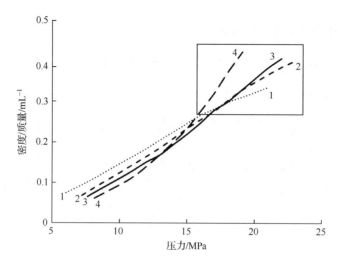

图 12-4　凝析气-液的密度-压力关系($T_c = 44.0℃$)

1 为未填充介质情况;2 为充填石英(40 目砂);3 为充填 1mm 亲油玻璃微珠;

4 为充填 1mm 亲水玻璃微珠

从上式可以看出,表面自由能的变化影响相自由能的变化,从而也影响体系的压力、体积的变化。当 $V_g + V_1$ 恒定时,δG 增加 δp 就增加,δG 减小 δp 也减小,反映出曲线的固有特征。

12.2　蜡沉积气-液-固渗流特征

降压实验结果表明,随着压力的降低,凝析油析出。凝析油占据孔隙角隅、吸附在介质壁面,随着流动的进行,压力继续下降,蜡在孔隙介质表面析出,图像变暗,清晰度变差(图 12-5 和图 12-6)。随着凝析油的增加,蜡析出增加并富存在凝析油中,液体变黑,表明蜡增多。

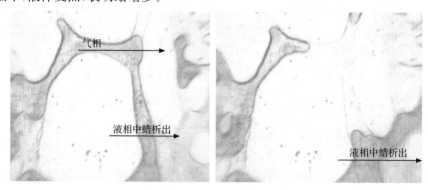

图 12-5　凝析油中蜡的析出及在孔隙界面上的分布

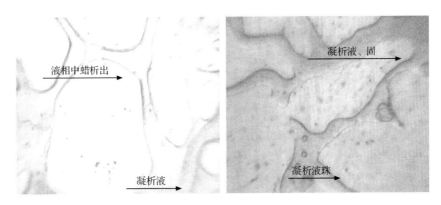

图 12-6　富含蜡凝析气-液流动及蜡-气-液-固分布

　　在压力低于露点压力的流体流动过程中,凝析液不断析出,并吸附在固体表面,以液滴悬浮被气体携带运移。凝析液滴以壁面吸附、悬浮携带方式流动。凝析油析出以液滴状悬浮孔隙中随凝析气体悬浮流动,并伴随着液滴的凝析增大,液滴由小液滴汇聚成较大的液滴,继续悬浮运移。由于多孔介质的弥散作用,凝析液吸附在孔隙介质表面,并随凝析液的增加,饱和度增大,界面液体为连续状,随凝析液的进一步增加,界面开始流动,表现为壁面流动。此时,由于凝析液的增多,凝析液多以段塞和连续态流动,新凝析出的小液滴悬浮流动并随大滴凝析液或连续液汇聚流动(图 12-5)。

第 13 章　凝析气藏气-液变相态渗流理论

13.1　凝析油气藏气、油相渗透率

13.1.1　相对渗透率理论

在经典的两相渗流理论中,各相流体的渗流方程是单相渗流时达西公式的推广,在推广的过程中引进了相渗透率的概念,但由于推广是纯形式的,因而相渗透率没有给出明确的物理意义。考虑到伴有相变过程的气液两相渗流的特性,推导了相对渗透率表达式,明确了其物理意义。

$$A = \frac{r_0^2 - r^2}{4}$$
$$V_\alpha = \frac{A}{E + I_\alpha A} \frac{\Delta p}{l} \tag{13-1}$$

考虑 $E \gg I_\alpha A$,则

$$\frac{1}{E + I_\alpha A} \approx \frac{1}{E}\left(1 - \frac{I_\alpha A}{E}\right) \tag{13-2}$$

$$q_\alpha = \int_0^r \frac{2\pi r A}{E + I_\alpha} \frac{\Delta p}{l} \mathrm{d}r = \int_0^{A_0} \frac{4\pi A}{E_\alpha^2} \frac{\Delta p}{l} \mathrm{d}A = \frac{4\pi\left(\frac{E_\alpha}{2}A_0^2 - \frac{I_\alpha}{3}A_0^3\right)}{E_\alpha^2} \tag{13-3}$$

对于第 N 根流管,对于各相,相对渗透率为

$$K_{\mathrm{rl}} = \frac{2(E + I_{\mathrm{l}}A)s_{\mathrm{l}}}{lI_{\mathrm{l}}\sigma^2\cos^2\theta\int_0^1 \frac{\mathrm{d}s_{\mathrm{l}}}{p_{\mathrm{c}}^2}} + \frac{2(E + I_{\mathrm{l}}A)E}{I_{\mathrm{l}}^2\sigma^4\cos^4\theta\int_0^1 \frac{\mathrm{d}s_{\mathrm{l}}}{p_{\mathrm{c}}^2}}\int_0^{s_{\mathrm{l}}} p_{\mathrm{c}}^2\ln\left(\frac{E}{E + I_{\mathrm{l}}\frac{\sigma^2\cos^2\theta}{p_{\mathrm{c}}^2}}\right)\mathrm{d}s_{\mathrm{l}}$$

$$K_{\mathrm{rg}} = \frac{2(E + I_{\mathrm{g}}A)s_{\mathrm{l}}}{lI_{\mathrm{g}}\sigma^2\cos^2\theta\int_0^1 \frac{\mathrm{d}s_{\mathrm{l}}}{p_{\mathrm{c}}^2}} + \frac{2(E + I_{\mathrm{g}}A)E}{I_{\mathrm{g}}^2\sigma^4\cos^4\theta\int_0^1 \frac{\mathrm{d}s_{\mathrm{l}}}{p_{\mathrm{c}}^2}}\int_0^{1-s_{\mathrm{l}}} P_{\mathrm{c}}^2\ln\left(\frac{E}{E + I_{\mathrm{g}}\frac{\sigma^2\cos^2\theta}{p_{\mathrm{c}}^2}}\right)\mathrm{d}s_{\mathrm{l}}$$

$$\tag{13-4}$$

对于凝析气系统,压力降 Δp 增加,液体凝析,液体饱和度增加,$I_{\mathrm{l}} \leqslant 0$,$K_{\mathrm{rl}}$ 增加,K_{rg} 减少。如果对于凝析气液系统,可表示为

$$K_{\mathrm{rl}} = -0.15 + 0.25s_{\mathrm{l}} + 0.95s_{\mathrm{l}}^2$$
$$K_{\mathrm{rg}} = 0.4s_{\mathrm{g}} + 0.6s_{\mathrm{g}}^2 \tag{13-5}$$

对于无相变化的气液两相渗流,取

$$K_{rl} = -0.16 + 0.21s_l + 0.95s_l^2$$
$$K_{rg} = 0.4s_g + 0.55s_g^2$$

(13-6)

相变对相渗透率有直接影响,气相渗透率较无相变过程时降低,液相较无相变过程时增加。

13.1.2　凝析气藏油气相对渗透率曲线测试

1. 实验方法与测试步骤

1) 气驱凝析油相对渗透率实验方法

测试岩心的几何尺寸;用氮气测试岩心的渗透率、孔隙度;测试岩心干重;抽真空 72h 后饱和油田实际的地层水,得到岩心的湿重;计算岩心的有效孔隙度;利用地层水单相流动实验结果测试单相地层水的有效渗透率;根据流量-压力测试曲线得到地层水的拟启动压力梯度;将地层原油按照油水黏度比配制,利用高压驱替泵进行油驱水实验,直到岩心出口不再有水产出为止,记录油水量和压力变化,得到油的有效渗透率和束缚水饱和度。

改变油的驱替速度,得到单相油在含束缚水条件下的拟启动压力梯度。将岩心放置 7d 后恢复岩心的润湿性,再利用高压凝析气驱替原油,测试不同的含气饱和度下的气和油的流动压力和流量;利用油气相对渗透率计算软件,计算地层条件下的油气两相的相对渗透率曲线。

2) 凝析油驱气相对渗透率实验方法

由于凝析气属于易燃易爆气体,必须按照首先饱和惰性的氮气驱替岩心中的地层水,利用天然气驱替岩心中的氮气,利用凝析气驱替天然气。

每次驱替的气体量不少于高压气体体积为岩心孔隙体积的 100 倍,并利用气相色谱仪器测试岩心出口的气体组分,直到岩心出口的气体组分与进口组分基本符合为止。在高压条件下,利用原油驱替凝析气,计算油驱气的相对渗透率。

2. 测试岩心

表 13-1　岩心物性

岩样号	长度/cm	直径/cm	取样层位	取样深度/m	孔隙度/%	渗透率/$10^{-3}\mu m^2$
1	6.84	2.50	$S_{3下}$—$S_{4上}$	3711.8~3760.4	4.88	0.0097
2	6.55	2.51	$S_{3下}$—$S_{4上}$	3711.8~3760.4	11.53	0.0770
3	3.60	250	S_3^{4-5}	4341.8~4375.6	11.35	0.3452
4	5.82	2.50	S_3^{4-5}	4341.8~4375.6	10.26	0.1472

3. 实验结果

实验数据经处理后得到的相对渗透率曲线如图 13-1 和图 13-2 所示。

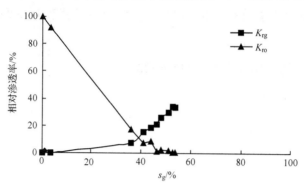

图 13-1　凝析油气相对渗透率曲线($K=0.894$mD)

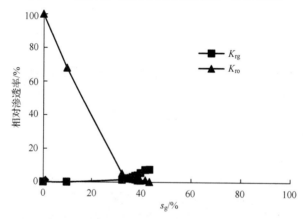

图 13-2　凝析油气相对渗透率曲线($K=0.165$mD)

13.2　凝析气液变相态渗流数学模型

13.2.1　渗流数学模型

1. 变相态气液两相渗流质量方程

假设均质多孔介质,饱和凝析气,单向平面线性渗流条件下,考虑到流体的相变特性,建立了下列质量方程:

$$\frac{\partial \rho_\alpha}{\partial t} + \nabla \cdot (\rho_\alpha \boldsymbol{v}_\alpha) = I_\alpha \tag{13-7}$$

式中,α 为 g 或 l,分别代表气相或液相;ρ 为密度;v 为渗流速度;I 为相变率,其中,$I_g + I_l = 0$。所以

$$-\phi \frac{\partial}{\partial t}(\bar{\rho}_g s_g + \bar{\rho}_l s_l) = \nabla \cdot (\bar{\rho}_g \boldsymbol{v}_g + \bar{\rho}_l \boldsymbol{v}_l) \tag{13-8}$$

式中,s_g、s_l 分别是气、液相的饱和度;ϕ 是孔隙度。

因为低压条件下液相密度变化很小,所以假定为常数,并定义:

$$c' = \bar{\rho}_g / \bar{\rho}_l \tag{13-9}$$

则有

$$-\phi \frac{\partial}{\partial t}(c' s_g + s_l) = \nabla \cdot (c' \boldsymbol{v}_g + \boldsymbol{v}_l) \tag{13-10}$$

2. 变相态气液两相渗流动量方程

考虑气液相变的作用,假定运动满足下面的形式:

$$\boldsymbol{v}_l = \frac{k_l}{\mu_l} \nabla p^m \tag{13-11}$$

$$\boldsymbol{v}_g = -\frac{k_g}{\mu_g} \nabla p^n \tag{13-12}$$

式中,m、n 为反映相变的特性参数,一般不等于 1;k_l、k_g 分别为液相、气相的渗透率;$\bar{\mu}_l$、$\bar{\mu}_g$ 分别为液相、气相的平均黏度。

3. 状态方程

因为流体处于压缩状态,采用压缩因子 Z 表示的 p-R 状态方程:

$$Z^3 - (1 - B)Z^2 + (A - 2B - 3B^2)Z - (AB - B^2 - B^3) = 0 \tag{13-13}$$

式中,$A = \dfrac{a_c \alpha p}{(RT)^2}$;$B = \dfrac{bp}{RT}$;其中,$a_C = 0.457235 R^2 T^2 / p_c$;$\alpha = [1 + m(1 - T_r^{0.5})]^2$;

$b = 0.07780 RT_c / p_c$;$m = 0.37464 + 1.54226\omega - 0.26992\omega^2$。 $\tag{13-14}$

4. 变相态气液两相渗流数学模型

考虑到流体的相变特性,建立了下列渗流方程:

$$\nabla \cdot \left(\frac{\bar{M}P}{Z\bar{\rho}_l RT} \frac{k_g}{\mu_g} \nabla p^n + \frac{k_l}{\bar{\mu}_l} \nabla p^m \right) = -\phi \frac{\partial}{\partial t}\left(\frac{\bar{M}_o p}{Z\bar{\rho}_l RT} s_g + s_l \right) \tag{13-15}$$

$$\nabla \cdot [(acnp^n + bmp^{m-1})\nabla p] = -\phi \frac{\partial}{\partial t}(cps_g + s_l) \tag{13-16}$$

式中

$$a = \frac{k_g}{\bar{\mu}_g}, \quad b = \frac{\bar{k}_l}{\bar{\mu}_l}, \quad c = \frac{\bar{M}}{ZRT\rho_l} \tag{13-17}$$

5. 补充方程

根据前面的方程和边值条件得

$$\nabla \cdot \left[(acnp^n + bmp^{m-1}) \nabla p \right] = -\phi \frac{\partial}{\partial t} (cps_g + s_1) \tag{13-18}$$

$$x = 0, \quad p = p_1, \quad v_1 = \frac{Q_1}{A}, \quad v_g = 0 \tag{13-19}$$

$$t = 0, \ p = p(x,0) \tag{13-20}$$

式中,Q_1为截面 A 处的液流量;A 为横截面积。

6. 分析解

在定常条件下,则前面的式子可化为

$$\begin{cases} \nabla \cdot (cap \ \nabla p^n + b \ \nabla p^m) = 0 \\ x = 0, \ p = p_1, \ v_1 = Q_1/A, \ v_g = 0 \end{cases} \tag{13-21}$$

一般情况

$$cap \ \nabla p^n + b \ \nabla p^m = f$$

$$f = \text{const} \tag{13-22}$$

$$cpv_g + v_1 = -f \tag{13-23}$$

$$x = 0, \ \boldsymbol{v}_g / \boldsymbol{v}_1 = 0, \ v_1 = \frac{Q_1}{A} \tag{13-24}$$

$$f = Q_1/A, \quad cap \ \nabla p^n + b \ \nabla p^m = f - Q_1/A \tag{13-25}$$

$$ac(\nabla p^{n+1} - p^n \ \nabla p) + b \ \nabla p^m = f \tag{13-26}$$

$$ac\left(p^{n+1} - \frac{p^{n+1}}{n+1} \right) + b \ \nabla p^m = fx + h \tag{13-27}$$

$$ac\left(\int_{p_1}^{p} \mathrm{d}p^{n+1} - \int_{p_1}^{p} p^n \mathrm{d}p \right) + b \int_{p_1}^{p} \mathrm{d}p^m = \int_0^x f \mathrm{d}x$$

$$acp^{n+1} - \frac{ac}{n+1} p^{n+1} + bp^m = fx + h \tag{13-28}$$

$$h = acp_1^{n+1} - \frac{acp_1^{n+1}}{n+1} + bp_1^m$$

式(13-28)即为压力分布公式。

下面为关于渗流量的表述问题:

$$Q_t = \boldsymbol{v}_g A + \boldsymbol{v}_1 A$$

$$= -A\left(\frac{k_g}{\mu_g} \ \nabla p^n + \frac{k_1}{\mu_1} \ \nabla p^m \right)$$

$$= -A\left(\frac{k_g}{\mu_g} np^{n-1} + \frac{k_1}{\mu_1} mp^{m-1} \right) \nabla p \tag{13-29}$$

由此可得

$$\frac{\mathrm{d}p}{\mathrm{d}x}=-\frac{F'(x)}{F(p)}=-\frac{-f}{ac(n+1)p^n-acp^n+bmp^{m-1}}$$

$$=\frac{f}{nacp^n+bmp^{m-1}} \tag{13-30}$$

所以又有

$$Q_t=-A\left(\frac{k_g}{\mu_g}np^{n-1}+\frac{k_l}{\mu_l}mp^{m-1}\right)\nabla p$$

$$=\left(\frac{k_g}{\mu_g}np^{n-1}+m\frac{k_l}{\mu_l}p^{m-1}\right)\frac{Q_l}{nacp^n+bmp^{m-1}}$$

$$=\frac{anp^{n-1}+bmp^{m-1}}{acnp^n+bmp^{m-1}}Q_l$$

所以

$$x=\frac{1}{f}\left(acp^{n+1}-\frac{ac}{n+1}p^{n+1}+bp^m-h\right)=\Phi(p)$$

$$p=\Phi^{-1}(x)$$

又可以写为

$$Q_t=\frac{an\left[\Phi^{-1}(x)\right]^{n-1}+bm\left[\Phi^{-1}(x)\right]^{m-1}}{acn\left[\Phi^{-1}(x)\right]^n+bm\left[\Phi^{-1}(x)\right]^{m-1}}Q_l \tag{13-31}$$

7. 讨论

低压条件下伴有相变过程的气液两相渗流量与泵入量、压力函数 $G(p)$ 成正比，泵入量增加渗流量也增加。绝对压力增加，渗流量增加，$Q_t=G(p)Q_l$。

考虑函数 $G(p)$ 是压力、渗透率、黏度的函数，则当渗透率、黏度发生变化时渗流量也发生变化。

$$G(p)=\left(\frac{k_g}{\mu_g}np^{n-1}+\frac{k_l}{\mu_l}mp^{m-1}\right)\Big/\left(\frac{k_g}{\mu_g}ncp^n+\frac{k_l}{\mu_l}mp^{m-1}\right) \tag{13-32}$$

$$=(anp^{n-1}+bmp^{m-1})/(nacp^n+bmp^{m-1})$$

因为低压条件下 $\bar{\mu}_g$、$\bar{\mu}_l$ 变化很小，可认为是常数。渗透率仍认为是饱和度的函数。所以渗流量主要受泵入量、压力、压力差和渗透率的控制。

（1）当 $m=1,n=1$ 时，则

$$Q_t=-A\left(\frac{k_g}{\mu_g}+\frac{k_l}{\mu_l}\right)\nabla p \tag{13-33}$$

式（13-33）即为无相变过程中的气液两相流动形式。

（2）对于不同润湿情况下，渗透率的不同，必将影响渗流量的大小。

$$Q_t = \frac{\frac{a}{b} + \frac{m}{n}p^{m-n}}{\frac{a}{b}cp + \frac{m}{n}p^{m-n}}Q_l \tag{13-34}$$

$$\frac{a}{b} = \frac{k_g}{k_1}\frac{\bar{\mu}_1}{\bar{\mu}_g} \tag{13-35}$$

对于给定的流体,如果 $\frac{\bar{\mu}_1}{\bar{\mu}_g}$ 为定值,气相渗透率在亲油、亲水介质中变化较小时认定相同液体的渗透率 k_1 亲油 k_{lo} > 亲水 k_{lw},则

$$\left(\frac{a}{b}\right)_o < \left(\frac{a}{b}\right)_w \tag{13-36}$$

因为 $Q_{lw} > Q_{lo}$,$Q_{tw} > Q_{to}$,所以在相同压力下有

$$\left[\frac{\frac{a}{b} + \frac{m}{n}p^{m-n}}{\frac{a}{b}cp + \frac{m}{n}p^{m-n}}\right]_o < \left[\frac{\frac{a}{b} + \frac{m}{n}p^{m-n}}{\frac{a}{b}cp + \frac{m}{n}p^{m-n}}\right]_w \tag{13-37}$$

与此相反,考虑亲油亲水介质中流体特性的差异和对相变影响的不同,亲油介质中气体饱和度大于相同条件下亲水介质中气体的饱和度,从而有

$$\left(\frac{k_g}{k_1}\right)_o > \left(\frac{k_g}{k_1}\right)_w, \text{即} \left(\frac{a}{b}\right)_o > \left(\frac{a}{b}\right)_w, \text{则} \left[\frac{\frac{a}{b} + \frac{m}{n}p^{m-n}}{\frac{a}{b}cp + \frac{m}{n}p^{m-n}}\right]_o > \left[\frac{\frac{a}{b} + \frac{m}{n}p^{m-n}}{\frac{a}{b}cp + \frac{m}{n}p^{m-n}}\right]_w$$

以为同压力下入口流量 $Q_{lo} < Q_{lw}$,所以有

$$Q_{to} \geqslant Q_{tw}$$
$$Q_{to} < Q_{tw} \tag{13-38}$$

13.2.2 模拟计算研究

根据 $Q_1 = \frac{k_1}{\mu_1}mp^{m-1}\nabla p$,$Q_g = \frac{k_g}{\mu_g}np^{n-1}\nabla p$,$m$、$n$ 是反映相变的特性参数,取

$$k_g = 0.0125\left(\frac{1.15}{p} - 1\right) + 0.0125\left(\frac{1.15 - p}{p^2}\right)$$

$$k_1 = 0.08 - \frac{0.1}{p} - \frac{0.20}{p^2}$$

$$\bar{\mu}_1 = 0.2660\text{mPa} \cdot \text{s} \tag{13-39}$$

$$\bar{\mu}_g = 0.0085\text{mPa} \cdot \text{s}$$

$$n = 1.5, \quad m = 0.9$$

计算结果见图 13-3。为了对比,还计算了无相变时气液两相渗流的曲线。结果表明,渗流量随着压差的增大而增加,其中液相流量由于流动中部分液体相变转

化为气体,而使曲线上凸($m<1$),气流量下凹,总渗流量由于气相变化幅度较大,因而是下凹的。油气比随着压差的增大、气流速度的加快而加速相变,使油气比提高。

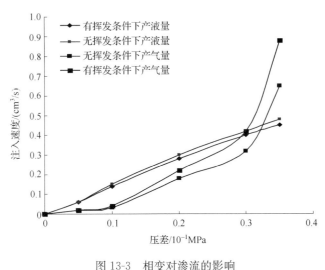

图 13-3　相变对渗流的影响

13.3　凝析气变相态流-固-热耦合渗流数学模型

13.3.1　数学模型建立

1. 凝析气液三区概念模型的建立和气液特征

Ali 等(1997)根据凝析气不同的区域流动特点将凝析气藏分为三个不同的区域。

区域一:(远井带)压力高于露点压力,只有单相凝析气流动,流速较低,渗流符合达西定律,是等温渗流过程。

区域二:(中间带)压力低于露点压力,凝析油饱和度小于临界流动饱和度,析出的凝析油处于分散相,没有形成连续相,凝析油不流动,只有凝析气流动。

区域三:(近井带)压力低于露点压力,凝析油饱和度大于临界流动饱和度,析出的凝析油形成连续相,流动压力梯度变化大,凝析气液以不同的速度流动,该区域大小随时间的增加而增加。

2. 基本渗流数学模型建立

本书在前人物理分区的基础上,认真分析各区渗流特点,建立不同区域的渗流方程。

1) 假设条件

在油气藏中,流体及岩石满足如下条件:①储层内存在的油、气两相流体流动均符合非达西渗流规律;②岩石微可压缩;③油气体系存在 N_c 个固定烃类拟组分,这 N_c 个固定拟组分能较确切地反映油气流体相间传质,同时也能满足石油化工及油气藏开发的要求;④渗流过程是非等温过程;⑤动量方程考虑了流体在多孔介质中由于相变产生的界面张力、毛细管力;⑥不考虑渗流过程中的吸附作用;⑦岩石颗粒被认为是不可压缩的物质,没有发生化学作用,物质特性(如密度、比热、热传导系数)是不变的。

2) 多相多组分系统

(1) 液相,可由多组分凝析液组成:

$$\rho_l = \sum x_l^i \rho_{il}, \quad h_{il} = \sum x_l^i h_{il}, \quad c_{pl} = \sum x_l^i c_{ipl} \tag{13-40}$$

由于液相组分变化很大,黏度和热传导系数应被考虑,引入 Hirschfeldert 提出多相流黏度与热传导系数的经验关系式:

$$\mu_l = \sum \frac{x_l^i \mu_{il}}{\sum x_l^i \Phi_{ij}}, \quad \lambda_l = \sum \frac{x_l^i \lambda_{il}}{\sum x_l^i \Phi_{ij}} \tag{13-41}$$

Φ_{ij} 为无因次系数:

$$\Phi_{ij} = \frac{1.065}{\sqrt{8}} \left(1 + \frac{m_i}{m_j}\right)^{-\frac{1}{2}} \left[1 + \left(\frac{\mu_{il}}{\mu_{jl}}\right)^{\frac{1}{2}} \left(\frac{m_j}{m_i}\right)^{\frac{1}{4}}\right]^2 \tag{13-42}$$

(2) 气相,可由多组分组成:

$$\rho_g = \sum x_i \rho_{ig}, \quad h_{ig} = \sum x_i h_{ig}, \quad c_{pg} = \sum x_i c_{ipg} \tag{13-43}$$

$$\mu_g = \sum \frac{x_g^i \mu_{ig}}{\sum x_g^j \Phi_{ij}}, \quad \lambda_g = \sum \frac{x_g^i \lambda_{ig}}{\sum x_g^j \Phi_{ij}} \tag{13-44}$$

以上参数可用拟组分表示。

(3) 多相混合物:

$$\rho = s_l \rho_l + s_g \rho_g \tag{13-45}$$

$$h = \frac{1}{\rho}(s_l \rho_l h_l + s_g \rho_g h_g) \tag{13-46}$$

$$v = \frac{1}{\phi \rho}(s_l \rho_l v_l + s_g \rho_g v_g) \tag{13-47}$$

$$\omega = \frac{1}{\phi \rho h}(\rho v_{l,o} h_l + \rho v_{g,o} h_g) \tag{13-48}$$

3) 不同区域渗流偏微分方程的建立

(1) 未相变区渗流方程的建立。

区域一(远井带),由于压力高于露点压力,只有单相凝析气流动。流速较低,

渗流符合达西定律,压力较高,未发生相变,是等温渗流过程,因此可建立凝析气单相渗流方程:

$$\nabla^2 p = \frac{\phi \mu_g c_g}{K} \frac{\partial p}{\partial t} \tag{13-49}$$

式中,$c_g = \dfrac{1}{p} - \dfrac{1}{Z(p)} \left[\dfrac{\partial Z(p)}{\partial p}\right]_T$

(2) 相变区渗流方程的建立。

相变区压力低于露点压力,油、气的相态将会发生转变,地层中有凝析油析出,当凝析油饱和度小于临界流动饱和度,凝析油不流动,只有凝析气流动(区域二);当凝析油饱和度大于等于临界流动饱和度,凝析气液以不同的速度流动(区域三)。Sözen 和 Vafai(1990)实验研究认为对于粒径 $100 \sim 400 \mu m$ 的多孔介质,凝析油临界流动饱和度为 0.1;而 Ali 等(1997)认为凝析油临界流动饱和度为 0.2,本模型采用凝析油临界流动饱和度为 0.1。

① 质量守恒方程的建立。

由于油相、气相将会发生相间传质,由物质守恒原理,建立凝析气/液体系质量守恒方程。

气相:

$$\phi \frac{\partial \left[\rho_{og} R_s s_o + (1 - y_c) \rho_g s_g\right]}{\partial t} = -\nabla \left[\rho_{og} R_s v_o + (1 - y_c) \rho_g v_g\right] \tag{13-50}$$

液相:

$$\phi \frac{\partial (\rho_o s_o + y_c \rho_g s_g)}{\partial t} = -\nabla (\rho_o v_o + y_c \rho_g v_g) \tag{13-51}$$

混合物:

$$\phi \frac{\partial (\rho_o s_o + \rho_{og} R_s s_o + \rho_g s_g)}{\partial t} = -\nabla (\rho_o v_o + \rho_{og} R_s v_o + \rho_g v_g) \tag{13-52}$$

② 动量方程的建立。

凝析气、液在多孔介质中流动,特别是在井筒附近,流体运动速度高,将产生偏离达西定律的现象,单相流体平面径向流情况下可写为

$$\frac{\partial p_i}{\partial x} = -\frac{\mu}{K} v_i - \beta \rho_i v_i^2 \tag{13-53}$$

这里用黏度表示剪切应力(达西定律),同时考虑了高雷诺数下的惯性效应。其中,β 称为非达西流 β 因子。

高速流在多孔介质中流动时,气相压差主要由惯性项控制,由于相变,气相向凝析相加速流动,导致较高的相速度,气、液相流速存在较大差异,导致出现表面张力。同时毛细管效应会导致相的分离而减小动能传递。

由于相变产生表面张力，F_{og}可表示为(Schulenberg et al. ,1987)：

$$F_{og} = (\rho_o - \rho_g)gW(s)\frac{\rho_o K}{\eta\sigma}\left(\frac{v_g}{s_g} - \frac{v_o}{s_o}\right)^2 \tag{13-54}$$

式中，$W(s)$是相分布的经验函数，可以表示为

$$W(s) = W_0 s_o^m s_g \tag{13-55}$$

采用不同的孔隙粒径，实验测得参数 $W_0=350, m=7$，由于缺乏进一步试验数据，计算由于相变产生表面张力采用这些参数。

η 为通过率，是无因次系数，Ergun(1952)通过凝析气通过玻璃微珠试验得出通过率关系式：

$$\eta = \frac{1}{1.75}\frac{\phi^3}{(1-\phi)}d_p \tag{13-56}$$

p_{og} 为毛管压力，毛管力导致不同的相之间存在压力差，在两相系统中，气液相变毛管力引入 Genuchten 等式(van Genuchten,1980)：

$$P_{go} = -\frac{\rho_o g}{\alpha}\left[\left(\frac{s_o - s_{o,im}}{1 - s_{o,im}}\right)^{-\frac{1}{m}} - 1\right]^{\frac{1}{n}} \tag{13-57}$$

对于平衡的凝析气/凝析液体系，考虑到相变，引入相变表面张力、毛管力运动方程建立动量方程：

$$\frac{\partial p_g}{\partial R} = -\frac{\mu}{KK_{rg}}v_g - \beta\rho_g v_g^2 + \left(\frac{F_{og}}{s_g} + p_{og}\right) \tag{13-58}$$

$$\frac{\partial p_o}{\partial R} = -\frac{\mu}{KK_{ro}}v_o - \beta\rho_o v_o^2 - \left(\frac{F_{og}}{s_o} + p_{og}\right) \tag{13-59}$$

③ 能量方程的建立。

(a) 流体能量方程。

相变区(区域三和区域二)凝析气/液系统由于发生相变，气相凝析成液相产生大量的热，尤其是在区域一，气相迅速凝析成液相，释放出大量的热。根据能量守恒原理，考虑汽化潜热，建立流体相能量方程：

$$\frac{\partial}{\partial t}(\phi\rho e) + \nabla(\rho h v) - \frac{\partial}{\partial t}(\phi\rho_o r s_o) = \nabla(\phi K_{eff}\nabla T) + q_f \tag{13-60}$$

由于流体混合物焓和内能差别很小，为简化方程，用焓代替内能：

$$\frac{\partial}{\partial t}(\phi\rho h) + \nabla(\rho h v) - \frac{\partial}{\partial t}(\phi\rho_o r s_o) = \nabla(\phi K_{eff}\nabla T) + q_f \tag{13-61}$$

对于封闭的球形颗粒组成的层，Kaviany用流体的热传导系数 K_f 和固体热传导系数 K_s 表示有效热传导系数 K_{eff}：

$$K_{eff} = K_f\left(\frac{K_s}{K_f}\right)^{0.28-0.757\log\phi-0.057(K_s/K_f)} \tag{13-62}$$

经验公式可扩充到混合体系，假设气相流体与液相流体平行流动，多相流热传导系数为

$$K_{\text{eff}} = \sum s_i K_{\text{eff},0} \Big|_{s_i=1} = s_g K_{\text{eff},0} \Big|_{s_g=1} + s_l K_{\text{eff},0} \Big|_{s_l=1} \tag{13-63}$$

流体与固体之间的热传导可表示为

$$q_f = (\alpha_{os} a_{os} + \alpha_{gs} a_{gs})(T_{s,0} - T_f) \tag{13-64}$$

式中，T_f 为流体平均温度；$T_{s,0}$ 为固体表面温度；α_{gs}、α_{os} 分别为气、液对固体的热传导系数；a_{gs}、a_{os} 分别为气、液与固体的接触表面积。流体与固体的热传导系数 α_{ls}、α_{gs} 用 Schlünder 和 Tsotsas(1990)推导的关系式表示：

$$\alpha_{is} - \frac{K_i}{d_p N u_{is}} \tag{13-65}$$

式中，$Nu_{is} = 2 + \sqrt{Nu_{\text{lam}}^2 + Nu_{\text{turb}}^2}$；其中，$Nu_{\text{lam}} = 0.644\, Re^{1/2}/Pr^{1/3}$；$Nu_{\text{turb}} = \dfrac{0.037\, Re^{0.8} Pr}{1 + 2.443\, Pr^{-0.1}(Pr^{2/3} - 1)}$；$Re = \dfrac{v d_p \rho_i}{\phi \mu}$，$Pr = \dfrac{\mu_i c_{p,i}}{K_i}$。

流体热交换面积就是对应流体的接触面积，$a_{is} = \dfrac{6}{d_p}(1-\phi)s_i$。

对于油气两相，考虑流体占据空间 ϕ，流体相能量方程可写为

$$\begin{aligned}
&\frac{\partial}{\partial t}\big[\phi(\rho_l s_l h_l + \rho_g s_g h_g)\big] + \nabla\big[\phi(\rho_l h_l \omega l + \rho_g h_g \omega_g)\big] - \frac{\partial}{\partial t}(\phi \rho_l r s_l) \\
&= \nabla(\phi k_f \nabla T) + (\alpha_{ls} a_{ls} + \alpha_{gs} a_{gs})(T_{s,0} - T_f)
\end{aligned} \tag{13-66}$$

(b) 固相能量守恒。

根据 Fourier 定律，在流场外部加热增加的能量为

$$-\int_\sigma qn\,\mathrm{d}\sigma = -\int_\sigma \nabla q\,\mathrm{d}\sigma = \int_\Omega \nabla(K_s \nabla T) \tag{13-67}$$

这部分能量等于固体中单位时间内能量的增加，即固体介质获得上述能量使温度升高，固体温度由 T_0 升至 T，所需热量为 $(\rho c)_s(T - T_0)$，其变化率为 $\dfrac{\partial(\rho_s c_s T)}{\partial t}$，于是得到固体介质能量传输：

$$\frac{\partial}{\partial t}(\rho_s c_s T) = \nabla \cdot (K_s \nabla T) \tag{13-68}$$

在固体颗粒表面热传递为

$$q = \frac{q_f}{\alpha_s} = (\alpha_{ls} s_l + \alpha_{gs} s_g)(T_{s,0} - T_f) = K \nabla T \tag{13-69}$$

④ 补充方程。

为保证方程组解的存在，给出以下补充方程。

毛管力、相对渗透率方程：

$$K_{ro} = K_{ro}(s_g, \sigma_{og}), \quad K_{rg} = K_{rg}(s_g, \sigma_{og}), \quad p_g = p_o + p_{cog}(s_g, \sigma_{og}) \tag{13-70}$$

状态方程：

$$\phi = \phi^* [1 + c_r(P_o - p^*)], \quad \rho_o = \rho_o(p, T, X_m),$$

$$\rho_{og} = \rho_{og}(p, T, X_m), \quad \rho_g = \frac{pM}{RTZ}$$

$$\rho_g = \rho_g(p, T, X_m), \quad \mu_o = \mu_o(p, T, X_m), \quad \mu_g = \mu_g(p, T, Y_m) \quad (13\text{-}71)$$

$$Z^3 - (1-B)Z^2 + (A - B - 3B^2)Z - (AB - B^2 - B^3) = 0$$

式中，$A = \dfrac{a_C \alpha p}{(RT)^2}$；$B = \dfrac{bp}{RT}$；$a_C = 0.457235 R^2 T^2 / p_c$；$\alpha = [1 + (1 - T_r^{0.5})]^2$；

$b = 0.07796 RT_c / p_c$；$m = 0.3796 + 1.485\omega - 0.1644\omega^2$。

约束条件：

$$s_g + s_l = 1$$

⑤ 定解条件

凝析气藏初始状态：

$$p_o \big|_{\Omega+T}^{t=0} = p_{o\Omega+T}^0, \quad Z_m \big|_{\Omega+T}^{t=0} = Z_{m\Omega+T}^0, \quad T \big|_{\Omega+T}^{t=0} = T_{\Omega+T}^0 \quad (13\text{-}72)$$

封闭外边界：

$$\nabla \Phi \big|_{\Gamma外} = 0 \quad (13\text{-}73)$$

定压外边界：

$$p \big|_{\Gamma外} = p^o \quad (13\text{-}74)$$

定井底流压：

$$p \big|_{\Gamma内} = \text{const} \quad (13\text{-}75)$$

定井底常量：

$$f\left(\frac{\partial p}{\partial n}\right) \big|_{\Gamma内} = \text{const} \quad (13\text{-}76)$$

13.3.2　数值模拟研究

由于所建立的数学模型中方程具有非线性特征，很难获得解析解；因而寻求合适的差分格式，将上述非线性偏微分方程离散化，通过数值技术求解。

采用等对数步长交错网格对求解区离散，物理量定义在网格中心，几何量定义在网格点上，对于流体相，时间离散采用全二阶精度的 C-N 型隐式格式，空间离散对流项采用一阶迎风格式，扩散项采用中心差分格式，这种时间和空间离散方式的结合形成三对角矩阵，采用追赶法求解；对于固相，由于固相热传导达到热平衡需要时间较长，固相能量守恒方程采用空间中心差分的显式格式求解。相变区按照框图对模型中的偏微分方程采用牛顿迭代法依次求解，直至迭代收敛（图 13-4）。

运用上述多相流-固-热耦合渗流数学模型，对某一凝析体系进行渗流模拟计算，油气模拟组成如表 13-2 所示。计算所选用的状态方程为 PR 方程。计算结果如图 13-5～图 13-7 所示。

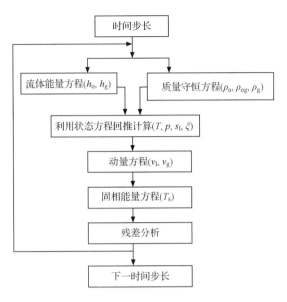

图 13-4　相变区数学模型计算框图

表 13-2　体系摩尔组成及物性参数

组成	摩尔百分比/%	临界温度/K	临界压力/MPa	相对密度	分子量
甲烷	85	323.8	28	0.3	16
庚烷	15			0.6882	100

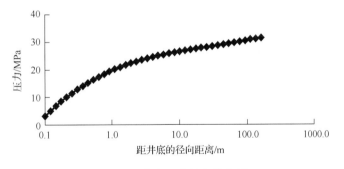

图 13-5　井底压力径向分布图

从计算结果可以看出,凝析气的相变特征影响凝析气的渗流规律。

在开发过程中压力损失主要发生在井筒附近,仅当地层压力低于露点压力时,才有反凝析油析出,且凝析油聚集主要发生距离井筒几米的地方。按原始地层压力 30MPa,井底压力 4MPa 计算,反凝析液的聚集半径在距离井筒 10m 左右。相速度受饱和度影响明显,液相在饱和度达到临界流动值后形成饱和相开始流动,随

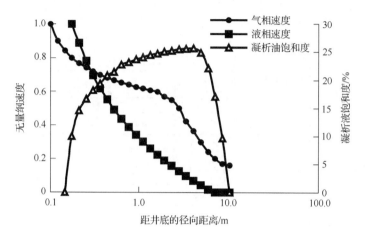

图 13-6　无量纲速度、凝析油饱和度径向分布图

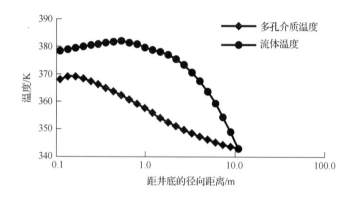

图 13-7　流体温度、固相温度井底径向分布

压差增加,液相速度不断增加且在井口达到最大;由于相变,气相向凝析相加速流动,导致较高的相速度,气相速度随饱和度增加而增加,凝析液饱和达到最大值后,部分凝析液反蒸发汽化,降低了气相流体的动能,气相速度增加缓慢,但在井口附近由于压差变大,凝析液饱和度变小,气相速度又快速增加。

　　相变区由于气相凝析成液相产生大量的热,尤其是在近井带,气相迅速凝析成液相,释放出大量的热,使流体相温度迅速升高,在近井带部分凝析液反蒸发汽化,开始下降;而固相热传导达到热平衡需要时间较长,温度升高趋势相对平缓且随流体温度下降也有缓慢下降的趋势。

1. 相速度(只考虑近井带)及非达西效应的影响

　　从图 13-8 中可以看出,未考虑达西效应的气液相速度比考虑达西效应的气液相速度高出近 10 倍,数值偏大。

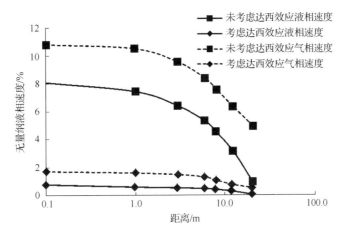

图 13-8　非达西效应的影响

2. 相变表面张力的影响

相变表面张力的影响:相变表面张力导致气体相速度加快,液相速度变小。如图 13-9 和图 13-10 所示。

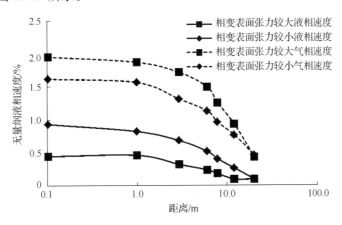

图 13-9　相变表面张力的影响

3. 考虑毛管力情况下相变化对气、液相流速的影响

毛管力减小了气液相之间的动能传递(图 13-11)。

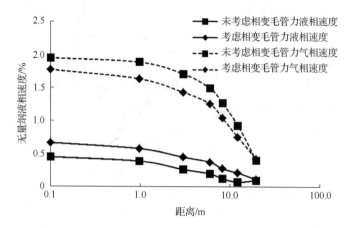

图 13-10　考虑毛管力情况下相变对气、液相流速的影响

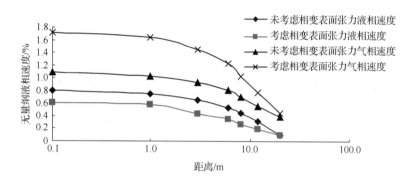

图 13-11　相变表面张力对气相和液相速度的影响

第 14 章　含蜡凝析气藏气-液-固复杂渗流理论

14.1　具有蜡沉积的凝析气藏气-液-固微尺度相变渗流动力学模型方程

含蜡凝析气藏作为一种特殊的复杂气藏,其复杂性表现在凝析气在析蜡点和露点压力下发生凝析相变,蜡沉积、油相、气相将会发生相间传质现象,油、气的相态也会随之发生转变,相变特性会导致储层内油气饱和度的变化,蜡沉积在多孔介质表面引起孔隙性质改变,从而影响和改变了气体和凝析油的渗流。气、液、固在储集层中的微观空间分布会影响凝析气的流动特征(朱维耀等,2005;Bentsen,1998;Morrow,1991)。1977 年,Sigmund 等对凝析油气微观分布进行了微观实验研究。在微细玻璃珠填充模型中研究凝析油反蒸发时,发现随着玻璃珠尺寸减小,凝析油反蒸发效率越高。本书通过高温高压可视化微观模拟实验结果,分析研究凝析气、液、固的微观渗流特征,阐述蜡沉积和凝析油的形成、分布规律。建立变相态微尺度动力学模型方程,为凝析气液固的开采提供科学的依据。

1. 气液固运动特性描述

实验观察和理论分析表明,在凝析过程中凝析液和析出的蜡随气体向压力降低的方向流动,流动过程具有悬移运动和推移运动的特点。其中推移质运动与流动的界面(即孔隙空间流动通道)有关,推移质运动速度与颗粒启动时的摩阻流速和气相速度有关,可采用列维公式:

$$\bar{u}_b = \alpha'(u - u_c) \tag{14-1}$$

式中,u_c 是颗粒启动时的摩阻流速,有

$$u_c \propto p_c \tag{14-2}$$

其中,毛管压力 p_c,可用式(14-3)表示:

$$p_c = \frac{2\sigma}{r} \tag{14-3}$$

其中,σ 为界面张力;r 为颗粒半径。

对于悬移质运动主要表现为悬移质的扩散运动和颗粒的垂直运动,扩散运动由扩散方程描述,扩散分为横向扩散和垂向扩散。而悬移质的垂直运动可用维利卡诺夫的重力理论研究结果表示。

悬移质运动垂向速度分布为

$$\bar{u} = \frac{\sqrt{ghJ}}{k}\ln\left(1+\frac{\eta}{\alpha}\right) \tag{14-4}$$

式中，$\eta = y/h$；$\alpha = \Delta/h$；其中，Δ 为表面粗糙度有关参数；g 为重力加速；k 为卡门常数；J 为比降；h 为深度。

2. 界面作用相变化与物质迁移的耦合动力学模型

凝析气随压力的降低相发生转变，蜡析出，析出的蜡随气相悬浮流动，随着压力的进一步降低和蜡析出的增加部分蜡富集在孔隙介质表面，部分蜡沉积在凝析液中随凝析液流动。随着凝析液的增加蜡沉积在液相中也增加，并随液体参与各种流动。凝析油在压力低于露点压力初期，以液滴状悬浮孔隙中间随凝析气体悬浮流动，并伴随着液滴的凝析增大、液滴的汇聚由小液滴汇聚成较大的液滴，继续悬浮运移。由于多孔介质的弥散作用，凝析液吸附在孔隙介质表面，并随凝析液的增加饱和度增大，界面液体为连续状，随凝析液的进一步增加界面开始流动，表现为壁面流动。随着压力的降低凝析油饱和度的进一步增加液滴的汇聚壁面液体的增加凝析液由液滴变成蝌蚪状运移。随着压力的降低凝析油饱和度的进一步增加，凝析气不断析出液体汇聚液体体相，凝析液像长龙状汇聚成溪流。壁面流向溪流汇聚，溪流流量变大，成为连续流动。

由以上气、液、固流动运动特性和研究结果可进一步对其运动过程进行数学描述，把气、液、固分别视为各自组分，其固相源于凝析气的相态变化使蜡析出。液相为凝析油。γ 是相变反应速率，其流体反应的动力学方程为

$$D_L\frac{\partial^2 C_i}{\partial z^2} - u\frac{\partial C_i}{\partial z} - \gamma = \frac{\partial C_i}{\partial t} \tag{14-5}$$

式中，D_L 为弥散系数；u 为流速；C_i 为系统内 i 的浓度。式(14-5)即为反映凝析过程的弥散-流体反应非稳态动力学方程。

14.2　含蜡凝析气藏气-液-固变相态渗流理论

14.2.1　具有蜡沉积的凝析气藏复杂渗流数学描述

1. 蜡沉积数学模型

蜡沉积的机理分分子扩散、剪切扩散、Brownian 扩散和重力沉降等。目前研究认为蜡的沉积主要由分子扩散和剪切扩散。因此，总的蜡沉积模型为

$$\frac{\mathrm{d}W}{\mathrm{d}t} = \frac{\mathrm{d}W_\mathrm{d}}{\mathrm{d}t} + \frac{\mathrm{d}W_\mathrm{s}}{\mathrm{d}t} \tag{14-6}$$

式中，W 为总的蜡沉积量（kg）；W_d 为蜡的扩散沉积量（kg）；W_s 为蜡的剪切沉积量（kg）。

蜡的扩散沉积模型如下。

根据 Fick 扩散定律，蜡的扩散沉积速度可表示为

$$\frac{\mathrm{d}W_\mathrm{d}}{\mathrm{d}t} = C_\mathrm{d} C_1 \frac{\rho_\mathrm{s} A}{\mu} \left| \frac{\mathrm{d}C}{\mathrm{d}T} \right| \left| \frac{\mathrm{d}T}{\mathrm{d}r} \right| \tag{14-7}$$

式中，$\dfrac{\mathrm{d}W_\mathrm{d}}{\mathrm{d}t}$ 为单位时间内由分子扩散而沉积的溶解蜡的质量（kg/s）；C_d 为沉积常数，一般取 1500；A 为蜡沉积表面积（m^2）；μ_l 为凝析液的黏度（mPa・s）；C 为蜡在原油中的体积浓度（%）；$\dfrac{\mathrm{d}C}{\mathrm{d}t}$ 为液体中蜡浓度梯度（℃$^{-1}$）；$\dfrac{\mathrm{d}T}{\mathrm{d}r}$ 为径向温度梯度（℃/m）。

蜡的剪切沉积模型如下。

蜡晶粒子以布朗运动和剪切分散两种方式作横向迁移。布朗运动的影响相对较小。孔隙流动中由于速度梯度场的存在，悬浮在油流中的蜡晶颗粒会以一定角速度进行旋转运动，并出现横向局部平移，即产生剪切分散。层流情况下，由于速度梯度的存在而产生的蜡的剪切沉积梯度可表示为

$$\frac{\mathrm{d}W_\mathrm{s}}{\mathrm{d}t} = C_\mathrm{d} k^* C^* \gamma A \tag{14-8}$$

式中，$\dfrac{\mathrm{d}W_\mathrm{s}}{\mathrm{d}t}$ 为单位时间内由剪切扩散而沉积的溶解蜡的质量（kg/s）；k^* 为剪切沉积速度常数；C^* 为壁面处蜡粒子的体积浓度（%）；γ 为剪切速率（s^{-1}）。

2. 气-液-固三相相平衡热力学模型

1）逸度平衡方程

$$f_i^\mathrm{v} = f_i^\mathrm{l} = f_i^\mathrm{s} \tag{14-9}$$

$$f_i^\mathrm{v} = x_i^\mathrm{v} \phi_i^\mathrm{v} p \tag{14-10}$$

$$f_i^\mathrm{l} = x_i^\mathrm{l} \phi_i^\mathrm{l} p \tag{14-11}$$

$$f_i^\mathrm{s} = a_i^\mathrm{s} f_i^\mathrm{os} = x_i^\mathrm{s} r_i^\mathrm{s} f_i^\mathrm{os} \tag{14-12}$$

式中，f_i^v、f_i^l、f_i^s 分别为组分 i 在气相、液相、固相中的逸度（atm）；ϕ_i^v、ϕ_i^l 分别为组分 i 在气相、液相中的逸度系数；x_i^v、x_i^l、x_i^s 分别为组分 i 在气相、液相、固相中的摩尔组分；a_i^s、r_i^s 分别为组分 i 在固相中的活度、活度系数；f_i^os 为组分 i 在固相中的逸度（atm）；p 为压力（atm）。

2）平衡常数方程

气液平衡：

$$K_i^{vl} = \frac{x_i^v}{x_i^l} = \frac{\phi_i^l}{\phi_i^v} \tag{14-13}$$

液固平衡：

$$K_i^{sl} = \frac{x_i^s}{x_i^l} = \frac{\phi_i^l p}{r_i^s f_i^{os}} \tag{14-14}$$

3）固相参数

固体标准态的逸度 f_i^{os} 为

$$f_i^{os} = f_i^{ol} \exp \left\{ -\frac{\Delta H_i^f}{RT} \left(1 - \frac{T}{T_i^f} \right) + \frac{b_1 M_i}{R} \left(\frac{T_i^f}{T} - 1 - \ln \frac{T_i^f}{T} \right) + \frac{b_2 M_i}{2R} \left[\frac{(T_i^f)^2}{T} + T - 2T_i^f \right] \right\} \tag{14-15}$$

式中，H_i^f 为组分 i 的溶解焓（cal/mol[①]）；T_i^f 为组分 i 的溶解温度（K）；M_i 为组分 i 的相对分子量（g/mol）；R 为通用的气体常数；T 为温度；b_1、b_2 为方程系数。

固体活度系数：

$$\ln r_i^s = \frac{V_i^s (\delta_m^s - \delta_i^s)^2}{RT} \tag{14-16}$$

式中，δ_m^s 为固相混合物的溶解度参数（cal/cm³)1/2；δ_i^s 为组分 i 的固相溶解度参数（cal/cm³)1/2；V_i^s 为组分 i 的固相摩尔体积（cm³/mol）。

4）气-液-固三相物料平衡方程

$$V + L + S = 1 \tag{14-17}$$

$$Vx_i^v + Lx_i^l + Sx_i^s = Z_i \tag{14-18}$$

$$\sum x_i^v + \sum x_i^l + \sum x_i^s = \sum Z_i = 1 \tag{14-19}$$

式中，V、L、S 分别代表平衡时气相、液相和固相的摩尔分数；Z 代表体系组分的总摩尔组成。

5）气-液-固三相闪蒸方程

根据气-液-固三相平衡时的物料守恒原则结合平衡常数的定义，可以导出气-液-固三相闪蒸模型方程：

$$\sum \frac{Z_i}{V(K_i^{vl} - 1) + S(K_i^{sl} - 1) + 1} = 1 \tag{14-20}$$

$$\sum \frac{Z_i K_i^{vl}}{V(K_i^{vl} - 1) + S(K_i^{sl} - 1) + 1} = 1 \tag{14-21}$$

$$\sum \frac{Z_i K_i^{sl}}{V(K_i^{vl} - 1) + S(K_i^{sl} - 1) + 1} = 1 \tag{14-22}$$

---

① 1cal/mol＝4.1868J/mol。

通常采用牛顿-辛普森方法求解方程组,可以获得气-液-固各相的平衡摩尔分数 V、L、S 以及各相的摩尔组成 x_i^{y}、x_i^{l}、x_i^{s}。

3. 状态方程

体系状态方程选用 PR 状态方程,表达式如下:

$$p = \frac{RT}{V-b} - \frac{a\alpha(T)}{V(V+b)+b(V-b)} \tag{14-23}$$

$$a_i = 0.45724 \frac{R^2 T_{\mathrm{ci}}^2}{p_{\mathrm{ci}}} \tag{14-24}$$

$$b_i = 0.07780 \frac{RT_{\mathrm{ci}}}{p_{\mathrm{ci}}} \tag{14-25}$$

式中,R 为通用气体常数;T 为系统温度;p 为系统压力;V 为系统摩尔体积;T_{c} 为临界温度;p_{c} 为临界压力。

4. 蜡沉积运移对储层特性影响数学模型

蜡沉积运移以及孔隙介质对蜡微粒的吸附作用对多孔介质的储层特性孔隙度和渗透率产生影响。储层原始孔隙度为 ϕ_0、蜡沉积引起的孔隙度变化为

$$\phi = \phi_0 - \varepsilon_{\mathrm{s}}/\rho_{\mathrm{s}} \tag{14-26}$$

考虑流体中固体颗粒,在流动过程中,一方面的孔隙壁表面沉积,另一面在液相剪切力作用下,部分已沉积的微粒又会重新释放进入流体中。沉积净速率等于沉积速率与重新释放速率之差。根据动力学方程,沉积速率可表示为

$$\frac{\partial \varepsilon_{\mathrm{s}}}{\partial t} = R_{\mathrm{r}} - R_{\mathrm{e}} \tag{14-27}$$

沉积速率 R_{r} 还与单位岩石体积内流体所含的微粒的质量和流速成正比:

$$R_{\mathrm{r}} = \frac{\mathrm{d}W}{\mathrm{d}t}\left[1 + \alpha_{\mathrm{r}}(u_j - u_{jc})^{\beta_{\mathrm{r}}}\right] \tag{14-28}$$

微粒重新进入流体中的速率 R_{e} 主要取决于水动力条件,当 $\left(-\frac{\partial p}{\partial x}\right) > \left(-\frac{\partial p}{\partial x}\right)_{\mathrm{cr}}$ 时:

$$R_{\mathrm{e}} = k_2\varepsilon_{\mathrm{s}}\left[\left(-\frac{\partial p}{\partial x}\right) - \left(-\frac{\partial p}{\partial x}\right)_{\mathrm{cr}}\right] \tag{14-29}$$

当 $\left(-\frac{\partial p}{\partial x}\right) \leqslant \left(-\frac{\partial p}{\partial x}\right)_{\mathrm{cr}}$ 时:

$$R_{\mathrm{e}} = 0 \tag{14-30}$$

式(14-29)表示要使已经沉积了的微粒重新进入流体,水动力压力梯度 $(-\partial p/\partial r)$ 必须大于临界压力梯度 $(-\partial p/\partial r)_{\mathrm{cr}}$。

渗透率降低。根据前人研究结果,渗透率降低与孔隙度变化成密切关系,与孔隙度变化成正比,且流体流速越高,蜡沉积越多,渗透率下降也越多。多孔介质渗流过程中出现的固体微粒的释放和运移明显改变了原始的孔隙度和渗透率,加剧了孔隙介质的非均质性,降低了渗透率。为此,渗透率降低公式可表示为

$$\frac{K}{K_0} = \left(\frac{\phi}{\phi_0}\right)^m \left(1 - \frac{u_{lg} - u_c}{u_c}\right) \tag{14-31}$$

式中,K 为由于蜡沉积作用后的渗透率;K_0 为初始渗透率;ϕ 为蜡沉积作用后的孔隙度;ϕ_0 为原始的孔隙度;u_{lg} 为气液流体混合流速;u_c 为临界析蜡气液流体混合流速;m 为方程指数。

14.2.2　凝析气藏三区模型的建立

1. 流动特征区域划分

凝析气藏衰竭开采过程中,可把凝析气藏划分为三个区域。

区域一:压力低于露点压力,凝析油饱和度大于临界流动饱和度,析出的凝析油形成连续相,流动压力梯度变化大,凝析气液以不同的速度高速流动,该区域大小随时间的增加而增加,如果压力低于析蜡点压力,凝析气液在流动同时蜡沉积,蜡伴随在液相或气相中被携带流动。

区域二(中间带):压力低于露点压力,凝析油饱和度小于临界流动饱和度,析出的凝析油处于分散相,没有形成连续相,凝析油不流动,只有凝析气流动,如果压力低于析蜡点压力,蜡沉积部分在凝析液中,部分吸附在孔隙介质表面,部分伴随在气相中被携带流动。

区域三:压力高于露点压力,只有单相凝析气流动,流速较低,渗流符合达西定律,是等温渗流过程,如果压力低于析蜡点压力,蜡沉积吸附在孔隙介质表面,部分伴随在气相中被携带流动。

2. 假设条件

在油气藏中,流体及岩石满足如下条件:储层内存在的油、气两相流体流动均符合广义达西渗流规律;岩石微可压缩;油气体系存在 N_c 个固定烃类拟组分,这 N_c 个固定拟组分能较确切地反映油气流体间相间传质,同时也能满足石油化工及油气藏开发的要求;渗流过程是非等温过程;动量方程应考虑流体在多孔介质中由于相变产生的界面张力、毛细管力;不考虑渗流过程中的吸附作用;固相被认为是不可压缩的物质,没有发生化学作用,物质特性(如密度、比热、热传导系数)是不变的。

3. 多相多组分系统

(1) 液相,可由多组分凝析液组成:

$$\rho_l = \sum x_l^i \rho_{il}, \quad h_{il} = \sum x_l^i h_{il}, \quad c_{pl} = \sum x_l^i c_{ipl} \tag{14-32}$$

由于液相组分变化很大,黏度和热传导系数应被考虑,引入 Hirschfeldert 提出多项流黏度与热传导系数的经验关系式:

$$\mu_l = \sum \frac{x_l^i \mu_{il}}{\sum x_l^j \Phi_{ij}}, \quad \lambda_l = \sum \frac{x_l^i \lambda_{il}}{\sum x_l^j \Phi_{ij}} \tag{14-33}$$

式中,Φ_{ij} 为无因次系:

$$\Phi_{ij} = \frac{1.065}{\sqrt{8}} \left(1 + \frac{m_i}{m_j}\right)^{-1/2} \left[1 + \left(\frac{\mu_{il}}{\mu_{jl}}\right)^{1/2} \left(\frac{m_j}{m_i}\right)^{1/4}\right]^2 \tag{14-34}$$

(2) 气相,可由多组分组成:

$$\rho_g = \sum x_i \rho_{ig}, \quad h_{ig} = \sum x_i h_{ig}, \quad c_{pg} = \sum x_i c_{ipg} \tag{14-35}$$

$$\mu_g = \sum \frac{x_g^i \mu_{ig}}{\sum x_g^j \Phi_{ij}}, \quad \lambda_g = \sum \frac{x_g^i \lambda_{ig}}{\sum x_g^j \Phi_{ij}} \tag{14-36}$$

以上参数可用拟组分表示。

(3) 多相混合物:

$$\rho = s_l \rho_l + s_g \rho_g + s_s \rho_s \tag{14-37}$$

$$h = \frac{1}{\rho}(s_l \rho_l h_l + s_g \rho_g h_g + s_s h_s) \tag{14-38}$$

$$v = \frac{1}{\phi \rho}(s_l \rho_l v_l + s_g \rho_g v_g + s_s \rho_s v_s) \tag{14-39}$$

$$\omega = \frac{1}{\phi \rho h}(\rho v_{l,0} h_l + \rho v_{g,o} h_g + \rho v_{s,o} h_s) \tag{14-40}$$

4. 不同区域渗流偏微分方程的建立

1) 区域三渗流方程的建立

区域三(远井带),由于压力高于露点压力,只有单相凝析气流动。流速较低,渗流符合达西定律,是等温渗流过程。如果压力低于析蜡点压力,蜡沉积吸附在孔隙介质表面,部分伴随在气相中被携带流动。因此可建立凝析气单相渗流方程:

$$\nabla^2 p = \frac{\phi \mu_g c_g}{K} \frac{\partial p}{\partial t} \tag{14-41}$$

式中

$$c_g = \frac{1}{p} - \frac{1}{Z(p)} \left(\frac{\partial Z(p)}{\partial p}\right)_\Gamma \tag{14-42}$$

如果蜡析出,蜡沉积对 ϕ、K 产生影响。

2) 区域二渗流方程的建立

区域二(中间带),压力低于露点压力,凝析油不流动,只有凝析气流动。考虑油相、气相、固相发生的相间传质现象,建立凝析气-液-固体系质量守恒方程。

气相:

$$\phi\frac{\partial\left[\rho_{og}R_ss_o+(1-y_c-z_c)\rho_gs_g\right]}{\partial t}=-\nabla\left[(1-y_c-z_c)\rho_gv_g\right]\quad(14\text{-}43)$$

液相:

$$\phi\frac{\partial(\rho_os_o+y_c\rho_gs_g)}{\partial t}=-\nabla(y_c\rho_gv_g)\quad(14\text{-}44)$$

混合物:

$$\phi\frac{\partial(\rho_os_o+\rho_{og}R_ss_o+\rho_gs_g+\rho_ss_s)}{\partial t}=-\nabla(\rho_gv_g+\rho_sv_s)\quad(14\text{-}45)$$

动量方程,凝析气在多孔介质中流动,特别是在井筒附近,流体运动速度高,符合广义达西定律,单相流体平面径向流情况下可写为

$$\frac{\partial p_i}{\partial x}=-\frac{\mu}{K}v_i-\beta\rho_iv_i^2+\rho_ig\quad(14\text{-}46)$$

3) 区域一渗流方程的建立

区域一(近井带),压力低于露点压力,凝析气液以不同的速度流动。由于油相、气相、固相将会发生相间传质,由物质守恒原理,建立凝析气-液-固体系质量守恒方程。

气相:

$$\phi\frac{\partial\left[\rho_{og}R_ss_o+(1-y_c-z_c)\rho_gs_g\right]}{\partial t}=-\nabla\left[\rho_{og}R_sv_o+(1-y_c-z_c)\rho_gv_g\right]$$

$$(14\text{-}47)$$

液相:

$$\phi\frac{\partial(\rho_os_o+y_c\rho_gs_g)}{\partial t}=-\nabla(\rho_ov_o+y_c\rho_gv_g)\quad(14\text{-}48)$$

混合物:

$$\phi\frac{\partial(\rho_os_o+\rho_{og}R_ss_o+\rho_gs_g+\rho_ss_s)}{\partial t}=-\nabla(\rho_ov_o+\rho_{og}R_sv_o+\rho_gv_g+\rho_sv_s)$$

$$(14\text{-}49)$$

动量方程,凝析气、液在多孔介质中流动,特别是在井筒附近,流体运动速度高,符合广义达西定律,气、液平面径向流情况下可写为

$$\frac{\partial p_g}{\partial x}=-\frac{\mu_g}{K}v_g-\beta\rho_gv_g^2+\rho_gg\quad(14\text{-}50)$$

$$\frac{\partial p_1}{\partial x} = -\frac{\mu_1}{K}v_1 + \rho_1 g \tag{14-51}$$

高速流在多孔介质中流动时,气相压差主要由惯性项控制,由于相变,气相向凝析相加速流动,导致较高的相速度,气、液相流速存在较大差异,导致出现表面张力和附加的压力损失。

4) 能量方程的建立

流体能量方程:相变区(区域一和区域二)凝析气-液-固系统由于发生相变,气相凝析成液相,蜡从气相或液相中析出,产生大量的热,尤其是在区域一,气相迅速凝析成液相或固相,释放出大量的热。根据能量守恒原理,考虑汽化潜热,建立流体相能量方程:

$$\frac{\partial}{\partial t}(\phi \rho h) + \nabla(\rho h v) - \frac{\partial}{\partial t}(\phi \rho_1 r s_1) = \nabla(\phi k_{\mathrm{eff}} \nabla T) + q_{\mathrm{f}} \tag{14-52}$$

对于封闭的球形颗粒组成的层,Kaviany 用流体的热传导系数 K_{f} 和固体热传导系数 K_{s} 表示有效热传导系数 K_{eff}:

$$K_{\mathrm{eff}} = K_{\mathrm{f}}\left(\frac{K_{\mathrm{s}}}{K_{\mathrm{f}}}\right)^{0.28-0.757\log\phi-0.057(K_{\mathrm{s}}/K_{\mathrm{f}})} \tag{14-53}$$

经验公式可扩充到混合体系,假设气相流体与液相流体平行流动,多相流热传导系数为

$$K_{\mathrm{eff}} = \sum s_i K_{\mathrm{eff},0}\Big|_{s_i=1} = s_{\mathrm{g}} K_{\mathrm{eff},0}\Big|_{s_{\mathrm{g}}=1} + s_1 K_{\mathrm{eff},0}\Big|_{s_1=1} \tag{14-54}$$

流体与固体之间的热传导可表示为

$$q_{\mathrm{f}} = (\alpha_{\mathrm{ls}} a_{\mathrm{ls}} + \alpha_{\mathrm{gs}} a_{\mathrm{gs}})(T_{\mathrm{s},0} - T_{\mathrm{f}}) \tag{14-55}$$

式中,T_{f} 为流体平均温度;$T_{\mathrm{s},0}$ 为固体表面温度;α_{ls}、α_{gs} 分别为气、液对固体的热传导系数;a_{ls}、a_{gs} 分别为气、液与固体的接触表面积。

流体与固体的热传导系数 α_{ls}、α_{gs} 用 Schlünder 和 Tsotsas 推导的关系式表示:

$$\alpha_{is} = \frac{K_i}{d_{\mathrm{p}} Nu_{is}} \tag{14-56}$$

式中

$$Nu_{is} = 2 + \sqrt{Nu_{\mathrm{lam}}^2 + Nu_{\mathrm{turb}}^2} \tag{14-57}$$

其中

$$Nu_{\mathrm{lam}} = 0.644 Re^{1/2}/Pr^{1/3} \tag{14-58}$$

$$Nu_{\mathrm{turb}} = \frac{0.037 Re^{0.8} Pr}{1 + 2.443 Pr^{-0.1}(Pr^{2/3} - 1)} \tag{14-59}$$

$$Re = \frac{v d_{\mathrm{p}} \rho_i}{\phi \mu}, \quad Pr = \frac{\mu_i c_{\mathrm{p},i}}{K_i}$$

流体热交换面积就是对应流体的接触面积:

$$\alpha_{is} = \frac{6}{d_{\mathrm{p}}}(1-\phi)s_i \tag{14-60}$$

对于油气两相,考虑流体占据空间 ϕ,流体相能量方程可表示为

$$\frac{\partial}{\partial t}\big[\phi(\rho_\mathrm{o}s_\mathrm{o}h_\mathrm{o}+\rho_\mathrm{g}s_\mathrm{g}h_\mathrm{g})\big]+\nabla\big[\phi(\rho_\mathrm{o}h_\mathrm{o}\omega_\mathrm{o}+\rho_\mathrm{g}h_\mathrm{g}\omega_\mathrm{g})\big]-\frac{\partial}{\partial t}(\phi\rho_\mathrm{l}rs_\mathrm{l})$$

$$=\nabla(\phi k_\mathrm{f}\nabla T)+(\alpha_\mathrm{ls}a_\mathrm{ls}+\alpha_\mathrm{gs}a_\mathrm{gs})(T_\mathrm{s,0}-T_\mathrm{f}) \tag{14-61}$$

固相能量守恒如下。

根据 Fourier 定律:

$$q=-K\,\nabla T \tag{14-62}$$

在流场外部加热增加的能量为

$$-\int_\sigma qn\mathrm{d}\sigma=-\int_\sigma\nabla\cdot q\mathrm{d}\sigma=\int_\Omega\nabla\cdot(K_\mathrm{s}\,\nabla T) \tag{14-63}$$

这部分能量等于固体中单位时间内能量的增加,即固体介质获得上述能量使温度升高,固体温度由 T_0 升至 T,所需热量为 $(\rho c)_\mathrm{s}(T-T_0)$,其变化率为 $\dfrac{\partial(\rho_\mathrm{s}c_\mathrm{s}T)}{\partial t}$,能量方程可写为

$$\int_\Omega\Big[\nabla\cdot(K_\mathrm{s}\,\nabla T)-\frac{\partial(\rho_\mathrm{s}c_\mathrm{s}T)}{\partial t}\Big]\mathrm{d}\Omega=0 \tag{14-64}$$

于是得到固体介质能量传输:

$$\frac{\partial}{\partial t}(\rho_\mathrm{s}c_\mathrm{s}T)=\nabla\cdot(K_\mathrm{s}\,\nabla T) \tag{14-65}$$

在固体颗粒表面热传递为

$$q=\frac{q_\mathrm{f}}{\alpha_\mathrm{s}}=-K\,\nabla T \tag{14-66}$$

式中,q 为热流密度;比面 $\alpha_\mathrm{s}=\dfrac{6}{d_\mathrm{p}}(1-\phi)$。

$$(\alpha_\mathrm{ls}a_\mathrm{ls}+\alpha_\mathrm{gs}a_\mathrm{gs})(T_\mathrm{s,0}-T_\mathrm{f})/\alpha_\mathrm{s}=K_\mathrm{s}\,\nabla T_\mathrm{s,0} \tag{14-67}$$

即

$$(\alpha_\mathrm{ls}s_\mathrm{l}+\alpha_\mathrm{gs}s_\mathrm{g})(T_\mathrm{s,0}-T_\mathrm{f})=K_\mathrm{s}\,\nabla T_\mathrm{s,0} \tag{14-68}$$

5) 补充方程

为保证方程组解的存在,给出以下补充方程。

毛管力、相对渗透率方程:

$$K_\mathrm{ro}=K_\mathrm{ro}(s_\mathrm{g},\sigma_\mathrm{og}),\quad K_\mathrm{rg}=K_\mathrm{rg}(s_\mathrm{g},\sigma_\mathrm{og}),\quad p_\mathrm{g}=p_\mathrm{o}+p_\mathrm{cog}(s_\mathrm{g},\sigma_\mathrm{og}) \tag{14-69}$$

状态方程:

$$\phi=\phi^*\big[1+c_\mathrm{r}(P_\mathrm{o}-p^*)\big],\quad \rho_\mathrm{o}=\rho_\mathrm{o}(p,T,X_\mathrm{m}),\quad \rho_\mathrm{og}=\rho_\mathrm{og}(p,T,X_\mathrm{m}),\quad \rho_\mathrm{g}=\frac{pM}{RTZ}$$

$$\rho_\mathrm{g}=\rho_\mathrm{g}(p,T,X_\mathrm{m}),\quad \mu_\mathrm{o}=\mu_\mathrm{o}(p,T,X_\mathrm{m}),\quad \mu_\mathrm{g}=\mu_\mathrm{g}(p,T,Y_\mathrm{m})$$

$$\tag{14-70}$$

$$Z^3-(1-B)Z^2+(A-B-3B^2)Z-(AB-B^2-B^3)=0 \tag{14-71}$$

式中，$A = \dfrac{a_C \alpha p}{(RT)^2}$，其中，$a_C = 0.457235 R^2 T^2 / p_c$，$\alpha = [1+(1-T_r^{0.5})]^2$；$B = \dfrac{bp}{RT}$，其中，$b = 0.07796 RT_c / p_c$；$m = 0.3796 + 1.485\omega - 0.1644\omega^2$。

约束条件：

$$s_g + s_l + s_s = 1$$

6) 定解条件

凝析气藏初始状态：

$$p_o \big|_{\Omega+T}^{t=0} = p_{o\Omega+T}^0, \quad Z_m \big|_{\Omega+T}^{t=0} = Z_{m\Omega+T}^0, \quad T \big|_{\Omega+T}^{t=0} = T_{\Omega+T}^0$$

边界状况如下。

封闭外边界：

$$\nabla \Phi \big|_{\Gamma外} = 0$$

定压外边界：

$$p \big|_{\Gamma外} = p^0$$

定井底流压：

$$p \big|_{\Gamma内} = \text{const}$$

定井底常量：

$$f\left(\frac{\partial p}{\partial n}\right)\bigg|_{\Gamma内} = \text{const}$$

第三部分　低渗含硫气藏开发非线性
渗流理论

第 15 章　低渗含硫气藏硫沉积机理和渗流规律

15.1　我国主要含硫气藏的基本特征

15.1.1　我国高含硫气田的分布规律

含硫化氢(H₂S)天然气田在全球分布广泛,目前世界上已发现了 400 多个具有工业价值的含硫化氢气田。其中,高含硫气田主要分布于加拿大、美国、法国、德国、苏联、伊朗和中国等。这些高含硫气田分布于不同层系,气体中硫化氢含量也随储层类型和烃源的不同而有着较大的差别,如表 15-1 所示。

表 15-1　国外主要高含硫气田分布及硫化氢含量

气田名称	储集层系及岩性	H_2S体积含量/%
加拿大 Devonian	碳酸盐岩	10.4
加拿大 Crossfield	—	34.4
加拿大 Leduc	—	53.5
加拿大 Berbery	泥盆系礁灰岩	90.0
美国 Josephine	—	78.0
美国 Murray Franklin	石灰岩	98.0
法国 Lacq aupweieur	下白垩统石灰岩	15.2
德国南奥尔登堡气田	二叠系白云岩	30.0
苏联阿斯特拉罕气田	石炭统	21.0
伊朗 MIS气田	侏罗系碳酸盐岩	26.0~40.0

我国含硫化氢天然气田分布也十分广泛,目前已经在四川、渤海湾、鄂尔多斯、塔里木和准噶尔等含油气盆地中都发现了含硫或高含硫天然气,其硫化氢含量变化区间很大,从微含硫化氢到天然气中硫化氢含量占 92% 以上。该类天然气主要集中分布在渤海湾盆地陆相地层的华北赵兰庄气田、胜利油田罗家气田和四川盆地海相地层的普光、渡口河、罗家寨、威远、卧龙河、中坝、铁山坡和龙门等气田。这些气田的硫化氢含量一般在 5%~92%,主要分布在碳酸盐岩和富含硫酸盐矿物的层系中(表 15-2)。

表 15-2　我国高含硫气田部分气井及硫化氢含量

盆地	气田	储集层系	井号	H₂S 含量/%	H₂S 浓度/(g/m³)
渤海湾	赵兰庄	孔店组	赵 2	92.00	1319.280
			赵 3	63.00	603.420
	罗家	明化镇组	罗 5	6.50	93.210
			罗 19	4.35	62.380
四川	中坝	雷口坡组	中 7	13.10	204.607
	卧龙河	嘉陵江组嘉五$^{1+2}$	卧 9	17.98	276.712
		嘉陵江组嘉四^3	卧 63	31.95	491.490
		嘉陵江组嘉二^3	卧 24	6.99	107.610
	渡口河	飞仙关组	渡 1	16.21	231.930
			渡 2	16.24	232.310
			渡 3	17.06	244.050
	铁山坡	飞仙关组	坡 1	14.19	203.480
			坡 2	14.51	208.070
			坡 4	14.20	203.270
	龙门	飞仙关组	天东 55	17.41	249.660
			天东 56	8.52	120.920
	高峰场	飞仙关组	峰 4	7.07	101.380
	罗家寨	飞仙关组	罗家 1	10.49	150.010
			罗家 2	8.77	125.530
			罗家 4	7.13	102.070
			罗家 5	13.74	196.570
			罗家 6	8.28	118.520
			罗家 7	8.30	119.020
			罗家 9	12.93	184.980
	普光	飞仙关组	普光 1	12.31	183.350
			普光 2	15.82	204.150

华北赵兰庄气田是迄今为止国内已知硫化氢丰度最高的气田,也是世界上硫化氢丰度最高的气藏之一。已测试的赵 2 井含硫化氢 92%,赵 3 井含硫化氢 63%,是典型的特高含硫气田。该气田共有 40 层含硫化氢气层,含气面积 52km²,根据测试结果,推算硫的地质储量为 2700 多万吨。主要含油气层系为孔店组和沙四段,二者为一套厚度超过千米的硫酸盐岩、碳酸盐岩和砂泥岩互层的蒸发咸湖沉积建造,其中膏盐厚度超过 400m。孔店组和沙四段的含膏泥岩目前埋深在 3000～

4500m,是赵兰庄气田的主力源岩。

四川盆地是我国高含硫天然气分布最广的含油气盆地,"十五"期间探明的天然气中有 $990×10^8 m^3$ 高含硫天然气,目前,四川盆地高含硫天然气探明地质储量已经超过 $3500×10^8 m^3$。该地区含硫化氢地层主要有三叠系飞仙关组、嘉陵江组和雷口坡组,石炭系和震旦系硫化氢含量较低。高含硫化氢气田主要是近几年在川东地区三叠系飞仙关组发现的,渡口河、罗家寨、铁山坡和普光等气田为川东和川东北高含硫化氢气田的代表。这些飞仙关组鲕滩气藏硫化氢含量多数在 5% 以上,部分含量可达 15%～17%,平均在 10% 以上。

济阳坳陷沾化凹陷南斜坡的罗家气田是胜利油田目前发现的唯一高含硫化氢气田,硫化氢含量在 3%～8%。其储集层为沙四段,是一套由膏岩、泥膏岩、白云岩、泥灰岩、油页岩和砂砾岩体组成的储集层,其中,泥膏岩、白云岩、泥灰岩、油页岩为罗家气田的主力源岩。

15.1.2　我国高含硫气田地质特征

天然气中硫化氢含量的高低与气藏储层类型、硫化氢成因有密切的关系。根据我国硫化氢发育气藏所在地层的认识和研究,高含硫化氢气田(气藏)储集层具有以下一些特征。

(1) 储层组合类型主要为碳酸盐岩或碳酸盐-硫酸盐岩组合。碳酸盐岩和碳酸盐-硫酸盐岩组合是高含硫化氢气藏所在地层组合的主要组成部分,其中,在碳酸盐-硫酸盐岩组合中,硫酸盐有两种赋存形式:一种形式是以层状与碳酸盐岩呈夹层或互层(如嘉陵江组、孔店组气藏),该组合类型特征是硫化氢含量很高,通常属于高含硫或特高含硫;另一种是以透镜状、团块状、星散状包容于碳酸盐岩中(如四川盆地东部建南气田长兴组生物礁气藏),该组合类型特征气藏通常属于低含硫-高含硫气藏。

(2) 储层类型主要为石炭型岩储层和白云岩型储层。石炭型岩储层以灰岩、白云质灰岩为主体,储集空间以裂隙为主,基质孔隙为辅;白云岩型储层以白云岩、灰质白云岩为主体,储集空间主要是孔隙型(溶孔、溶洞)和孔隙-裂缝型。

(3) 气藏埋深大,地层温度较高。例如,川东北部宣汉、开县地区的下三叠统飞仙关组气藏埋深 3000～4500m,地层温度大多在 100℃ 以上。

(4) 储层物性条件较差。储层物性表现为低孔、低渗或特低孔、特低渗的特征。例如,建南气田长二段北高点储层礁相岩心孔隙度最大为 17.4%,最小为 0.11%,平均为 1.35%,渗透率最大为 $16.39×10^{-3} \mu m^2$,最小为 $0.001×10^{-3} \mu m^2$,平均为 $0.266×10^{-3} \mu m^2$;长二段南高点生物滩相储层孔隙度最大为 4.6%,最小为 0.26%,平均为 0.82%,渗透率最高为 $7.3×10^{-3} \mu m^2$,最小为 $0.002×10^{-3} \mu m^2$,平均为 $0.283×10^{-3} \mu m^2$。该类气藏储层的这些特征,决定了储层改造的必要性。

15.2 含硫气藏相态特征与沉积模型

15.2.1 含硫气藏相态特征

使用加拿大 DBR 公司生产的 PVT 相态仪进行相态实验,研究含硫气藏相态特征。

实验所用样品为现场取得的罗家 6 井、罗家 7 井、罗家 9 井高含硫气样,在压力衰竭到 2MPa 时的组成如表 15-3 所示。

表 15-3 实验样品在低压条件下的组分组成

组分/%	He	H_2	CO_2	H_2S	N_2	C_1	C_2	C_3	iC_4	nC_4
罗家 6 井	0.02	0.010	5.32	8.34	0.40	85.83	0.08	0	0	0
罗家 9 井	0.02	0.020	6.98	11.30	1.06	81.51	0.04	0.01	0	0
罗家 7 井	0.02	0.004	6.28	8.34	0.30	84.97	0.07	0.01	0	0

1. 实验现象

当温度升高到一定温度时,硫会开始熔解,熔化的硫慢慢地向玻璃筒壁四周扩散,保持该温度,发现硫继续熔化,以致完全熔解,发生沿着玻璃筒壁向下流动现象(图 15-1(a))(张地洪等,2005)。

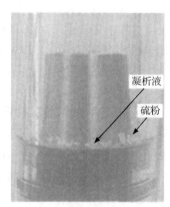

(a) 硫在酸气中固液转化状态　　(b) 罗家6井降压过程液体析出现象　　(c) 锥形活塞上液体析出状况

图 15-1　实验状况

通过对罗家寨几口井的相态进行研究,发现这几口井的相态有不同特征:罗家 7 井在各个不同温度下,无论升压或降压,没有新相生成,整个过程都维持在单相状态;而罗家 6 井和罗家 9 井在降压过程中出现了液体析出现象,也就是说出现了露点。并且随着压力的降低,析出的液滴越来越多,继而互相聚合,液滴变得越来越大,最后产生向下流动现象,整个过程如图 15-1(b)所示。为了进一步观察析出的液体状况,实验完毕后,取出相态室中的玻璃筒,发现锥形活塞上端面和锥形活塞的侧面布满了蛛丝状黏稠液体,液体的黏度较大,晃动玻璃筒,液体流动较为缓慢,此现象如图 15-1(c)所示。

2. 实验分析

1) 高含硫天然气中硫熔点变化特征

通过高含硫天然气中硫熔点测定实验,得出了以下数据(表 15-4)。

表 15-4　硫在高含硫天然气中的熔点

压力/MPa	0.1	6.0	12.0	15.0	20.3	42.0
熔点/℃	117.4	115.3	114.6	115.8	116.2	120.8

从表 15-4 可以看出,常压下,高含硫天然气中硫熔点为 117.4℃,比大气压下的熔点 118.9℃低;并且随着压力增大,硫熔点先随着压力减小,减小到某一值后又随压力增大而增大。

2) 高含硫气藏相态特征

根据露点测定和偏差因子实验结果,利用引进的 Pro5.0 相态软件,通过调节相关系数、重组分分子量以及偏心因子,得出了罗家 7 井、罗家 6 井相图如图 15-2 和图 15-3 所示。由图可以看出,罗家 6 井与罗家 7 井的流体相态截然不同,在 0℃ 以上,罗家 7 井的流体在任何压力下,除了有固态硫析出的可能性,始终为单相特征,不会有液相析出。而罗家 6 井则不然,在压降的过程中,除了有固态硫析出的可能性,当压力降到露点压力以下时,会有液相出现。图 15-3 中的点 C 表示临界点,其温度为 −67.4℃,压力为 7.314MPa;Tf 表示地层条件:温度为 93.5℃,压力为 42.010MPa;点 1、2、3、4、5 分别表示实测露点;图 15-3 中的几条曲线为等液量线。从它们的相态不同性可得出以下观点。

(1) 从表 15-3 罗家 6 井低压时的组分组成可以看出:低压时,其 C_3 以上组分含量较少,具有干气特征。但高压取样得出的相图显示:罗家 6 井高压流体中一定含有重组分。这就说明低压取样会造成重组分丢失,为了真实反映高含硫气藏的相态,高压取样很有必要。

(2) 高含硫天然气中硫醇和硫醚在高压时含量的多少是引起罗家 7 井与罗家 6 井相态不同的根本原因。通过检验罗家 6 井析出的液体的组分组成,结果显示

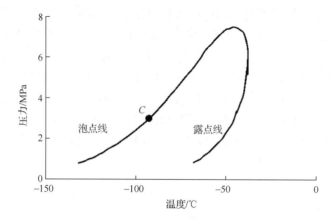

图 15-2　罗家 7 井拟合相图

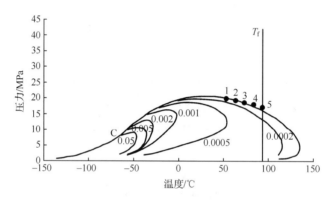

图 15-3　罗家 6 井拟合相图

析出液体的组分分布范围为 $C_9 \sim C_{27}$，为典型轻质柴油特征，这说明高含硫天然气中在高压条件下，确实含有较重组分，这些组分在高压状况下溶于气相中，一旦温度和压力降低，必将凝析出来。从低压时高含硫气样中含有硫醇和硫醚可分析得出，这些重组分很可能为硫醇和硫醚，硫醇和硫醚在高压时含量的不同引起了罗家 7 井和罗家 6 井相态的差异。

15.2.2　硫沉积机理

　　元素硫的溶解与沉积是高含硫气体与常规气体的最大区别，也是高含硫气体中一个最重要的研究内容。由于富含硫化氢和二氧化碳等酸性气体，元素硫能以多种形式存在于高含硫气体中。

　　硫在硫化氢中的溶解是指在一定的条件下，硫单质能分散在 H_2S 气体中，使整个混合物呈现单一气相。硫的溶解包括化学溶解和物理溶解两种方式。

1. 化学溶解

研究表明,在高含硫气藏中,元素硫在地层条件下将与 H_2S 反应生成多硫化氢,即

$$H_2S + S_x \xrightarrow{\text{一定压力和温度}} H_2S_{x+1}$$

该化学反应是一个可逆反应,适用于高温高压地层。当地层温度和压力升高时,化学反应平衡向生成多硫化氢的右方进行,元素硫被结合成多硫化氢形式,多硫化氢的结构式可见图 15-4;反之,当地层温度和压力降低时,则化学反应平衡向左进行,此时多硫化氢分解,从而生成更多的硫化氢和元素硫。当气相中溶解的元素硫达到其临界饱和度时,继续降低地层温度和压力,则元素硫就会沉积下来。

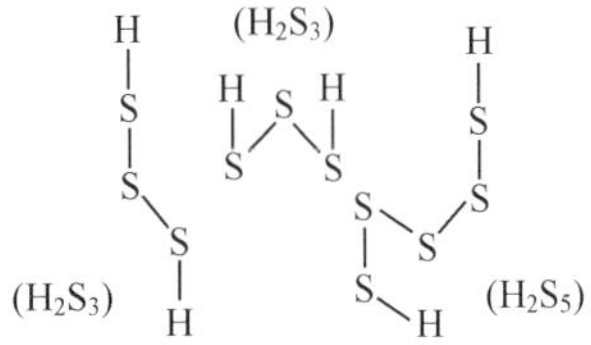

图 15-4　硫的化学溶解结构式

2. 物理溶解

元素硫在渗流通道中的沉积机理除了化学分解作用,还包括物理因素所引起的沉积。物理沉积的机理主要包括两方面:其一是元素硫在饱和液体中的结晶作用;其二是流体动能和渗流通道对元素硫的携带和捕获作用。除多硫化氢(H_2S_9)分解可以致使硫沉积,硫在稠密流体相中的物理溶解与解析也不容忽视。当温度高于临界温度时,不存在液体溶剂。然而,高压下的酸性气流对硫却有显著的物理溶解能力。国外的学者通过实验研究,得到了酸性气体中硫的溶解度定量数据,测得了硫在纯 H_2S 气体的溶解度(图 15-5)。图 15-5 表明,随着压力的升高,硫在 H_2S 中的溶解度是增加的,但在不同温度和压力下,具有不同的变化趋势。当总

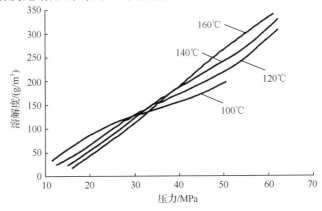

图 15-5　硫在纯 H_2S 气体的溶解度(Brunner et al.,1980)

压力小于 30MPa 时,硫在 H_2S 中的溶解度随温度升高而减小;当总压力大于 30MPa 时,则随温度升高而增加。

由前面的硫在天然气中的溶解度的影响因素分析结果可知,天然气中 C_6 以上的有机烃类物质,即重质组分,是硫的天然溶剂。气体中 C_6 以上组分含量越高,气流对硫的携带能力就越强,硫沉积越不容易发生。C_6 以上组分含量小于 0.5% 时,容易发生硫沉积致使地层堵塞。在气藏开采过程中,随着地层能量的不断消耗,天然气中的重质组分首先从气体中凝析出来。这样,气体中的 C_6 以上组分含量不断降低,天然气的携硫能力随之下降,在达到一定的饱和度之后促使元素硫从天然气中沉积出来。同时,天然气流也能携带元素硫微滴。这些微滴以颗粒形式悬浮于天然气流中,随机分布于地层孔喉空间。在高稠度高压缩的天然气体中,当天然气开始流动时,气流能给其周围的硫颗粒产生影响,使悬浮的硫颗粒获得加速度而与天然气一起流动。沿流动方向气流速度梯度越大,硫颗粒获得的作用力也越大,其运动加速也越快。同时,这些悬浮于地层孔隙空间的微滴本身可以溶解适量的硫化氢气体,在一定的温度和压力条件下,这些气体能够致使元素硫微滴内晶体(一般为 S_8 环状分子结构,如图 15-6 所示)的化学键破裂,变成开键状的分子,使得元素硫熔点降低,从而导致元素硫发生相变而加剧其凝固速度,造成沉积。

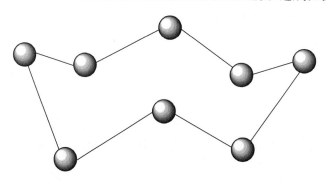

图 15-6　S_8 环状结构图

实验研究结果表明,以 H_2S 或 CH_4-H_2S 混合物为介质时,起初硫熔点随压力的升高而降低,到达最低点之后又随压力升高而呈线性上升趋势。此熔点的最低值随介质中 H_2S 含量的增加而降低;当 H_2S 含量为 25% 时,在压力约为 20MPa 时降为最低点 100℃。因此,H_2S 含量越高,硫的熔点越低,悬浮于气流中的硫滴越容易发生固化。当固化开始时,微滴的核心将催化其周围的液滴元素硫,以很快的沉积速度聚积固化。这种现象可以用相态理论加以解释,并将其称为瞬间相态变化引起的元素硫的沉积。

15.3　硫沉积-堵塞预测模型

15.3.1　固态硫沉积模型

假设如下：

(1) 流体处于半稳定流态的单相流动；

(2) 地层温度恒定；

(3) 恒定流量；

(4) 地层均质；

(5) 渗流模型为平面径向流模型(图 15-7)；

(6) 流动满足达西定律。

下面分四种情况讨论地层中元素硫的沉积-堵塞预测模型。

由地层含水饱和度，近似地引入地层含硫饱和度的概念，即析出的硫占据孔隙空间体积百分比。s_s 为地层含硫饱和度，$s_s = \dfrac{V_s}{V_\phi}$，$V_s$ 为析出硫体积，V_ϕ 为地层孔隙体积。

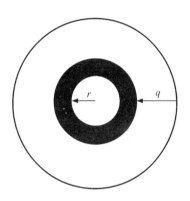

图 15-7　含硫气井渗流径向流模型

(1) 当天然气含硫未达到饱和，不会析出元素硫，地层不发生硫沉积：

$$s_s = 0, \quad C < C_p \tag{15-1}$$

(2) 当天然气含硫达到饱和态，且流速未达到气体携带析出的硫的临界流速 V_c 时，则由达西定律可得

$$v = -10^{-2} \frac{K}{\mu} \frac{\mathrm{d}p}{\mathrm{d}r} = 1.842 \times 10^{-2} \frac{qB_g}{hr} \tag{15-2}$$

设 r 处 t 时刻内因为压力下降而析出的硫体积为 V_s，则

$$\mathrm{d}V_s = \frac{qB_g \left(\dfrac{\mathrm{d}C}{\mathrm{d}p}\right)\mathrm{d}p\mathrm{d}t}{\rho_s} = 4.983 \times 10^{-3} qB_g \left(\frac{\mathrm{d}C}{\mathrm{d}p}\right)\mathrm{d}p\mathrm{d}t \tag{15-3}$$

式中，$\dfrac{\mathrm{d}C}{\mathrm{d}p}$ 为单位压降下天然气中元素硫溶解度的改变量(g/cm³)；ρ_s 为固体硫的密度(2.07g/cm³)；t 为生产时间(d)。

由地层孔隙度定义可以导出硫沉积时，孔隙度变化率 $\Delta\phi$ 的微分关系：

$$\mathrm{d}\Delta\phi = \frac{\mathrm{d}V_s}{V_{孔隙}} = \frac{\mathrm{d}V}{2\pi r h \phi_0 \mathrm{d}r} \tag{15-4}$$

将式(15-3)代入式(15-4)得

$$d\Delta\phi = \frac{0.793 \times 10^{-3} q B_g \left(\dfrac{dC}{dp}\right)_T}{rh\phi_0} \frac{dp}{dr} dt \tag{15-5}$$

将式(15-2)代入式(15-5)得

$$\frac{d\Delta\phi}{dt} = 1.46 \times 10^{-3} \frac{q^2 B_g^2 \left(\dfrac{dC}{dp}\right)_T}{kh^2 r^2 \phi_0} \tag{15-6}$$

通常情况下,假设析出的硫不流动,析出后即在开始析出的位置沉积,但是这是不符合实际情况的。在真实情况下,硫是伴随着天然气流动而在压力降低的情况下达到饱和而析出的,因此,在气体流度足够大,或由于惯性作用,气流会携带析出的固体硫向前运移 τ 时刻,将其定义为孔隙度随固体硫析出而变化的延迟时间。根据 Civan(2001)对地层非平衡沉积过程中沉积物体积与孔隙度的关系研究,可以近似地给出描述孔隙度变化量与地层含硫饱和度的关系:

$$s_s = \Delta\phi + \tau \frac{d\Delta\phi}{dt} \tag{15-7}$$

设微分方程的初始条件为

$$s_s = 0, \quad \Delta\phi = 0, \quad t = 0 \tag{15-8}$$

对式(15-7)两边同时求导可得

$$\frac{ds_s}{dt} = \frac{d\Delta\phi}{dt} + \tau \frac{d^2\Delta\phi}{dt^2} \tag{15-9}$$

Roberts(1997)的研究表明,地层发生硫沉积时地层相对渗透率与含硫饱和度的关系为

$$\ln k_r = a s_s \tag{15-10}$$

即

$$\ln\left(\frac{k}{k_0}\right) = a s_s \quad \text{或} \quad k = k_0 \exp(a s_s) \tag{15-11}$$

式中,a 是经验系数,恒为负值,由实验测定的渗透率与地层含硫饱和度的实验数据关系并用线性回归法确定;k_0 和 k 分别表示地层初始渗透率和发生沉积时瞬时地层渗透率。

将式(15-11)代入式(15-6)可得

$$\frac{d\Delta\phi}{dt} = 1.46 \times 10^{-3} \frac{q^2 \left(\dfrac{dC}{dp}\right)_T \mu_g B_g^2}{k_0 \phi_0 h^2 r^2} \exp(-a s_s) \tag{15-12}$$

令

$$m = 1.46 \times 10^{-3} \frac{\left(\dfrac{dC}{dp}\right)_T \mu_g B_g^2}{k_0 \phi_0} \tag{15-13}$$

则

$$\frac{\mathrm{d}\Delta\phi}{\mathrm{d}t} = \frac{q^2 m}{h^2 r^2}\exp(-as_{\mathrm{s}}) \tag{15-14}$$

继续对方程两边求时间偏导,得

$$\frac{\mathrm{d}^2\Delta\phi}{\mathrm{d}t^2} = \frac{amq^2}{h^2 r^2}\exp(-as_{\mathrm{s}})\frac{\mathrm{d}s_{\mathrm{s}}}{\mathrm{d}t} \tag{15-15}$$

将式(15-14)、式(15-15)代入式(15-9),并整理得

$$\left[1 + \tau\frac{amq^2}{h^2 r^2}\exp(-as_{\mathrm{s}})\right]\frac{\mathrm{d}s_{\mathrm{s}}}{\mathrm{d}t} = \frac{mq^2}{h^2 r^2}\exp(-as_{\mathrm{s}}) \tag{15-16}$$

将方程合并同类项并分离变量积分得

$$t = \frac{h^2 r^2}{amq^2}\left[\exp(as_{\mathrm{s}}) - 1\right] + \tau as_{\mathrm{s}} \tag{15-17}$$

式(15-17)是饱和气流条件下硫沉积模型的精确解析解,它描述了硫沉积量(含硫饱和度)与生产时间、产量、井半径等参数的函数关系。

特别地,当延迟时间为 0 时,式(15-17)可写为

$$s_{\mathrm{s}} = \frac{1}{a}\ln\left(\frac{amq^2}{h^2 r^2}t + 1\right) \tag{15-18}$$

其结果与不考虑沉积的时间延迟所描述的结论完全一致,说明这个模型具有良好的包容性和准确性。

(3)当天然气流处于饱和态且气流速度 V 达到气体携带析出的元素硫的临界流速 V_{ce} 且小于机械冲刷解堵流速 V_{cup} 时:

$$s_{\mathrm{s}} = s_{\mathrm{si}}, \quad V_{\mathrm{ce}} \leqslant V \leqslant V_{\mathrm{cup}} \tag{15-19}$$

(4)当天然气流处于饱和态且气流速度 $V \geqslant V_{\mathrm{cup}}$ 时,气流对已经沉积到孔隙介质表面的元素硫具有冲刷清洗的作用,使得黏附在孔隙介质表面的固态硫颗粒从介质表面分离出来,并在气流能量作用下被携带向井底方向流去,则

$$s_{\mathrm{s}} = 0, \quad V \geqslant V_{\mathrm{cup}} \tag{15-20}$$

综上所述,可以将硫在地层中的沉积-堵塞过程划分为四个区域:

(1)非含硫饱和状态下的无硫沉积区;

(2)气流能量小,不足以携带从饱和气流中析出的元素硫的硫稳定沉积-堵塞区;

(3)水动力携硫区;

(4)水动力机械冲刷解堵区。

为了方便描述,且地层气流流速也是径向距离 r 的函数,因此,可以进一步将以上四个分段函数综合表示为关于径向距离为分段条件的函数,即

$$s_s = 0, \quad r \geqslant R_p$$

$$t = \frac{h^2 r^2}{amq^2}[\exp(as_s) - 1] + \tau as_s, \quad R_{ce} < r < R_p \qquad (15\text{-}21)$$

$$s_s = s_{si}, \quad R_{cup} < r < R_{ce}$$

$$s_s = 0, \quad r < R_{cup}$$

式中，R_p 为地层含硫饱和度临界半径(m)；R_{ce} 为气体水动力携硫临界半径(m)；R_{cup} 为气体水动力冲刷解堵临界半径(m)。

其理论曲线如图 15-8 所示。图 15-8 描述了在径向流动方向上硫在地层中沉积、塞所必需的条件及出现的次序，即在严格满足硫沉积-堵塞预测模型所描述的地层及流速条件下，由井筒至井的有效控制边界上，依次出现水动力冲刷解堵区、水动力携硫区、硫稳定沉积堵塞区和无硫沉积区。当气流流速较低，但气流仍被硫所饱和时，水动力冲刷解堵区、水动力携硫区依次从图 15-8 的左端消失，硫稳定沉积堵塞区和无硫沉积区向井筒靠拢；当气流在到达井筒处仍处于未饱和状态时，即图中的 $R_p \leqslant R_w$ 时，在整个流动方向上均无硫沉积发生。

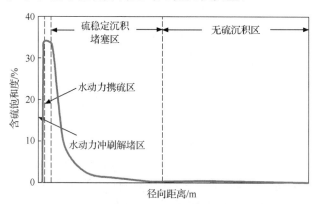

图 15-8　硫沉积-堵塞预测模型理论曲线

15.3.2　颗粒悬浮条件

1. 固体颗粒悬浮临界流速

固相硫颗粒在气流中的受力因状态的不同而不同，在运动状态下主要的作用力大致包括：运动阻力、压力梯度力、视质量力、巴塞特(Basset)力、马格努斯(Magnus)力、萨夫曼(Saffman)升力以及重力和浮力等(Roberts, 1997)。

由图 15-9 分析可知，当球形硫颗粒在垂向上的合力为 0 时，即

$$F_{ML} + F_{SL} + F_b + G = 0 \qquad (15\text{-}22)$$

式中，$F_{ML} = \pi r_p^3 \beta_f \omega (V_f - V_p)(1 + 0(Re))$，其中，$\omega$ 为颗粒旋转速度(rad/s)；

$$F_{SL} = 6.44 (\mu \rho_g)^{1/2} r_p^2 (V_f - V_p) \left| \frac{dV_f}{dy} \right|^{1/2} \tag{15-23}$$

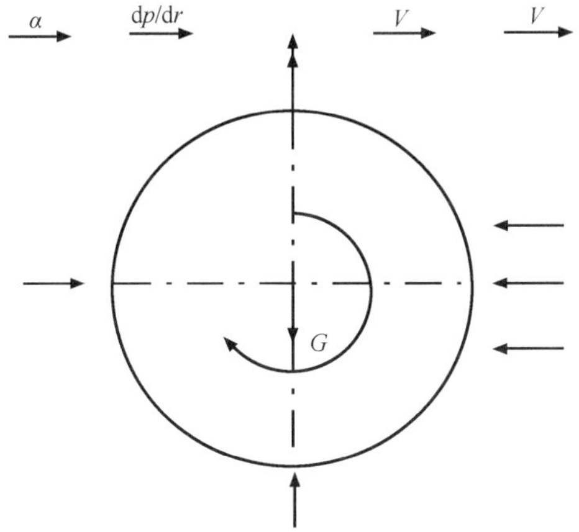

图 15-9　硫颗粒受力分析

硫颗粒在垂向的受力保持平衡,在该方向上不产生沉降。故由前面的分析可知,当满足如下代数关系式时,硫颗粒在将被气流携带而向井底方向运移。

$$\pi r_p^3 \beta_f \omega (V_f - V_p) + 6.44 (\mu \rho_g)^{1/2} r_p^2 (V_f - V_p) \left| \frac{dV_f}{dy} \right|^{1/2} - \frac{4}{3} \pi r_p^3 (\rho_p - \rho_f) = 0 \tag{15-24}$$

若速度梯度为常数,即 $\dfrac{dV_f}{dy} = C$,将式(15-24)整理得

$$V_{cf} = V_p + \frac{4 r_p (\rho_p - \rho_f)}{3 r_p \rho_f \omega + 6.15 C (\mu \rho_g)^{0.5}} \tag{15-25}$$

2. 不规则颗粒及颗粒群悬浮临界流速

实际情况下,从井底到地面是一个压力和温度均降低的过程,随着外界条件的不断改变,从天然气中析出单质硫的量不断增多,它们并不完全以单颗粒球体的形式运移,更多的是以不规则颗粒及颗粒群一起运移。

1) 不规则颗粒的悬浮速度

当颗粒质量、密度已知时,将其换算成同体积的球体,该球体直径就是所求的不规则颗粒的当量直径:

$$d'_p = 1.24 \left(\frac{M}{\rho_p} \right)^{1/3} \tag{15-26}$$

假定不规则形颗粒和其相应的当量球体都处于悬浮状态,对于不规则颗粒:

$$V_{cf} = V_p + \frac{2 d'_p (\rho_p - \rho_f)}{1.5 d'_p \rho_f \omega + 6.15 C (\mu \rho_g)^{0.5}} \tag{15-27}$$

2) 颗粒群悬浮速度的计算

在井筒中,由于硫颗粒的尺寸并不均匀,导致其受力大小也不相同,这就造成悬浮分级,引起运动方向有效截面积沿气流方向逐渐变大。所以要考虑在井筒中混合流体中以一定的气固比以及颗粒群的悬浮分级。

受井筒管柱壁面影响的颗粒悬浮速度为

$$V'_{cf} = V_{cf}\left[1 - \left(\frac{d_p}{D}\right)^2\right] \tag{15-28}$$

式中,$1 - \left(\frac{d_p}{D}\right)^2$ 可以看做流体流通的有效截面系数。

3. 机械冲刷解堵流速

下面以固相硫颗粒与孔隙壁面接触瞬间为例分析(曾顺鹏等,2009)。如图 5-10 所示,假设半径为 R 的微粒与半径为 R_s 的孔壁骨架接触,流速为 V_f,则微粒受到水动力(分解为水平方向推力 F_x 和向上伸力 F_z),自身重力 F_G、微粒与孔壁之间相互吸引的范德华力 F_A,有的微粒还会受到扩散双电层斥力 F_D。

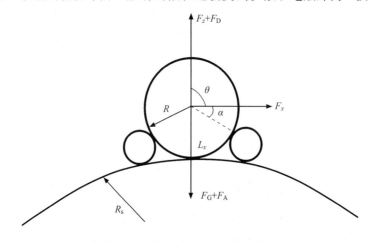

图 15-10　孔隙壁面上硫颗粒受力分析

通过孔隙表明固相硫颗粒受力分析可知,颗粒在地层孔道中黏附或沉积,主要受气流水动力、重力和范德华力的影响。

硫颗粒从孔隙表面分离(分散),应满足如下受力条件:

$$(F_D + F_z)L_x + (F_G\cos\theta + F_x)L_z > (F_G\sin\theta + F_A)L_x \tag{15-29}$$

由式(15-29)分析可以看出,当重力与硫颗粒的运动方向的夹角为 90°时,所需气流速度最大,且式(15-29)可简化为

$$(F_D + F_z)L_x + F_xL_z > (F_G + F_A)L_x \tag{15-30}$$

式中

$$F_A = 1.13 \times 10^{-14} DRR_s \left[\frac{1}{D^2 - (R + R_s)^2} - \frac{1}{D^2 - (R - R_s)^2} \right]^2$$

$$F_G = \frac{4}{3} \pi \times 10^{-15} (\rho_s - \rho_f) gR^3$$

$$F_x = 2.83 \frac{\mu R A_s V \sin\theta}{R_s} (H + 1) F_1(H) 10^{-10}$$

$$F_z = 2.83 \frac{\mu R^3 A_s V \sin\theta}{R_s^2} (H + 1) F_2(H) 10^{-10}$$

联立求解可以得到临界流速：

$$v_{sf} = \frac{R_s^2 (F_G + F_A - F_D) \cos\theta}{9 \pi \mu R^2 A_s (H + 1) [F_1(H) R_s \sin\theta + R(H + 1) F_2(H) \cos\theta]} \quad (15\text{-}31)$$

第16章 有水含硫气藏具有硫沉积的复杂渗流数学模型

16.1 变相态复杂渗流数学模型

高含硫气藏是具有高危性和特殊性的酸性气藏。高危性体现在硫化氢气体的剧毒性和强腐蚀性两方面。同时高含硫气藏在开发上还具有与常规气藏不同的特殊性,主要表现为元素硫的运移、沉积,油相、气相发生相间的传质现象。由于地层压力和温度不断下降,元素硫在高含硫气体中的溶解度不断减小,元素硫析出形成硫粒子,微粒随气流在孔隙中运移,出现气固渗流现象。运移过程中由于气流速度减小,微粒聚集而发生微粒沉降和堵塞孔喉。另外含硫气体的相态变化较为复杂,随着温度和压力的降低会出现气固、气液固、气液多种相态,硫可以气、液、固三态存在。相变特性会导致储层内油气饱和度的变化,硫沉积在多孔介质表面引起孔隙性质改变,从而影响和改变了气体和液体的渗流。气、液、固在储集层中的微观空间分布会影响气体的流动。相变特性也会导致温度场及孔隙流体压力分布改变,从而影响和改变了气体渗流的特性和过程;同时由于近井带流体高速流动,流体运动符合广义达西定律。为了更加准确地描述伴有硫沉积的气液固变相态多相渗流规律,建立了此类变相态多相复杂渗流数学模型。

16.1.1 多孔介质中气-液-固混合渗流模型

1. 基本假设

在气藏中,流体及岩石满足如下条件:①储层内存在的水、气两相流体流动均符合非达西渗流规律;②岩石微可压缩;③油气体系存在 N 个固定烃类拟组分,这 N 个固定拟组分能较确切地反映油气流体间相间传质,同时也能满足石油化工及气藏开发的要求;④渗流过程视为等温过程;⑤硫固相被认为是不可压缩的物质;⑥硫吸附在孔隙介质,部分随气、液携带流动,硫沉积是通过相平衡和硫沉积规律来考虑;⑦相变和流动过程中没有发生化学作用,物质特性(如密度、热容、热传导系数)是不变的。

2. 渗流微分方程

1) 质量守恒方程

气相：

$$\phi \frac{\partial \left[\rho_{Lg} R_s s_l + (1 - y_c - z_c) \rho_g s_g \right]}{\partial t} = -\nabla \left[\rho_{Lg} R_s v_l + (1 - y_c - z_c) \rho_g v_g \right]$$

$$(16-1)$$

液相：

$$\phi \frac{\partial (\rho_l s_l + y_c \rho_g s_g)}{\partial t} = -\nabla (\rho_L v_l + y_c \rho_g v_g) \tag{16-2}$$

混合物：

$$\phi \frac{\partial (\rho_l s_l + \rho_{lg} R_s s_l + \rho_g s_g + \rho_s s_s)}{\partial t} = -\nabla (\rho_l v_l + \rho_{lg} R_s v_l + \rho_g v_g + \rho_s v_s)$$

$$(16-3)$$

式中，ϕ 为孔隙度；ρ_g、ρ_{lg}、ρ_l 分别为气相、液相中溶解的气、液相在正常条件下的密度；R_s 为溶解气油比；s_l 为液相饱和度；s_g 为气相饱和度；v_g 为气相速度；v_l 为液相速度；v_s 为固相速度；y_c 为气相中的液体硫组分；z_c 为气相中的固化硫组分；t 为时间。

2) 动量方程

气、液在多孔介质中流动，特别是在井筒附近，流体运动速度高，符合广义达西定律，气、液平面径向流情况下可写为

气相：

$$v_g = \frac{KK_{rg}}{\mu_g} \nabla p = \frac{KK_{rg}}{\mu_g} \frac{\partial p}{\partial r} \tag{16-4}$$

液相：

$$v_l = \frac{KK_{rl}}{\mu_l} \nabla p = \frac{KK_{rl}}{\mu_l} \frac{\partial p}{\partial r} \tag{16-5}$$

式中，K 为绝对渗透率；K_{rg}、K_{rl} 分别为气相和液相的相对渗透率；μ_g、μ_l 分别为气相和液相的黏度。

固相，硫随气体向压力降低的方向流动，流动过程具有悬移运动和推移运动。运动速度与颗粒启动时的摩阻流速、气相速度有关：

$$v_s = \alpha_s (v_g - v_{gc}) \tag{16-6}$$

$$v_{gc} \propto P_c \tag{16-7}$$

式中，v_{gc} 是颗粒启动时的摩阻流速；p_c 为毛管压力；p 为压力；r 为径向距离；α_s 为方程系数。

3. 气-液-固混合渗流不稳定渗流微分方程

将式(16-4)~式(16-6)代入式(16-3)，得到如下方程：

$$\frac{1}{r}\frac{\partial}{\partial r}\left\{rK\left[\frac{K_{rl}}{\mu_l B_l}(\rho_L+\rho_{lg}R_s)+\frac{K_{rg}}{\mu_g B_g}(\rho_g+\rho_s\alpha_s)\right]\right\}$$

$$=\frac{\partial}{\partial t}\left[\phi\left(\frac{\rho_l s_l+\rho_{lg}R_s s_l}{B_l}+\frac{\rho_g s_g}{B_g}+\rho_s s_s\right)\right] \tag{16-8}$$

式中，B_g、B_l 分别为气相和液相的体积系数。

从式(16-8)可以看出，各项参数均与压力有关，方程是非线性的。为了使方程便于使用，引入虚拟压力函数 $\psi(p)$：

$$\psi(p)=\int_{p_b}^{p}\left[\frac{K_{rl}}{\mu_l B_l}(\rho_l+\rho_{lg}R_s)+\frac{K_{rg}}{\mu_g B_g}(\rho_g+\rho_s\alpha_s)\right]dp \tag{16-9}$$

应用平均法，从而将式(16-8)改写为

$$\frac{1}{r}\frac{\partial}{\partial r}\left\{r\frac{\partial\psi}{\partial r}\right\}=\frac{1}{D_h}\frac{\partial\psi}{\partial t} \tag{16-10}$$

$$D_h=\frac{K}{\phi}\frac{\left[\frac{K_{rl}}{\mu_l B_l}(\rho_l+\rho_{lg}R_s)+\frac{K_{rg}}{\mu_g B_g}(\rho_g+\rho_s\alpha_s)\right]}{s_l\frac{\rho_l+\rho_{lg}R_s}{B_l}+\frac{\rho_g(1-s_l-s_s)}{B_g}+\rho_s s_s} \tag{16-11}$$

式中，p_b 为饱和压力；D_h 为定义的中间变量。

4. 液相饱和度与压力关系

$$R_Z=\frac{\frac{K_{rl}}{\mu_l B_l}\rho_{Lg}R_s+\frac{K_{rg}}{\mu_g B_g}\rho_g(1-y_c-z_c)}{\frac{K_{rl}}{\mu_l B_l}\rho_{ls}+\frac{K_{rg}}{\mu_g B_g}\rho_g y_c} \tag{16-12}$$

利用 $\nabla p\mid_{r=r_e}=0$，则液饱和度方程为

$$\frac{dS_o}{dp}\frac{S_o\left(\frac{\rho_{og}R_s}{B_o}\right)'+S_g\left[\frac{\rho_g(1-y_c-z_c)}{B_g}\right]'-R_Z\left[S_g\left(\frac{\rho_g y_c}{B_g}\right)'+S_o\left(\frac{\rho_o}{B_o}\right)'\right]}{R_Z\left(\frac{\rho_o}{B_o}-\frac{\rho_g y_c}{B_g}\right)+\frac{\rho_g(1-y_c-z_c)}{B_g}-\frac{\rho_{og}R_s}{B_o}}$$

$$\tag{16-13}$$

式中，R_Z 为定义的中间变量。

5. 辅助方程

毛管力、相对渗透率方程：

$$K_{ro}=K_{ro}(S_g,N_c,\sigma_{og}) \tag{16-14}$$

$$K_{rg}=K_{rg}(S_g,N_c,\sigma_{og}) \tag{16-15}$$

$$p_g=p_o+p_{cog}(S_g,N_c,\sigma_{og}) \tag{16-16}$$

式中，N_c 为毛管数；σ_{og} 为油气界面张力；p_o 为油相压力；p_g 为气相压力；p_{cog} 为油气毛管力。

约束条件：

$$s_g + s_l + s_s = 1 \qquad (16\text{-}17)$$

式中，s_l 为液相饱和度。

6. 定解条件

1）气藏初始状态

$$P_o\big|_{\Omega+T}^{t=0} = T_{o\Omega+T}^0, \quad T\big|_{\Omega+T}^{t=0} = T_{\Omega+T}^0$$

2）边界状况

封闭外边界：

$$\nabla\Phi\big|_{\Gamma_{外}} = 0$$

定压外边界：

$$p\big|_{\Gamma_{外}} = p_o$$

定井底流压：

$$p\big|_{\Gamma_{内}} = \mathrm{const}$$

定井底常量：

$$f\left(\frac{\partial p}{\partial n}\right)\Big|_{\Gamma_{内}} = \mathrm{const}$$

式中，Ω 为研究域；T 为温度；$\nabla\Phi$ 为势梯度函数；$\Gamma_{外}$ 为外边界；$\Gamma_{内}$ 为内边界。

16.1.2　流动机理数学模型

1. 气-液-固三相相平衡热力学模型

1）逸度平衡方程

$$f_i^v = f_i^l = f_i^s \qquad (16\text{-}18)$$

$$f_i^v = x_i^v \phi_i^v p \qquad (16\text{-}19)$$

$$f_i^l = x_i^l \phi_i^l p \qquad (16\text{-}20)$$

$$f_i^s = a_i^s f_i^{os} = x_i^s r_i^s f_i^{os} \qquad (16\text{-}21)$$

式中，f_i^v、f_i^l、f_i^s 分别为组分 i 在气相、液相、固相中的逸度；ϕ_i^v、ϕ_i^l 分别为组分 i 在气相、液相中的逸度系数；x_i^v、x_i^l、x_i^s 分别为组分 i 在气相、液相、固相中的物质的量组分；a_i^s、r_i^s 分别为组分 i 在固相中的活度、活度系数；f_i^{os} 为组分 i 在固相中的逸度；p 为压力。

2）平衡常数方程

气液平衡：

$$K_i^{vl} = \frac{x_i^v}{x_i^l} = \frac{\phi_i^l}{\phi_i^v} \qquad (16\text{-}22)$$

液固平衡：

$$K_i^{sl} = \frac{x_i^s}{x_i^l} = \frac{\phi_i^l p}{r_i^s f_i^{os}} \qquad (16\text{-}23)$$

3）固相参数

固体标准态的逸度 f_i^{os} 为

$$f_i^{os} = f_i^{bl} \exp\left\{ -\frac{\Delta H_i^f}{RT}\left(1 - \frac{T}{T_i^f}\right) + \frac{b_1 M_i}{R}\left(\frac{T_i^f}{T} - 1 - \ln\frac{T_i^f}{T}\right) + \frac{b_2 M_i}{2R}\left[\frac{(T_i^f)^2}{T} + T - 2T_i^f\right] \right\}$$

$$\qquad (16\text{-}24)$$

固体活度系数：

$$\ln r_i^s = \frac{V_i^s\,(\delta_m^s - \delta_i^s)^2}{RT} \qquad (16\text{-}25)$$

式中，H_i^f 为组分 i 的溶解焓；T_i^f 为组分 i 的溶解温度；M_i 为组分 i 的相对分子量；R 为通用的气体常数；b_1、b_2 为方程系数；δ_m^s 为固相混合物的溶解度参数；δ_i^s 为组分 i 的固相溶解度参数；V_i^s 为组分 i 的固相物质的量的体积；K_i^{yl}、K_i^{sl} 分别为气液、液固平衡常数；r_i^s 为固体活度系数。

4）气-液-固三相物料平衡方程

$$V + L + S = 1 \qquad (16\text{-}26)$$

$$V x_i^y + L x_i^l + S x_i^s = Z_i \qquad (16\text{-}27)$$

$$\sum x_i^y + \sum x_i^l + \sum x_i^s = \sum Z_i = 1 \qquad (16\text{-}28)$$

5）气-液-固三相闪蒸方程

根据气-液-固三相平衡时的物料守恒原则结合平衡常数的定义，可以导出气、液、固三相闪蒸模型方程：

$$\sum \frac{Z_i}{V(K_i^{yl} - 1) + S(K_i^{sl} - 1) + 1} = 1 \qquad (16\text{-}29)$$

$$\sum \frac{Z_i K_i^{yl}}{V(K_i^{yl} - 1) + S(K_i^{sl} - 1) + 1} = 1 \qquad (16\text{-}30)$$

$$\sum \frac{Z_i K_i^{sl}}{V(K_i^{yl} - 1) + S(K_i^{sl} - 1) + 1} = 1 \qquad (16\text{-}31)$$

式中，V、L、S 分别代表平衡时气相、液相和固相的物质的量的分数；Z 代表体系组分的总物质的量组成。

通常采用牛顿-辛普森方法求解方程组，可以获得气-液-固各相的平衡物质的量的分数 V、L、S 以及各相的物质的量组成 x_i^y、x_i^l、x_i^s。

2. 状态方程

体系状态方程选用 PR 状态方程，表达式如下：

$$p = \frac{RT}{V-b} - \frac{a\alpha(T)}{V(V+b)+b(V-b)} \tag{16-32}$$

$$a_i = 0.45724 \frac{R^2 T_{ci}^2}{p_{ci}} \tag{16-33}$$

$$b_i = 0.07780 \frac{RT_{ci}}{p_{ci}} \tag{16-34}$$

式中，R 为通用气体常数；T 系统温度；p 系统压力；T_c 临界温度；p_c 临界压力。

3. 溶解度计算模型

影响硫沉积的最主要因素是含硫天然气中硫的溶解度，硫在天然气中的溶解度越小，单质硫越难析出和沉积。为此建立单质硫在天然气中的溶解度预测模型是非常必要的。根据热力学及实验研究成果，酸性天然气中硫的溶解度与压力、温度的关系如下（黎洪珍等，2006）：

$$C = [M_a r_g/(ZRT)]\exp(-4666/T - 4571)P^4 \tag{16-35}$$

式中，C 为天然气的溶解度（g/m^3）；p 为压力（MPa）；T 为温度（K）；M_a 为干燥空气的相对分子质量（2897）；r_g 为天然气的密度；Z 为天然气的偏差因子；R 气体常数。

4. 硫沉积运移对渗透率影响数学模型

Roberts（1997）指出地层中的固体物质沉积将会对地层渗透率带来严重的伤害，且在孔喉的沉积堵塞比其在孔隙表面沉积堵塞对储层渗透率造成的伤害严重得多。实验表明地层渗透率下降近似满足如下经验关系（实验关系曲线见图 16-1）：

$$\frac{K}{K_0} = \exp(aS_s) \tag{16-36}$$

将 $t = \frac{h^2 r^2}{amq^2}[\exp(aS_s)-1] + \tau aS_s$ 代入式（16-36）可得

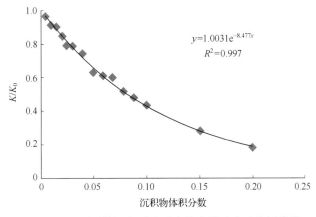

$$y=1.0031e^{-8.477x}$$
$$R^2=0.997$$

图 16-1　地层固体沉积对渗透率伤害影响实验分析曲线

$$\frac{K}{K_0} = 1 + \frac{amq^2}{h^2 r^2}(t - \tau a S_s) \tag{16-37}$$

16.2 数学模型方程的解

16.2.1 定产量解

$$\frac{1}{r} \frac{\partial}{\partial r}\left(r \frac{\partial \psi}{\partial r}\right) = \frac{1}{D_h} \frac{\partial \psi}{\partial t} \tag{16-38}$$

$$\psi(r,0) = \psi_i \tag{16-39}$$

$$\frac{1}{r} \frac{\partial \psi}{\partial r}\bigg|_{r=r_w} = \frac{m_t}{2\pi Kh} \tag{16-40}$$

$$\frac{\partial \psi}{\partial r}\bigg|_{r=r_e} = 0 \tag{16-41}$$

对于不稳定渗流初期,气液渗流压降解为

$$\psi_i - \psi(r,t) = \frac{m_t}{4\pi Kh} \ln \frac{2.25 D_h t}{r^2} \tag{16-42}$$

井底压降为

$$\psi_i - \psi(r_w,t) = \frac{m_t}{4\pi Kh}\left(\ln \frac{2.25 D_h t}{r_w} + 2S\right) \tag{16-43}$$

式中,r_w 为井筒半径;m_t 为气井总质量流量;h 为储层有效厚度;ψ_i 为原始储层拟压力;r 为径向渗流距离;t 为井生产时间。

对拟稳定期,拟压降为

$$\psi_i - \psi(r,t) = \frac{m_t}{2\pi Kh}\left(\frac{2D_h t}{r_e^2} + \ln \frac{r_e}{r} - \frac{3}{4} + \frac{r^2}{2r_e^2}\right) \tag{16-44}$$

井底压降为

$$\psi_i - \psi(r_w,t) = \frac{m_t}{2\pi Kh}\left(\frac{2D_h t}{r_e^2} + \ln \frac{r_e}{r_w} - \frac{3}{4} + S_H\right) \tag{16-45}$$

式中,S_H 井表皮系数;$\psi(r_w,t)$ 为生产 t 时刻的井底拟压力;$\psi(r,t)$ 为生产 t 时刻距井 r 处的拟压力。

16.2.2 产能方程

根据模型方程及解,得出井拟稳定产能方程如下:

$$m_t = 2\pi Kh \frac{\bar{\psi} - \psi(r_w,t)}{\ln \frac{r_e}{r_w} - \frac{3}{4} + S_H} \tag{16-46}$$

式中,$\bar{\psi}$ 为储层平均压力。

第四部分 含 CO_2 火山岩致密气藏开发非线性渗流理论

第 17 章　我国含 CO_2 火山岩致密气藏的基本特征

17.1　我国含 CO_2 火山岩天然气藏的地质特点

17.1.1　火山岩气藏的岩性、构造特征

我国火山岩储集层的主要岩性是,富含气孔的玄武岩和安山岩,其次有角砾化玄武岩或安山岩。玄武岩和安山岩在形成过程中,形成大量原生的气孔构造。火山岩的气孔呈圆形、长圆形、蝌蚪形,它们大致平行于熔岩层分布;一般底部的气孔小而少,顶部的气孔大而多,但底部常发育特征的管状气孔。气孔构造最发育的火山岩称为浮岩,火山渣中气孔构造也很发育,多次频繁喷发形成的玄武岩、安山岩中也常发育。若气孔被次生矿物充填时,则形成杏仁状构造,常见的充填矿物有沸石、方解石、冰洲石、玉髓等。

火山岩的另一类重要原生构造是破裂构造,有放射状断裂、环状断裂、柱状节理、板状节理,以及纵节理、横节理、边缘节理等;这些断裂和节理共同发育、相互切割,构成破碎构造。

火山岩储集层有火山喷溢相、喷发相、隐爆相。其中,火山喷溢相又自上而下而分为:顶部原生破碎构造发育形成的角砾状火山亚相、上部气孔发育熔岩亚相、中部致密熔岩亚相、下部气孔发育熔岩亚相;除中部致密熔岩,均可成为储集层。喷发相主要形成火山集块岩、凝灰岩,它们介于火山岩和沉积岩之间,其孔渗条件受沉积环境、成岩作用的影响。隐爆相由隐爆角砾岩构成,不但可成为油气储集体,而且也是铜、钼、铁、锌、金、银等无机矿产形成的有利场所。

17.1.2　火山岩气藏的储渗条件

火山岩气藏的储渗空间是由孔、洞、缝组成的。我国火山岩气藏的储渗条件均有共同的特点:①储集空间主要是原生气孔、次生溶蚀孔(当表生风化、淋滤作用发育时)、各种裂缝和节理;②储层的渗流通道主要是各种成因的裂缝,而与正常碎屑岩储层以孔隙喉道为主要渗流通道的特点明显不同。其中,火山岩的裂缝普遍发育,但成因类型较多,最常见是原生破裂构造形成的裂缝,其次隐爆作用产生的次生构造裂缝,区域构造应力产生的构造裂缝少见。常见的火山岩储层岩性有具气孔构造和破裂构造的玄武岩或安山岩、隐爆火山角砾岩、溶蚀孔隙发育的火山角砾岩等。火山岩储层的原生气孔率普遍较高,但相互连通的有效孔隙度大小,往往决

定于各种裂缝发育对气孔的连通程度。因此,若原生气孔和破裂构造发育的火山岩,再叠加后期构造裂缝改造时,孔渗性能更好;但火山岩也易受到次生溶蚀作用,产生大量的黏土矿物,若黏土矿物沿各种裂缝面发育,会降低火山岩储层的渗流能力。

准格尔盆地石炭系玄武岩油气藏,其储集层岩性为蚀变玄武岩、碎裂玄武岩、玄武质角砾岩,并依据孔渗物性划分成五类不同储渗能力的油气储集层。四川盆地周公山二叠系玄武岩气藏的储集层,是我国西南地区分布最广的二叠纪峨眉山玄武岩,在周公山地区由多个喷发旋回组成,每个旋回表现为致密玄武岩—斑状玄武岩—气孔状玄武岩的结构韵律,柱状节理和构造裂缝发育,气孔大小一般为 2~5mm,最大达 10mm,沿玄武岩顶层呈星散状分布。气孔结构发育玄武岩是气藏主要储集层,储集类型为裂缝-气孔型,岩心孔隙度为 $0.29\% \sim 6.31\%$、平均为 3.37%;在测井曲线上,产气层段的补偿声波值很高,且跳波现象明显,深浅双侧向偏低且偏离较大。

我国火山岩型气藏均属裂缝-孔隙型气藏,火山岩能否成为有效储集层,破碎造成裂缝构成的网络发育程度起决定因素,大量气孔、溶孔通过裂缝网络相互连通是其成藏的必要条件;但无论原生裂缝,还是次生裂缝,其裂缝发育分布均有强烈的非均质性。因此,裂缝分布的非均质性,导致了火山岩储集层常具有明显的非均质性。

17.2 储层储渗特征实验

大庆火山岩气藏埋藏深,储层厚度大,岩石类型复杂,到目前已识别出八大类 21 种火山岩,主要储集岩有流纹岩、集块岩、火山角砾岩、凝灰岩等,储集空间复杂多样,有原生孔隙、次生孔隙和裂缝,以裂缝-孔隙组合型为主,孔隙结构复杂,非均质性强,对气田开发具有很大的挑战性。这里主要基于开发角度,通过系统的岩心实验分析,对火山岩储层储集空间、渗流特征、压力敏感性等方面进行实验研究和分析,为气田的产能预测和开发方案编制提供依据。实验样品主要取自升平和兴城气田,岩性主要有流纹岩、角砾岩、凝灰岩、集块岩、砂砾岩等。

17.2.1 岩石孔隙结构特征

1. 岩石孔隙结构类型

大庆火山岩的显著特征之一是孔隙结构特征复杂,孔隙类型多样,孔隙、裂缝特征明显,部分岩样气孔和裂缝发育但被充填严重,非均质性强。通过岩心描述、铸体薄片、常规压汞、恒速压汞、X-CT 等综合实验技术,对大庆火山岩岩石孔隙结构特征进行了系统研究,按岩心实验特征,总体上可以分为孔隙型、裂缝型和致密型三种类型。

裂缝类型及特征:不贯通垂直缝、斜缝、不规则水平缝、开启微裂缝、大裂缝但被高密度物质充填、曲面不规则缝、小角度水平缝、砾间缝、砾缘缝、砾内缝(图 17-1)。

(a) 不贯通垂直缝(流纹岩)

(b) 斜缝(流纹岩)

(c) 不规则水平缝(流纹岩)

(d) 不贯通垂直缝、曲面不规则缝(凝灰岩)

(e) 小角度水平缝(凝灰岩)

(f) 砾间缝、砾缘缝、砾内缝(砂砾岩)

图 17-1　岩石裂缝特征

孔隙类型:气孔、球粒间气孔、斑晶溶孔、基质溶孔、斑晶钾长石溶孔、岩屑溶孔、晶屑溶孔、胶结物溶孔、珍珠结构溶孔、角砾中气孔、角砾中溶孔、角砾间溶孔、粒间溶孔和粒内溶孔(图 17-2(Ⅰ)和图 17-2(Ⅱ))。

ss2-6(7), 2842.66m
(a) 气孔(自生石英、白云石)

xs8(33), 3716.67m
(b) 斑晶钾长石溶孔

ss2-6(7), 2942.66m
(c) 气孔(自生石英、白云石)

xs8(33), 3716.57m
(d) 斑晶钾长石溶孔

ss2(107), 2948.59m
(e) 斑晶溶孔

ss2(25), 2963.32m
(f) 基质溶孔

ss202(16), 2896.71m
(g) 球粒间气孔

ss2-6(9), 2983.03m
(h) 气孔及岩屑溶孔

图 17-2(Ⅰ)　孔隙特征

ss2-6(35), 2986.65m
(a) 珍珠结构溶孔

ss2(17), 2908.52m
(b) 角砾间溶孔

xs901(8), 3758.29m
(c) 晶屑溶孔

xs901(8), 3756.29m
(d) 胶结物溶孔

ss2(18), 2810.83m
(e) 角砾中气孔

ss2(17), 2908.52m
(f) 角砾中溶孔

ss2-7(1), 2708.13m
(g) 粒内溶孔(砂岩)

ss2-7(9), 2709.49m
(h) 粒间溶孔(砂岩)

图 17-2(Ⅱ)　孔隙特征

2. 孔隙结构特征描述

从孔隙类型上来看,大庆火山岩大致可以分为孔隙型、裂缝型和致密型,通过不同实验技术对孔隙特征进行了综合研究。

1）X-CT 图像技术和铸体薄片

图 17-3 是用 X-CT 图像技术和铸体薄片技术检测到的孔隙、裂缝、致密结构，三者孔隙结构特征明显。

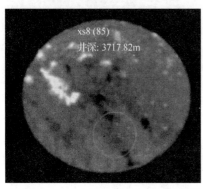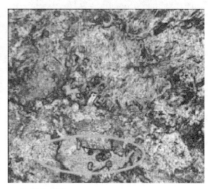

(a) 孔隙型结构(X-CT和铸体薄片)

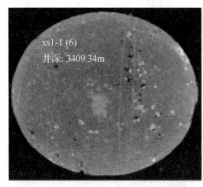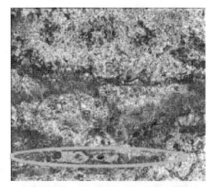

(b) 裂缝型结构(X-CT和铸体薄片)

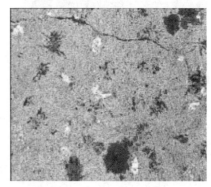

(c) 致密结构(X-CT和铸体薄片)

图 17-3　不同类型孔隙结构特征

2）微观孔喉发育特征

恒速压汞是目前国际上用于岩石微观孔喉发育特征分析的最先进的新技术之一。恒速压汞通过检测汞注入过程中的压力涨落将岩石内部的孔隙和喉道分开，恒速压汞的检测结果能够分别提供孔隙和喉道各自的毛管压力曲线，提供孔隙半径分布、喉道半径分布、孔隙-喉道半径比分布等岩石微观孔喉结构特征参数。

（1）微观孔、喉毛管压力曲线特征。

恒速压汞的优点在于能把孔隙、喉道分开，对孔隙和喉道特征分别进行描述，从毛管压力曲线上可以看出，孔隙型岩样和裂缝型岩样的曲线特征具有很明显的差别（图 17-4 和图 17-5）。

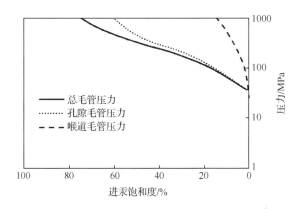

图 17-4　孔隙型岩心恒速压汞毛管压力曲线

孔隙型岩心喉道毛管压力曲线远高于孔隙毛管压力曲线，该类岩心具有较大进汞饱和度（图 17-4），储集性能主要由孔隙决定但储层渗透性能要受喉道的影响；裂缝型岩样最大进汞饱和度小，且毛管压力曲线在后期直线上升，这表明，在裂缝中形成渗流通道后，后续压力下，汞很难再进入小孔隙，裂缝将起着主要导流作用（图 17-5）。

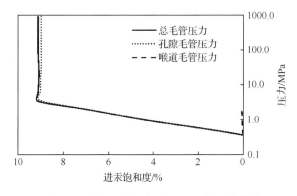

图 17-5　裂缝型岩心恒速压汞毛管压力曲线

（2）微观孔、喉参数特征。

统计分析孔隙型和裂缝型岩样给出了恒速压汞获得的微观孔、喉特征参数，得出如下结论。

对于孔隙型岩心，其平均孔隙半径为 $148.09 \sim 183.88\mu m$，平均值为 $158.11\mu m$，平均喉道半径为 $0.36 \sim 2.42\mu m$，平均值为 $1.09\mu m$，孔喉比为 $343.45 \sim 836.44$，平均为 477.55，表明孔隙型岩心有效孔隙发育较好，但喉道发育程度较低，大孔隙易被小喉道控制。图 17-6 和图 17-7 为徐深 8 井补 4 号（孔隙型）岩心的孔隙半径分布、喉道半径分布和孔喉半径比分布图。从图上可以看出，孔隙型岩心大孔隙受小喉道控制，孔隙是主要的储集空间，孔隙、喉道相连组成渗流通道，渗透率受喉道半径和喉道发育程度的控制。

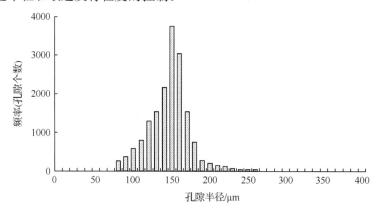

图 17-6　孔隙型岩心孔隙半径分布

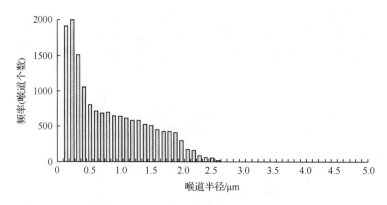

图 17-7　孔隙型岩心喉道半径分布

对于裂缝型岩心，平均孔隙半径为 $126.00 \sim 350.00\mu m$，平均为 $238.00\mu m$，平均喉道半径为 $0.60 \sim 66.00\mu m$，平均为 $33.30\mu m$，孔喉比为 $6 \sim 225$，平均为 115.50，相对其他孔隙型岩心，其孔隙半径较小，喉道半径较大，孔喉比小，裂缝起着渗流通道的主要作用。图 17-8 和图 17-9 为升深 2-6 井 10 号(裂缝型)岩心的孔隙半径分布、喉道半径分布和孔喉半径比分布图。从图上可以看出,裂缝型岩样的孔隙半径分布、喉道半径分布十分单一,表明裂缝型储层的微小孔隙难于参与流动,裂缝起到主要的渗流能力贡献。

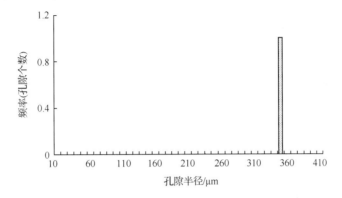

图 17-8　裂缝型岩心孔隙半径分布

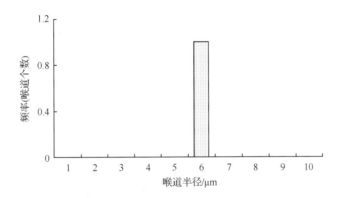

图 17-9　裂缝型岩心孔喉半径比分布

3) 常规压汞分析

由于恒速压汞实验非常缓慢(通常测试一块岩样需要 5~7d),且实验费用昂贵,因此不可能进行大批量的实验,还需要常规的压汞实验得到大量样品的毛管压力曲线。本次研究的结果表明,火山岩毛管压力曲线受孔隙结构影响很大,按毛管压力曲线形状可划分为三种类型,如图 17-10~图 17-12 所示。

裂缝型岩心。毛管压力曲线较低,当汞进入裂缝形成渗流通道后,后续汞即使在高压下也很难再进入小孔隙中,所以毛管压力在后期上升迅速,与恒速压汞曲线有类似特征。测试样品中裂缝型岩心的排驱压力比较低,孔渗比较好,渗透率为 0.231~19.7mD,孔隙度为 14.7%~18.2%,排驱压力为 0.04~0.79MPa,平均为

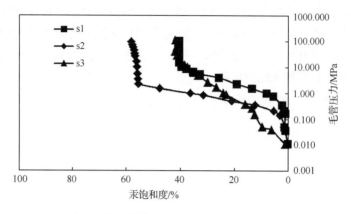

图 17-10　裂缝型岩心压汞毛管压力曲线

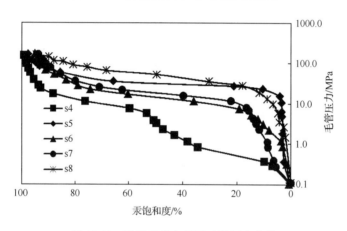

图 17-11　孔隙型岩心压汞毛管压力曲线

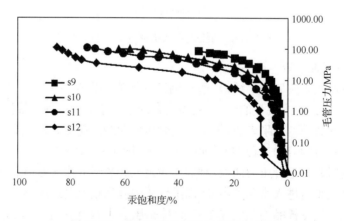

图 17-12　致密型岩心压汞毛管压力曲线

0.26MPa,但最大进汞饱和度比较低,为 40.54%～69.75%,平均为 52.67%。

孔隙型岩心。毛管压力曲线中间平缓段长,孔隙孔道分布集中,分选性较好,孔隙比较均匀;测试样品中孔隙型岩心渗透率为 0.0141～23.3mD,孔隙度为 6.1%～24.5%,排驱压力比裂缝型的要高,为 0.04～6.96MPa,平均为 3.65MPa,最大进汞饱和度很高,为 93.6%～99.58%,平均为 96.70%,孔隙型岩心具有较好的储层物性。

致密型岩心。该类岩样的毛管压力曲线排驱压力高,曲线平缓段相对孔隙型岩心来说要短得多,排驱压力为 0.52～17.21MPa 之间,平均为 7.40MPa,最大进汞饱和度中等,为 32.20～60.79%,平均为 60.79%。测试样品中致密型岩心渗透率为 0.0038～0.208mD,孔隙度为 1.7%～7.7%,其孔、渗都比较低。

17.2.2　储层物性特征

对大庆升平、兴城两气田 15 口井、8 种岩性,共 108 块小柱塞岩样和 30 块全直径岩心孔隙度、渗透率进行了测试,结果表明大庆深层火山岩储层岩石物性具有以下特征:

(1) 孔隙度和渗透率总体上低,属于低孔、低渗储层;

(2) 井间及岩性间孔隙度、渗透率差异大,非均质性强;

(3) 孔隙度和渗透率具有较好的相关性。

1. 常规孔、渗及分布规律

孔隙度分布规律:孔隙度主要分布为 4%～8%,占分析样品的 45%,$\phi<4\%$ 的样品占 11%,$\phi>15\%$ 的占 20%(图 17-13)。

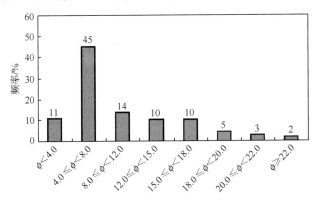

图 17-13　孔隙度分布频率图

渗透率分布规律:渗透率 $K<0.1mD$ 的样品占总样品数的 58%,K 为 0.1～1.0mD 的样品占 26%,$K>1.0mD$ 的样品占 16%,渗透率主要分布在 1.0mD 以下,84%的样品其气测渗透率均小于1.0mD(图17-14)。

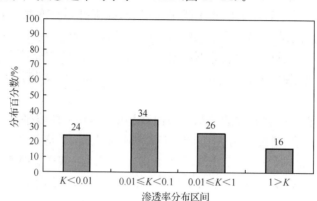

图 17-14　渗透率分布频率图

2. 井间及岩性间孔隙度、渗透率差异大,非均质性强

1) 岩性间孔、渗特征

不同岩性孔隙度、渗透率分布情况见表17-1和图17-15、图17-16。分析表明,各种岩性平均孔隙度、渗透率差异比较大,孔隙度为5.0%～10.0%,其中集块岩的平均孔隙度最小,为5.0%,流纹岩平均孔隙度最大,为9.8%;渗透率为0.024～2.70mD,与孔隙度具有较好的对应关系,也是集块岩最小,流纹岩最大,分别为0.024mD和2.70mD,说明流纹岩是最好的储集岩类。按孔隙度、渗透率大小排序:流纹岩>角砾岩>砂砾岩>凝灰岩>集块岩。

表 17-1　不同岩性孔隙度、渗透率数据

岩性	岩心数量	孔隙度/%		渗透率/mD	
		范围	平均值	范围	平均值
流纹岩	48	2.5～26.5	9.8	0.00009～45.0	2.700
角砾岩	20	1.8～18.2	8.8	0.001～19.7	1.200
凝灰岩	9	1.7～15.9	8.5	0.0016～0.65	0.150
集块岩	7	1.4～7.5	5.0	0.00059～0.077	0.024
砂砾岩	7	6.6～10.6	8.2	0.085～1.1	0.410

2) 井间孔渗特征

不同井孔隙度和渗透率分布情况见表17-2和图17-17、图17-18。不同井间平均孔隙度、渗透率差异都比较大,按平均孔、渗大小大致可以分为三类井。Ⅰ类井:孔隙度大于10%,渗透率大于0.5mD,有ss2-6、ss2、xs8、xs1-3、ss2-1共5口井;Ⅱ

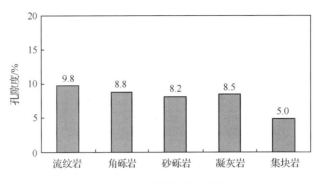

图 17-15 不同岩性平均孔隙度

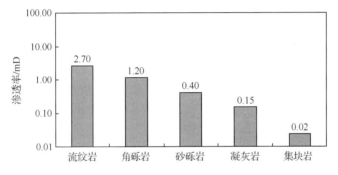

图 17-16 不同岩性平均渗透率

类井:孔隙度在 5.0%~10.0%,渗透率为 0.1~0.5mD,有 xs601、xs9、xs901、xs902 共 4 口井;Ⅲ 类井:孔隙度为 4.0%~6.0%,渗透率小于 0.1mD,有 ss2-7、ss8、ss202 共 3 口井。

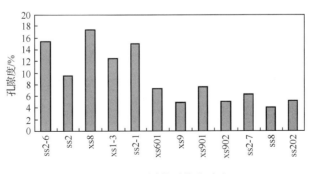

图 17-17 不同井平均孔隙度

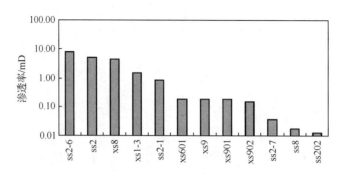

图 17-18　不同井平均渗透率

表 17-2　不同井孔隙度和渗透率数据

井号	岩心数量	孔隙度/%		渗透率/mD	
		范围	平均值	范围	平均值
ss2	8	7.6～26.5	15.4	0.024～45.0	7.96
xs2	27	1.7～24.5	9.5	0.0053～90.1	4.90
xs8	7	14～21.2	17.4	0.43～19.7	4.50
xs1-3	5	8.9～16.4	12.5	0.041～5.74	1.55
ss2-1	8	13.0～19.8	15.0	0.12～3.6	0.88
ss2-1	8	3.0～19.81	15.0	0.12～3.6	0.88
xs601	16	5.0～10.6	7.3	0.0023～1.12	0.19
xs9	4	2.5～7.5	4.9	0.00094～0.74	0.19
xs901	3	7.4～7.8	7.6	0.12～0.50	0.18
xs902	3	1.9～10.3	5.0	0.055～0.34	0.150
ss2-7	6	4.2～8.0	6.3	0.0042～0.14	0.039
ss8	5	2.2～6.0	4.0	0.005～0.077	0.018
ss202	10	4.5～6.0	5.2	0.0038～0.061	0.013

3）同一岩性在不同井间的孔、渗特征

流纹岩在大庆火山岩储层中分布比较广泛，所以本书对不同井中流纹岩的孔隙度和渗透率进行了分析，结果见表 17-3 和图 17-19、图 17-20。

不同井的流纹岩孔隙度和渗透率差异很大。孔隙度为 2.5%～26.5%，平均值为 3.7%～23.9%；渗透率为 0.000094～45.0mD，平均值为 0.0015～31.1mD。ss2-6 井平均孔隙度、渗透率最大，平均孔隙度为 23.9%，平均渗透率为 31.1mD，ss8 井平均孔隙度、渗透率最小，平均孔隙度为 3.7%，平均渗透率为 0.0015mD。

即使在同一口井中,同一种岩性的孔隙度和渗透率也存在很大的差异。例如,在 ss2 井 2880.78~3101.19m 井段取得的流纹岩样品,其孔隙度为 4.0%~24.5%,渗透率为 0.00053~23.3mD(图 17-21 和图 17-22),差异很大,说明火山岩具有很强的非均质性。

表 17-3　不同井中流纹岩孔隙度和渗透率数据

井号	岩心数量	孔隙度/%		渗透率/mD	
		范围	平均值	范围	平均值
ss2-6	2	21.3~26.5	23.9	17.2~45.0	31.1000
xs8	4	14.0~21.2	18.1	0.43~4.24	1.9400
xs1-3	4	8.9~16.4	13.2	0.070~5.74	1.9300
ss2	15	4.0~24.5	11.5	0.00053~23.3	3.4000
xs901	3	7.4~7.8	7.6	0.012~0.50	0.1800
xs9	4	2.5~7.5	4.9	0.000094~0.74	0.1900
ss2-12	1	10.2	10.2	0.023	0.0230
ss2-7	1	4.2	4.2	0.0042	0.0042
ss202	10	4.5~6.0	5.2	0.0038~0.061	0.0130
ss8	2	2.6~4.7	3.7	0.0005~0.0025	0.0015
xs601	2	5.0~5.5	5.3	0.0023~0.0042	0.0033

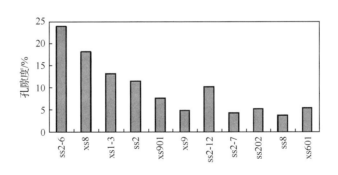

图 17-19　不同井流纹岩平均孔隙度

4) 同井不同岩性之间孔、渗特征

对 ss2 井中不同岩性的孔隙度和渗透率统计分析表明(表 17-4),同一井中不同岩性岩样孔隙度和渗透率差异都比较大,流纹岩孔隙度在 4.0%~24.5%,平均为 11.5%,渗透率为 0.0005~23.3mD,平均为 3.4mD;角砾岩孔隙度在 1.8%~12.1%,平均为 6.8%,渗透率为 0.0010~0.198mD,平均为 0.063mD;凝灰岩孔

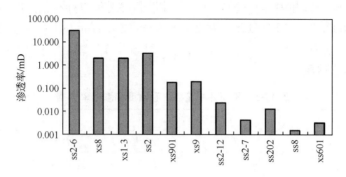

图 17-20　不同井流纹岩平均渗透率

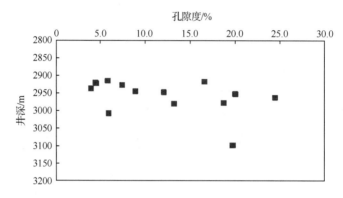

图 17-21　ss2 井流纹岩孔隙度与井深关系图

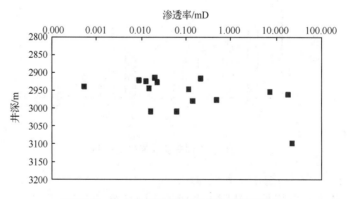

图 17-22　ss2 井流纹岩渗透率与井深关系图

隙度在 1.7%～9.4%，平均为 4.3%，渗透率为 0.0016～0.0060mD，平均为 0.0038mD(图 17-23 和图 17-24)。

表 17-4　ss2 井不同岩性孔隙度和渗透率数据

岩性	岩心数量	孔隙度/%		渗透率/mD	
		范围	平均值	范围	平均值
凝灰岩	3	1.7～9.4	4.3	0.0016～0.0060	0.0038
角砾岩	8	1.8～12.1	6.8	0.0010～0.198	0.0630
流纹岩	15	4.0～24.5	11.5	0.00053～23.3	3.4000

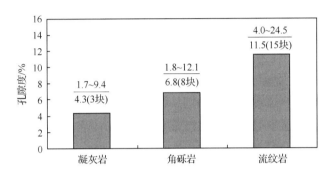

图 17-23　ss2 井不同岩性平均孔隙度关系图

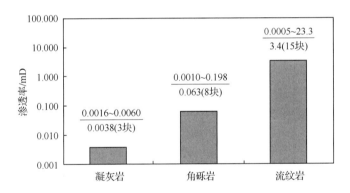

图 17-24　ss2 井不同岩性平均渗透率关系图

3. 孔渗相关性分析

从所测试分析的样品统计来看,孔隙度和渗透率之间具有较好的相关性,总体上,随孔隙度增大则渗透率也增大(图 17-25 和图 17-26)。对于升平地区基本上有以下规律:当 $\phi < 4\%$ 时,$K < 0.01\text{mD}$;当 $4\% < \phi < 12\%$ 时,$0.01\text{mD} < K < 0.1\text{mD}$;当 $\phi > 12\%$ 时,$K > 0.1\text{mD}$(图 17-28)。对于徐深地区:当 $\phi < 12\%$ 时,$K < 1.0\text{mD}$;当 $\phi > 12\%$ 时,$K > 1.0\text{mD}$(图 17-29)。

采用全直径岩心实验,对水平 X-Y 方向的渗透率、垂直 Z 方向的渗透率进行了测试,结果表明,大部分样品在水平 X 和 Y 两个方向的渗透率差异不大,少数样品存在方向性,二者渗透率差异较大(图 17-27),垂直渗透率总体上要比水平渗透率低(图 17-28)。

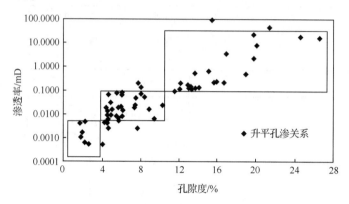

图 17-25　升平地区孔隙度与渗透率关系图

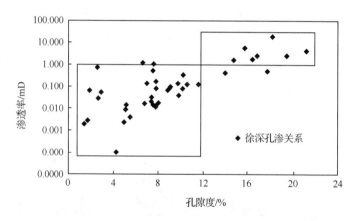

图 17-26　徐深地区孔隙度与渗透率关系图

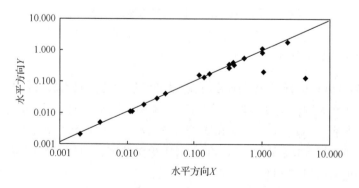

图 17-27　全直径岩心水平 X-Y 方向渗透率比较

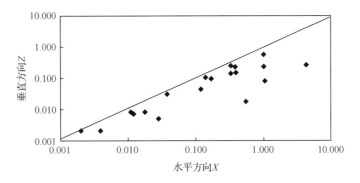

图 17-28　全直径岩心水平 X-Z 方向渗透率比较

17.2.3　储层应力敏感性特征

气藏开发过程中,特别是低渗气藏的开发,随着地层压力的下降,储层岩石承受的净上覆压力(上覆岩层压力与岩层内孔隙压力之差)增加,净上覆压力的变化使岩石压实,将引起岩石结构发生变化,从而引起岩石孔隙度和渗透率发生变化,最终导致储层物性发生变化,影响气藏的开发。

运用从美国岩心公司(Western Atlas International Inc.)进口的 CMS-300 岩心分析系统,对大庆徐家围子地区深层火山岩岩样进行了覆压孔隙度和渗透率测试,根据大庆深层火山岩地质情况,设定实验围压(Pob)为 500psi、725psi、1450psi、2900psi、4350psi、5800psi、7250psi、8700psi,即 3.4MPa、5MPa、10MPa、20MPa、30MPa、40MPa、50MPa、60MPa。实验分加压和降压两个过程,分别测定不同围压下每块岩心的孔隙度和渗透率,观察岩心受压变形后孔隙度和渗透率的变化情况。利用静态实验数据分析大庆不同岩性火山岩应力敏感性特征,并结合气田开发过程中地层压力下降规律,预测了开发过程中储层物性变化规律。

1. 孔隙度和渗透率应力敏感性总体特征

1) 孔隙度变化规律

定义无因次孔隙度 ϕ_d 为任一有效压力下的孔隙度 ϕ 与地面条件下的孔隙度 ϕ_0 之比,即 $\phi_d = \phi / \phi_0$。各种岩性无因次孔隙度随有效压力变化特征见图 17-29。分析表明,火山岩孔隙度受围压影响较小,60MPa 时,孔隙度在常压孔隙度基础上大多下降不到 5%;砂岩和砂砾岩孔隙度下降稍大,为 5%~10%;气藏开发过程中,孔隙度变化小,可忽略不计。

2) 渗透率变化规律

定义无因次渗透率 K_d 为任一有效压力下的渗透率 K 与地面条件下的渗透率 K_0 之比,即 $K_d = K / K_0$。无因次渗透率随围压变化规律见图 17-30,60MPa 下岩心渗透率与初始渗透率关系见图 17-31。

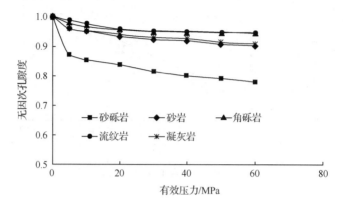

图 17-29　不同岩性无因次孔隙度随围压变化情况

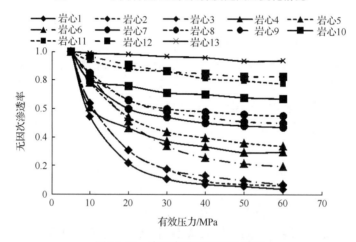

图 17-30　渗透率随围压变化情况

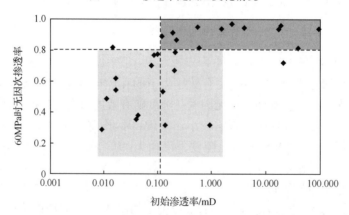

图 17-31　60MPa 时无因次渗透率随围压变化情况

　　分析表明:①大庆火山岩岩性多,孔隙结构复杂,渗透率随上覆压力变化规律也很复杂,不同孔隙结构、不同岩性,其变化规律都不一致;②初始渗透率较高($K>0.1mD$)的孔隙型火山岩受压后渗透率下降率不大,应力敏感性较弱,裂缝型和致密岩样受压后渗透率下降幅度较大,应力敏感性较强。

　　2. 不同岩性渗透率变化特征

　　不同岩性火山岩无因次渗透率数据见表 17-5 和图 17-32。不同岩性火山岩渗透率随围压变化规律差异较大,角砾岩、凝灰岩、流纹岩渗透率下降较小,60MPa时,其无因次渗透率平均都在 60% 以上;集块岩渗透率下降较大,60MPa 时,无因次渗透率平均在 30% 左右;砂砾岩渗透率下降最大,60MPa 时,无因次渗透率平均渗透率只有 20% 左右。总体来说,火山岩渗透率下降率比砂砾岩的小,火山岩渗透率应力敏感性较弱。

表 17-5　不同岩性平均无因次渗透率

Pob /MPa	角砾岩			凝灰岩			集块岩			流纹岩			砂砾岩		
	最大值	最小值	平均	最大值	最小值	平均	最大值	最小值	平均	最大值	最小值	平均	最大值	最小值	平均
3.4	1.00	1.00	1.00	1.00	1.00	1.00	1.00	1.00	1.00	1.00	1.00	1.00	1.00	1.00	1.00
5	1.00	0.85	0.95	0.98	0.9	0.95	0.94	0.67	0.84	1.00	0.77	0.94	0.96	0.92	0.94
10	0.99	0.52	0.84	0.94	0.57	0.84	0.68	0.52	0.62	0.99	0.55	0.87	0.77	0.51	0.64
20	0.98	0.40	0.72	0.9	0.27	0.72	0.62	0.23	0.44	0.98	0.26	0.77	0.53	0.2	0.37
30	0.97	0.31	0.66	0.87	0.16	0.66	0.6	0.15	0.35	0.96	0.14	0.74	0.41	0.11	0.26
40	0.96	0.28	0.64	0.86	0.12	0.64	0.59	0.09	0.32	0.95	0.09	0.71	0.35	0.07	0.21
50	0.96	0.23	0.62	0.83	0.09	0.62	0.57	0.07	0.3	0.95	0.06	0.7	0.31	0.05	0.18
60	0.95	0.21	0.6	0.83	0.07	0.6	0.57	0.05	0.28	0.94	0.05	0.69	0.29	0.04	0.17

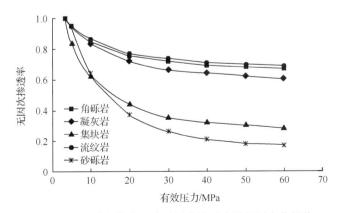

图 17-32　不同岩性火山岩无因次渗透率随围压变化规律

3. 不同孔隙类型火山岩渗透率变化规律

按孔隙类型把大庆火山岩分为孔隙型、裂缝型,各种类型岩心无因次渗透率变化规律见表 17-6 和图 17-33。

表 17-6　不同孔隙类型无因次渗透率

Pob /MPa	孔隙型					裂缝型					孔缝型		
	ss2 (25)	xs8 (4)	xs8 (6)	xs8 (33)	平均值	ss2 (19)	ss2-6 (10)	ss2-7 (16)	ss2-7 (14)	平均值	ss2-6 (11)	ss2 (31)	平均值
3.4	1	1	1	1	1	1	1	1	1	1	1	1	1
5	1	0.99	1	0.99	1	1	0.9	0.67	0.9	0.87	0.97	0.98	0.98
10	0.98	0.99	0.99	0.99	0.99	0.95	0.57	0.61	0.68	0.7	0.92	0.9	0.91
20	0.96	0.96	0.97	0.97	0.97	0.55	0.27	0.41	0.48	0.43	0.87	0.81	0.84
30	0.95	0.95	0.96	0.96	0.96	0.37	0.16	0.27	0.39	0.3	0.8	0.75	0.78
40	0.93	0.94	0.95	0.95	0.94	0.28	0.12	0.25	0.35	0.25	0.77	0.72	0.75
50	0.92	0.93	0.94	0.95	0.94	0.23	0.09	0.21	0.33	0.22	0.77	0.7	0.74
60	0.92	0.93	0.93	0.94	0.93	0.21	0.07	0.19	0.31	0.2	0.75	0.69	0.72

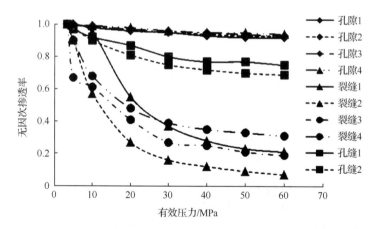

图 17-33　不同孔隙类型火山岩无因次渗透率随围压变化规律

分析表 17-6 和图 17-34 可以得出,不同孔隙类型火山岩渗透率随围压变化规律差异大。围压增加,孔隙型火山岩渗透率下降小,60MPa 时其无因次渗透率在 90% 以上,孔缝型火山岩渗透率下降次之,60MPa 时其无因次渗透率在 70% 左右,裂缝型火山岩渗透率下降最大,60MPa 时其无因次渗透率只有 20% 左右。孔隙型火山岩渗透率应力敏感性弱,裂缝型火山岩渗透率应力敏感性较强。裂缝型火山岩在加压初始阶段,即低压阶段裂缝产生闭合,渗透率下降快,随着压力的增大,其渗透率下降趋缓。

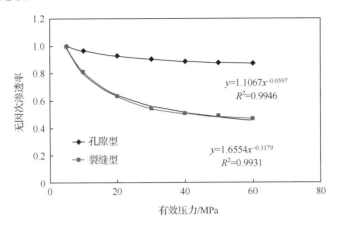

图 17-34　孔隙型和裂缝型无因次渗透率与有效压力关系曲线

对不同孔隙类型火山岩渗透率与有效压力关系进行统计,结果见图 17-34,无因次渗透率与有效压力存在幂函数关系。

孔隙型: $K/K_0 = 1.1067 P_e^{-0.0597}$

裂缝型: $K/K_0 = 1.6554 P_e^{-0.3179}$

4. 气田开发过程中的物性变化

渗透率压力敏感性主要表现在两个方面,一是静态上的,即原始地层压力条件下的渗透率与地面条件渗透率的差异;另一方面是动态上的,即气田开发过程中渗透率变化,如图 17-35 所示。

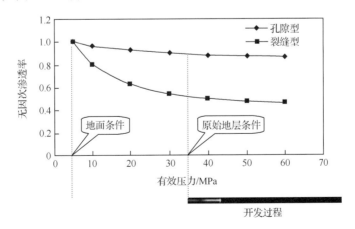

图 17-35　渗透率压力敏感性表现形式

取升平气田井深3000m,原始地层压力为33MPa,兴城气田井深3500m,原始
地层压力为40MPa,计算得出上覆岩层压力升平气田67.7MPa,兴城气田为
78.9MPa,如果两个气田的废弃压力均取5.0MPa,则升平气田储层有效压力变化
区间为34.7～62.7MPa,兴城气田储层有效压力变化区间为38.9～72.9MPa,有
效压力计算结果见表17-7。根据火山岩无因次渗透率与有效压力关系,可以计算
出不同有效压力下火山岩储层的无因次渗透率,计算结果见表17-8。

表 17-7　火山岩储层有效压力变化情况

地区	深度/m	原始地层压力/MPa	废弃压力/MPa	上覆地层压力/MPa	有效压力变化区间/MPa
升平	3000	33	5	67.7	34.7～62.7
兴城	3500	40	5	78.9	38.9～73.9

表 17-8　不同有效压力下无因次渗透率计算结果

有效压力/MPa		30.0	34.7	35.0	38.9	45.0	50.0	55.0	62.7	70.0	73.9	75.0
K/K_o	孔隙型	0.90	0.90	0.90	0.89	0.88	0.88	0.87	0.86	0.86	0.86	0.86
	裂缝型	0.56	0.54	0.53	0.52	0.49	0.48	0.46	0.44	0.43	0.42	0.42

地层压力下降,升平气田和兴城气田储层渗透率应力敏感性结果见表17-9、
图17-36和表17-10、图17-37。分析可以得出:升平气田地层压力从33MPa降到
5.0MPa时,孔隙型地层渗透率下降约为3.0%,裂缝型地层渗透率下降约为17.0%;

表 17-9　升平气田渗透率应力敏感性结果

地层压力/MPa	33.0	32.7	28.8	22.7	17.7	12.7	5.0
孔隙型	1.00	1.00	0.99	0.98	0.98	0.97	0.97
裂缝型	1.00	1.00	0.96	0.92	0.87	0.86	0.83

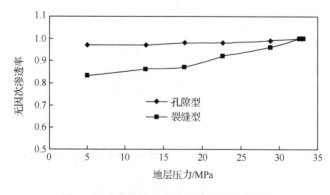

图 17-36　升平气田火山岩储层应力敏感性

兴城气田地层压力从 40MPa 降到 5.0MPa 时,孔隙型地层渗透率下降约为 4.0%,裂缝型地层渗透率下降约为 18.0%。

表 17-10　兴城气田渗透率应力敏感性结果

地层压力/MPa	40.0	33.9	28.9	23.9	16.2	8.9	5.0
孔隙型	1.00	0.99	0.99	0.98	0.97	0.97	0.96
裂缝型	1.00	0.95	0.92	0.90	0.86	0.83	0.82

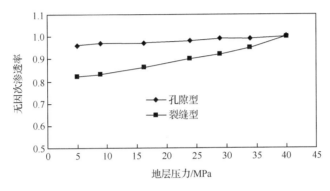

图 17-37　兴城气田火山岩储层应力敏感性

5. 压力敏感性影响因素

主要针对流纹岩,分析了影响压力敏感性的因素主要有初始物性、孔隙结构特征。

1) 初始物性

研究表明,流纹岩 ϕ_d、K_d(剩余渗透率百分数)与 ϕ_0、K_0 有密切关系,ϕ_0、K_0 越大,则 60MPa 时 ϕ_d、K_d 越大(表 17-11)。

表 17-11　初始孔渗与 60MPa 时剩余孔渗百分数关系数据

K_0/mD	18.600	4.270	2.620	0.611	0.562	0.221	0.145	0.119	0.020	0.013	0.061
K_d/%	91	93	94	91	92	67	78	69	46	44	30
ϕ_0/%	24.50	21.20	19.40	17.70	16.70	14.00	13.28	12.10	5.90	5.44	4.60
ϕ_d/%	94	96	94	95	93	94	94	96	84	89	89

孔隙度对应区间为 $\phi_0 > 12\%$ 时,$\phi_d > 90\%$;$\phi_0 < 12\%$ 时,$\phi_d = 85\% \sim 90\%$。

渗透率对应区间为 $K_0 > 0.5mD$ 时,$K_d > 90\%$;$K_0 = 0.5mD \sim 0.1mD$ 时,$K_d = 60\% \sim 80\%$;$K_0 < 0.1mD$ 时,$K_d = 30\% \sim 50\%$。

2) 孔隙结构

通过铸体薄片观察显示,流纹岩孔隙结构特征对流纹岩压力敏感性存在一定影响。

2号岩心铸体薄片显示具有较大孔隙,且孔隙连通性好,其应力敏感性弱,60MPa时剩余渗透率百分数在90%以上;6号岩心铸体薄片显示也具有大孔隙,但孔隙之间充填严重,连通性较差,应力敏感性中等偏弱,60MPa时剩余渗透率百分数在70%左右;10号岩心铸体薄片显示只有球粒间微孔,应力敏感性强,60MPa时剩余渗透率百分数在50%以下(图17-38)。根据以上研究可以推测,对于大孔隙且连通性好的岩心,在覆压作用下,孔隙发生形变对渗透率不会造成大的损失;但对于大孔隙但孔隙间有充填,连通性差或者只有微孔的岩心,在覆压作用下,微孔或者充填部分发生微小变化都将导致渗透率大幅度下降,所以这样的岩心应力敏感性较强。

(a) 2号　　　　　　　(b) 6号　　　　　　　(c) 10号

图 17-38　岩心铸体薄片

3) 孔、喉特征

通过压汞实验技术,对8块岩心的最大喉道半径和中值半径进行了统计,流纹岩压力敏感性规律与这两个参数有一定对应关系(表17-12);60MPa时,$K_d > 90\%$的岩心,最大喉道半径大于$1.0\mu m$,中值半径大于$0.2\mu m$。最大喉道半径和中值半径越大的岩心,压力敏感性越弱,反之压力敏感性越强(表17-12)。

通过恒速压汞实验技术,对5块岩心的孔隙半径、喉道半径、孔喉半径比进行了加权平均统计,压力敏感性强弱主要与喉道半径加权平均值有关,与孔隙半径加权平均值关系不大(表17-12)。2、3、4、5号岩心,孔隙和喉道半径加权平均值差异不大,60MPa时剩余渗透率百分数差异不大,均在90%以上;对于6号岩心,孔隙半径加权平均值为$183.88\mu m$,远大于其他4块岩心,但其喉道半径加权平均值只有$0.36\mu m$,远小于其他4块岩心,60MPa时剩余渗透率百分数不到70%,远大于其他4块岩心,压力敏感性较强。

表 17-12　60MPa 时剩余渗透率百分数(K_d)与孔隙结构特征参数关系数据

实验样号	K_d	铸体薄片面孔率/%	压汞最大喉道半径/μm	压汞中值半径/μm	恒速压汞孔隙半径加权平均值/μm	恒速压汞喉道半径加权平均值/μm	恒速压汞孔喉半径比加权平均值
1	91	18	19.241	0.848	—	—	—
2	93	3	3.380	0.519	151.82	1.29	373
3	94	4	1.390	0.348	151.86	0.82	487
4	91	5	1.358	0.230	151.28	0.77	343
5	93	5	3.033	0.206	148.09	0.86	449
6	67	—	—	—	183.88	0.36	836
8	69	2	0.342	0.164	—	—	—
9	45	2	0.065	0.012	—	—	—
10	44	—	0.278	0.032	—	—	—
11	30	0.5	—	—	—	—	—

　　通过孔喉分布特征也可以看出孔喉对应力敏感性有一定影响,如图 17-39、图 17-40所示。分析可以得出,2 号和 6 号岩心的孔隙半径分布基本一致,集中分布在 $100\sim200\,\mu m$;但喉道分布差异较大,2 号岩心吼道分布广,大喉道多,其应力敏感性较弱;6、2、9 号岩心喉道细小,集中分布在 $0.5\,\mu m$ 以下,其应力敏感性较强。以上结果表明,喉道大小对岩心应力敏感性强弱起着重要作用。

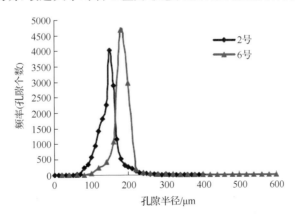

图 17-39　孔隙半径分布(恒速压汞)

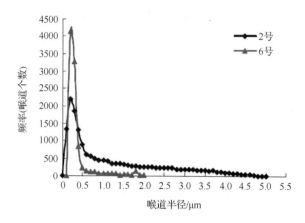

图 17-40　喉道半径分布(恒速压汞)

17.2.4　大庆火山岩储层气水渗流特征

1. 实验方法

实验方法:非稳态恒压气驱水法和核磁共振实验。

1) 非稳态恒压气驱水法

(1) 实验步骤。

① 岩心样品抽真空饱和模拟地层水;

② 对饱和水的岩样进行核磁共振测试;

③ 将饱和水的样品装入岩心夹持器;

④ 进行恒压差气驱,计量不同时刻驱出的水量和气量,直到驱不出水为止;

⑤ 根据记录的数据,采用 JBN 方法计算出岩样的气水相对渗透率和对应的含水饱和度;

⑥ 绘制气-水相对渗透率曲线。

(2) 气水相渗特征曲线。

孔隙型岩样:气水两相渗流区间大,两相共流区的含水饱和度在 38.7%～92.8%,残余水下气相相对渗透率较高,在 5.42%～63.63%,平均为 28.55%,残余水饱和度在 38.7%～52.1%,平均为 46.7%,孔隙型火山岩储渗能力较好(图 17-41)。

裂缝型火山岩:气水两相渗流区间小,两相共流区的含水饱和度在 69.2%～98.7%,残余水下气相相对渗透率较低,在 2.86%～68.39%,平均为 12.93%,裂缝型火山岩残余水饱和度极高,在 69.2%～75.3%,平均为 72.1%,但由于存在裂缝,所以在高残余水饱和度下,气相仍然具有一定的渗流能力,但随含水饱和度增加,气相相对渗透率下降快(图 17-42)。

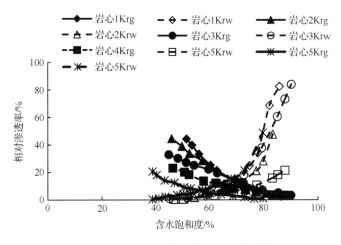

图 17-41　孔隙型火山岩气水相渗曲线

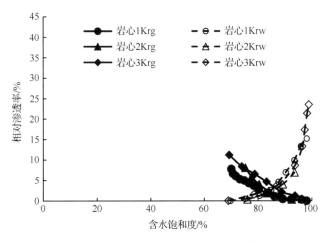

图 17-42　裂缝型火山岩气水相渗曲线

2）核磁共振测试分析

采用核磁共振技术能够准确地测量得到岩样中的可动流体含量和束缚水饱和度等参数,岩心完全饱和水时, T_2 谱反映了全部孔隙,与气驱后的 T_2 谱对比分析,可研究残余水赋存的孔隙。图 17-43 为一典型的火山岩核磁测试 T_2 谱。根据大量实验的经验,火山岩可动水与残余水界限 T_2 弛豫时间为 86ms,即图中箭头线位置,弛豫时间大于 86ms 的信号代表的是可动水,弛豫时间小于 86ms 的信号代表的是残余水,可动水信号占总信号的百分数即为可动水饱和度,残余水信号占总信号的百分数即为残余水饱和度。图中气驱后核磁 T_2 谱线,它代表的是气驱后岩心中残余水大小,则气驱驱出水百分数为岩样完全饱和水的 T_2 谱信号总和减去气驱后核磁 T_2 谱信号总和之差占岩样完全饱和水的 T_2 谱信号总和的百分数。

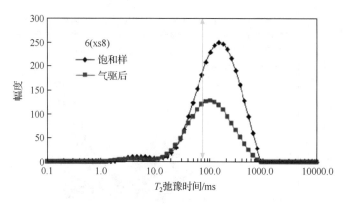

图 17-43　火山岩核磁测试 T_2 谱

2. 可动水分析

1）不同岩性可动水分析

通过核磁共振结合气水相渗实验对流纹岩、凝灰岩、角砾岩、砂砾岩等岩性岩样的残余水、可动水饱和度进行了分析，实验样品的可动水饱和度在 8.50%～84.37%，平均为 43.02%，残余水饱和度在 15.63%～91.50%，平均为 56.98%，气驱驱出水百分数在 23.02%～72.27%，平均为 49.22%（表 17-13）。不同岩性火山岩水饱和度见图 17-44，平均残余水饱和度由小到大排序为流纹岩＜角砾岩＜凝灰岩＜集块岩＜砂砾岩。

表 17-13　不同岩性岩心可动水特征参数

参数类别	参数值	流纹岩	角砾岩	凝灰岩	砂砾岩
可动水饱和度/%	最小值	8.5	14.8	40.7	11.7
	最大值	72.9	84.4	47.5	48.4
	平均值	54.0	53.8	45.6	21.9
残余水饱和度/%	最小值	27.1	15.6	52.5	51.7
	最大值	91.5	85.2	59.3	88.3
	平均值	46.0	46.2	54.4	78.1
气驱驱出水百分数/%	最小值	30.5	25.9	69.4	23.0
	最大值	72.3	71.5	69.4	61.5
	平均值	61.0	48.0	69.4	34.0

2）典型岩性岩心气水相渗曲线和残余含水饱和度

（1）流纹岩。

对 20 块流纹岩进行了气水相渗实验分析，残余水饱和度分布特征见图 17-44，流纹岩残余水饱和度分布比较集中,大部分在 $40\%\sim60\%$ 。

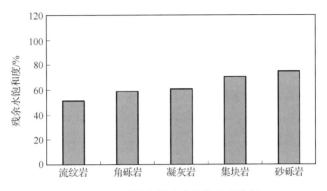

图 17-44　不同岩性残余水饱和度特征

按孔隙度大小将流纹岩气水渗流特征曲线分为两大类。

Ⅰ类:孔隙度大于 10% ,其气水相渗曲线见图 17-45,相渗参数见表 17-14,该类曲线两相渗流区间较大,为 $50\%\sim90\%$,残余水饱和度较低,在 $41.3\%\sim51.7\%$,

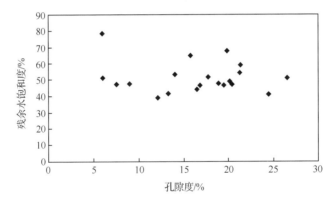

图 17-45　流纹岩残余水饱和度分布特征

表 17-14　流纹岩气水相渗特征参数($\phi>10\%$)

序号	井号	样品号	井深/m	孔隙度/%	克氏渗透率/mD	残余水饱和度/%	残余水下气相相对渗透率/%
1	ss2	24	2954.56	20.1	5.920	49.03	28.19
2	xs8	33	3716.60	19.4	1.860	46.45	44.42
3	ss2	138	2978.47	18.9	0.280	47.43	32.83
4	xs8	35	3717.82	17.7	0.311	51.66	44.36
5	ss2	26	2917.75	16.7	0.128	46.31	22.89
6	ss2	27	2981.03	13.3	0.089	41.34	27.74

平均为 47.0%，残余水下气相相对渗透率较大，在 22.9%～44.4%，平均为 33.4%。

Ⅱ类：孔隙度小于 10%，分析了 ss2(19) 和 xs901(18) 两块岩心，其气水相渗曲线见图 17-46，图中 K_{rg} 表示气相相对渗透率，K_{rw} 表示水相相对渗透率。相渗参数见表 17-15，该类曲线两相渗流区间较小，为 70%～85%，残余水饱和度在 47.3%～51.3%，残余水下气相相对渗透率在 15.7%～27.8%。

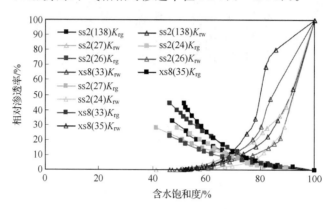

图 17-46 流纹岩气水相渗特征曲线($\phi>10\%$)

表 17-15 流纹岩气水相渗特征参数($\phi<10\%$)

序号	井号	样品号	井深/m	孔隙度/%	克氏渗透率/mD	残余水饱和度/%	残余水下气相相对渗透率/%
1	ss2	29	3008.99	6	0.046	51.31	27.75
2	xs901	13	3893.64	7	0.430	47.27	15.69

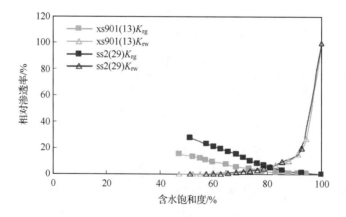

图 17-47 流纹岩气水相渗特征曲线($\phi<10\%$)

（2）凝灰岩

对 7 块凝灰岩进行了气水相渗实验分析，残余水饱和度分布特征见图 17-48。凝灰岩残余水饱和度分布比较分散，孔隙度低时残余水饱和度大，反之则小。

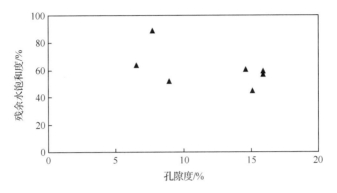

图 17-48　凝灰岩残余水饱和度分布特征

按孔隙类型将凝灰岩气水渗流特征曲线分为两大类。

Ⅰ类：孔隙型，其气水相渗曲线见图 17-49，相渗参数见表 17-16，代表岩心为 ss2-6(35) 和 xs1-1(19)。该类曲线两相渗流区间较大，为 50%～95%，残余水饱和度较低，在 45.13%～51.96%，残余水下气相相对渗透率较大，在 16.70%～33.19%。

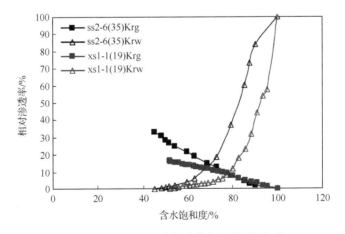

图 17-49　凝灰岩气水相渗特征曲线（孔隙型）

Ⅱ类：裂缝型，其气水相渗曲线见图 17-50，相渗参数见表 17-17，代表岩心为 ss2-6(9)、ss2-6(11) 和 ss2-6(Q7)。这类岩心孔隙度比较大，都在 14% 以上，但岩心均存在明显裂缝，所以该类曲线两相渗流区间较小，为 65%～80%，残余水饱和度较高，在 56.54%～60.09%，残余水下气相相对渗透率较小，在 5.52%～27.22%。

表 17-16　凝灰岩气水相渗特征参数（孔隙型）

序号	井号	样品号	井深/m	孔隙度/%	克氏渗透率 /mD	残余水饱 和度/%	残余水下气相 相对渗透率/%
1	ss2-6	35	2986.65	15.1	0.274	45.13	33.19
2	xs1-1	19	3412.24	8.9	0.094	51.96	16.70

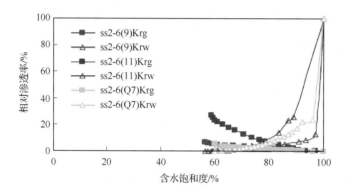

图 17-50　凝灰岩气水相渗特征曲线（裂缝型）

表 17-17　凝灰岩气水相渗特征参数（裂缝型）

序号	井号	样品号	井深/m	孔隙度/%	克氏渗透率 /mD	残余水饱 和度/%	残余水下气相 相对渗透率/%
1	ss2-6	11	2986.68	15.9	0.142	58.89	27.22
2	ss2-6	9	2983.03	15.9	0.140	56.54	6.57
3	ss2-6	Q7	2983.05	14.6	0.039	60.09	5.52

（3）角砾岩

对 10 块角砾岩进行了气水相渗实验分析,残余水饱和度分布特征见图 17-51,角砾岩残余水饱和度在 40%～80%。

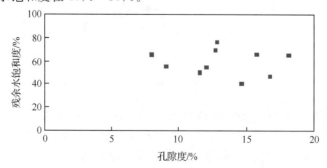

图 17-51　角砾岩残余水饱和度分布特征

角砾岩气水渗流特征曲线可以分为两大类。

Ⅰ类:孔隙比较发育,孔渗比较大,其气水相渗曲线见图 17-52,相渗参数见表 17-18。该类曲线两相渗流区间在 60%～95%,残余水饱和度在 46.93%～65.82%,残余水下气相相对渗透率大,在 35.10%～63.63%。

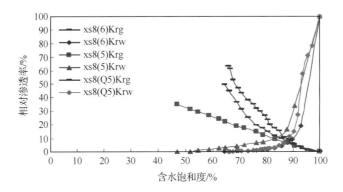

图 17-52　角砾岩气水相渗特征曲线(ϕ>15%)

表 17-18　角砾岩气水相渗特征参数(ϕ>15%)

序号	井号	样品号	井深/m	孔隙度/%	克氏渗透率/mD	残余水饱和度/%	残余水下气相相对渗透率/%
1	xs8	6	3747.94	18.2	18.00	64.52	49.74
2	xs8	5	3715.01	16.8	2.03	46.93	35.10
3	xs8	Q5	3742.64	15.8	8.00	65.82	63.63

Ⅱ类:孔隙度较小,岩心有微裂缝,其气水相渗曲线见图 17-53,相渗参数见表 17-19。这类岩心孔隙度较小,有微裂缝,该类曲线两相渗流区间较小,为 75%～90%,残余水饱和度高,在 65.35%～75.87%,气相相对渗透率很低,残余水下气相相对渗透率在 3.98%～11.20%。

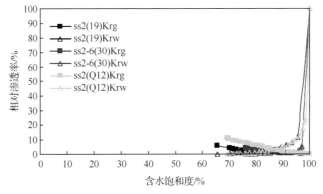

图 17-53　角砾岩气水相渗特征曲线(ϕ<15%)

表 17-19　角砾岩气水相渗特征参数（$\phi<15\%$）

序号	井号	样品号	井深/m	孔隙度/%	克氏渗透率/mD	残余水饱和度/%	残余水下气相相对渗透率/%
1	ss2-6	30	2984.30	12.9	0.135	75.87	3.98
2	ss2	Q12	3047.39	12.8	0.270	69.16	11.20
3	ss2	19	2912.14	8.0	0.038	65.35	5.83

3）火山岩与砂砾岩残余水饱和度对比

火山岩残余水饱和度比砂砾岩的要低，火山岩残余水饱和度在 38.7%～9.1%，平均为 54.4%，大部分样品在 40%～60%，砂砾岩残余水饱和度在 60.6%～90.1%，平均为 75.0%（表 17-20 和图 17-54）。

表 17-20　火山岩和砂砾岩残余水饱和度

参数	火山岩	砂砾岩
最小值	38.70%	60.63%
最大值	75.87%	90.06%
平均值	53.44%	75.01%

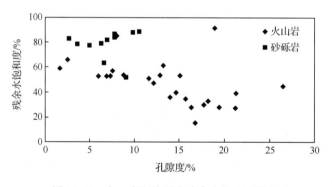

图 17-54　火山岩和砂砾岩残余水饱和度特征

4）不同井间岩心可动水饱和度

不同井岩心可动水与残余水饱和度参数见表 17-21 及图 17-55。分析可以得出，井间可动水饱和度、残余水饱和度差异较大，平均可动水饱和度在 22.1%～70.1%，残余水饱和度在 22.9%～77.9%。各井按可动水饱和度大小排序如下：xs8 井＞xs1-3 井＞ss2-6 井＞xs1-1 井＞ss2 井＞xs5 井＞xs601 井＞xs6 井。

表 17-21　不同井岩心可动水与残余水饱和度

井号	样品数	参数值	饱和样可动水饱和度/%	饱和样残余水饱和度/%
xs8 井	7	最小值	60.6	15.6
		最大值	84.4	39.5
		平均值	70.1	29.9
ss2 井	6	最小值	8.5	47.0
		最大值	53.0	91.5
		平均值	35.2	64.8
xs601 井	7	最小值	11.7	51.7
		最大值	48.4	88.3
		平均值	22.5	77.5
ss2-6 井	4	最小值	46.6	39.0
		最大值	61.0	53.4
		平均值	52.4	47.6
xs6 井	3	最小值	21.1	76.8
		最大值	23.2	78.9
		平均值	22.1	77.9
xs1-1 井	3	最小值	46.4	52.5
		最大值	47.5	53.6
		平均值	47.0	53.0
xs5 井	2	最小值	17.4	59.3
		最大值	40.7	82.6
		平均值	29.1	70.9
xs1-3 井	2	最小值	65.1	28.2
		最大值	71.8	34.9
		平均值	68.5	31.5

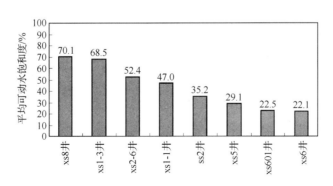

图 17-55　不同井岩心可动水饱和度

5）火山岩可动水饱和度与物性相关性

火山岩可动水饱和度与储层岩心孔隙度、渗透率对应关系见图 17-56 和图 17-57。

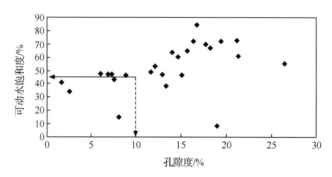

图 17-56　火山岩可动水饱和度与孔隙度关系

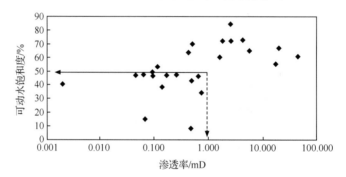

图 17-57　火山岩可动水饱和度与渗透率关系

分析可以得出,当孔隙度小于 5%、渗透率小于 1.0mD 时,火山岩岩心可动水饱和度均在 50% 以下;当孔隙度大于 5%,渗透率大于 1.0mD 时,大部分岩心可动水饱和度大于 50%。

17.3　裂缝的分布特征

17.3.1　储层裂缝的分类

依据长岭气田资料分析,裂缝主要发育在营城组火山岩储层,登娄库组不发育裂缝。裂缝是火山岩储层的渗流通道,搞清裂缝类型、产状、大小、发育程度、充填状况、孔渗组合关系及方向等,可以为优化井网部署提供依据。

1. 根据裂缝成因分类

火山岩裂缝按成因分为四大类:成岩缝(砾间缝、冷凝收缩缝、层间缝、缝合缝和晶间缝)、构造缝、风化缝和溶蚀缝。

根据岩心观察、井壁取心、镜下薄片分析,长深 1 区裂缝主要发育构造缝、成岩缝、溶蚀缝三种类型,以构造缝为主,成岩缝次之,溶蚀缝局部发育。

2. 根据裂缝产状分类

火山岩裂缝按产状分为五种:①直立缝,倾角大于 80°;②高角度缝,倾角为 60°～80°;③斜交缝,倾角为 30°～60°;④低角度缝,倾角为 10°～30°;⑤水平缝,倾角小于 10°;此外,由不同倾角的裂缝相互交叉、切割可形成网状裂缝。

岩心观察结果表明,长深 1 区块火山岩构造缝以高角度缝和直立缝为主,斜交缝次之;成岩缝则以水平缝为主,高角度缝和斜交缝次之。

3. 根据裂缝开口宽度分类

依据裂缝宽度,将火山岩裂缝分为五个类别:巨缝,缝宽大于 100mm;大缝,缝宽为 10～100mm;中缝,缝宽为 1～10mm;小缝,缝宽为 0.1～1mm;微缝,缝宽小于 0.1mm。

岩心及薄片观察表明,长深 1 区块火山岩裂缝以小缝为主,中缝次之,巨缝不发育。

4. 根据裂缝测井识别分类

利用 FMI 成像测井可识别高导缝、微裂缝、高阻缝和诱导缝。其中,高导缝为开启构造缝或充填导电物质的充填缝;微裂缝是指各种延伸局限、分布不规则、难以进行理论拟合的裂缝,包括冷凝收缩缝、炸裂缝、砾间缝等成岩缝及局部充填或闭合的构造缝;高阻缝则是指充填高阻物质的裂缝;钻井诱导缝是钻井过程中产生的非天然裂缝。

5. 根据裂缝形态分类

根据岩石的力学性质分类,将裂缝分为剪切裂缝、扩张裂缝和拉张裂缝三种类型。根据地质因素,可以将裂缝分为构造裂缝、成岩裂缝以及收缩裂缝三种主要的类型。

这里根据裂缝的分布形态来分类,大尺度的观测,通过裂缝地震预测结果图,将裂缝网络分为密集型(图 17-58)、枝干型(图 17-59)和稀疏型。

在小尺度观测这里根据裂缝网络的形态结合裂缝的连通性,将裂缝网络分为三类:网状裂缝、分叉型裂缝和不连通的储集型裂缝。

1) 网状裂缝

褶皱运动伴生的网状裂缝系统多为局部裂缝,可以表现为水平的网状裂缝和

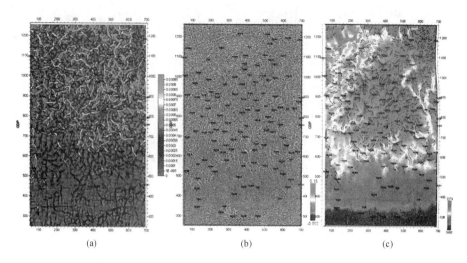

图 17-58　S48 井区曲率属性与多属性神经网络断裂检测图

（a）曲率属性揭示的断裂；（b）多属性神经网络断裂检测；（c）奥陶系潜山顶面构造
与多属性神经网络断裂检测叠合图

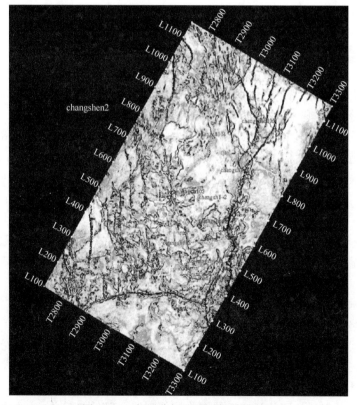

图 17-59　相干分析法预测断裂和裂缝

小23井岩心$1\frac{4-5}{25}$

(a) 不规则网状裂缝

小24井岩心$14\frac{23}{25}$

(b) 不规则网状裂缝

小23井岩心$2\frac{7}{24}$

(c) 共轭裂缝的网格状组合

小22-14-加井岩心$5\frac{13}{25}$

(d) 共轭裂缝的网格状组合

图 17-60　网状裂缝示意图

纵剖面的网状裂缝。断层也会伴生局部网状裂缝。局部网状裂缝多将岩石切割成不规则的块状。

2) 主干分叉型

断层的活动常派生此类裂缝(图 17-61)。

3) 不连通的储集型裂缝

(1) 平行雁列型裂缝(图 17-62 和图 17-63)。此类裂缝多与断层活动有关。此类裂缝多为不连通的裂缝,只能作为流体储集空间的作用。

小22-10-16井岩心$10\frac{21}{22}$

(a)

小23井岩心$2\frac{4}{11}$

(b)

图 17-61　主干分叉式裂缝网络

小24井岩心$10\frac{9-10}{22}$

(a)

小23井岩心$5\frac{5}{16}$

(b)

图 17-62　平行裂缝雁列式组合

(a) 共轭缝的分布情况

(b) 与断层有关的裂缝

图 17-63　辽宁抚顺富尔哈高于庄组野外露头剖面

（2）放射状的裂缝。褶皱轴部发育的高角度张裂缝就呈现放射状。此类裂缝多为不连通的裂缝，只能作为流体储集空间的作用。

17.3.2　储层裂缝特征

在火山岩裂缝分类、识别和参数评价的基础上，进一步开展了火山岩储层裂缝特征研究，得到了如下一些基本认识。

1. 裂缝类型

根据 FMI 裂缝识别结果，统计结果表明（图 17-64）：火山岩以高导缝为主，占50.1%；微裂缝次之，占 42.4%；过井断裂只占 0.4%。结合裂缝的 FMI 成像测井机理，分析认为，高导缝和高阻缝是构造缝在成像测井上的显示，微裂缝则是成岩缝和局部充填的构造缝在成像图上的显示。因此，长深 1 区块的火山岩以构造缝最发育，成岩缝次之。

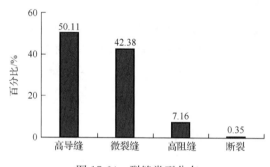

图 17-64　裂缝类型分布

不同类型裂缝的倾角分类特征不同。如图 17-65 所示，高导缝以斜交缝为主，占 50.9%；高角度缝次之，占 39.5%。微裂缝则以斜交缝为主，占 44.9%；低角度缝次之，占 39.5%。高阻缝以斜交缝为主，占 50.3%；高角度缝次之，占 40.6%。因此，长深 1 区块构造缝以斜交缝和高角度缝为主，倾角主体大于 50°；成岩缝则以

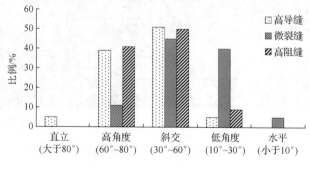

图 17-65　裂缝倾角分布

斜交缝和低角度缝为主,倾角主体小于 $50°$。

2. 裂缝参数

1) 裂缝密度

如图 17-66 所示,FMI 测井解释的火山岩裂缝密度最大为 13.0 条/m,平均 3.35 条/m;大部分(约 84.1%)集中在 1～5 条/m 范围内。

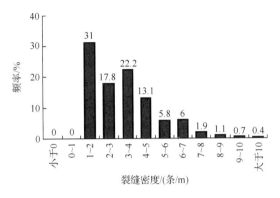

图 17-66　火山岩裂缝密度

2) 裂缝长度

如图 17-67 所示,FMI 测井解释的裂缝长度最大为 $10.2m/m^2$,平均为 $2.76m/m^2$,大部分(79.2%)集中在 $1～4m/m^2$ 范围内。

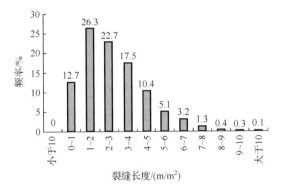

图 17-67　火山岩裂缝长度

3) 裂缝宽度

如图 17-68 所示,测井解释的裂缝宽度最大为 $728.5\mu m$,平均为 $66.1\mu m$,大部分(约 79.5%)集中在 $0～100\mu m$ 范围内。

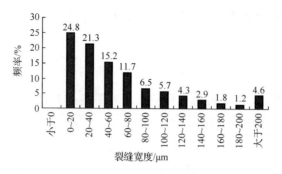

图 17-68　火山岩裂缝宽度

4) 裂缝面孔率

如图 17-69 所示,FMI 测井解释的裂缝面孔率最大为 0.175%,平均为 0.018%,主要集中在 0~0.04%范围内。

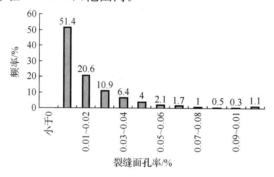

图 17-69　火山岩裂缝面孔率

3. 裂缝发育程度

在裂缝识别和参数评价的基础上,通过储层敏感性分析,利用裂缝发育段厚度百分比(HELF)、成像测井解释的裂缝密度(FVDC)和常规测井解释的裂缝发育指数(FID2),建立了火山岩裂缝发育程度评价标准(表 17-22),将火山岩储层裂缝发育情况划分发育、较发育、一般和不发育四种等级。

利用上述标准对工区 7 口井开展了裂缝发育程度评价研究(图 17-70)。从图 17-70可以看出,cs1 区块火山岩裂缝发育程度以较发育为主,占 38.6%;发育次之,占 33.9%;一般和不发育分别占 9.1%和 18.4%。因此,cs1 区块火山岩裂缝发育程度高。

4. 裂缝有效性

评价裂缝的有效性主要考虑裂缝的开启程度、裂缝宽度及裂缝的渗流能力等,

cs1 区块火山岩裂缝具有以下特点。

表 17-22　裂缝发育程度判别标准

裂缝发育程度	HELF/%	FID2(无量纲)	FVDC/(条/m)
发育			>2.5
较发育	>70	>2.5	1.5~2.5
一般			<1.5
较发育	40~70	2.0~2.5	>2
一般			<2
较发育	10~40	1~2	>3
一般			<3
不发育	<10	<1	<0.5

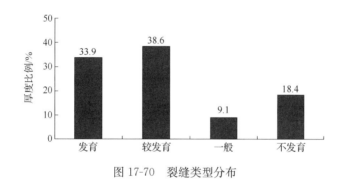

图 17-70　裂缝类型分布

（1）火山岩裂缝的开启程度高：FMI 成像测井识别的高阻充填缝只占 7.2%，高导缝和微裂缝以开启缝为主，共占 92.8%。

（2）裂缝的发育程度较高，发育和较发育段厚度占总厚度的 72.5%。

（3）裂缝具有较好的渗流能力：测井解释的平均裂缝渗透率为 33.4mD，是基质渗透率的 28 倍。

（4）裂缝起着重要的渗流通道的作用。裂缝在沟通各种类型的孔隙中起着十分重要的作用，裂缝的发育大大提高了火山岩储层的渗流能力。

因此，综合分析认为：cs1 区块火山岩储层的裂缝是有效的。

5. 不同储层类型的裂缝特征

根据 FMI 的解释结果，分别统计不同类别储层的裂缝特征如表 17-23 所示。Ⅰ类储层以高导缝为主，裂缝宽度大、面孔率高、有效性好；Ⅱ类储层以高导缝为主，但比例降低，裂缝宽度中等，面孔率低，有效性较差；Ⅲ储层以微裂缝为主，裂缝宽度小、面孔率低、有效性差。

表 17-23　cs1 区块不同储层类型的裂缝特征

储层类型	裂缝类型			裂缝参数				
	高导缝	微裂缝	高阻缝	HELF/%	FVTL/(m/m²)	FVDC/(条/m)	FVPA/%	FVA/μm
Ⅰ类	83.21	13.87	2.92	53.16	2.38	2.97	0.036	156.23
Ⅱ类	69.85	23.62	6.53	42.94	2.53	3.01	0.021	87.26
Ⅲ类	44.15	49.05	6.33	45.03	2.81	3.29	0.022	72.00

从Ⅰ类到Ⅲ类,火山岩储层裂缝具有高导缝比例减小、微裂缝和高阻缝比例增大、裂缝密度增大、裂缝宽度和裂缝面孔率减小的变化趋势。由此可以说明,火山岩储层类型越好,起着重要沟通作用的构造缝(高导缝)发育程度相对越高,裂缝的有效性越好;但岩石越致密,裂缝发育程度相对越高。

6. 不同井之间裂缝发育程度统计分析

1) 裂缝参数差异

根据 FMI 的解释结果,分别统计不同井的裂缝类型、条数、倾角、各种裂缝定量参数以及有效缝发育程度。分析 cs1 井、cs1-1 井、cs1-1 井、cs1-2 井、cs1-3 井和 cs103 井裂缝发育特点如下。

总体上,五口井中 cs1-3 井有效裂缝发育程度最差,其余 4 井均超过 60%。五口井高导缝和微裂缝各占 50%左右。cs1-1 井和 cs103 井裂缝比较发育,裂缝宽度、渗透率比较高,cs1、cs1-3 井裂缝宽度、渗透率比较低。

2) 裂缝发育方向

根据 FMI 的解释结果,编制气层裂缝发育方向玫瑰图(图 17-71),从图可以看出:有效构造缝(高导缝)以近东西方向(略偏东南—北西方向)为主;充填构造缝(高阻缝)不发育,发育方向规律性不强;成岩缝(微裂缝)发育方向较杂乱,北部的

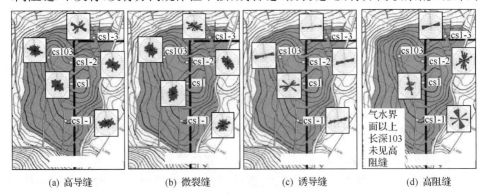

　　(a) 高导缝　　　　　(b) 微裂缝　　　　　(c) 诱导缝　　　　　(d) 高阻缝

图 17-71　不同类型裂缝的发育方向

三口井近南东—北西方向,南部的两口井近北东—南西向;钻井诱导缝发育方向为近东西方向,规律性很强,与区域的地应力场是一致的。

　　7. 裂缝的分形特征

　　自然裂缝油气藏具有很多特征,像在标度、裂缝的密度和范围有显著的大的可变性,这些特征是由材料的初始脆性相关联的断裂过程所诱导的。这些问题已被广泛地研究,同时研究表明断裂过程导致分形体的才产生。

　　裂缝网络的分形特征最初在研究 Nevada Yucca 山时发现。该研究表明,裂缝在标度范围内具有自相似特征。有人计算了 Yucca 山的裂缝网络分形维数为1.6~1.7。研究还表明,不仅天然裂缝油藏符合分形特征,当油藏压裂后也易产生分形特征。Chelidze 等分析了 Canan 附近的白云岩、大理石、地层中的裂缝图形,并证明三维裂缝网为分形体,分形维数是 2.5。对岩石露头的裂缝网络的测试结果也符合分形特征。邓攀等对辽河盆地火山岩裂缝油气藏进行研究,发现分形维数与裂缝密度有良好的相关性。

　　岩心及薄片观察结果表明,cs1 区块以构造缝为主,成岩缝次之,溶蚀缝局部发育。所以 cs1 区块裂缝网络也具有分形特征。

17.3.3　裂缝类型与产量关系

　　利用动态资料预测裂缝发育,主要是利用第 18 章基于分形理论建立的树枝状裂缝网络和基于平板理论建立的网状裂缝网络的产能模型,对单井产量进行拟合,从而判断其裂缝发育。

　　1. 不同裂缝发育情况下产量对比

　　由图 17-72~图 17-76 可以看出,发育网状裂缝初期产量最高,发育树枝状裂缝次之,不发育裂缝初期产量最低。随时间增加产量递减,发育网状裂缝的递减速度最快,发育树枝状裂缝次之,不发育裂缝产量递减最慢。

　　2. 拟合树枝状裂缝发育情况下的各井产量

　　根据不同裂缝发育情况下拟合产气量的变化规律,结合 cs1 井区主要发育构造裂缝的事实,初步判断 cs1、1-1、103 井以及平 3、平 4 井周围发育树枝状裂缝。

　　由图 17-77 和图 17-78 可以看出,发育树枝状裂缝情况下对产气量和产水量的拟合较好,可以判断 cs1 井发育树枝状裂缝。

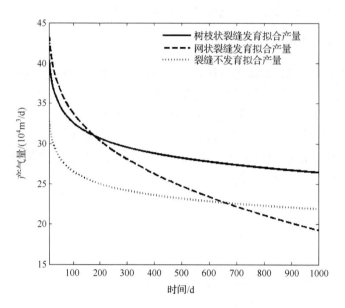

图 17-72　cs1 井发育不同裂缝情况下拟合产量

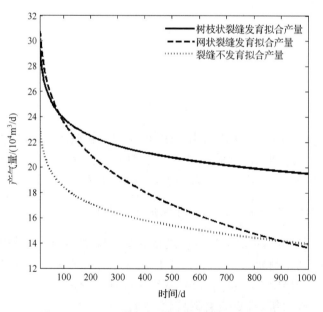

图 17-73　cs1-1 井发育不同裂缝情况下拟合产量

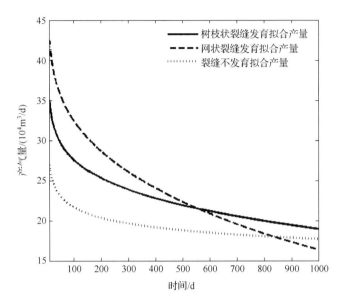

图 17-74　cs103 井发育不同裂缝情况下拟合产量

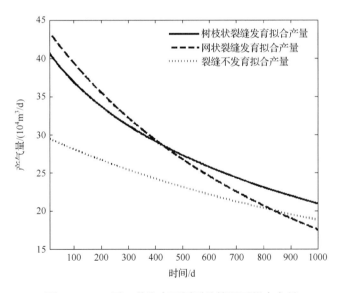

图 17-75　cs 平 3 井发育不同裂缝情况下拟合产量

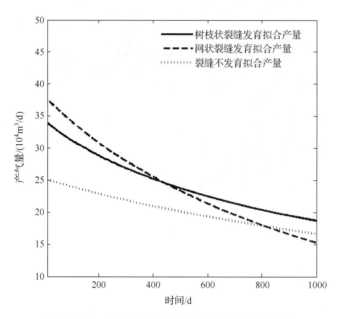

图 17-76　cs 平 4 井发育不同裂缝情况下拟合产量

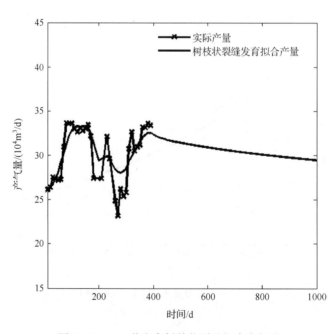

图 17-77　cs1 井发育树枝状裂缝拟合产气量

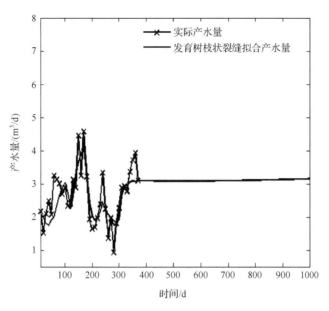

图 17-78　cs1 井发育树枝状裂缝拟合产水量

由图 17-79 和 17-80 可以看出,发育树枝状裂缝情况下对产气量和产水量的拟合较好,可以判断 cs1-1 井发育树枝状裂缝。

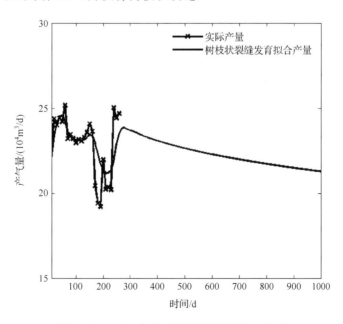

图 17-79　cs1-1 井发育树枝状裂缝拟合产气量

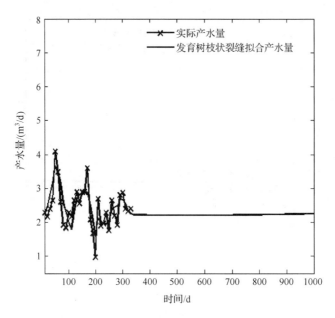

图 17-80　cs1-1 井发育树枝状裂缝拟合产水量

由图 17-81 和图 17-82 可以看出,发育树枝状裂缝情况下对产气量和产水量的拟合较好,可以判断 cs103 井发育树枝状裂缝。

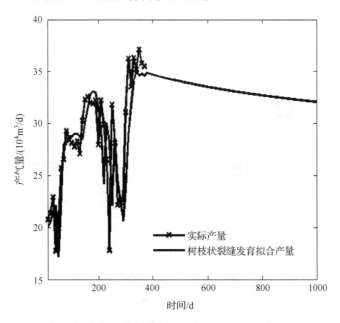

图 17-81　cs103 井发育树枝状裂缝拟合产气量

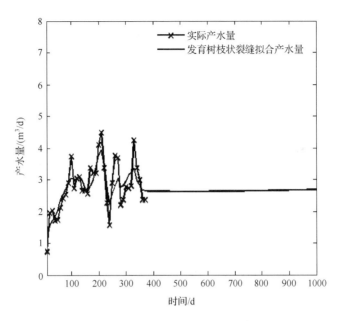

图 17-82　cs103 井发育树枝状裂缝拟合产水量

由图 17-83 和图 17-84 可以看出,发育树枝状裂缝情况下对产气量和产水量的拟合较好,可以判断 cs 平 3 井发育树枝状裂缝。

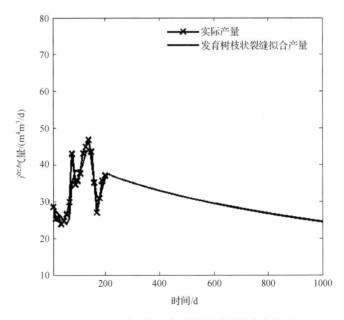

图 17-83　cs 平 3 井发育树枝状裂缝拟合产气量

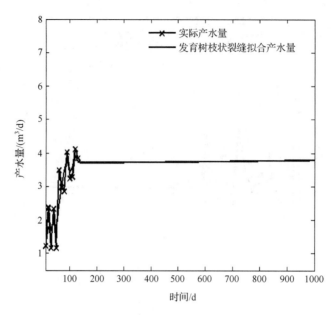

图 17-84　cs 平 3 井发育树枝状裂缝拟合产水量

由图 17-85 和图 17-86 可以看出，发育树枝状裂缝情况下对产气量和产水量的拟合较好，可以判断 cs 平 4 井发育树枝状裂缝。

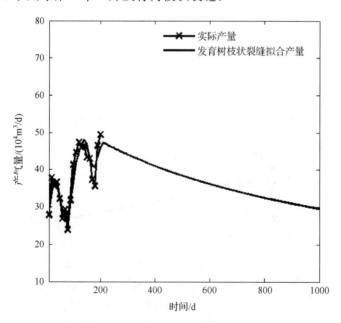

图 17-85　cs 平 4 井发育树枝状裂缝拟合产气量

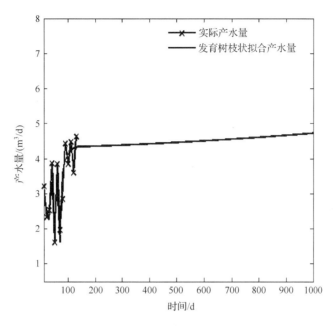

图 17-86　cs 平 4 井发育树枝状裂缝拟合产水量

17.4　底水分布模式、控制因素及水体能量

17.4.1　底水分布模式研究

1. 裂缝性气藏底水分布模式

为了体现裂缝对底水气藏底水上升规律的影响,根据裂缝和底水的分布规律,将底水分布水侵模式分为以下几种类型。

(1) 水锥型。

气井所处区域内中、小裂缝或微细裂缝发育,且分布相对均匀,无大缝存在,储层表现出似均质特征(图 17-87)。该区域气井投产后,在井底附近形成一个相对低压区,微观上底水沿裂缝上窜,宏观上呈水锥推进。气井出水后,产水量小且上升平缓,大都分布在气藏边、翼部低渗区,但也有少数分布在顶部高渗区。

(2) 纵窜型。

纵窜型气井多位于高角度大缝区,有大缝与井筒直接相连,底水沿大缝直接窜流入井筒(图 17-88),十分活跃,有时甚至表现为管流特征,产水迅猛且量大,对气井生产影响很大,短期内可使气井水淹而死,对于纵窜型气井,地层水的危害性很大。

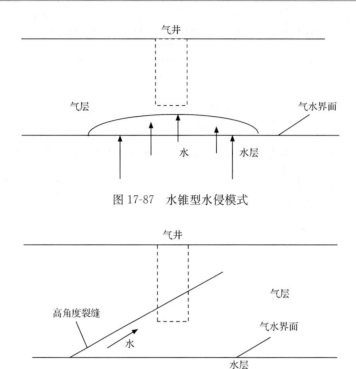

图 17-87　水锥型水侵模式

图 17-88　纵窜型水侵模式

（3）横侵型。

局部产层纵向裂缝远没有水平缝发育，且在远处与高角度缝连通，地层水上升困难，只能沿平缝向低压区横向推进（图 17-89），纵向上出现水层下有气层的交互分布现象。这类水侵方式差别较大，大多底水很不活跃，也有少量井显得十分活跃，主要分布在构造高点附近的中高渗地带。

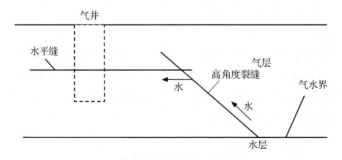

图 17-89　横侵型水侵模式

（4）复合型。

实际的裂缝性有水气藏极少存在单纯的一种水侵模式，而是"横侵纵窜"复合式的模式(图 17-90)：一种是沿构造发育带或高渗带选择性水侵；一种是沿断层裂缝带平行断层走向水窜，而断层裂缝不发育的翼部的水体在开发过程中基本不动。如出水井附近存在高渗空洞层，同时有高角度大缝与高渗孔洞层相连接，底水通过大缝上窜，再通过高渗孔洞层横向水侵造成气井出水，形成了复合型的水侵模式。这种类型水侵对气井生产和气藏开采危害最大，它使小范围的纵窜水危害扩至一大片，并且主要发生在气藏的主产区，因此可以看出，纵、横向裂缝的相对发育程度决定水侵活动的主要方向。

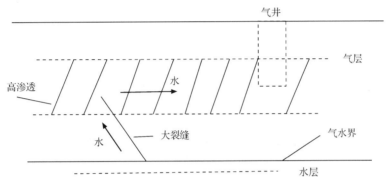

图 17-90　复合型水侵模式

2. 长深气田底水分布模式及特征

1) 营城组气藏类型及水体特征气藏类型

整个火山岩体由于裂缝比较发育，加之 CO_2 气体的存在，导致溶蚀孔缝比较发育，改善了火山岩的总体储集性能和连通性，使气藏具有了相对统一的气水界面，属于同一个气水系统。单井气水识别的成果和试气、录井、MDT 测试、核磁点测资料也支持这一认识，因此综合分析认为，该气藏为底水构造气藏，底水呈水锥型上升。

2) 水体能量和驱动类型

气藏水体类型、大小和活跃程度对于开发布井、采气速度的确定、气藏压力衰竭快慢和气藏后期的开发管理具有重要的意义。但由于目前对气藏水层的测试资料少，因此，只能根据目前已有的资料，并结合地质认识对长岭 1 号气田的水体能量进行初步分析。

(1) 水体大小。

水体类型的认识对于气藏类型判断和井位部署具有重要意义。但由于目前对气藏动态及其连通性的认识程度有限，所以仅根据现有试气资料、电测解释和地质综合认识，对于水体类型进行初步判断。

  cs1 区块营城组火山岩气藏天然气分布受储层物性和构造的双重控制,构造高部位、物性好的层段其含气井段长,气柱高度大,而构造低部位的、物性差的层其含气井段小,气柱高度小。对长岭 1 号气田的地质综合研究和试气结果表明,从总体上看,营城组火山岩构造高部位为纯气层,构造低部位为气水同层或水层,初步判断长岭 1 号气田的气水分布与构造紧密相关,为上气下水分布,水体呈现边底水特征(图 17-91)。

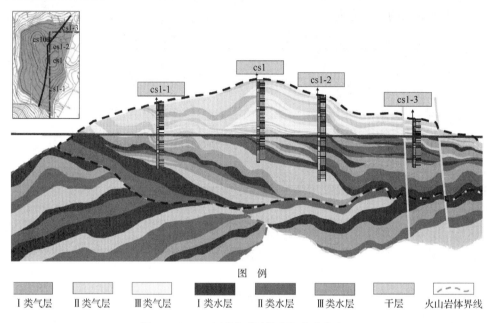

图 17-91 cs1 区块气藏剖面图(南北方向)

  由于目前火山岩气藏中只有 cs1 井、cs1-2 井试气,试气结果为 1 层水层、1 层低产气层和 2 层工业气层,但是没有试采水,所以目前从动态无法对水体的大小进行评价和估算,而只能根据地质综合研究结果给出初步的估算。

  长岭 1 号气田总水体是将该气田内存在的所有水层体积相累加,水体倍数是指所有水层地下水体积与所有气层地下天然气体积之比。由于目前长岭 1 号气田完钻的 5 口井均没有钻穿火山岩储层,利用静态资料估算水体大小难度较大。

  根据目前的地质认识,哈尔金至少发育三个火山喷发旋回,而且钻井只揭示第 Ⅲ 期火山岩,其中,第 Ⅰ 期火山岩喷发旋回的面积为 114.2km²,第 Ⅱ 期面积为 100.5km²,第 Ⅲ 期面积为 113.6km²(图 17-92)。根据长岭 1 号气田 5 口井钻遇水体的厚度,初步估算该气田水体厚度为 301.4m;若仅按第 Ⅱ 期火山岩面积 100.5km² 考虑,初步估算该气田火山岩段水体体积为 $18.17 \times 10^8 m^3$,如果考虑第 Ⅰ 期火山岩体,则该气田的水体还要大得多。

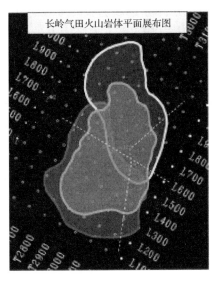

图 17-92　营城组Ⅲ期喷发旋回叠合图

从表 17-24 可知,长岭 1 号气田营城组组火山岩段水体地下体积为 $18.17 \times 10^8 m^3$,天然气地下体积为 $1.039 \times 10^8 m^3$,水体体积倍数为 17.5 倍,可见,相对于天然气而言,水体体积较大。

表 17-24　长岭 1 号气田水体大小估算

区域类别	天然气储量/$10^8 m^3$	天然气地下体积/$10^8 m^3$	水体体积/$10^8 m^3$	水体倍数
长岭 1 号	305.480	1.039	18.170	17.500

(2) 水体活跃程度。

从地质综合研究看,营城组天然气分布主要受构造控制,气藏属于底水特征。一般来讲,底水气藏在开发过程中若生产压差很大,容易形成底水锥进,所以水体活跃程度对射孔井段和产气速度都有很大影响。

火山岩段是长岭 1 号气田目前含水的主要层段。由于该气田仅对 cs1 井 3840~3850m 井段水层进行了测试,测试日产水 $8.31 m^3/d$,未进行试采水,对水体动态特征尚不能进行详细评价。但利用从长深 1 井的水层试气资料仍可以对水体的动态特征进行初步评价,下面从三个方面进行讨论。

① 纵向上隔夹层较发育,但气、水层间隔层裂缝较发育,总体上对水体上升的阻挡作用较弱。

地质综合研究表明,气、水层之间隔夹层裂缝发育厚度占隔夹层总厚度的比例为 55%~83%(表 17-25)。cs1-2 井、cs1-3 井隔夹层不发育,其余三口井(cs1、cs1-1、cs103)隔夹层内部的裂缝均比较发育。水层内部的隔夹层裂缝主要发育在 cs1-2

和 cs103 井区。根据目前的分析初步认为,长岭 1 号气田的隔夹层厚度大,但分布不稳定,而且隔夹层裂缝较发育,隔夹层对水体上升的阻挡能力较弱,导致底水上升相对比较容易。如果底水能量比较强,则底水可以通过气水层之间的裂缝上串,因此底水作用的强弱,还取决于底水能量的大小。

表 17-25　长岭 1 号气田水层间及水层内部隔夹层统计表

井名	气水之间隔夹层			水层内部隔夹层		
	隔夹层厚度/m	有效缝发育厚度/m	比例/%	隔夹层厚度/m	有效缝发育厚度/m	比例/%
cs1	46.3	25.80	55.72	9.1	0	0
cs1-1	24.5	19.25	78.57	21.5	1.5	6.98
cs1-2	0	0	—	35.4	26.1	73.73
cs1-3	0	0	—	9.4	2.6	27.66
cs103	70.2	58.60	83.48	60.9	51.7	84.89

② 水层渗透率低,传导率小。根据 MDT 测试资料统计(表 17-26)结果表明:水层渗透率为 $0.018\sim1.872$mD,平均为 0.6166mD,绝大部分小于 1mD。cs1 井 $3840\sim3850$m 井段水层测试产水 8.31m³/d。因此,总体上长岭 1 号气田表现出低渗特征,水体渗透率低,自身传导率小。

表 17-26　长岭 1 号气田 MDT 测试水层渗透率统计表

井号	深度/m	补心海拔/m	海拔深度/m	渗透率/mD
cs1-2	3838.31	166.11	−3672.20	0.581
	3839.87	166.11	−3673.76	0.327
	3840.50	166.11	−3674.39	0.422
	3841.48	166.11	−3675.37	0.391
	3842.03	166.11	−3675.92	0.405
	3843.10	166.11	−3676.99	0.693
cs103	3821.56	164.42	−3657.14	1.872
	3824.32	164.42	−3659.90	1.143
	3885.23	164.42	−3720.81	0.018
	3893.67	164.42	−3729.25	0.040
	3913.28	164.42	−3748.86	0.312
cs1-3	3887.37	162.53	−3724.84	0.314
	3893.96	162.53	−3731.43	0.048
cs1-1	3876.19	168.62	−3707.57	1.321
	3882.18	168.62	−3713.56	1.362

③ 水层产能。cs1 井 3840～3850m 井段岩性为晶屑熔结凝灰岩,测井解释为水层。根据 cs1 井的试气结果,自然产能测试日产水量为 8.31m³/d,累计产水 118m³。初步分析认为水层产能较低。

（3）驱动类型。

该气藏为底水气藏,水体比较大,从 cs1 井测试资料看,水层自然产能为 8.31m³/d,因此初步判断为弱水驱-弹性驱。

3）直井底水分布情况

采用多种方法和手段进行营城组火山岩气、水层的识别,包括核磁共振测井与阵列侧向定性识别方法、LFA 流体分析识别方法、MDT 压力测试综合判断分析方法、核磁共振点测分析方法以及常规测井 4 识别方法。根据这些测井方法进行测井解释,分析得各井的气水分布特征。

（1）cs1 井。

根据测试分析结果,可得长深 1 井:气层顶深为 3550m,气层底深为 3753.5m;水层顶深为 3830m,水层底深为 3899.5m。

（2）cs1-1 井。

根据测试分析结果得,cs1-1 井:气层顶深为 3670.6m,气层底深为 3788.4m;水层顶深为 3830m,水层底深为 3925.8m。

cs1-1 井补心海拔为 168.62m,根据该井的 MDT 测试资料,其地层压力与海拔深度的关系见图 17-35。由图可知,该井的压力梯度为 0.2659MPa/100m。

气层: $p_g = -0.002659H + 32.932278$。

水层: $p_w = -0.012589H - 3.331889$。

气水界面: -3651.98m。

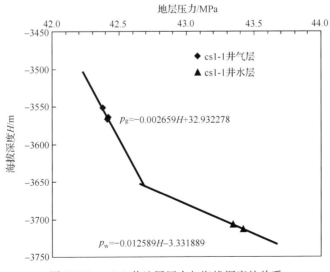

图 17-93　cs1-1 井地层压力与海拔深度的关系

（3）cs1-2 井

根据测试分析结果可得 cs1-2 井：气层顶深为 3615m，气层底深为 3799m；水层顶深为 3803m，水层底深为 3943.4m。

cs1-2 井补心海拔为 166.11m，根据该井的 MDT 测试资料，知该井的压力梯度为 0.4278MPa/100m。

气层：$p_g = -0.004278H + 27.208934$。

水层：$p_w = -0.009569H + 7.918788$。

气水界面：-3645.84m。

（4）cs1-3 井

根据测试分析结果可得 cs1-3 井：气层顶深：3716m，气层底深：3786m；水层顶深：3815.7m，水层底深：3911m。

（5）cs102 井

根据测试分析结果可得 cs102 井：气层顶深：3768m，气层底深：3784m；水层顶深：3872m，水层底深：4042m。

（6）cs103 井

根据测试分析结果 cs103 井：气层顶深：3615.5m，气层底深：3739m；水层顶深：3813.8m，水层底深：3923.6m。

cs103 井补心海拔为 164.42m，根据该井的 MDT 测试资料，其地层压力与海拔深度的关系见图 17-36。由图可知，该井的压力梯度为 0.2852MPa/100m。

气层：$p_g = -0.002852H + 32.240138$。

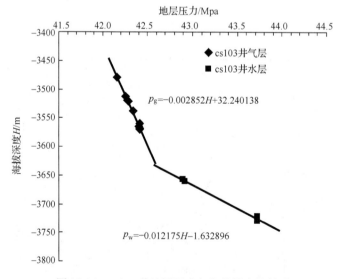

图 17-94　cs103 井地层压力与海拔深度的关系

水层：$p_w = -0.012175H - 1.632896$。

气水界面：-3633.28m。

4）水平井底水分布情况

由直井气水分布特征分析的，cs1 号气田纯气层底深平均为 3780m，纯水层顶深为 3830m。由于 cs1 气田具有统一压力系统，所以对于水平井也具有相同的压力系统。

（1）cs 平 1 井为开发井，射孔段为 3623.71～4358.94m，厚度达 735.23m。气层中部深 3391.3m，开采时需考虑底水因素。

（2）cs 平 2 井为生产井，气层中部深度 3630m，射孔段未知，设计井垂深 3696m，水平段延伸 720m，暂且不需要考虑底水因素。

（3）cs 平 3 井水平段终端处目的层中部垂直深度为 3720m，由此推算出水平段终端海拔为 -3555.58m，距离底水层 224.42m。

（4）根据 cs 平 4 井与 cs1 井构造位置关系，以及目前 cs 平 1 井实际钻遇情况，推算 cs 平 4 井水平段终端海拔为 -3540.35m，距离底水层 240m。

17.4.2　水体能量研究

图 17-95 为长深各井的比采气指数及水气层厚度比对比图。由图可以看出，四口井中，cs103 井的比采气指数最大，cs1 井次之，cs1-1 和 1-2 井最小；cs103 井的水气层厚度也是最大，cs1 和 1-2 井次之，cs1-1 井最小。

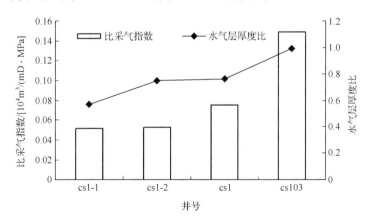

图 17-95　长深各井比采气指数及水气层厚度比

图 17-96 是为长深各井水层厚度对比图。由图可以看出，cs102 井水层厚度最大，接近 220m，cs1-1、103 和 1-3 井水层厚度最小，在 100m 左右，cs1-2 和 cs1 井水层厚度相当，约为 150m。

图 17-97 是长深各井水气厚度比对比图。由图可以看出，cs102 井水气厚度比

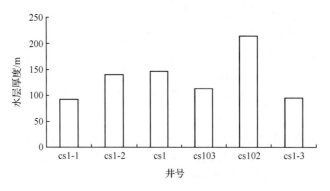

图 17-96　长深各井水层厚度图

最大,接近 4,cs1-3 井水气厚度比接近 2.5,cs103 井水气厚度比接近 1,cs1-1、1-2 和 cs1 井水气厚度比均小于 1,其中,cs1-1 井水气厚度比最小,仅为 0.5。

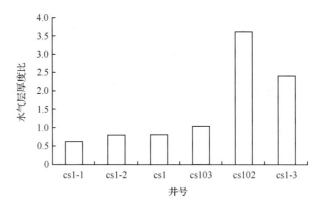

图 17-97　长深各井水气厚度比

图 17-98 是为长深各井水层厚度及水气层厚度比对比图。

为了研究底水能量大小对水锥动态的影响,利用单井径向模型,通过理论分析和数值计算,开展了水体能量大小即水体体积倍数的影响因素研究。

在气层厚为 120m,射孔程度为 25%,垂向渗透率与水平渗透率之比为 2,气井日产量为 $5 \times 10^4 \mathrm{m}^3/\mathrm{d}$ 的条件下,考虑不同水体大小对水锥及气井生产动态的影响,从计算结果可以看出如下。

随水体的增大,地层水的水体弹性能量增大,在气藏衰竭式开发的过程中地层水的弹性膨胀体积随水体规模的增大而增大,使得水侵速度和总的水侵量随水体体积的增大而增大;但当水体体积增大到一定的大小后,水体大小对水侵速度和总水侵量的影响程度变小。

如图 17-99 所示,随水体的增大,气井稳产时间缩短。1 倍水体时,稳产约

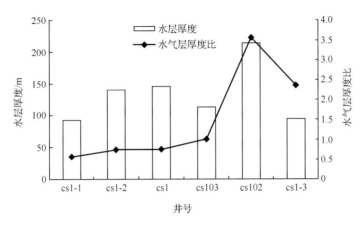

图 17-98　长深各井水层厚度和水气层厚度比

2400 天;2 倍水体时,稳产约 2040 天;10 倍水体时,稳产约 1920 天。1 倍水体稳产时间比 2 倍水体稳产时间约高 15%,比 10 倍水体稳产时间约高 20%。

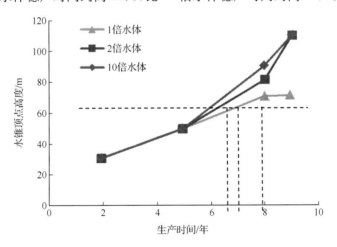

图 17-99　不同水气体积比的井中央底水锥进距离对比图

第18章 含 CO_2 天然气藏的流体流动规律

18.1 储层渗流数学描述现状及分析

裂缝型储层渗流是油气开采中的重要问题,一方面,油气储层或含水岩层常发育着无数不同尺度的天然裂缝;另一方面,为开发低渗油气藏,特别是超低渗油气藏,往往采用水力压裂等手段使油气储层产生裂缝,才能使油气藏具有工业开采产能。裂缝型介质渗流与常规的连续性多孔介质渗流相比,具有许多独特的性质。裂缝型介质的几何特征要复杂得多,其中有多种尺度上的不连续性,从微观裂纹到宏观缺陷,根据研究尺度的不同,需要对多孔介质不同尺度上的几何特征进行描述。裂缝型介质常常表现出明显的各向异性,因为裂缝常常成组分布,且每组裂缝都有各自较稳定的形状,裂缝的形状还会随开采过程中地应力和流体饱和度的变化而变化,非线性渗流问题在裂缝型介质中显得较突出。

天然裂缝性地层的油藏特点及模拟方法与传统的、单孔隙均匀连续油藏有很大的不同,不仅需要表征天然裂缝和基质的本质特性,而且要表征基质和天然裂缝之间的相互作用。天然裂缝性地层代表着高度各向异性系统,裂缝的表征需要定义各种参数(如天然裂缝的间距、长度、方向、孔隙率、连通性、缝隙以及渗透性等)。在这种地层中,几乎不可能用均匀系统的模型来表征地层中流体的流动以及地层压力的变化状况。

人们通过对天然裂缝地层特性的研究及生产实践,将裂缝性储层模型划分为以下常用的三类(表18-1):①等效孔隙介质模型;②多重介质模型;③离散裂缝网络模型。其中,应用最多的是双重介质模型和等效孔隙介质模型。

18.1.1 等效孔隙介质模型

这一模型将裂缝等效为孔隙,使得原问题变得简单易处理。刘漪厚在对吉林扶余油田作详细深入的研究后发现,该油田区域裂缝系统中的裂缝具有明显的统一走向,属平行裂缝,难以形成相互连通的网络裂缝系统。忽略了饱和度、势能和压缩性在基质和裂缝中的差异,把裂缝看成只影响流体导流能力的因素。因此在建立等效裂缝模型时,只将裂缝对渗透率的影响附加给界面渗透率,取得了较好的结果。但该模型的应用尚存在如下两方面的困难:一是裂缝油藏岩石等效渗透张量的确定;二是等效连续介质模型的有效性不一定能得到保证。由于该模型未能考虑裂缝的局部特性以及裂缝与孔隙之间的物质交换,因此难以模拟裂缝孔隙体的重要特征。

表 18-1　裂缝性储层数值模拟模型分类

模型类型		优点	缺点
等效孔隙介质模型		将裂缝等效为孔隙,使得原问题变得简单易处理	1. 难以确定裂缝油藏岩石等效渗透张量 2. 等效连续介质模型的有效性不一定能得到保证
多重介质模型	双重介质模型 双孔双渗模型 双重裂缝模型 三重孔隙模型	能够很好模拟低渗透高饱和度基岩内流动滞后裂缝内流动现象,双孔模型是现在应用最为广泛的裂缝性储层模型	裂缝非均质性的过度简化和介质间窜流函数具有不确定性
离散裂缝网络模型		能揭示流体在裂缝中的流动局部细节,与真实情况比较接近	1. 大多数现有离散模型都不考虑基质与裂缝之间的流体交换 2. 由于天然裂缝网络的复杂性,在复杂网络上进行流体流动的数值计算和开发井网的优化设计还存在较大困难

18.1.2　多重介质模型

1. 双重介质模型

Warren 和 Root 在 Barenblat 渗流模型基础上提出了著名的双重介质模型,其基本假设为:①含原生孔隙的基岩被划分成均匀各向同性、大小相同的、排列整齐的方块,且漂浮于裂缝系统中;②所有次生孔隙由一连续的、均匀的正交裂缝系统来代替,每条裂缝的方向与渗透率的主轴平行,垂直主轴方向的裂缝的宽度相同,不同的裂缝宽度模拟油藏各向异性的程度;③原生和次生的孔隙就其本身是复杂的各向异性,但仍被认为是均匀的,流体流动仅发生在原生和次生孔隙之间,在含原生孔隙的基岩中不发生流动。

该模型用两种单相体系——裂缝和基质岩块的叠加来描述双重介质油藏,空间中每点都有两种压力:裂缝中的平均流体压力。该点附近基质岩块中的流体平均压力。在假定流体为单相微可压缩且在两个流场中均满足达西定律、忽略重力影响的条件下,建立了双重介质模型中单相微可压流体的渗流方程,在处理裂缝与基质的连接时引入窜流项。

Warren-Root 给出了无限大单井流动的解析解。当裂缝的渗透率与基质的渗透率之比较大但有限值时,Warren-Root 模型能给出较为合理的结果。当基质岩块的尺寸比较大,或在基质中的渗透率虽然足够小,但不能忽略在其中的液体流动,也即不满足上述条件,则 Warren-Root 模型就难以给出精确的结果。后来 De Swaan 模型扩展了 Warren-Root 模型,提出了非稳定双重介质模型。Fung、Gilman 和 Kazemi 等提出了多相流双重介质模型,并对交换函数作出了各种各样的修正。Kazemi 和 Spivey 等又对其作了进一步的修正与改进。

2. 双孔双渗模型

Deruyck 和 Bourdet 提出的双孔双渗模型是将油藏分为裂缝系统和基质系统,与双孔基质模型不同之处是将基质也看成是渗流的空间,即油气不仅从基质向裂缝中渗流,同时在基质内也进行流动,流体同时从裂缝和基质流入井底。该模型在胜利油田多个低渗透砂岩油藏精细数值模拟研究中得到了较好的应用,克服了以往裂缝参数赋值的无依据性和随意性,有助于提高该类油藏数值模拟研究精度,尤其在裂缝系统参数较少时,提供了一种切实可行的低渗透裂缝性砂岩油藏储集层建模方法。

3. 双重裂缝模型

Ghamdi 和 Ershaghi 对裂缝进行了细致深入的研究,提出了双重裂缝介质模型。其模型将裂缝系统分成了两类:显裂缝和微裂缝。认为微裂缝的作用一是作为油气从基质到显裂缝渗流的渠道,二是和显裂缝一起作为油气从生产井渗流的通道,是影响双重介质生产能力的一个主要因素。

4. 三重孔隙模型

Abdassah 和 Ershaghi 在对测井数据进行分析时发现,实际压降曲线无法用 Warren-Root 的双重介质模型来解释。因此将双重介质模型的基质系统作进一步细分为渗流能力和储集能力不同的两类,提出了三重孔隙介质模型。将所研究的基质岩块按其孔隙度和渗透率分成两类:一类与裂缝的连通性较好,另一类则较差。如此将基质岩块系统看成两个孔隙系统,与裂缝系统一起构成三重介质系统,三重孔隙介质模型所作的其他假设与双重介质模型的基本假设是一致的,但假定通过基质的中心没有流动。

Gurpinar 建立了数值模拟三重介质模型的多项流所需要的特殊多项流函数:相对渗透率函数、毛管力函数、基质压缩性函数以及裂缝的压缩性函数关系,给出了数值模拟的实例。我国的王永辉等针对低渗透油藏地质特征(压裂裂缝特性及渗流特征),研究建立了一套三维三相三重介质基质(天然裂缝和压裂裂缝),可考虑启动压力、压裂裂缝中高速非达西流、压裂裂缝导流能力可随位置及时间变化、渗透率可随孔隙压力变化、压裂裂缝不一定关于井轴对称和压裂裂缝可为任意方位等情况的非线性渗流模型和数值模拟方法,以模拟不同条件下压裂前后的生产动态,为新区开发压裂情况下的井网部署或注采井网给定下的整体压裂优化设计提供依据。

18.1.3　离散裂缝网络模型

对于天然裂缝性油藏的数值模拟研究早在 20 世纪 60 年代就已经开始了,但是由于裂缝发育的复杂性和其强烈的非均质性,研究难度非常大,几十年来虽然很多学者都进行了研究,但其结果仍不能尽如人意。

离散裂缝网络(discrete fracture network,DFN)模型对裂缝进行了显式的处理;根据地质上所描述的裂缝发育分布情况,在数值模拟中尽量给予符合实际的考虑。该模型不仅可以准确描述裂缝性油藏非均质性,还可以应用到水润湿和混合润湿介质中。裂缝性储层看作被大量不连续裂缝分割的基岩块,利用裂缝的位置、长度、密度、开度及强度等参数和裂缝间的连通状态构筑离散裂缝网络模型。该模型能揭示流体在裂缝中的流动局部细节,与真实情况比较接近。进入 20 世纪 80 年代后,提出了圆盘裂隙网络三维渗流模型和多边形裂隙网络模型,并运用于碳酸盐岩油气藏的模拟。这些模型可描述面状裂缝相互切割所构成的裂隙网络渗流。然而,实际岩体中的裂隙系统并非都是由单一的面状裂缝所构成,大多数现有离散模型都不考虑基质与裂缝之间的流体交换。而且由于天然裂缝网络的复杂性,在复杂网络上进行流体流动的数值计算和开发井网的优化设计还存在较大困难。

目前,离散裂缝模型的离散化方法主要有两种。其一是 2001 年 Karimi-Fard、RERI 和 Firoozabadi 提出的离散裂缝网络模型的离散化方法,该方法首先是对裂缝使用线元进行离散,并在此基础上对基岩采用三角元进行离散;其二是 2004 年 Lange、Basquet 和 Bourbiaux 提出的离散裂缝模型的离散化方法,该方法是以裂缝的交点或者裂缝的端点为基础进行离散。裂缝网络模型在实际裂缝位置处确定裂缝压力,在复杂流动受高渗透性裂缝网络约束的地方,油井泄油面积会遍布一个包含大量裂缝的区域。因此,为了达到最小的计算量,裂缝网络必须进行最优离散化处理。这个模型中,在每一地层水平平面上进行离散,即在每条裂缝的交点和端点处确定计算结点。而基质岩块通过快速的图像处理算法与每一裂缝单元关联:对于每一地层,需要处理其中间平面的图像,即裂缝的离散点都处于裂缝的交点处或者裂缝的端点处。在对每一个裂缝网格分配其所属的基岩网格时,其原则为该基岩网格中的所有的点相对于其他的裂缝网格,距该裂缝网格最近。

在对基岩和裂缝之间的窜流量进行考虑时,采用了拟稳态的概念,但是由于基岩的体积和形状取决于其周围的裂缝的几何形状,所以即使是使用了拟稳态的概念,油藏全区域的基岩和裂缝之间的窜流也是非均质的。

目前,大部分的数值模拟器在对天然裂缝性油藏进行模拟时都采用了双重连续介质,在这类模型中基岩被规则分布的裂缝切割成了方块;在对模拟器的主要的输入参数中就包括每个网格的裂缝渗透率,然而除非裂缝系统发育较好并且相互连接性也较好,该渗透率值才能进行合理的计算;但是油藏描述研究表明,裂缝系统是非常的不规则的,常常是相互不连接或者成堆发育。Kamath 表明由于相互不连接的裂缝可以对基岩整体的流动产生重大的影响,所以不能忽略;而由边界元方法计算的有效网格渗透率方法当裂缝的数目较大时,其计算费用是相当的昂贵的;所计算的网格的性质也过低地估计了比计算网格尺寸大得多的长裂缝的作用。

离散裂缝网络模型尤其适用于近井地带大约 $50 \sim 100\mathrm{m}$ 的区域储层规模数值模拟,较大区域的模拟则需要把几条裂缝适当地等效为一条裂缝或忽略那些渗透率较小的裂缝以减少计算量。离散网络模型的缺点包括三个方面:①裂缝基础统计资料精度不够,如裂缝的开度资料;②裂缝网络复杂,计算成本高;③对于通过静态统计参数得到的裂缝实现能否反映实际裂缝系统还没有强有力的理论支撑。

18.1.4　混合网络模型

实际上这四种模型都各有特点,以目前的发展趋势和裂缝描述的客观性来说,要结合油田实际情况,建立与改进基础模型,形成网络模型,综合数值、解析和半解析计算方法,提高计算精度同时大大减少计算量才是发展趋势,因此本书提出了混合网络模型,以期对储层的地质特征与渗流特征有更加准确、便捷和快速的描述。

混合网络模型是运用离散裂缝网络的方法生成离散裂缝网络区块;利用分型网络模型表征树枝状天然裂缝网络,利用多组平板流动网络模型表征网状天然裂缝网络,这能够对天然裂缝进行微观表征,然后各自计算裂缝岩体的等效渗透率;使用双重和单重连续介质模型的方法模拟不同离散裂缝网络区块,综合完成非均质条件下的天然裂缝宏观渗流模拟过程。此模型保留了等效孔隙介质模型、连续介质模型和离散裂缝网络模型的优点,改进了这些模型的缺点,形成了准确、便捷和快速的天然裂缝模拟方法。

18.2　裂缝网络的渗透率模型

18.2.1　树枝状裂缝网络渗透率模型

1. 分形方法介绍

分形理论是当代非线性学科的一个前沿课题。它是描述粗糙的、不规则的、复杂的且具有自相似或自放射规律形体的有力工具,其基本特征是标度不变性。油气藏工程和渗流力学中的许多现象都具有尺度不变性,如渗透率分布、孔隙度分布、裂缝油气藏中裂缝网络分布等。

　　欧氏几何认为空间的维数是整数,其描述的图形的边界都是规则的月可以用一定的解析式表示,如点、直线、平面、球或立方体等。而且对于这些规则几何体,测量结果独立于度量尺度。但是,自然界中大量物体的形状和结构,如云彩、海岸线、河流、土壤等,它们在图形上是完全不规则的,使它们的整体与局部都不能用传统的几何语言来描述,其内部发生的过程则不能用简单的线性近似方法来认识和描述。而且测量结果依赖于度量尺度,例如,不规则的海岸线,如果用欧氏维数为1的直线单元去度量其长度,测量结果将依赖于测量尺度的大小,测量尺度越小,测量结果越接近实际值,但是当测量尺度接近 0 时,测量结果趋向于无限大。分形是由 Mandelbrot 于 1975 首先提出的,分形几何突破了传统几何的局限,认为分形物体的空间维数可以不是整数。分形几何认为,对于任何一个有确定维数的几何体,若用与它相同维数的"尺"去量度,则可以得到一确定的数值 M,此时所需"尺"的个数为 N;若低于它维数的"尺"去量它,结果为无穷大;若用高于它维数的"尺"去量它,结果为 0。分形物体的量度 $M(\varepsilon)$ 与测量 ε 的尺度,服从如下的标度关系:

$$M(\varepsilon) \sim \varepsilon^{D_f} \quad \text{或} \quad N(\varepsilon) \sim \varepsilon^{-D_f} \tag{18-1}$$

式中,D_f 为分形维数;ε 为度量尺度;$M(\varepsilon)$ 可以是长度、面积、体积、质量等物理量。

　　分形必须满足自相似性和标度不变性。所谓自相似性是指某种结构或过程的特征从不同的空间或时间尺度来看都是相似的,或者系统的局域和整体类似。而标度不变性是指分形上任意局部区域经过放大后和整体形态相似,也就是没有特征长度。Cantor 集、Koch 曲线、Sierpinski 地毯、Sierpinski 海绵等没有特征长度,是精确自相似的分形体。然而自然界中的分形大都是统计自相似的,而且是在一定尺度范围内的自相似。

　　分形几何可以用来描述自然物体的复杂性,不管其起源或构造方法如何,所有的分形都具有一个重要的特征:可通过一个特征数,即分形维数测定其不平度、复杂性或卷积度等。在欧氏几何学中所讨论的都是规则的几何体,欧几里得空间维数 $D=1,2,3$,均为整数。拓扑维数是比分形维数更基本的量,在不作位相变换的基础上是不变的。通过把空间适当地放大或缩小甚至扭转可转换成孤立点那样的集合的拓扑维数是 0,而可转换成直线那样的集合的拓扑维数是 1。所以,拓扑维数就是几何对象的经典维数,拓扑维数是不随几何对象形状的变化而变化的整数维数。但是描述不规则复杂系统的分形维数可以为非整数。常用的分形维数有Hausdorff 维数、相似维数、盒维数等。根据式(18-1)所定义的分形维数就称为

Hausdorff 维数,该维数也通常称为分形维数:

$$D_f = \frac{\ln N(\varepsilon)}{\ln(1/\varepsilon)} \qquad (18\text{-}2)$$

相似分形维数可以定量地表示分形体的复杂程度。

分形理论直接从非线性复杂系统的本身入手,从未经简化和抽象的研究对象本身去认识其内在的规律性:揭示了非线性系统中有序与无序的统一、确定性与随机性的统一。

2. 树枝状裂缝网络渗透率模型

Lorente 和 Bejan 的研究表明具有多重尺度并且分布不均匀的各向异性多孔介质与树状分叉网络十分类似,而且通过构造理论可以在各向异性多孔介质中得到树状分叉网络。在本节中将试图运用树状分叉网络嵌入到各向同性多孔介质中形成的双重介质模型来计算各向异性多孔介质的有效渗透率。

图 18-1(a)是一种典型的裂缝网络,而井孔周围的分叉网络可以近似为圆形(图 18-1(b)),这些裂缝网络作为渗流主要通道通常是嵌入在渗透率相对较低的岩土等材料中。而图 18-1(c)是柱形多孔介质中趋向井孔的主要径向流线的示意图。由此可见,趋向井孔的各向异性多孔介质中的大尺度流道以及裂缝网络可以近似成圆形,而且具有分叉结构的特征。考虑到树状分叉网络是一种非常有效而且具有进化优势的普遍结构,将采用"点到圆"型树状分形分叉网络(图 18-2)模拟各向异性多孔介质中径向大尺度通道以及裂缝网络。

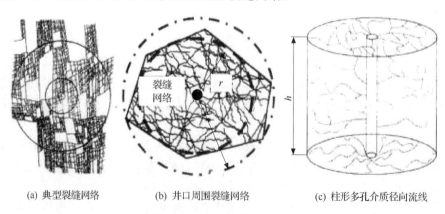

(a) 典型裂缝网络   (b) 井口周围裂缝网络   (c) 柱形多孔介质径向流线

图 18-1　裂缝网络及流线示意图

当然,利用较为特殊和理想的树状分形分叉网络模拟径向流动的主要通道是一种近似,树状分叉结构是径向渗流主要通道的其中一种可能的理想表示,二者的统计特性需要进一步的验证。但是相对于在渗流研究中通常采用的毛管模型,分叉网络模型考虑了更多的复杂因素,而且几何结构跟接近与真实情况。另外,将考

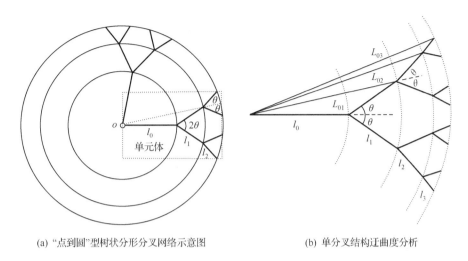

(a) "点到圆"型树状分形分叉网络示意图　　　　　　　　(b) 单分叉结构迂曲度分析

图 18-2　树状分形分叉网络示意图

虑到利用多个分叉网络的组合来形成复杂的网络,而且考虑不同分叉网络的直径分布。更为重要的是,可以调节网络结构参数、直径分布等参数是分叉网络所占的体积分数和实际过程中的大尺度通道以及裂缝所占比例一致,而且可以保持孔隙率和实际多孔介质的有效孔隙率一致。

　　将基质多孔材料作为母体材料,利用分叉网络嵌入到这个各向同性的母体材料中形成双重介质模型(双孔隙率模型),用以研究各向异性多孔介质的径向渗流特性。图 18-3 就是建立的双重介质模型的示意图,利用"点到圆"型树状分形分叉网络模拟径向渗流中的主要流体通道(大尺度通道、裂缝、分叉等),母体材料是各向同性的多孔介质,不同的分叉网络(初始管道的直径不同)嵌入到母体材料中形成双孔隙率模型。

　　如图 18-3(a)所示,考虑一个高(厚度)为 h、半径为 r 的圆柱形多孔介质(径向渗流区域),半径为 r_w 的井孔处于该区域的中心。对于这样一个径向流动的储层(各向异性多孔介质),采用准二维的双重介质模型计算其渗透率,"点到圆"型分叉网络表示其主导径向渗流通道,而且这些通道网络是由多个分叉网络单元(图 18-3(b)中标有符号的区域部分)组合而成。通道网络的有效渗透率 K_n 远大于包围在周围的母体材料的渗透率 K_m。单分叉结构(图 18-3(b)中标有符号的区域部分)可以由一根连接到井筒壁的初级(第 0 级)圆管按照一般 Y 形分叉的规则生成。参数 r_k 表示 k 级分叉末端到井筒中心的直线距离。

　　考虑到分叉结构的不均匀性,具体的讲就是假设初级(第 0 级)圆管的直径 d_0 分布(连接井筒壁的管道直径分布)满足分形标度率,进而可以保证每一级的管道直径分布都具有分形特征。因此,初级圆管中直径大于或等于 d_0 的管道累计数 N

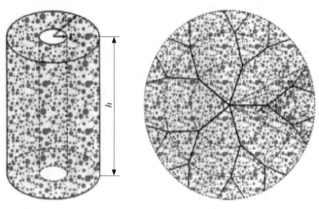

(a) 柱形多孔介质径向渗流区域示意图　　　(b) 径向渗流区域俯视图

图 18-3　双重介质模型示意图

为

$$N(\lambda \geqslant d_0) = (d_{\max}/d_{\min})^{D_p} \tag{18-3}$$

式中，λ 为直径测量尺寸；变量 d_0 的取值范围是 $d_{\min} \leqslant d_0 \leqslant d_{\max}$，$d_{\min}$ 和 $d_{\max}$ 是所有初级管道中的最小和最大直径；D_p 是孔隙直径分形维数。对于二维和三维空间，分形维数的取值范围分别是 $1 < D_p < 2$ 和 $2 < D_p < 3$。因此，分形维数为 D_p 时，初级管道的总数 N_t 可以表示为

$$N_t = N(\lambda \geqslant d_{\min}) = (d_{\max}/d_{\min})^{D_p} \tag{18-4}$$

利用式(18-3)对变量 d_0 微分即可得到分布在无穷小区域 d_0 到 $d_0 + dd_0$ 的初级管道的数量为

$$-dN = D_p d_{\max}^{D_p} d_0^{-(1+D_p)} dd_0 \tag{18-5}$$

即井筒附近宽度分布在无穷小区域 d_0 到 $d_0 + dd_0$ 的裂缝条数为 $N(d_0) = D_p d_{\min}^{D_p} d_0^{-(1+D_p)}$。

用式(18-5)对比式(18-4)即可得初级管道直径分布的概率密度关系：

$$f(d_0) = D_p d_{\min}^{D_p} d_0^{-(1+D_p)} \tag{18-6}$$

即井筒附近裂缝宽度分布的概率密度函数为

$$f(d_0) = D_p d_{\min}^{D_p} d_0^{-(1+D_p)}$$

将概率密度归一化：

$$\int_{d_{\min}}^{d_{\max}} f(d_0) dd_0 = 1$$

可得

$$(d_{\min}/d_{\max})^{D_p} = 0$$

即分形系统需要满足的条件为 $(d_{\min}/d_{\max})^{D_p} = 0$。由于一般自然系统很难严格满

足此条件,但对于一般分形系统有 $d_{min} \ll d_{max}$,也就是说一般分形系统不是严格自相似的分形结果,而是在某个尺度范围内具有近似的统计自相似性。Yu 等进一步提出,通常也可以将 $d_{min}/d_{max} < 10^{-2}$ 作为分形的近似判据。

通过概率密度,可以利用直径分形维数计算裂缝宽度的分布和平均裂缝宽度:

$$f(d_1 < d_0 < d_2) = \int_{d_1}^{d_2} f(d_0) \mathrm{d}d_0 = \left(\frac{d_{min}}{d_1}\right)^{D_p} - \left(\frac{d_{min}}{d_2}\right)^{D_p}$$

$$\bar{d} = \int_{d_{min}}^{d_{max}} d_0 f(d_0) \mathrm{d}d_0 = \frac{D_p}{D_p - 1}\Big[d_{min} - d_{max}\left(\frac{d_{min}}{d_{max}}\right)^{D_p}\Big]$$

对于地下渗流而言,几乎没有直的流线,迂曲度是一个非常重要而不同忽略的问题。如图 18-2(b)所示的分叉结构,尽管由于分叉角度的存在使整个网络的迂曲度大于 1.0,但是同样的,每一级分叉管道的弯曲问题也是一个不能简单忽略的问题。因此,在本节中,也会将每一级分叉的弯曲问题考虑到理论模型中。也就是说,图 18-2(b)所示的每一级分叉管道实际上是迂曲度分形维数为几的弯曲圆管。如图 18-2(b)所示,第 k 级分叉管道的直线长度就是 l_k,用 $L_{k,j}$ 表示第 k 级分叉管道的实际长度。根据分形标度率:

$$L_{k,t}(d_k) = l_k^{D_T} d_k^{1-D_T} \tag{18-7}$$

迂曲度分形维数 D_T 被认为是一个更为基本的多孔介质微结构参数。在三维空间,迂曲度分形维数的取值是 $1 < D_T < 3$,迂曲度的大小代表了流线的弯曲程度。$D_T = 1$ 表示一根直线,曲度分形维数越大,流线也越弯曲,也就会引起多孔介质内流阻的增加。$D_T = 2$ 和 $D_T = 3$ 则分别对应流线如此弯曲以致覆盖整个平面和填满整个空间。分形维数 D_p 和 D_T 都可以用计盒法测得。

为了简化计算,假设网络流体是单相、稳态并且是不可压缩的层流。另外,管道壁是可渗透的,假设通过管道壁流入母体材料和从母体材料流向管道的流量近似相等,因此可以忽略二者之间的相互作用。由于考虑的是轴对称的情况,因此可以近似认为同心圆环是等压面,也就是说不同分叉结构的相同级别的分叉管道的压降保持不变。首先忽略母体材料的影响,而确定分叉网络的渗透率。根据 Hagen-Poiseullle 方程,一个直径为 d_0 的初级(第 0 级)单管的流量可以表示为

$$q_0(d_0) = \frac{\pi d_0^4}{128\mu}\frac{\Delta p_0}{L_{0,t}(d_0)} \tag{18-8}$$

式中,ΔP_0 是初级(第 0 级)单管的沿程压力损失。将式(18-7)代入式(18-8),并考虑分叉比的定义:

$$q_k(d_k) = \frac{\pi d_0^{3+D_T}}{128\mu}\frac{\Delta p_0}{l_0^{D_T}} \tag{18-9}$$

根据质量守恒,单分叉网络中每一级的总流量应该保持不变且等于初级单管的流量。根据初级管道直径的分形分布,径向流动的总流量也就是初级管道流量之和可以表示为

$$Q = \int_{d_{\min}}^{d_{\max}} q(d_0)(-dN) \tag{18-10}$$

即可得

$$Q = \frac{\pi D_p \Delta p_0 d_{\max}^{3+D_T}}{128\mu l_0^{D_T}(3+D_T-D_p)}\left[1-\left(\frac{d_{\min}}{d_{\max}}\right)^{3+D_T-D_p}\right] \tag{18-11}$$

　　初级单管直径分布是一个二维问题,因为实际上是假设井筒壁上初级单管的切面直径分布满足分形标度率,从而使每一级分叉的切面直径分布保持自相似性。因此,直径(孔隙)分形维数 $1<D_p<2$,加之迂曲度分形维数 $1<D_T<3$,故 $3+D_T-D_p \geqslant 2$。根据前面提到的分形判据,式(18-11)中的 $(d_{\min}/d_{\max})^{3+D_t-D_p}$ 近似为 0,可以忽略。

$$Q = \frac{\pi D_p}{128\mu l_0^{D_T}} \frac{\Delta p_0 d_{\max}^{3+D_T}}{(3+D_T-D_p)} \tag{18-12}$$

很明显,式(18-12)中的流量与距离 r 无关,是遵循质量守恒的。径向方向的绝对压强用 p 表示,而 P_k 是指 k 级分叉的始端的绝对压强,$P_w=P_0$,代表井筒壁处的绝对压强。整个渗流区域的总压降可以近似为各级分叉网络压降的代数和 $\Delta p = \sum_{k=0}^{m} \Delta p_k$。由于轴对称性,单个分叉网络上的总压降就是从井筒至渗流区域最外端 $(r=r_m)$ 的总压降。对于单分叉网络(图 18-3(b)标有符号的区域部分)的任意相邻两级(k 级和 $k+1$ 级)分叉单管中的流量分别为

$$q_k(d_k) = \frac{\pi d_k^4}{128\mu} \frac{\Delta p_k}{L_{k,t}(d_k)} \tag{18-13a}$$

$$q_{k+1}(d_{k+1}) = \frac{\pi d_{k+1}^4}{128\mu} \frac{\Delta p_{k+1}}{L_{k+1,t}(d_{k+1})} \tag{18-13b}$$

　　对于单分叉网络,每一级 k 级分叉会生成 n 个 $k+l$ 级子管。因此,由质量守恒可知相邻两级分叉单管的流量比 $q_k/q_{k+1}=n$。对比式(18-13a)式(18-13b)可得

$$\frac{\Delta p_{k+1}}{\Delta p_k} = \frac{\alpha^{D_T}}{n\beta^{3+D_T}} = \gamma \tag{18-14}$$

式中,$\gamma=\alpha^{D_T}/(n\beta^{3+D_T})$ 是相邻两级分叉单管压降之比,而且由于分叉比不随分叉级数的改变而改变,由其定义式(式(18-14))可知 γ 同样独立于分叉级数,故有

$$\Delta p = \gamma^k \Delta p_0 \tag{18-15}$$

ΔP_0 是初级(第 0 级)单管的压降。因此单分叉网络的总压降,即渗流区域的总压降(从 $r=r_w$ 到 $r=r_m$)为

$$\Delta p = \sum_{k=0}^{m} \Delta p_k = \frac{1-\gamma}{1-\gamma^{m+1}} \Delta p_0 \tag{18-16}$$

由式(18-16)可知,总压降是总分叉级数以及比例参数 γ 的函数。而且由于总分叉

级数与半径 $r=r_m$ 有直接关联,总压降也就会因距离的不同而改变。在流动最优化的特殊情况下($\alpha=\beta=2^{-1/3}$,$n=2$),此时 $\gamma=1$,式(18-16)可退化为 $\Delta p=(m+1)\Delta p_0$。将式(18-16)代入式(18-12)可得

$$Q = \frac{D_p d_{max}^{3+D_T}}{128\mu l_0^{D_T}(3+D_T-D_p)} \frac{1-\gamma}{1-\gamma^{m+1}}\Delta p \tag{18-17}$$

$$v = \frac{Q}{2\pi r_m h} = \frac{D_p d_{max}^{3+D_r}}{256\mu h r_m l_0^{D_r}(3+D_r-D_p)} \frac{1-\gamma}{1-\gamma^{m+1}}\Delta p \tag{18-18}$$

式(18-18)表明,渗流速度可以表示为总压降、距离、厚度、分形维数以及网络结构参数的函数,而且渗流速度和距离成反比。也就是说,对于流量不变的情况,渗流速度随着距离的增加而减小,在无穷远处趋于 0,这是和实际情况相符合的。由达西定律,径向渗流速度可以表示为

$$v = -\frac{K}{\mu}\frac{dp}{dr} \tag{18-19}$$

式中,K 是渗透率,是井孔中心距离渗流区域最外端的距离;dp/dr 是沿径向方向的局域压力梯度。根据式(18-19),通过任意横截面 $A=2\pi rk$ 的流量为

$$Q = vA = -2\pi rh\frac{K}{\mu}\frac{dp}{dr} \tag{18-20}$$

将分别计算分叉网络的局域和整体(有效)渗透率,局域渗透率 k_n 表示任意一级分叉(k 级)的平均渗透率(距离在 $r_{k-1}\sim r_k$),而整体渗透率 K_n 则是整个分叉网络的有效渗透率(从 r_w 至 r_m)。根据式(18-20),对于局域渗透率和有效渗透率分别有

$$\int_{r_{k-1}}^{r_k}\frac{dr}{r} = -\frac{K_n}{\mu}\frac{2\pi h}{Q}\int_{p_{k-1}}^{p_k}dp \tag{18-21a}$$

$$\int_{r_w}^{r_m}\frac{dr}{r} = -\frac{K_n}{\mu}\frac{2\pi h}{Q}\int_{p_w}^{p_m}dp \tag{18-21b}$$

式中,p_{k-1} 和 p_k 分别表示距离 r_{k-1} 和 r_k 处的绝对压强;而 P_w 和 P_m 分别表示渗流区域中心(r_w)和最外端(r_m)的压强。由于质量守恒,总流量 Q 保持不变,因此根据式(18-17)和式(18-21)可以分别得到分叉网络的局域渗透率以及有效渗透率:

$$k_{fn} = \frac{D_p d_{max}^{3+D_T}\ln(r_k/r_{k-1})}{256h(3+D_T-D_p)l_0^{D_T}\gamma^k} \tag{18-22a}$$

$$K_f = \frac{D_p d_{max}^{3+D_r}\ln(r_m/r_w)}{256h(3+D_T-D_p)l_0^{D_r}} \frac{1-\gamma}{1-\gamma^{m+1}} \tag{18-22b}$$

式(18-22)中的局域和有效渗透率是网络本身的渗透率,需要将网络渗透率结合基质渗透率而计算基质-裂缝系统的渗透率。另外值得指出的是,在上面的计算中已经引入了迂曲度分形维数,将流线弯曲引起的局部损失考虑到上述模型中。

尽管裂缝在裂缝性储层的渗流中起主导作用,但是基质的渗流行为亦不可完全忽略。因此必须把基质的渗透率考虑到基质-裂缝系统有效渗透率的模型中。

Journel 等提出有效渗透率 K_e 可以表示成局域渗透率的幂平均:

$$K_e = \langle k^w \rangle^{1/w} = \left(\frac{1}{V} \int_V k\ (x)^w \mathrm{d}V \right)^{1/w} \tag{18-23}$$

式中,V 是平均体积;幂指数 $\omega = -1 \sim 1$,$\omega = -1$ 对应于流体方向垂直于渗流层的情况,有效渗透率等于局域渗透率的调和平均 K_h;而 $\omega = 1$ 对应于流体方向平行于渗流层,有效渗透率等于局域渗透率的算术平均 K_a;ω 趋近于 0 时,有效渗透率趋近于几何平均值 $\lim \omega \to 0$,$K_e = K_g$。指数 ω 的值取决于材料的类型,通常是由实验数据拟合而得,目前,一些数值计算也能很好地预测这一指数。大量的研究人员都认为有效渗透率必须处于算术平均和调和平均值之间,也就是所谓的 Wiener 范围:

$$K_n \leqslant K_e \leqslant K_a \tag{18-24}$$

对于双重介质,式(18-23)变为

$$K_e = (f_m K_m^w + f_f K_f^w)^{1/w} \tag{18-25}$$

式中,K_m 和 K_f 分别表示基质和裂缝网络的渗透率,而 f_m 和 f_f 则是基质和裂缝网络的体积分数($f_m + f_f = 1$)。实质上,多孔介质中的渗流过程中的管流化越明显,低渗流区域越少,因此有效渗透率也就越接近算术平均($\omega = 1$)。因此,为了简化计算,假设径向流动平行于渗流层,也就是裂缝网络流动平行于基质,因此有效渗透率可以近似为裂缝网络和基质渗透率的算术平均。

对于总分叉级数为 m 的单分叉裂缝网络,裂缝网络体积为

$$V_1 = \sum_{k=0}^{m} n^k \frac{\pi}{4} d_k^2 L_{k,t}(d_k) \tag{18-26}$$

即

$$V_1 = \frac{\pi}{4} l_0^{D_r} d_0^{3-D_r} \frac{1 - \xi^{m+1}}{1 - \xi} \tag{18-27}$$

式中,比例因子 ξ 定义为 $\xi = n\alpha^{D_T} \beta^{3-D_T}$。在流动最优化的结构情况下,$\alpha = \beta = 2^{-1/3}$,比例因子 $\xi = 1$,因此单分叉裂缝网络的体积为 $V_1 = \pi(m+1) l_0^{D_T} d_0^{3-D_T}/4$。对初级管道的直径在 $[d_{min}, d_{max}]$ 范围内积分可得到裂缝网络的总体积:

$$V_f = \frac{\pi D_p l_0^{D_r} d_0^{3-D_r}}{4(3 - D_T - D_p)} \frac{1 - \xi^{m+1}}{1 - \xi} \left[1 - \left(\frac{d_{min}}{d_{max}} \right)^{3 - D_T - D_p} \right] \tag{18-28}$$

将式(18-28)与渗流区域的总体积 $V = \pi h \phi (r_m^2 - r_w^2)$ 相比即可得裂缝网络的体积分数:

$$f_f = \frac{D_p l_0^{D_r} d_{max}^{3-D_r}}{4h\phi(3 - D_T - D_p)(r_m^2 - r_w^2)} \frac{1 - \xi^{m+1}}{1 - \xi} \left[1 - \left(\frac{d_{min}}{d_{max}} \right)^{3 - D_T - D_p} \right] \tag{18-29}$$

进而,基质的体积分数 $f_m = 1 - f_f$。利用相同的方法,可以计算所有 k 级分叉管道在其相应区域的体积分数:

$$f'_{\mathrm{f}} = \frac{D_{\mathrm{p}} l_0^{D_{\mathrm{T}}} d_{\max}^{3-D_{\mathrm{T}}} \xi^k}{4\phi h (3 - D_{\mathrm{T}} - D_{\mathrm{p}})(r_k^2 - r_{k-1}^2)} \left[1 - \left(\frac{d_{\min}}{d_{\max}} \right)^{3-D_{\mathrm{T}}-D_{\mathrm{p}}} \right] \tag{18-30}$$

相应的基质体积分数 $f'_{\mathrm{m}} = 1 - f'_{\mathrm{f}}$。因此将网络的局域渗透率(式(18-22a))和相应的体积分数式(18-30)代入式(18-25)($\omega=1$)即可得到裂缝-基质系统的局域渗透率 k_{e};将裂缝网络的有效渗透率(式(18-22b))和其相应的体积分数(式(18-29))代入式(18-25)($\omega=1$)即可得到裂缝-基质系统的有效渗透率 K_{e}:

$$K_{\mathrm{e}} = \left\{ f_{\mathrm{m}} K_{\mathrm{m}}^w + f_{\mathrm{f}} \left[\frac{D_{\mathrm{p}} d_{\max}^{3+D_{\mathrm{T}}} \ln(r_k/r_{k-1})}{256 h (3 + D_{\mathrm{T}} - D_{\mathrm{p}}) l_0^{D_{\mathrm{T}}} \gamma^k} \right]^w \right\}^{1/w} \tag{18-31a}$$

$$K_{\mathrm{e}} = \left\{ f_{\mathrm{m}} K_{\mathrm{m}}^w + f_{\mathrm{f}} \left[\frac{D_{\mathrm{p}} d_{\max}^{3+D_{\mathrm{T}}} \ln(r_{\mathrm{m}}/r_{\mathrm{w}})}{256 h (3 + D_{\mathrm{T}} - D_{\mathrm{p}}) l_0^{D_{\mathrm{T}}}} \frac{1-\gamma}{1-\gamma^{m+1}} \right]^w \right\}^{1/w} \tag{18-31b}$$

18.2.2　网状裂缝网络渗透率模型

通常油藏中能够经常遇到三种渗透率各向异性的情况。第一种就是渗透率主方向的数值与其他方向不同,但是主方向渗透率的数值和方向不能空间改变。第二种情况就是渗透率在主方向上的数值在空间上不同的位置可以变化,但是主要渗透率的方向在整个油藏中还是不变的,这种情况在油藏数值模拟中最常用的。这两种情况也称为简单各向异性模型,因为主渗透率的方向按照坐标系在空间上是不变的。第三种情况是最普遍的,就是主渗透率的数值和方向在油藏中不同的区域都是变化的,这种情况称为完整各向异性渗透率。

对于裂缝性油藏存在一个难题,即如何将实验室测出的岩样特征反映到整个油藏。由于各种条件的限制,很难将裂缝岩石系统的细节完整地定量描述出来。一个实用的方法就是通过调查一些简单的概念模型的特征去研究裂缝性油藏。图 18-4 所示的模型就是一个概念模型,包含一个系列的裂缝,它们有同一个方向、孔径和间距,流体流经这样的裂缝被视为单相二维层流。

将流体在单条裂缝中的流动简化为两个光滑平行板之间的流动,对渗透率随开度变化规律进行了分析。平行板间的流动遵循 Navier-Stokes 方程和质量守恒方程,对于不可压缩流体有

$$\rho \frac{\partial \bar{v}_{\mathrm{f}}}{\partial t} + (\nabla \cdot \bar{v}_{\mathrm{f}}) = F - \nabla p + \mu \nabla^2 \bar{v}_{\mathrm{f}}$$

$$\nabla \cdot \bar{v}_{\mathrm{f}} = 0$$

$$\frac{\partial \bar{v}_{\mathrm{f}}}{\partial t} = 0$$

$$v_{\mathrm{fl}} \mid_{z=W/2} = 0, \quad v_{\mathrm{fl}} \mid_{z=-W/2} = 0$$

地下流体流动时所受体积力为重力,相对于地层压力可忽略不计,即 $F=0$,运动方程可简化为

$$\mu \nabla^2 \bar{v}_\mathrm{f} = \nabla p$$

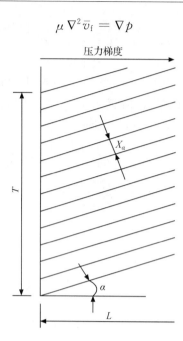

图 18-4　含一组裂缝的基质-裂缝系统(羽状)

由于地下裂缝开度非常小(图 18-5),忽略垂直裂缝面方面的流动,只考虑平行裂缝方向的流动,则有

$$\mu \frac{\partial^2 v_\mathrm{fl}(z)}{\partial z} = \frac{\partial p}{\partial l}$$

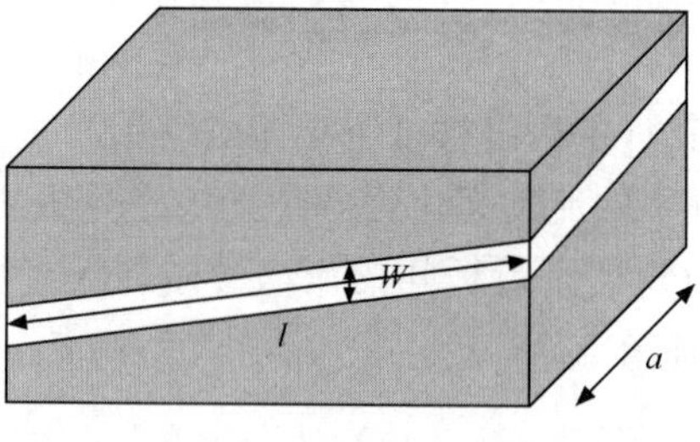

图 18-5　单条裂缝示意图

求解可得

$$v_\mathrm{fl}(z) = \frac{z^2 - \left(\dfrac{W}{2}\right)^2}{2\mu} \frac{\partial p}{\partial l}$$

平行裂缝方向的平均流速:

$$v_\mathrm{l} = \frac{1}{W} \int_{-W/2}^{W/2} v_\mathrm{fl}(z)\mathrm{d}z = \frac{1}{W} \int_{-W/2}^{W/2} \frac{z^2 - (W/2)^2}{2\mu} \frac{\partial p}{\partial l}\mathrm{d}z = -\frac{W^2}{12\mu} \frac{\partial p}{\partial l}$$

单根裂缝发育方向上的速度：

$$v_{\mathrm{ls}} = -\frac{W^2}{12}\frac{1}{\mu}\frac{\mathrm{d}p}{\mathrm{d}l} = -\frac{W^2}{12}\frac{\cos\alpha}{\mu}\frac{\mathrm{d}p}{\mathrm{d}x}$$

单根裂缝在 x 方向上的速度：

$$v_{\mathrm{xs}} = v_{\mathrm{ls}}\cos\alpha = -\frac{W^2}{12}\frac{\cos^2\alpha}{\mu}\frac{\mathrm{d}p}{\mathrm{d}x}$$

根据达西定律：

$$K_x = \frac{\mu v_x \mathrm{d}x}{\mathrm{d}p}$$

联立以上两方程，可以得出单根裂缝渗透率：

$$K_{\mathrm{fs}} = \frac{W^2\cos^2\alpha}{12}$$

又由于

$$K_{\mathrm{f}} = K_{\mathrm{fs}}\frac{W}{X}$$

所以一组平行裂缝的渗透率为

$$K_{\mathrm{f}} = \frac{W^3\cos^2\alpha}{12X}$$

基质-网状裂缝系统同样是双重介质，所以 K_{e} 可以表示为

$$K_{\mathrm{e}} = (f_{\mathrm{m}}K_{\mathrm{m}}^w + f_{\mathrm{f}}K_{\mathrm{f}}^w)^{1/w}$$

式中，$f_{\mathrm{f}} = \dfrac{V_{\mathrm{f}}}{V_{\phi}} = \dfrac{lWa}{l(W+X)a\phi} = \dfrac{W}{\phi(W+X)}, f_{\mathrm{m}} = 1 - f_{\mathrm{f}} = \dfrac{X}{W+X}$。

　　由于前面计算的平行裂缝的渗透率是已经折算为 xy 平面上的渗透率，所以可以看做裂缝中的流动是平行于基质孔隙中的流动，此时 $\omega = 1, K_{\mathrm{e}}$ 表示为

$$K_{\mathrm{e}} = \frac{W^4\cos^2\alpha}{12X\phi(W+X)} + \left(1 - \frac{W}{(W+X)\phi}\right)K_{\mathrm{m}}$$

式中，K_{f} 是裂缝系统渗透率；K_{e} 是基质渗透率；W 是裂缝的宽度；α 是压力梯度方向和裂缝方向所成的角度；X 是裂缝的间距。当其他组裂缝也加进基质系统里（图 18-6），则该规律性的裂缝系统渗透率和基质-裂缝系统整体渗透率分别表示为（假设裂缝交点处流动影响较小）

$$K_{\mathrm{e}} = \sum_{i=1}^{n}\frac{b_i}{\phi} + \left(1 - \sum_{i=1}^{n}\frac{c_i}{\phi}\right)K_{\mathrm{m}} \qquad (18\text{-}32)$$

式中，$b_i = \dfrac{W_i^4\cos\alpha_i^2}{12X_i(W_i+X_i)}; c_i = \dfrac{W_i}{W_i+X_i}; W_i$ 是裂缝的宽度；X_i 分别是各系列裂缝的平均间距；α_i 是压力梯度方向和各自裂缝方向所成的角度。

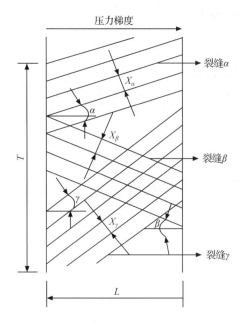

图 18-6　含三组裂缝的基质-裂缝系统(网状)

18.3　微裂缝储层相对渗透率计算

运用非稳态法测定岩心的气水相对渗透率曲线结果见图 18-7。

通过对比含裂缝岩心与不含裂缝岩心气水相对渗透率表明,实验岩心的气水相对渗透率曲线分析可以看出,微裂缝岩心与无裂缝岩心的曲线形态相比较明显的不同是:微裂缝岩心等渗点的相对渗透率比无裂缝岩心要高,两相区含水饱和度宽度比无裂缝岩心要窄,而且其含水率曲线也比无裂缝岩心上升要快。针对微裂缝对水驱油效率的影响,微裂缝对岩心相渗曲线的影响也相应地表现为三种情况。

(1)微裂缝的影响使得岩心两相区非常窄,含水率上升很快。由于岩心的裂缝宽度比较小,并且周围的基质孔隙物性也很差,所以,两相同流区油水的流动能力都很差。

(2)微裂缝使岩心见水快,水相渗透率上升迅速,含水率上升快。水相相对渗透率开始时上升迅速,导致曲线成上凸的形态,这和无水驱油效率较低相一致。

(3)微裂缝岩心的相渗曲线形态与无裂缝岩心相似,只是含水率上升相对要快一些。岩心的相渗曲线与无裂缝岩心的相渗曲线形态比较相似。

应用裂缝岩心资料以及将相对渗透率普遍方程引入裂缝-基质双重孔隙系统的方法,对相对渗透率进行了计算,给出了裂缝条件下的相对渗透率曲线的方程:

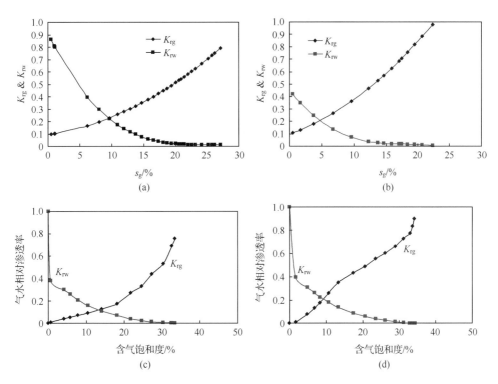

图 18-7　气水两相相对渗透率

(a)、(b)含裂缝的全直径岩心所测；(c)、(d)不含裂缝的岩心所测

$$K_{rw} = \left(\frac{s_w - s_{wr}}{s_s^{max} - s_{wr}} \right)^m K_{rw}^{max}$$

$$K_{rg} = \left[1 - \left(\frac{s_g^{max} - s_g}{s_g^{max} - s_{gr}} \right)^n \right] K_{rg}^{max} \qquad (18-33)$$

$$s_{gr} = s_{grc}(1 - e^{-a\eta})$$

$$s_{wr} = s_{wrc}(1 - e^{-b\eta})$$

定义 η 为裂缝指数无量纲：

$$\eta = \frac{V_f}{V_t} = \frac{\phi_f}{\phi_t}$$

式中，V_f 为裂缝体积；V_t 为裂缝-孔隙总体积；ϕ_f 为裂缝-基质系统的孔隙度；ϕ_t 为裂缝孔隙度。该参数能够反映树枝状裂缝、网状裂缝的发育状况，用于分析裂缝对火山岩气藏开发效果的影响。

η 的值可按测井和试井资料获得。图 18-8 给出的是 Pollord 得到的 $\log(p_s - p_w)$ 和时间的关系曲线，其中，p_s 为静压，p_w 为关井时间 t 的压力。图中直线段 RS 是在裂缝的 Δp 以及裂缝与井眼间的 Δp 可忽略的条件下，由基质孔隙导致裂缝的压力恢复,外推的 C 值近似静压和关井后裂缝中平均流压之差;U、V、W 代表 QR-CR,当表皮导致的压降可忽略时,便获得直线 VW,外推至 D 值可近似视为井筒裂缝压力与关井时一些裂缝流压之间的压差;CD 为表皮导致的压差。

用下述方程可计算系数 η,即

$$\eta = \left[1 + \frac{a_1 D}{a_2(C+D)}\right]^{-1}$$

式中,a_1 和 a_2 分别为 RS 和 VW 线段的斜率。

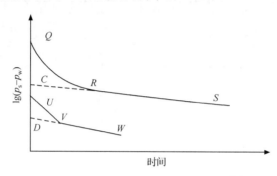

图 18-8　$\log(P_s - P_w)$ 和时间的关系曲线

根据长深 1 区块测井解释结果,将裂缝发育指数分为四类:$\eta < 0.01$,裂缝不发育;$0.01 \leqslant \eta < 0.03$,裂缝一般发育;$0.03 \leqslant \eta < 0.05$,裂缝较发育;$\eta \geqslant 0.05$,裂缝发育。

18.4　裂缝性气藏渗流数学模型

18.4.1　基本数学模型

1. 连续性方程

裂缝系统:

$$-\nabla(\rho\nu_f) + q_\alpha = \frac{\partial(\rho_f\phi_f)}{\partial t} \tag{18-34}$$

基岩系统:

$$-\nabla(\rho\nu_m) - q_\alpha = \frac{\partial(\rho_m\phi_m)}{\partial t} \tag{18-35}$$

2. 状态方程

裂缝系统:

$$\phi_f = \phi_{fa}[1 + C_f(p_f - p_{sc})], \quad \rho_f = \rho_a e^{C_g(p_f - p_{sc})} \tag{18-36}$$

基岩系统：

$$\phi_{m} = \phi_{ma}\left[1 + C_{m}(p_{m} - p_{sc})\right], \rho_{m} = \rho_{a}e^{C_{g}(p_{m} - p_{sc})} \tag{18-37}$$

式中，C_f、C_m 及 C_g 分别为裂缝、基质及气体的压缩系数；p_{sc} 为标准状态下的压力。

如果气体分子之间没有吸引力，并且本身体积无限小，这种气体称为理想气体。理想气体的体积、压力和温度之间关系式可写为

$$PV = nRT \quad 或 \quad \rho_{g} = \frac{pM}{RT} \tag{18-38}$$

式中，p 为压力（Pa）；V 为体积（m^3）；n 为气体物质的量（mol）；R 为气体常数（Pa·m^3/(mol·K)）；T 为温度（K）；M 为气体分子量（kg/mol）。

在实践中发现，理想气体状态方程不适用于真实气体。这是因为真实气体的体积不能忽略不计，而且分子之间也存在相互作用力。当压力增高时，分子之间产生排斥力，使得真实气体与理想气体之间偏差较大。因此，真实气体的状态方程应该写为

$$PV = nZRT \tag{18-39}$$

式中，Z 为气体压缩因子，无因次。压缩因子 Z 的物理意义是：在相同条件下真实气体与理想气体之间的偏差程度。它是压力和温度的函数，可在有关参考资料查出。在等温条件下天然气的密度为

$$\rho_{g} = \frac{pM}{RTZ} \tag{18-40}$$

同理可得在标准条件下天然气的密度为

$$\rho_{gsc} = \frac{\rho_{sc}M}{RT_{sc}Z_{sc}} \tag{18-41}$$

由式（18-40）和式（18-41）可得

$$\rho_{g} = \frac{T_{sc}Z_{sc}\rho_{gsc}}{p_{gsc}} \frac{p}{TZ} \tag{18-42}$$

若气层的温度不变，可得气体的等温压缩系数为

$$C_{g}(p) = \frac{-\dfrac{dV}{V}}{dp} = -\frac{1}{V}\frac{dV}{dp}\bigg|_{T=C} = \frac{1}{p} - \frac{1}{Z}\frac{dZ}{dp}\bigg|_{T=C} \tag{18-43}$$

式中，$C_{g}(p)$ 是气体的等温压缩系数。对于理想气体，$Z=1$，$C(p) = \dfrac{1}{p}$。

裂缝系统和基质系统中流体流动都服从达西定律，其运动方程分别如下。

裂缝系统：

$$\nu_{f} = -\frac{K_{f}}{\mu}\nabla p_{f} \tag{18-44}$$

基岩系统：

$$\nu_{\mathrm{m}} = -\frac{K_{\mathrm{m}}}{\mu}\, \nabla p_{\mathrm{m}} \tag{18-45}$$

3. 特征方程

由于流体在基岩孔隙中流速很小,从孔隙空间向裂缝中渗流量也不大,因此可以认为孔隙之间流量符合线性规律:

$$q_a = \frac{\alpha \rho}{\mu}(p_{\mathrm{m}} - p_{\mathrm{f}}) \tag{18-46}$$

式中,α 为系统的几何形状参数,与基岩的集合形状,裂缝的密集程度有关;q_a 为窜流量,是单位时间单位体积中从基岩排到裂缝中液体的质量。

4. 基本微分方程

将运动方程、状态方程及特征方程代入连续性方程中可以得到基本微分方程。引入拟压力函数 $m_{\mathrm{f}}^* = 2\displaystyle\int_{p_a}^{p_{\mathrm{f}}} \frac{p}{\mu(p)Z(p)}\mathrm{d}p$。式中,$p_a$ 为某一已知压力,$\mu(p)Z(p)$ 是压力和温度的函数。在实际的应用中,为了简化方程,认为气层中温度不变,μZ 近似等于气层平均压力下对应 $\overline{\mu Z}$ 值。那么上式积分为

$$m_1^* - m_2^* = \frac{1}{\overline{\mu Z}}(p_1^2 - p_2^2), \quad \nabla^2 m_{\mathrm{f}}^* = \frac{\phi \mu(p)C(p)}{K}\frac{\partial m_{\mathrm{f}}^*}{\partial t}$$

可以将基本微分方程表达为

$$\frac{K_{\mathrm{f}}}{\mu}\, \nabla^2 m_{\mathrm{f}}^* + \frac{\alpha}{\mu}(p_{\mathrm{m}} - p_{\mathrm{f}}) = \phi_{\mathrm{f}}\, \bar{C}_{\mathrm{tf}} \frac{\partial m_{\mathrm{f}}^*}{\partial t} \tag{18-47}$$

$$\frac{K_{\mathrm{m}}}{\mu}\, \nabla^2 m_{\mathrm{m}}^* - \frac{\alpha}{\mu}(p_{\mathrm{m}} - p_{\mathrm{f}}) = \phi_{\mathrm{m}}\, \bar{C}_{\mathrm{tm}} \frac{\partial m_{\mathrm{m}}^*}{\partial t} \tag{18-48}$$

式中,$\bar{C}_{\mathrm{tf}} = \bar{C}_{\mathrm{g}} + C_{\mathrm{f}}$;$\bar{C}_{\mathrm{tm}} = \bar{C}_{\mathrm{g}} + C_{\mathrm{m}}$。

18.4.2　直井解析解

1. 稳态流的解析解

对于服从线性渗流规律的气体稳定渗流,其基本微分方程为

$$\frac{\mathrm{d}^2 m^*}{\mathrm{d}r^2} + \frac{1}{r}\frac{\mathrm{d}m^*}{\mathrm{d}r} = 0 \tag{18-49}$$

$p = p_{\mathrm{w}}$ 时:

$$r = r_{\mathrm{w}}, \quad m^* = m_{\mathrm{wf}}^*$$

$p = p_{\mathrm{e}}$ 时:

$$r = r_{\mathrm{e}}, \quad m^* = m_{\mathrm{e}}^*$$

可以解得气层中任一点的拟压力函数为

$$m^* = m_e^2 - \frac{m_e^2 - m_{wf}^2}{\ln \dfrac{r_e}{r_w}} \ln \frac{r_e}{r} \qquad (18-50)$$

根据拟压力函数的定义可知：

$$m_e^2 - m^* = \frac{1}{\mu \overline{Z}} (p_e^2 - p^2) \qquad (18-51)$$

可以得到气藏内任一点压力平方为

$$p^2 = p_e^2 - \frac{p_e^2 - p_{wf}^2}{\ln \dfrac{r_e}{r_w}} \ln \frac{r_e}{r} \qquad (18-52)$$

天然气的体积流量是随压力发生变化的，在稳定渗流条件下，其质量流量不变，由达西定律得出气体的质量流量为

$$q_m = \frac{2\pi K_e h}{\mu} r \frac{\mathrm{d}p}{\mathrm{d}r} \rho_g \qquad (18-53)$$

根据拟压力函数定义可得

$$q_m = \frac{\pi K_e h Z_{sc} T_{sc} \rho_{gsc}}{p_{sc} T} r \frac{\mathrm{d}m^*}{\mathrm{d}r} \qquad (18-54)$$

可以得到气体的体积流量为

$$q_{sc} = \frac{\pi K_e h Z_{sc} T_{sc} \rho_{gsc}}{p_{sc} T \mu \overline{Z}} \frac{p_e^2 - p_{wf}^2}{\ln \dfrac{r_e}{r_w}} \qquad (18-55)$$

即树枝状裂缝性气藏的产量为

$$q_{sc} = \frac{\left\{ f_m K_m^\omega + f_f \left[\dfrac{D_p d_{max}^{3+D_r} \ln(r_m/r_w)}{256h(3+D_T-D_p) l_0^{D_r}} \dfrac{1-\gamma}{1-\gamma^{n+1}} \right]^\omega \right\}^{1/\omega} \pi h Z_{sc} T_{sc} \rho_{gsc}}{p_{sc} T \mu \overline{Z}} \frac{p_e^2 - p_{wf}^2}{\ln \dfrac{r_e}{r_w}}$$

$$(18-56)$$

式中

$$f_f = \frac{D_p l_0^{D_r} d_{max}^{3-D_r}}{4 \phi h (3-D_T-D_P)(r_m^2 - r_w^2)} \frac{1-\xi^{n+1}}{1-\xi} \left[1 - \left(\frac{d_{min}}{d_{max}} \right)^{3-D_T-D_P} \right]$$

$$f_m = 1 - f_f$$

K_m 为气藏基质的渗透率；$\omega = 1$。

网状裂缝网络气藏的产量为

$$q_{sc} = \frac{\left[\sum\limits_{i=1}^{n} \dfrac{b_i}{\phi} + \left(1 - \sum\limits_{i=1}^{n} \dfrac{c_i}{\phi} \right) K_m \right] \pi h Z_{sc} T_{sc} \rho_{gsc}}{p_{sc} T \mu \overline{Z}} \frac{p_e^2 - p_{wf}^2}{\ln(r_e/r_w)} \qquad (18-57)$$

式中，$b_i = \dfrac{W_i^4 \cos\alpha_i^2}{12 X_i (W_i + X_i)}$；$c_i = \dfrac{W_i}{W_i + X_i}$；$W_i$ 为裂缝的宽度；X_i 为裂缝的间距；α_i

为裂缝与流体压力梯度方向的夹角。

2. 非稳态流的解析解

在双重介质地层中，由于 $K_f \gg K_m$，即裂缝的渗透率比基岩渗透率大得多，所以可以忽略基岩系统中的流体流动，认为 $K_m = 0$。于是基本微分方程可简化为

$$\frac{K_f}{\bar{p}} \nabla^2 m_f^* + \frac{\alpha}{\mu}(p_m - p_f) = \phi_f \bar{C}_{tf} \frac{\partial m_f^*}{\partial t} \tag{18-58}$$

$$-\frac{\alpha}{\mu}(p_m - p_f) = \phi_m \bar{C}_{tm} \frac{\partial m_m^*}{\partial t} \tag{18-59}$$

如果气井具有某一个恒定的质量流量时，其定解条件如下。

初始条件：

$$t = 0, \quad r = r, \quad m^* = m_i^* \ (p = p_i)$$

边界条件：

$$r = 0, \quad t = t, \quad r\frac{\partial m^*}{\partial r} = \frac{q_m T}{\pi Kh} \frac{p_{sc}}{Z_{sc} T_{sc} \rho_{gsc}}$$

$$r \to \infty, \quad t = t, \quad m^* = m_i^* \ (p = p_i)$$

在上述条件下解式(18-58)和式(18-59)，得出井以定产量生产时井底压力表达式，即

$$m_{wf}^* = m_i^* - \frac{q_{sc}\bar{\mu}}{2\pi K_f h} \frac{p_{sc}\bar{Z}T}{Z_{sc}T_{sc}}\left[\ln\frac{\eta_f t}{r_w^2} + Ei(-at) - Ei(-a\omega t) + 0.809\right]$$

$$p_{wf}^2 = p_i^2 - \frac{q_{sc}\bar{\mu}}{2\pi K_f h} \frac{p_{sc}\bar{Z}T}{Z_{sc}T_{sc}}\left[\ln\frac{\eta_f t}{r_w^2} + Ei(-at) - Ei(-a\omega t) + 0.809\right]$$

$$\tag{18-60}$$

式中

$$\eta_f = \frac{K_f}{\bar{\mu}(\phi_f \bar{C}_{tf} + \phi_m \bar{C}_{tm})} = \frac{K_f}{\bar{\mu}(\phi\bar{C}_t)_{f+m}}$$

$$\omega = \frac{\phi_f \bar{C}_{tf}}{\phi_f \bar{C}_{tf} + \phi_m \bar{C}_{tm}} = \frac{(\phi\bar{C}_t)_f}{(\phi\bar{C}_t)_{f+m}}$$

$$a = \frac{\lambda\eta_f}{r_w^2\omega(1-\omega)}$$

$$\lambda = \frac{\alpha r_w^2}{K_f}$$

其中，$Ei(-x)$ 为幂积分函数；λ 为窜流系数，其大小反映基岩中流体向裂缝窜流能力，基岩渗透率大，或者裂缝密度大都将使 λ 的值增加；ω 为弹性储能比，是裂缝的弹性储能与整个系统弹性储能之比，裂缝孔隙度占总孔隙度比例越大，ω 越大。

3. 裂缝发育类型对产量的影响

表 18-2 列出了用于下面定量计算的常参数的取值,计算了储层发育树枝状裂缝、网状裂缝和不发育裂缝情况下的产量。

表 18-2　产量计算所用的参数

树枝状裂缝参数							
参数	α	β	θ	D_{T}	D_p	$d_{\max}/\mu m$	l_0/m
取值	$2^{-1/3}$	$2^{-1/3}$	$\pi/6$	1.1	1.8	1000	100

网状裂缝参数					
参数	$W_1/\mu m$	X_1/m	α_1	$W_2/\mu m$	X_2/m	α_2
取值	80	0.1	$\pi/6$	60	0.15	$3\pi/4$

储层特征参数					
参数	p_{e}/MPa	p_{wf}/MPa	h/m	k_{m}/mD	ϕ_{m}	r_{w}/m
取值	42.24	17.95	12	30	0.08	0.1

流体特征参数				
参数	$\mu_{\mathrm{g}}/(mPa \cdot s)$	$\mu_{\mathrm{w}}/(mPa \cdot s)$	Z	T/K	C
取值	0.028	0.2	1.08	410.35	0.01973×10^{-6}

图 18-9 为裂缝发育情况不同时日产量对比和采出程度对比图。由图 18-9 可以看出,随时间变化,日产量都在减小。发育网状裂缝时产量减小速度最快,裂缝不发育时产量减小速度最慢。发育网状裂缝情况下初始产量最大,发育树枝状裂

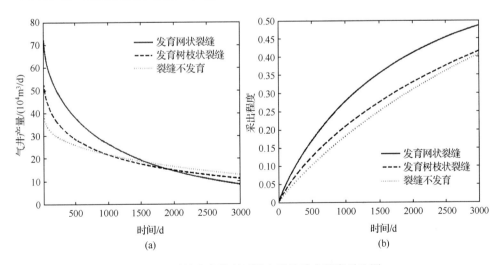

图 18-9　裂缝发育情况不同产量及采出程度对比图

缝次之,裂缝不发育时初始产能最小。发育网状裂缝时采出程度增加速度最大,发育树枝状裂缝时次之,裂缝不发育时,采出程度增加最慢。

18.4.3　水平气井产能模型

Joshi 等根据电场流理论,假定水平井的泄油体是以水平段两端点为焦点的椭圆,给出了计算水平油井的产能公式:

$$q_{o} = \frac{2\pi K_{h}h(p_{r}-p_{wf})/(B_{o}\mu_{o})}{\ln\left[\dfrac{a+\sqrt{a^2-(L/2)^2}}{L/2}\right] + (h/L)\ln(h/2\pi r_{w})} \tag{18-61}$$

式中,K_{h} 为水平井的水平渗透率(mD);μ_{o} 为地下原油的黏度(Pa·s);B_{o} 为原油的体积系数(m³/m³);L 为水平井的水平段长度(m);r_{w} 为水平井的井筒半径(m);h 为油层厚度(m);r_{eh} 为水平井的泄油半径(m);p_{r} 为地层压力(Pa);a 为水平井排驱面积椭圆的半长(m),$a = (L/2)[0.5+\sqrt{0.25+(2r_{eh}/L)^4}]^{1/2}$;$q_{o}$ 为水平井产量(m³/s);p_{wf} 为井底流压(Pa)。

应用 Joshi 研究水平油井产能的方法同样也可以得到水平气井的产能公式,但需要进行修正:一方面,因为气体是可压缩的流体,气体的体积系数是油藏温度和压力的函数,它是随温度、压力变化而变化的;另一方面,由于气井的产量一般较大,特别是在井底附近引起紊流,即非达西流,由于气体的非达西流引起的压降一般是不能忽略的。

1. 气体体积系数的计算

由气体体积系数的定义及真实气体状态方程,得

$$B_{g} = \frac{p_{sc}ZT}{pZ_{sc}T_{sc}} \tag{18-62}$$

式中,B_{g} 为天然气体积系数;p_{sc} 为地面标准压力(MPa);T_{sc} 为地面标准温度(K);p 为地层平均压力,$p=(p_{r}+p_{wf})/2$;p_{r} 为地层压力;p_{wf} 为井底压力(MPa);T 为地层温度(K);Z_{sc} 为地面标准条件下的气体偏差系数;Z 为地层条件下的气体偏差系数。

在实际计算时,通常取 $Z_{sc}=1$,$p_{sc}=0.101325$MPa,$T_{sc}=293$K,由式(18-62)得

$$B_{g} = 6.9164 \times 10^{-4} \frac{ZT}{p_{r}+p_{wf}} \tag{18-63}$$

2. 非达西表皮系数的计算

由于气流入井越近井轴流速越高,所以非达西流动产生的附加压降也主要发生在井壁附近。类似处理表皮效应的思路,引入一个与流量有关的表皮系数,称为

流量相关表皮系数,并用符号 Dq_g 表示,其中,q_g 为水平气井的产量,D 为紊流系数。D 的计算公式如下:

$$D = 2.191 \times 10^{-18} \frac{\beta_k \gamma_g K}{\mu_g h r_w} \tag{18-64}$$

式中,γ_g 是气体相对密度;K 是地层渗透率($10^{-3} \mu m^2$);μ_g 是气体黏度(mPa·s);β_k 是描述孔隙介质紊流影响的系数,称为速度系数,通常计算公式为

$$\beta_k = 7.644 \times 10^{10} / K^{1.5} \tag{18-65}$$

3. 水平气井的产能修正公式

首先考虑气体的可压缩性和水平气井气体紊流的影响,然后考虑地层的各向异性影响,油藏的非均质性的影响可用修正油藏厚度的方法解决。用水平油井的产能公式计算水平气井产能时修正如下:

$$q_g = \frac{2\pi K_h h(p_r - p_{wf})/(B_g \mu_g)}{\ln\left[\dfrac{a + \sqrt{a^2 - (L/2)^2}}{L/2}\right] + (\beta h/L)\left[\ln(\beta h/2\pi r_w) + Dq_g\right]} \tag{18-66}$$

考虑地层的各向异性影响并将各参数单位转换成油田实用单位时得水平气井的产能计算新公式:

$$q_g = \frac{784.9 K_h h(p_r^2 - p_{wf}^2)}{ZT\mu_g \left\{\ln\left[\dfrac{a + \sqrt{a^2 - (L/2)^2}}{L/2}\right] + (\beta h/L)\left[\ln(\beta h/2\pi r_w) + Dq_g\right]\right\}} \tag{18-67}$$

式中,q_g 为水平井的产量(m^3/d);β 为地层的各向异性系数,$\beta = \sqrt{K_h/K_v}$;K_v 为水平井的垂向渗透率($10^{-3} \mu m^2$);K_h 为水平井的水平渗透率($10^{-3} \mu m^2$)。

若定义气体拟压力函数 ϕ 为

$$\phi = 2\int_0^p \frac{p}{\mu Z} dp \tag{18-68}$$

则用拟压力函数表示式(18-68)时,$\phi_r = 2\int_0^{p_r} \dfrac{p}{\mu_g Z} dp$,$\phi_{wf} = 2\int_0^{p_{wf}} \dfrac{p}{\mu_g Z} dp$。可得水平气井的拟压力形式的产能公式为

$$q_g = \frac{784.9 K_h h(\phi_r - \phi_{wf})}{T\left\{\ln\left[\dfrac{a + \sqrt{a^2 - (L/2)^2}}{L/2}\right] + (\beta h/L)\left[\ln(\beta h/2\pi r_w) + Dq_g\right]\right\}} \tag{18-69}$$

式(18-67)和式(18-69)分别是关于 q_g 的一元二次方程,变形后可得到水平气井的二项式产能公式。

由式(18-69)可以得到水平气井压力平方的二项式产能方程:

$$p_r^2 - p_{wf}^2 = b_1 q_g + a_1 q_g^2 \tag{18-70}$$

式中

$$b_1 = \frac{\mu_g ZT \left\{ \ln \left[\dfrac{a + \sqrt{a^2 - (L/2)^2}}{L/2} \right] + (\beta h/L) \left[\ln(\beta h/2\pi r_w) \right] \right\}}{784.9 K_h h}$$

$$a_1 = \frac{\mu_g ZT (\beta h/L) D}{784.9 K_h h}$$

同理可以得到拟压力形式的水平气井二项式产能方程:

$$\phi_r - \phi_{wf} = b_2 q_g + a_2 q_g^2 \tag{18-71}$$

式中

$$b_2 = \frac{T \left\{ \ln \left[\dfrac{a + \sqrt{a^2 - (L/2)^2}}{L/2} \right] + (\beta h/L) \left[\ln(\beta h/2\pi r_w) \right] \right\}}{784.9 K_h h}$$

$$a_2 = \frac{T (\beta h/L) D}{784.9 K_h h}$$

基质发育裂缝时,水平井的产能为

$$\phi_r - \phi_{wf} = b_2 q_g + a_2 q_g^2 \tag{18-72}$$

式中

$$b_2 = \frac{T \left\{ \ln \left[\dfrac{a + \sqrt{a^2 - (L/2)^2}}{L/2} \right] + (\beta h/L) \left[\ln(\beta h/2\pi r_w) \right] \right\}}{784.9 K_f h}$$

$$a_2 = \frac{T (\beta h/L) D}{784.9 K_f h}$$

18.5　底水锥进井产量预测模型

18.5.1　直井水锥模型

1. 水锥动态及气井见水时间

如图 18-10 所示,气井部分钻开气层,完井段全不射开。原始气水界面近似为一水平面,气井投产后,地层水向井底锥进。假设该气层为均质地层;水驱气-活塞方式进行;忽略毛管力和重力;气和水的流动均服从达西定律。此外,地层垂向上只有射开段产生水平径向流动,而未射开段则是以井底为汇的半球形向心流。

据达西定律,该井气相和水相的渗流速度分别为

$$v_g = -(K_{gwi}/\mu_g)(\mathrm{d}p_g/\mathrm{d}r) \tag{18-73}$$

$$v_w = -(K_{gwr}/\mu_w)(\mathrm{d}p_w/\mathrm{d}r) \tag{18-74}$$

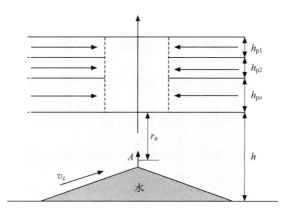

图 18-10　底水锥进示意图

由图 18-10 可以看出,地层水沿井轴方向侵入井底的时间最短,此即为气井的见水时间。在水锥顶点 A 处,气、水相得压力梯度相等,因此有

$$(\mathrm{d}p_g/\mathrm{d}r)_{r=r_a} = (\mathrm{d}p_w/\mathrm{d}r)_{r=r_a} \tag{18-75}$$

将式(18-75)、式(18-73)代入式(18-74),可得

$$v_w(r_a) = -\frac{K_{wgr}}{\mu_w}\frac{\mu_g}{K_{gwi}}v_g(r_a) \tag{18-76}$$

在多孔介质中, $v_w(r_a)$ 在 $\mathrm{d}t$ 时间内向井底移动的距离为

$$\mathrm{d}r = v_w(r_a)\mathrm{d}t/\phi \tag{18-77}$$

进一步变化为

$$\mathrm{d}t = \phi\mathrm{d}r/v_w(r_a) \tag{18-78}$$

考虑原始束缚水饱和度 s_{wi} 和残余气饱和度 s_{gr} ,式(18-78)可变为

$$\mathrm{d}t = [\phi(1-s_{wi}-s_{gr})/v_w(r_a)]\mathrm{d}r \tag{18-79}$$

假设在投产前汽水界面近似为一水平面,且当 $t=0$,有 $r_a=h$;对式(18-79)积分,得水锥顶点 A 的突破时间为

$$t_{bt} = \int_0^h \frac{\phi(1-s_{wi}-s_{gr})}{v_w(r_a)}\mathrm{d}r \tag{18-80}$$

任意水锥高度 r 与时间的关系为

$$t_r = \int_0^r \frac{\phi(1-s_{wi}-s_{gr})}{v_w(r_a)}\mathrm{d}r \tag{18-81}$$

将式(18-76)代入式(18-80),整理得

$$t_{bt} = M_{gw}\frac{(1-s_{wi}-s_{gr})}{1-s_{wi}}\int_0^h \frac{\phi(1-s_{wi})}{v_w(r_a)}\mathrm{d}r \tag{18-82}$$

将式(18-76)代入式(18-81),整理得

$$t_{bt} = M_{gw}(1-s_{wi}-s_{gr})\int_0^r \frac{\phi}{v_g(r_a)}\mathrm{d}r \tag{18-83}$$

据渗流模型假设,射孔段产生水平径向流动,有

$$q_{1i} = \frac{\pi K_g h_{pi}}{\mu_g} \frac{T_{sc}}{p_{sc} Z T_f} \frac{p_e^2 - p_{wf}^2}{\ln(r_e/r_w)} \tag{18-84}$$

$$
\begin{aligned}
q_1 &= q_{11} + q_{12} + \cdots + q_{1n} \\
&= \frac{\pi}{\mu_g} \frac{T_{sc}}{p_{sc} Z T_f} \frac{p_e^2 - p_{wf}^2}{\ln(r_e/r_w)} (K_{g1} h_{p1} + K_{g2} h_{p2} + \cdots + K_{gi} h_{pi}) \tag{18-85} \\
&= \frac{\pi}{\mu_g} \frac{T_{sc}}{p_{sc} Z T_f} \frac{p_e^2 - p_{wf}^2}{\ln(r_e/r_w)} \sum_{i=1}^{n} K_{gi} h_{pi}
\end{aligned}
$$

在射孔段以下产生半球形向心流动,有

$$q_2 = \frac{\pi \alpha K_g r_w}{\mu_g} \frac{T_{sc}}{p_{sc} Z T_f} (p_e^2 - p_{wf}^2) \tag{18-86}$$

将式(18-85)除以式(18-86),得

$$\frac{q_1}{q_2} = \sum_{i=1}^{n} \frac{K_{gi} h_{pi}}{K_{gq} \alpha r_w \ln(r_e/r_w)} = c \tag{18-87}$$

设气井的总产量为 q,则

$$q_1 + q_2 = q \tag{18-88}$$

由式(18-87)和式(18-88)式整理得

$$q_2 = q/(1+c) \tag{18-89}$$

A 点出气相向上的渗流速度为

$$v_g(r_a) = q_2/2\pi\phi r^2 \tag{18-90}$$

将式(18-89)代入式(18-90)得

$$v_g(r_a) = q/[2\pi\phi(1+c)r^2] \tag{18-91}$$

再将式(18-91)代入式(18-82)和式(18-83),并对等号右边的积分项进行积分,得

$$t_{bt} = M_{gw} 2\pi\phi(1-s_{wi}-s_{gr})(1+c)h^3/3qB_g \tag{18-92}$$

$$t_r = M_{gw} 2\pi\phi(1-s_{wi}-s_{gr})(1+c)[h^3-(h-r)^3]/3qB_g \tag{18-93}$$

式中

$$M_{gw} = \lambda_g/\lambda_w = (K_{gwi}/\mu_g)/(K_{wgr}/\mu_w) \tag{18-94}$$

$$c = \sum_{i=1}^{n} \frac{K_{gi} h_{pi}}{K_{gq} \alpha r_w \ln(r_e/r_w)}$$

式(18-92)即为计算非均质底水驱气藏气井见水时间的基本公式,式(18-93)是任意时间与水锥顶点高度的关系。

结合第2章计算出树枝状和网状裂缝系统的有效渗透率:

$$K_{e1} = \left\{ f_m K_m^w + f_f \left[\frac{D_p d_{max}^{3+D_r} \ln(r_m/r_w)}{256h(3+D_T-D_p) l_0^{D_r}} \frac{1-\gamma}{1-\gamma^{m+1}} \right]^w \right\}^{1/w}$$

$$K_e = \sum_{i=1}^{n} \frac{b_i}{\phi} + \left(1 - \sum_{i=1}^{n} \frac{c_i}{\phi}\right) K_m$$

此公式可以计算出裂缝纵向发育不同情况下的底水水驱气藏气井见水时间。

2. 控制因素分析

气层厚度为 120m,渗透率为 27.6mD,孔隙度为 10%,井筒半径为 0.1m,气藏打开程度为 0.19,地层压力为 42.24MPa,井底流压为 18MPa,气井日产量为 $31.1 \times 10^4 m^3/d$。

1) 气层厚度影响分析

由图 18-11 可以看出,随着气层厚度的增大,采气井见水时间呈指数型增加,即厚度越大越不易见水;同时可看出,打开程度的变大,气井见水时间开始增加,后来减小;增大日采气量,气井见水时间变短,底水锥进速度快,不利开采。

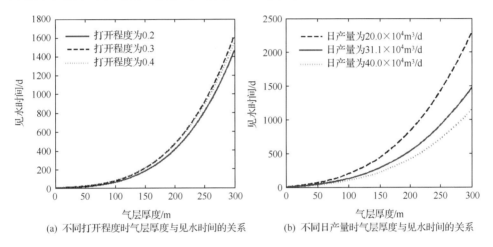

(a) 不同打开程度时气层厚度与见水时间的关系　　　(b) 不同日产量时气层厚度与见水时间的关系

图 18-11　气层厚度与见水时间关系

2) 气层打开程度对底水锥进分析

由图 18-12 可以看出,随着打开程度的增大,采气井见水时间先增大后减小,存在一个最佳打开程度;同时可看出,随气藏厚度的增大,气井见水时间增大;增大日采气量,气井见水时间变短,不利开采。

3) 产气量对底水锥进影响

由图 18-13 可以看出,随着日采气量的增大,采气井见水时间先快速递减后缓慢递减。

18.5.2　水平井水脊模型

1. 水脊动态及气井见水时间

设地层模型是上面封闭设地层模型是上面封闭、下面为底水(油水边界为恒压

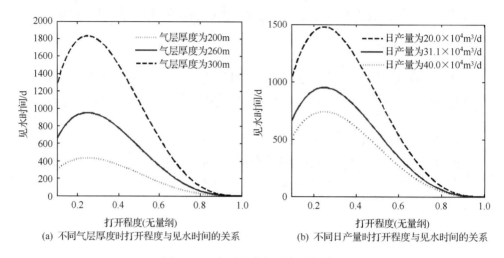

(a) 不同气层厚度时打开程度与见水时间的关系　　　(b) 不同日产量时打开程度与见水时间的关系

图 18-12　打开程度与见水时间关系

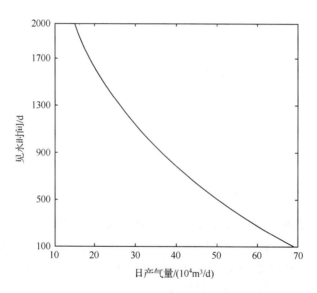

图 18-13　产气量与见水时间关系

边界或等势边界),其初始势函数为 Φ_e 的底水油藏. 在距油水界面 Z_w 处有一水平井,油井半径为 r_w,油层厚度为 h,如图 18-14 所示。根据镜像反映原理,yz 平面有限区域地层可反映成无限空间两源两汇交互排列的一直线井排,并且在 yz 平面的无限空间中,直线井排上井的类别和位置可归结为以下四类:注水井两类为 $(0,2h+4nh+Z_w)$ 和 $(0,4nh-Z_w)$;生产井两类为 $(0,2h+4nh-Z_w)$ 和 $(0,4nh+Z_w)$($n=0,\pm1,\pm2,\pm3,\cdots$)。

设水平井长度为 L,产量为 Q,则单位井长度上的产量 $q=Q/L$。为方便起见,

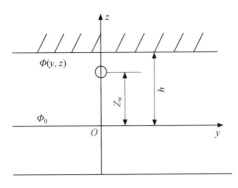

图 18-14　底水驱油藏示意图

取 $q = Q/(2\pi L)$，由叠加原理，yz 平面地层中任一点势分布为

$$\Phi(y,z) = \frac{q}{2}\sum_{-\infty}^{+\infty}\ln\left\{\frac{\left[y^2 + (z-2h-4\pi h+Z_w)^2\right]\left[y^2 + (z-4\pi h-Z_w)^2\right]}{\left[y^2 + (z-2h-4\pi h-Z_w)^2\right]\left[y^2 + (z-4\pi h+Z_w)^2\right]}\right\} + C$$

$$(18\text{-}95)$$

式中，Φ 为势函数；y、z 为坐标；变量 C 为常数。

再根据贝塞特公式：

$$\sum_{-\infty}^{+\infty}\ln\left\lfloor (x-x_0)^2 + (y-2\pi h-y_0)^2 \right\rfloor = \ln\left[\operatorname{ch}\frac{\pi(x-x_0)}{h} - \cos\frac{\pi(y-y_0)}{h}\right]$$

$$(18\text{-}96)$$

可将式(18-95)简化为

$$\Phi(y,z) = \frac{q}{2}\ln\frac{\left[\operatorname{ch}\dfrac{\pi y}{2h} + \cos\dfrac{\pi(z+Z_w)}{2h}\right]\left[\operatorname{ch}\dfrac{\pi y}{2h} - \cos\dfrac{\pi(z-Z_w)}{2h}\right]}{\left[\operatorname{ch}\dfrac{\pi y}{2h} + \cos\dfrac{\pi(z-Z_w)}{2h}\right]\left[\operatorname{ch}\dfrac{\pi y}{2h} - \cos\dfrac{\pi(z+Z_w)}{2h}\right]} + C$$

$$(18\text{-}97)$$

当取 $y=0,z=0$ 时，式(18-100)变为 $\Phi(y,z) = C = \Phi$。因此地层中任一点势分布的计算公式为

$$\Phi(y,z) = \Phi - \frac{q}{2}\ln\frac{\left[\operatorname{ch}\dfrac{\pi y}{2h} + \cos\dfrac{\pi(z-Z_w)}{2h}\right]\left[\operatorname{ch}\dfrac{\pi y}{2h} - \cos\dfrac{\pi(z+Z_w)}{2h}\right]}{\left[\operatorname{ch}\dfrac{\pi y}{2h} + \cos\dfrac{\pi(z+Z_w)}{2h}\right]\left[\operatorname{ch}\dfrac{\pi y}{2h} - \cos\dfrac{\pi(z-Z_w)}{2h}\right]} + C$$

$$(18\text{-}98)$$

在井壁处有 $y=0,z=Z_w-r_w$。代入式(18-98)有

$$\Phi_e - \Phi_w \approx \frac{q}{2}\ln\frac{\left(1+\cos\dfrac{\pi r_w}{2h}\right)\left(1-\cos\dfrac{\pi Z_w}{h}\right)}{\left(1+\cos\dfrac{\pi Z_w}{h}\right)\left(1-\cos\dfrac{\pi r_w}{2h}\right)}$$

$$(18\text{-}99)$$

因为

$$r_w \ll h, \quad 1 - \cos\left(\frac{\pi r_w}{2h}\right) \approx \frac{1}{2}\left(\frac{\pi r_w}{2h}\right)^2$$

$$1 - \cos\left(\frac{2\pi Z_w}{h}\right) = Z_w \sin^2\left(\frac{\pi Z_w}{h}\right)$$

写为

$$\Phi_e - \Phi_w = \frac{q}{2}\ln\frac{\left(2 - \frac{1}{2}\frac{\pi r_w}{2h}\right)\left(2\sin\frac{2\pi Z_w}{2h}\right)}{\left(1 + \cos\frac{\pi Z_w}{h}\right)\frac{1}{2}\left(\frac{\pi r_w}{2h}\right)^2} \tag{18-100}$$

写为

$$Q = \frac{2\pi K L(p_e^2 - p_{wf}^2)T_{sc}}{\mu Z T P_{sc}\left[\ln\frac{4h}{\pi r_w} + \ln\left(\mathrm{tg}\frac{\pi Z_w}{2h}\right)\right]} \tag{18-101}$$

式中，K 为地层渗透率。式(18-101)就是所求的均质地层稳定流底水驱油藏水平井的产能计算公式。

由式(18-101)可得采油指数：

$$J = \frac{2\pi K L}{\mu\left[\ln\frac{4h}{\pi r_w} + \ln\left(\mathrm{tg}\frac{\pi Z_w}{2h}\right)\right]} \tag{18-102}$$

当 $Z_w = h/2$ 时：

$$J = \frac{2\pi K L}{\mu \ln\frac{4h}{\pi r_w}} \tag{18-103}$$

式(18-101)中没有考虑地层的各向异性。若地层是各向异性的，$K_v \neq K_h$，则需对式(18-101)进行修正。根据 Joshi 研究结果，地层渗透率 K 用有效渗透率 $K_e = \sqrt{K_v/K_h}$ 代替，地层厚度 h 用折算厚度 $h\sqrt{K_v K_h}$ 代替。令 $\beta = \sqrt{K_h/K_v}$，式(18-101)经修正后变成下列形式：

$$Q = \frac{2\pi K_e L(P_e^2 - P_{wf}^2)T_{sc}}{\mu Z T P_{sc}\left[\ln\frac{4\beta h}{\pi r_w} + \ln\left(\mathrm{tg}\frac{\pi Z_w}{2h}\right)\right]} \tag{18-104}$$

式(18-104)就是考虑地层各向异性底水驱油藏水平井产能的计算公式。

结合树枝状和网状裂缝系统的有效渗透率：

$$K_{e1} = \left\{f_m K_m^w + f_f\left[\frac{D_p d_{max}^{3+D_r}\ln(r_m/r_w)}{256h(3+D_T-D_p)l_0^{D_r}}\frac{1-\gamma}{1-\gamma^{m+1}}\right]^w\right\}^{1/w}$$

$$K_e = \sum_{i=1}^{n}\frac{b_i}{\phi} + \left(1 - \sum_{i=1}^{n}\frac{c_i}{\phi}\right)K_m$$

此公式可以计算出裂缝发育不同情况下的底水水驱气藏水平井产能：

$$Q = \frac{2\pi L(P_e^2 - P_{wf}^2)T_{sc}}{\mu ZTP_{sc}\left[\ln\frac{4\beta h}{\pi r_w} + \ln\left(\mathrm{tg}\frac{\pi Z_w}{2h}\right)\right]} \sqrt{\left[f_m K_m + f_f \frac{D_p d_{max}^{3+D_T}\ln(r_m/r_w)}{256h(3+D_T-D_p)l_0^{D_T}}\frac{1-\gamma}{1-\gamma^{n+1}}\right]K_v}$$

$$Q = \frac{2\pi L(P_e^2 - P_{wf}^2)T_{sc}}{\mu ZTP_{sc}\left[\ln\frac{4\beta h}{\pi r_w} + \ln\left(\mathrm{tg}\frac{\pi Z_w}{2h}\right)\right]} \sqrt{\left[\sum_{i=1}^{n}\frac{b_i}{\phi} + \left(1 - \sum_{i=1}^{n}\frac{c_i}{\phi}\right)K_m\right]K_v}$$

由式(18-107)可先求得井轴上($y=0$)势函数梯度的计算公式：

$$\left.\frac{\partial\Phi}{\partial z}\right|_{y=0} = \frac{\pi q}{2h}\left[\sin\frac{\pi(z+Z_w)}{2h} - \sin\frac{\pi(z-Z_w)}{2h}\right]\left[\sin\frac{\pi(z+Z_w)}{2h}\sin\frac{\pi(z-Z_w)}{2h}\right]^{-1}$$

$$(18-105)$$

因为

$$V_z = -\frac{\partial\Phi}{\partial z} \qquad (18-106)$$

则有

$$\frac{1}{V_z} = \frac{2h}{\pi q}\left[\sin\frac{\pi(z+Z_w)}{2h}\sin\frac{\pi(z-Z_w)}{2h}\right]\left[\sin\frac{\pi(z-Z_w)}{2h} - \sin\frac{\pi(z+Z_w)}{2h}\right]^{-1}$$

$$(18-107)$$

由式(18-107)可计算沿井轴方向的渗流速度：

$$V_z = \phi\mu_z = \phi\frac{\mathrm{d}z}{\mathrm{d}t}, \quad \mathrm{d}t = \frac{\phi}{V_z}\mathrm{d}z \qquad (18-108)$$

将式(18-107)代入式(18-108)，对式(18-108)两边积分可得不同时刻对应的水脊高度 z，$z=Z_w-r_w$ 对应的时间即是见水时间：

$$T = \int_0^t \mathrm{d}t = \int_0^{Z_w-r_w}\frac{\phi}{V_z}\mathrm{d}z = \frac{4\phi L h^2}{Q}\left[1 - \cot\theta\cos\theta\ln(\sec\theta+\tan\theta)\right]$$

$$(18-109)$$

式中，$\theta = \frac{\pi a}{2h}$。

2. 控制因素分析

气层厚度为 120m，渗透率为 27.6mD，孔隙度为 10%，井筒半径为 0.1m，水平段长度为 500m，避水高度为 208m，地层压力为 42.53MPa，井底流压为 27MPa，气井日产量为 $31.1\times10^4\mathrm{m}^3/\mathrm{d}$。

1) 避水高度(水平段离气水界面高度)影响分析

由图 18-15 可知，水平井水平段离油水界面越远，水平井见水时间越长。

2) 产气量对底水锥进影响

由图 18-16 可看出，随着日采气量的增大，采气井见水时间先快速递减后缓慢递减。

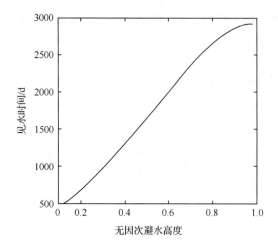

图 18-15　无因次避水高度与见水时间的关系

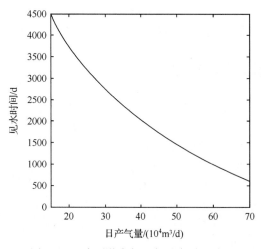

图 18-16　水平井产气量与见水时间关系

第 19 章　裂缝性气藏宏观尺度混合网络渗流理论

19.1　基质-裂缝组合渗透率连续可微表征

泄压半径到中心气井其间某一距离处渗透率跳跃变化,即存在第一类间断点,虽然渗透率的平面变化特征是连续的,但是在数学上不可微。

受沉积环境、成岩作用和构造活动的影响逐渐形成的储层,其非均质性是渐近变化的,为方便求解和满足工程需要,将平面上渗透率大小简化为连续变化的线性关系,进行可微处理,如图 19-1 和图 19-2 所示。

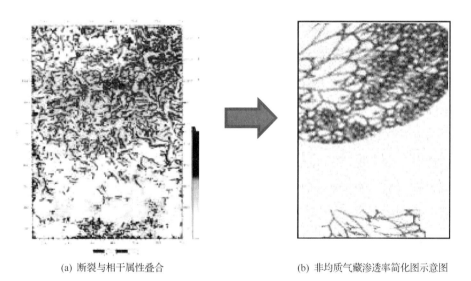

(a) 断裂与相干属性叠合　　　　　　　(b) 非均质气藏渗透率简化图示意图

图 19-1　S48 井区多属性与不连续检测异常叠合图

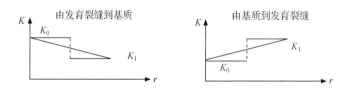

图 19-2　非均质地层泄压距离与渗透率的取值连续可微处理示意图

方程表达式为

$$K(r) = K_0 + ar \tag{19-1}$$

式中,a 为方程的参数,$a>0$,渗透率是逐渐增加;$a<0$,渗透率是逐渐减小;$a=0$,均质油藏,渗透率不变。

19.2　基质与树枝状裂缝的组合条件下的数学模型

(a) 井筒周围不发育裂缝

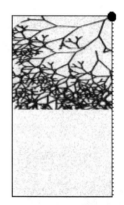
(b) 井筒周围发育树枝状裂缝

图 19-3　井筒附近裂缝发育不同情况示意图

只考虑一维平面径向流的情况,源汇项考虑在边界条件下,不考虑重力的影响时稳态流动,把方程转化为柱坐标系:

$$\frac{1}{r}\frac{\mathrm{d}}{\mathrm{d}r}\left[r\frac{K_g(r)}{\mu_g}\left(\frac{\mathrm{d}m^*}{\mathrm{d}r} - G_g\right)\right] = 0 \tag{19-2}$$

求解上述方程,考虑边界条件井底流压为 p_{wf},产量为 Q_o,得到解析解为

$$p^2(r) = p_{wf}^2 + \frac{Q_g\mu_g}{2\pi KK_{rg}h}\ln\left[\frac{(ar_w + K)r}{(ar + K)r_w}\right] + G_g(r - r_w) \tag{19-3}$$

井筒附近不发育裂缝,远离井筒出发育树枝状裂缝时[图 19-3(a)],即储层渗透率由 K_m 变化至 K_{el},此时其压力分布为

$$p^2(r) = p_{wf}^2 + \frac{Q_g\mu_g}{2\pi K_m K_{rg}h}\ln\left[\frac{(ar_w + K_m)r}{(ar + K_m)r_w}\right] + G_g(r - r_w) \tag{19-4}$$

式中,$a = \dfrac{K_{el} - K_m}{r_e}$。

井筒附近发育树枝状裂缝时[图 19-3(b)],即储层渗透率由 K_{el} 变化至 K_m,此时压力分布为

$$p^2(r) = p_{wf}^2 + \frac{Q_g\mu_g}{2\pi K_{el}K_{rg}h}\ln\left[\frac{(ar_w + K_{el})r}{(ar + K_{el})r_w}\right] + G_g(r - r_w) \tag{19-5}$$

式中，$a = \dfrac{K_{\mathrm{m}} - K_{\mathrm{el}}}{r_{\mathrm{e}}}$；$K_{\mathrm{el}}$ 为发育有树枝状裂缝网络储层的有效渗透率，$K_{\mathrm{el}} = (f_{\mathrm{m}} K_{\mathrm{m}}^{w} + f_{\mathrm{f}} K_{\mathrm{fl}}^{w})^{1/w} (\omega = l)$。

$$K_{\mathrm{el}} = f_{\mathrm{m}} K_{\mathrm{m}} + f_{\mathrm{f}} K_{\mathrm{f}} \tag{19-6}$$

裂缝网络有效渗透率：

$$K_{\mathrm{f}} = \frac{D_{\mathrm{p}} d_{\max}^{3+D_{\mathrm{T}}} \ln\left(\dfrac{r_{\mathrm{m}}}{r_{\mathrm{w}}}\right)}{256 h (3 + D_{\mathrm{T}} - D_{\mathrm{p}}) l_0^{D_{\mathrm{T}}}} \frac{1 - \gamma}{1 - \gamma^{m+1}} \tag{19-7}$$

$$f_{\mathrm{f}} = \frac{D_{\mathrm{p}} l_0^{D_{\mathrm{T}}} d_{\max}^{3 - D_{\mathrm{T}}}}{4 h (3 - D_{\mathrm{T}} - D_{\mathrm{P}})(r_{\mathrm{m}}^2 - r_{\mathrm{w}}^2)} \frac{1 - \xi^{m+1}}{1 - \xi} \left[1 - \left(\frac{d_{\min}}{d_{\max}}\right)^{3 - D_{\mathrm{T}} - D_{\mathrm{P}}} \right] \tag{19-8}$$

$$f_{\mathrm{m}} = 1 - f_{\mathrm{f}} \tag{19-9}$$

19.3　基质与网状裂缝的组合条件下的数学模型

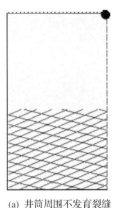

(a) 井筒周围不发育裂缝

(b) 井筒周围发育网状裂缝

图 19-4　基质与网状裂缝组合示意图

井筒附近不发育裂缝，远离井筒出发育网状裂缝时［图 19-4(a)］，即储层渗透率由 K_{m} 变化至 K_{e2}，此时其压力分布为

$$p^2(r) = p_{\mathrm{wf}}^2 + \frac{Q_{\mathrm{g}} \mu_{\mathrm{g}}}{2\pi K_{\mathrm{m}} K_{\mathrm{rg}} h} \ln\left[\frac{(a r_{\mathrm{w}} + K_{\mathrm{m}}) r}{(a r + K_{\mathrm{m}}) r_{\mathrm{w}}}\right] + G_{\mathrm{g}} (r - r_{\mathrm{w}}) \tag{19-10}$$

式中，$a = \dfrac{K_{\mathrm{e2}} - K_{\mathrm{m}}}{r_{\mathrm{e}}}$。

井筒附近发育网状裂缝时［图 19-4(b)］，压力分布为

$$p^2(r) = p_{\mathrm{wf}}^2 + \frac{Q_{\mathrm{g}} \mu_{\mathrm{g}}}{2\pi K_{\mathrm{e2}} K_{\mathrm{rg}} h} \ln\left[\frac{(a r_{\mathrm{w}} + K_{\mathrm{e2}}) r}{(a r + K_{\mathrm{e2}}) r_{\mathrm{w}}}\right] + G_{\mathrm{g}} (r - r_{\mathrm{w}}) \tag{19-11}$$

式中

$$a = \frac{K_{\mathrm{m}} - K_{\mathrm{e2}}}{r_{\mathrm{e}}} \tag{19-12}$$

$$K_{\mathrm{e2}} = \sum_{i=1}^{n} \frac{b_i}{\phi} + \left(1 - \sum_{i=1}^{n} \frac{c_i}{\phi}\right) K_{\mathrm{m}} \tag{19-13}$$

$$b_i = \frac{W_i^4 \cos\alpha_i^2}{12 X_i (W_i + X_i)}, \quad c_i = \frac{X_i}{W_i + X_i} \tag{19-14}$$

其中，W_i 为裂缝的宽度；X_i 为裂缝的间距；α_i 为裂缝与流体压力梯度方向的夹角。

19.4　树枝状裂缝与网状裂缝的组合条件下的数学模型

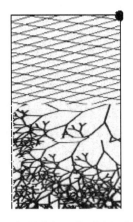

图 19-5　树枝状与网状裂缝组合示意图

井筒附近发育网状裂缝（图 19-5），即储层渗透率由 K_{e2} 变化至 K_{e1}，此时其压力分布为

$$p^2(r) = p_{\mathrm{wf}}^2 + \frac{Q_{\mathrm{g}}\mu_{\mathrm{g}}}{2\pi K_{\mathrm{e1}} K_{\mathrm{rg}} h} \ln\left[\frac{(ar_{\mathrm{w}} + K_{\mathrm{e1}})r}{(ar + K_{\mathrm{e1}})r_{\mathrm{w}}}\right] + G_{\mathrm{g}}(r - r_{\mathrm{w}}) \tag{19-15}$$

式中，$a = \dfrac{K_{\mathrm{e2}} - K_{\mathrm{e1}}}{r_{\mathrm{e}}}$ 分别见式（19-6）和式（19-13）。

相同裂缝类型不同分布情况对比情况如图 19-6 所示。

其中各参数如表 19-1 所示。

表 19-1　应用参数

地层压力 /MPa	井底流压 /MPa	地层厚度 /m	基质渗透率 /mD	孔隙度	井筒半径 /m	泄压半径 /m
42.44	17.95	12	30	0.08	0.1	1000

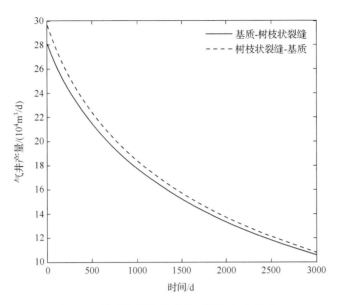

图 19-6　基质与树枝状裂缝不同组合产量对比

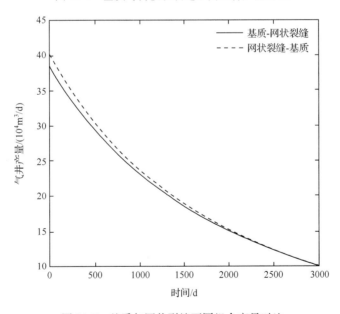

图 19-7　基质与网状裂缝不同组合产量对比

　　由图 19-6 和图 19-7 可知,井筒附近发育树枝状裂缝,比树枝状裂缝发育在远离井筒情况下的日产量要大,递减更快。井筒附近发育网状裂缝,比网裂缝发育在远离井筒情况下的日产量要大,递减更快。

　　图 19-8 是基质与树枝状裂缝、网状裂缝发育组合示意图。三种组合情况下,

气井产量如图 19-9 所示。由图 19-9 可以看出,随时间变化,日产量都在减小。同时发育网状裂缝和树枝状裂缝时产量最大,基质和网状裂缝组合时产量次之,基质和树枝状裂缝组合时产量最小。

(a) 局部发育树枝状裂缝

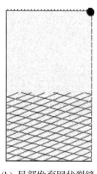
(b) 局部发育网状裂缝

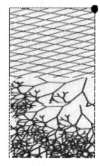
(c) 发育网状和树枝状裂缝

图 19-8　基质与树枝状裂缝、网状裂缝发育组合示意图

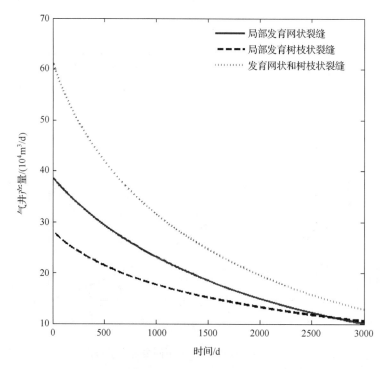

图 19-9　不同裂缝发育类型组合的产量对比

其中各参数如表 19-1 所示。

由图 19-9 可知,发育网状裂缝和树枝状裂缝时产量最大,基质和网状裂缝组合时产量次之,基质和树枝状裂缝组合时产量最小。

第五部分 非常规气藏非线性渗流理论初步

第 20 章　煤层气藏非线性渗流理论初步

20.1　煤层气藏的基本特征

煤层甲烷气是指赋存于煤层中的天然气,又称煤层气或者煤层天然气。其主要成分是甲烷(CH_4),一般占 95%。此外可能含有少量的乙烷、N_2 和 CO_2。地球上的煤层中蕴藏着丰富的煤层甲烷资源。据估计,世界上主要产煤国的煤层甲烷资源约为 $85 \times 10^{12} m^3 \sim 262 \times 10^{12} m^3$。其中,居前五位的依次是俄罗斯、中国、美国、加拿大和澳大利亚。资源量均在 $10 \times 10^{12} m^3$ 以上。

美国是开发煤层甲烷最早的国家,估计其资源量为 $11.3 \times 10^{12} m^3$。1972 年首先在圣胡安盆地完钻第一口煤层甲烷气井。以后在黑勇士盆地进行了开发。至 1994 年已有 6000 多口煤层气井。年产量超过 $2 \times 10^{10} m^3$,占美国天然气总产量的 4.2%,已逐步形成一门新兴的能源工业。有多所大学和研究所开展了相关的研究工作。

我国煤层气资源量约为 $30 \times 10^{12} m^3$。主要分布在华北和西北地区。河南、江西、安徽等省资源量也很丰富。20 世纪 90 年代以来已陆续进行了勘探,具有良好的前景。煤层气以其埋藏浅、开发成本低、且是优质能源和化工原料而日益受到人们重视。

煤层介质是孔隙-裂缝(煤层通常称为割理)双重介质,开采过程通常需要压裂。煤层含水,一般要先排水再产气。本章主要研究双重介质气水两相渗流问题。

20.1.1　煤层介质的结构特性

对于煤尚无一个公认的简明定义。大致可以说,煤是一种占重量 50% 以上和占体积 70% 以上为含碳物质及结合水组成的能迅速燃烧的岩石。按其不同的变质作用划分为若干煤阶。煤阶从低到高有泥炭、褐煤、亚烟煤、烟煤、半无烟煤、无烟煤和超无烟煤,而烟煤阶段又可分为高、中、低挥发分烟煤。煤层气可在从褐煤到半无烟煤的很大范围形成,但以中、低挥发分煤阶甲烷生气量最大。埋藏深度一般在 $300 \sim 1500 m$。

煤层中发育大致相互垂直的两组割理(即大孔)。其中,连片的有时可延伸至几百米长的主要割理称为面割理。将面割理连接起来的较短裂缝称为端隔离。这些割理组成的网络将煤层分割成许许多多的基质块,如图 20-1 所示。每个基质块中包含许多微孔隙(即小孔)。基质块的尺度(割理间距)通常为厘米量级或更小。基质块表面和块内微孔是煤层气的主要存储空间,而割理提供主要的流动通道。就是说煤层介质是孔隙-裂缝双重介质。

图 20-1　煤层割理系统示意图

煤的孔隙体积与煤阶有关。低煤阶时孔隙体积大,大孔占主要地位。高煤阶时孔隙体积小,小孔占主要地位。低煤阶时孔隙度一般为百分之十几,到中挥发分煤阶孔隙度只有百分之几。表面煤层逐步受到物理压实,裂缝变小,水分被排出。煤层孔隙的尺寸比一般油气层的要小得多。煤层孔隙尺寸大致可分为三类:大孔($>20nm$)、中孔($2\sim20nm$)、微孔($<2nm$)。大孔通常指裂缝、割理和裂隙等。

煤层渗透率与埋藏深度有关。深度在 30m 左右,渗透率 $K\approx100mD$;深度在 300m 左右,$K\approx5\sim50mD$;深度在 3000m 左右,$K\approx0.1mD$ 以下。对于煤层气开发而言,渗透率在 $1\sim4mD$ 为宜。渗透率高的煤层不利于甲烷的保存,含气量低。但开采时流动性好,产气量大。渗透率低的煤层有利于甲烷的保存,但产量较低。

20.1.2　煤层气的吸附特性

煤层甲烷气以吸附、游离和溶解三种状态赋存于煤孔隙中。煤内表面分子的吸引力在煤的表面产生吸附场,把甲烷气吸附在基质块的表面上和基质块所含的孔隙内。甲烷气的这种赋存状态称为吸附状态。天然气在煤层中的储集主要依赖于吸附作用,而不像普通天然气那样依赖于圈闭作用储存下来。呈吸附态的甲烷气占 70%～95%。吸附是完全可逆的。在一定条件下,被吸附的气体分子从表面上脱离出来,称为解吸。有少量的天然气自由地存在于煤的割理和其他裂缝或孔隙中。这种赋存状态称为游离状态。呈游离状态的天然气占总量的 10%～20%。

还有少量的天然气溶解在煤层内的地下水中,称为溶解气。煤层被打开以后,随着条件的变化三种赋存状态下的天然气所占的比例将逐步发生变化。

由于煤层气原始三种状态以吸附状态为主,着重研究煤层甲烷气的吸附特性。

单位重量煤体所吸附的标准条件下气体体积称为吸附量或吸附体积,通常用 $V(m^3/t)$ 表示(有时也用单位体积煤体吸附的气体质量或单位体积煤体吸附的气体体积表示)。吸附量随压力的增大而增大,随温度的升高而减小。在等温条件下,吸附量与压力的关系曲线称为等温吸附线。煤层的吸附等温线是评价煤层气储量的重要特性曲线。煤层的吸附量、扩散系数、渗透率和孔隙度是煤层气藏描述所必需的基本参数。

煤层甲烷的等温吸附线可用来:①确定煤层原始状态下甲烷的最大含量;②确定开采过程中,甲烷气产量随地层压力的变化;③确定临界解吸压力,即甲烷开始从煤表面解吸出来的压力值。

煤对不同小分子物质的吸附能力差异很大。对水的吸附能力很强,对甲烷的吸附能力比对 CO_2 弱,但比对 N_2 的吸附能力强。水、CO_2、CH_4、N_2 在煤结构里彼此竞争着被吸附的位置。所以煤对甲烷的吸附能力随其他小分子物质的增多而降低。就烃类而言,在同一压力下煤对乙烷的结合比甲烷紧密,对乙烷吸附量比甲烷的大。这说明甲烷比乙烷更容易从煤结构里释放出来,甲烷气是煤层气中最有意义的气体。

综上所述,对煤层气甲烷等温吸附线的影响因素,或者说对吸附量的影响因素主要是煤阶、压力(与深度有关)、温度、煤层中其他物质成分。一般在同一压力下,吸附量随温度的增大而减小;在同一温度下,湿度越大吸附量越大(Kissell et al.,1973)。

20.1.3　煤层气的输运特性

要将被吸附在煤层表面的甲烷气开采出来,首先经历其解吸过程,并通过扩散和流动两种不同的输运机制。

由于煤层气藏的形成需要有一个稳定的水动力条件,因而通常有大量的煤层水与煤层气共存。另外,在开采时一般要进行水力压裂以沟通煤层中的天然裂缝,使井的产量增加,这又使煤层水增多。由于基质块中孔隙很微小,水难以进入,可以认为水只存在于裂缝中。①在开采初期通常要进行排水。所以第一个阶段产出的是单相水。随着水的产出,煤层中压力下降。②当压力降到临界解吸压力时。甲烷气开始从煤表面(基质块表面和块内微孔隙表面)解吸出来。通过扩散进入割理裂缝形成气泡。气泡对水的流动起阻碍作用,使水的相对渗透率下降。但气泡是孤立的,没有形成气流通到。这是流动的第二阶段,称非饱和流动阶段。甲烷气解吸出来进入裂缝的过程遵从 Fick 定律。③随着压力进一步下降,有更多的气体被解吸出来。水中气泡互相连接形成流线。这是流动的第三个阶段,即气、水两相流阶段。在第三阶段,气体的相对渗透率从零逐渐增大。裂缝网络中流体(甲烷气和水)的输运依据具体情况为达西流动或者低速非达西流动,即压力梯度是渗流流动的驱动力,并认为流动是层流,然后是雾状流,少量水滴悬浮在甲烷气中。

就同一煤层区域而言,在压力下降过程中,这三个阶段是随时间而连续发生的。就整个煤层而言,某一阶段是由井筒附近开始,逐渐向周围煤层中推进的。

20.2 煤层气藏非线性渗流数学模型

20.2.1 有效动用控制方程推导

在低渗透煤层气储层中,流体流动受到固体和流体的界面张力限制,只有驱动压力梯度大于拟启动压力梯度的时候,流体才能流动。拟启动压力梯度越大,气体在该类气藏越难流动。因此拟启动压力梯度的大小表明流体流动困难程度。描述气体低速非达西流动整个过程的数学模型建立过程如下。

质量守恒方程:

$$\frac{\partial}{\partial t}(\rho_g \phi) + \text{div}(\rho_g \boldsymbol{v}) - q_d = 0 \tag{20-1}$$

非达西运动方程:

$$\boldsymbol{v} = \frac{k}{\mu}(\nabla p - G) \tag{20-2}$$

真实气体状态方程:

$$pV = nZRT \tag{20-3}$$

式中,Z 为压缩因子,是温度 T 和体积 V 的函数。

实际状态下气体密度:

$$\rho_g = \frac{pM}{RTZ} \tag{20-4}$$

类似的标准状态下气体密度:

$$\rho_{gsc} = \frac{p_{sc}M}{RT_{sc}Z_{sc}} \tag{20-5}$$

由式(20-4)和式(20-5)可得

$$\rho_g = \frac{T_{sc}Z_{sc}\rho_{gsc}}{p_{sc}} \frac{p}{TZ} \tag{20-6}$$

气体等温压缩系数表达式为

$$C_\rho = \frac{-\dfrac{\mathrm{d}V}{V}}{\mathrm{d}p} = -\frac{1}{V}\frac{\mathrm{d}V}{\mathrm{d}p} = \frac{1}{p} - \frac{1}{Z}\frac{\mathrm{d}Z}{\mathrm{d}p} \tag{20-7}$$

将式(20-2)和式(20-6)代入式(20-1),简化后对时间项推导为

$$\frac{\partial(\rho_g\phi)}{\partial t} = \frac{T_{sc}Z_{sc}\rho_{gsc}\phi}{p_{sc}T}\left[\frac{1}{p} - \frac{1}{Z(p)}\frac{\partial Z(p)}{\partial p}\right]\frac{p}{Z(p)}\frac{\partial p}{\partial t} \tag{20-8}$$

由式(20-7)和式(20-8)简化时间项为

$$\frac{\partial(\rho_g\phi)}{\partial t} = \frac{T_{sc}Z_{sc}\rho_{gsc}\phi\mu(p)}{p_{sc}T}C_\rho\frac{p}{\mu(p)Z(p)}\frac{\partial p}{\partial t} \tag{20-9}$$

则空间项 X 方向的表达式为

$$\frac{\partial(\rho_g v_x)}{\partial x} = \frac{\partial}{\partial x}\left[\frac{T_{sc}Z_{sc}\rho_{gsc}}{p_{sc}}\frac{p}{TZ}\frac{k}{\mu(p)}\left(\frac{\partial p}{\partial x} - G\right)\right]$$

$$= \frac{T_{sc}Z_{sc}\rho_{gsc}k}{p_{sc}T}\left\{\frac{\partial}{\partial x}\left[\frac{p}{\mu(p)Z(p)}\frac{\partial p}{\partial x}\right] - GC_\rho\frac{p}{\mu(p)Z(p)}\frac{\partial p}{\partial x}\right\} \tag{20-10}$$

引入拟压力函数:

$$m^* = 2\int_{p_a}^{p}\frac{p}{\mu(p)Z(p)}\mathrm{d}p \tag{20-11}$$

为满足工程需要,将 $\mu(p)Z(p)$,简化为 $\overline{\mu Z}$,即平均压力和温度下的 $\mu(p)Z(p)$ 的值。拟压力函数的微分形式为

$$\frac{\mathrm{d}m}{\mathrm{d}p} = \frac{p}{\mu(p)Z(p)} \tag{20-12}$$

将式(20-12)代入式(20-9)得时间项:

$$\frac{\partial(\rho_g\phi)}{\partial t} = \frac{T_{sc}Z_{sc}\rho_{gsc}\phi\mu(p)}{p_{sc}T}C_\rho\frac{\partial m^*}{\partial t} \tag{20-13}$$

将式(20-12)代入式(20-10),则空间项的 X 方向表达式为

$$\frac{\partial(\rho_g v_x)}{\partial x} = \frac{T_{sc}Z_{sc}\rho_{gsc}k}{p_{sc}T}\left(\frac{\partial^2 m}{\partial x^2} - GC_\rho\frac{\partial m}{\partial x}\right) \tag{20-14}$$

同理得到空间项 Y 方向和 Z 方向的表达式为

$$\frac{\partial(\rho_g v_y)}{\partial x} = \frac{T_{sc}Z_{sc}\rho_{gsc}k}{p_{sc}T}\left(\frac{\partial^2 m}{\partial y^2} - GC_\rho\frac{\partial m}{\partial y}\right) \tag{20-15}$$

$$\frac{\partial(\rho_g v_z)}{\partial x} = \frac{T_{sc}Z_{sc}\rho_{gsc}k}{p_{sc}T}\left(\frac{\partial^2 m}{\partial z^2} - GC_\rho\frac{\partial m}{\partial z}\right) \tag{20-16}$$

引入哈密顿算子得到拉普拉斯方程形式:

$$\frac{\partial(\rho_g v_x)}{\partial x} + \frac{\partial(\rho_g v_y)}{\partial y} + \frac{\partial(\rho_g v_z)}{\partial z} - q_d = \frac{T_{sc}Z_{sc}\rho_{gsc}k}{p_{sc}T}(\nabla^2 m^* - C_\rho G\nabla m^*) - q_d \tag{20-17}$$

将式(20-13)和式(20-17)代入式(20-1),得到控制方程的一般形式:

$$-(\nabla^2 m^* - C_\rho G \nabla m^*) - \frac{p_{sc}T}{T_{sc}Z_{sc}\rho_{gsc}k}q_d = \frac{\phi\mu(p)C_\rho}{k}\frac{\partial m^*}{\partial t} \tag{20-18}$$

定义气体导压系数：

$$\eta = \frac{k}{\phi\mu(p)C_\rho} \tag{20-19}$$

则式(20-18)的控制方程简化为

$$-\nabla^2 m^* + C_\rho G \nabla m^* - \frac{p_{sc}T}{T_{sc}Z_{sc}\rho_{gsc}k}q_d = \frac{1}{\eta}\frac{\partial m^*}{\partial t} \tag{20-20}$$

式(20-20)就是气体低速非达西渗流的偏微分控制方程。

20.2.2　低速非达西径向渗流有效动用解析解

假设 $G_c = C_\rho G$，将式(20-20)转换成柱坐标系下的稳态径向流(图 20-2)常微分方程形式：

$$\frac{d^2 m^*}{dr^2} + \frac{1}{r}\frac{dm^*}{dr} - G_c\frac{dm^*}{dr} - \frac{p_{sc}T}{T_{sc}Z_{sc}\rho_{gsc}k}q_d = 0 \tag{20-21}$$

内外边界定压：

$$\begin{aligned}
r &= r_w, \quad m^*(p = p_w) = m_w^* \\
r &= r_e, \quad m^*(p = p_e) = m_e^*
\end{aligned} \tag{20-22}$$

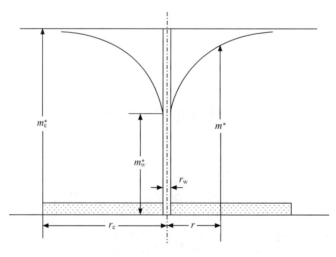

图 20-2　径向流压力分布示意图

根据内外边界定压条件得到式(20-21)的解析解：

$$m^*(r) = -\frac{q_d^* \ln(C_\rho Gr)}{C_\rho^2 G^2} - C_1 Ei(1, -C_\rho Gr) - \frac{q_d^* r}{C_\rho G} + C_2 \tag{20-23}$$

当 $q_d^* = 0$ 时,式(20-23)退化成带启动压力梯度非达西流动条件下的压力分布形式如下:

$$m^*(r) = -C_1 Ei(1, -C_\rho Gr) + C_2 \qquad (20\text{-}24)$$

式中

$$C_1 = -\frac{(m_e - m_w)C_\rho^2 G^2 + q_d \ln\left(\frac{r_e}{r_w}\right) + q_d C_\rho G(r_e - r_w)}{C_\rho^2 G^2 \ln\frac{r_w}{r_e}} \qquad (20\text{-}25)$$

$$C_2 = \frac{C_\rho^2 G^2 \left[m_w Ei(1, -C_\rho Gr_e) - m_e Ei(1, -C_\rho Gr_w) \right] - q_d Ei(1, -C_\rho Gr_w)}{\left[\ln(C_\rho Gr_e) + C_\rho Gr_e \right]}{C_\rho^2 G^2 \ln\frac{r_w}{r_e}}$$

$$+ \frac{q_d Ei(1, -C_\rho Gr_e)\left[\ln(C_\rho Gr_w) + C_\rho Gr_w \right]}{C_\rho^2 G^2 \ln\frac{r_w}{r_e}} \qquad (20\text{-}26)$$

将式(20-11)代入内外边界条件,两边积分得

$$m_e^* - m_w^* = \frac{1}{\overline{\mu Z}}(p_e^2 - p_w^2) \qquad (20\text{-}27)$$

同样,代入外边界和任意点压力条件,可得

$$m_e^* - m^* = \frac{1}{\overline{\mu Z}}(p_e^2 - p^2) \qquad (20\text{-}28)$$

结合式(20-27)、式(20-28),推导出压力 $p(r)$ 表达式:

$$p^2(r) = \overline{\mu Z}\left[-C_1 Ei(G_c r) + C_2 \right] \qquad (20\text{-}29)$$

式中

$$C_1 = -\frac{\dfrac{(p_e - p_w)C_\rho^2 G^2}{\overline{\mu Z}} + q_d \ln\frac{r_e}{r_w} + q_d C_\rho G(r_e - r_w)}{C_\rho^2 G^2 \ln\frac{r_w}{r_e}} \qquad (20\text{-}30)$$

$$C_2 = \frac{C_\rho^2 G^2 \left(\dfrac{p_w^2}{\overline{\mu Z}} Ei(1, -C_\rho Gr_e) - \dfrac{p_e^2}{\overline{\mu Z}} Ei(1, -C_\rho Gr_w) \right) - q_d Ei(1, -C_\rho Gr_w)}{\left[\ln(C_\rho Gr_e) + C_\rho Gr_e \right]}{C_\rho^2 G^2 \ln\frac{r_w}{r_e}}$$

$$+ \frac{q_d Ei(1, -C_\rho Gr_e)\left[\ln(C_\rho Gr_w) + C_\rho Gr_w \right]}{C_\rho^2 G^2 \ln\frac{r_w}{r_e}} \qquad (20\text{-}31)$$

将式(20-30)和式(20-31)代入式(20-23),并且整理得

$$m^*(r) = \dfrac{\left(\dfrac{p_e^2}{\mu \overline{Z}} - \dfrac{p_w^2}{\mu \overline{Z}}\right)Ei(1, -C_\rho Gr) + \dfrac{p_w^2}{\mu \overline{Z}}Ei(1, -C_\rho Gr_e) - \dfrac{p_e^2}{\mu \overline{Z}}Ei(1, -C_\rho Gr_w)}{\ln\dfrac{r_w}{r_e}}$$

$$+ q_d \left\{ \dfrac{\left[\ln(C_\rho Gr_e) + C_\rho Gr_e\right]\ln\dfrac{r}{r_w} + \left[\ln(C_\rho Gr_w) + C_\rho Gr_w\right]\ln\dfrac{r_e}{r} + \left[\ln(C_\rho Gr) + C_\rho Gr\right]\ln\dfrac{r_w}{r_e}}{C_\rho^2 G^2 \ln\dfrac{r_w}{r_e}} \right\}$$

$$(20\text{-}32)$$

如果低渗透致密气藏没有解吸气且不含水的话,则拟启动压力梯度为 0, $q_d^* = 0$,式(20-32)则退化成达西流动条件下的压力分布形式如下:

$$p^2(r) = p_w^2 + (p_e^2 - p_w^2)\ln\dfrac{r}{r_w}\bigg/\ln\dfrac{r_e}{r_w}$$

20.2.3　考虑启动压力梯度、应力敏感、解吸气的气井产能公式

控制方程:

$$\dfrac{d^2 m^*}{dr^2} + \left(\dfrac{1}{r} - C_\rho G\right)\dfrac{dm^*}{dr} - \dfrac{p_{sc} T}{T_{sc} Z_{sc} \rho_{gsc}} q_d = 0$$

$$\dfrac{d^2 m^*}{dr^2} + \left(\dfrac{1}{r} - C_\rho G\right)\dfrac{dm^*}{dr} - \dfrac{p_{sc} T}{T_{sc} Z_{sc} \rho_{gsc}} q_d = 0 \qquad (20\text{-}33)$$

初始条件为

$$r = r, \quad m^* = m_e^* (p = p_e) \qquad (20\text{-}34)$$

内边界条件为

$$r = r_w, \quad r\dfrac{\partial m^*}{\partial r} = \dfrac{q_m T p_{sc}}{\pi K(p) h Z_{sc} T_{sc} \rho_{gsc}} \qquad (20\text{-}35)$$

外边界条件为

$$r = r_e, \quad m^* = m_e^* (p = p_e) \qquad (20\text{-}36)$$

令

$$q_d^* = \dfrac{p_{sc} T}{T_{sc} Z_{sc} \rho_{gsc} k} q_d$$

其中基质块中的流量

$$q_d = -G_s \dfrac{dc_m}{dt}$$

又

$$\dfrac{dc_m}{dt} = D_m F_s (c_2 - c_m)$$

则式(20-33)可转化为

$$\frac{\mathrm{d}^2 m^*}{\mathrm{d}r^2} + \left(\frac{1}{r} - C_\rho G\right)\frac{\mathrm{d}m^*}{\mathrm{d}r} - q_\mathrm{d}^* = 0 \qquad (20\text{-}37)$$

求解可得

$$m^* = \frac{q_\mathrm{d}^* \ln(-C_\rho Gr)}{C_\rho^2 G^2} - C_1 Ei(1, C_\rho Gr) - \frac{q_\mathrm{d}^* r}{C_\rho G} + C_2 \qquad (20\text{-}38)$$

根据内外边界条件,求得 C_1、C_2,即

$$C_1 = \frac{-q_\mathrm{d}^* + q_\mathrm{d}^* r_\mathrm{w} C_\rho G + q_\mathrm{f} C_\rho G^2}{C_\rho^2 G^2}\mathrm{e}^{C_\rho Gr_\mathrm{w}} \qquad (20\text{-}39)$$

$$C_2 = \frac{-q_\mathrm{d}^* \ln(-C_\rho Gr_\mathrm{e}) + q_\mathrm{d}^* r_\mathrm{e} C_\rho G + m_\mathrm{e}^* C_\rho^2 G^2}{C_\rho^2 G^2} \qquad (20\text{-}40)$$

则

$$m_\mathrm{w}^* - m_\mathrm{e}^* = \frac{q_\mathrm{d}^* \ln(-C_\rho Gr_\mathrm{w})}{C_\rho^2 G^2} - \frac{-q_\mathrm{d}^* + q_\mathrm{d}^* r_\mathrm{w} C_\rho G + q_\mathrm{f} C_\rho^2 G^2}{C_\rho G^2}\mathrm{e}^{C_\rho Gr_\mathrm{w}} Ei(1, C_\rho Gr_\mathrm{w})$$

$$- \frac{q_\mathrm{d}^* r_\mathrm{w}}{C_\rho G} + \frac{-q_\mathrm{d}^* \ln(-C_\rho Gr_\mathrm{e}) + q_\mathrm{d}^* r_\mathrm{e} C_\rho G}{C_\rho^2 G^2} \qquad (20\text{-}41)$$

引入拟压力函数:

$$m_\mathrm{w}^* - m_\mathrm{e}^* = \frac{1}{\mu \overline{Z}}(p_\mathrm{w}^2 - p_\mathrm{e}^2)$$

式中

$$q_\mathrm{f} = \frac{q_\mathrm{m} T p_\mathrm{sc}}{\pi K(p) h Z_\mathrm{sc} T_\mathrm{sc} \rho_\mathrm{gsc}}$$

求得产量公式为

$$Q_\mathrm{sc} = \frac{\pi K(p) h Z_\mathrm{sc} T_\mathrm{sc}\left\{(p_\mathrm{e}^2 - p_\mathrm{w}^2)C_\rho^2 G^2 + q_\mathrm{d}^* \ln\dfrac{r_\mathrm{w}}{r_\mathrm{e}} + \mathrm{e}^{-C_\rho Gr_\mathrm{w}} q_\mathrm{d}^* \left[Ei(-C_\rho Gr_\mathrm{w}) - Ei(-C_\rho Gr_\mathrm{e})\right](1 + r_\mathrm{w} C_\rho G) + q_\mathrm{d}^* C_\rho G(r_\mathrm{w} - r_\mathrm{e})\right\}}{\mu Z T p_\mathrm{sc}\mathrm{e}^{-C_\rho Gr_\mathrm{w}}\left[Ei(-C_\rho Gr_\mathrm{w}) - Ei[-C_\rho Gr_\mathrm{e}]\right]C_\rho^2 G^2}$$

$$(20\text{-}42)$$

当地层压力降落很大时,$K(p)$ 随压力变化符合负指数衰减方程:

$$K(p) = k\mathrm{e}^{-\alpha_K(p_\mathrm{o} - p)} \qquad (20\text{-}43)$$

式中,Q_sc 为标准条件下气井气井流量(m^3/s);k 为气层渗透率(m^2);h 为气层厚度(m);μ 为平均压力下气体黏度($\mathrm{Pa \cdot s}$);T_sc 为标准状态下温度(K);p_sc 为标准压力(Pa);T 为气层温度(K);Z 为平均压力下气体的压缩因子(无因次);p_e 为地层压力(Pa);p_w 为井底压力(Pa);r_e 为边界半径(m);r_w 为气井半径(m);C_ρ 为气体等温压缩系数(Pa^{-1});G 为启动压力梯度($\mathrm{Pa/m}$);q_d 为启动压力梯度($\mathrm{Pa/m}$)。

第 21 章　页岩气藏非线性渗流理论初步

21.1　页岩气藏基本特征

21.1.1　页岩层微观孔隙结构特征研究

在常规储层中,孔隙度是描述储层特性的一个重要方面。页岩储层也是如此。作为储层,页岩多显示出较低的孔隙度($<10\%$),当然也可以有很大的孔隙度,且在这些孔隙里储存大量的游离气,即使在较老的岩层,游离气也可以充填孔隙的50%。游离气含量与孔隙体积的大小密切联系。一般来说,孔隙体积越大,所含的游离气量就越大。

页岩的孔隙按演化历史可以分为原生孔隙和次生孔隙;按大小可以分为微型孔隙(孔径小于 $0.1\mu m$)、小型孔隙(孔径为 $0.1\sim1\mu m$)、中型孔隙(孔径为 $1\sim10\mu m$)和大型孔隙(孔径大于 $10\mu m$)。鉴于孔隙种类对页岩储集类型、含气特征、聚气特征和气体产出等有重要影响,因此,本书按孔隙类型进行划分,分为有机质(沥青)孔和(或)干酪根网络、矿物质孔(矿物比表面、晶内孔、晶间孔、溶蚀孔和杂基孔隙等)以及有机质和各种矿物之间的孔隙等三类(表 21-1),这些孔隙是主要的储集空间,赋存了大量的天然气,孔隙度大小直接控制着天然气的含量。

1. 有机质(沥青)孔和(或)干酪根网络

该类孔隙的孔径一般为纳米级,表现为吸收孔隙,是吸附态赋存的天然气主要储集空间。生油层中的有机质并非呈分散状,主要是沿微层理面分布,进一步证实,生油岩中还存在三维的干酪根网络。微层理面可以理解为层内的沉积间断面,其本身有相对较好的渗透性,再加上相对富集的有机质可使其具有亲油性,若再有干酪根的相连,那么在大量生气阶段,易形成相互连通的、不受毛细管阻力的亲油网络(李明诚,2004),是页岩中天然气富集的重要孔隙类型之一。微孔直径一般小于 2 nm,中孔直径在 $2\sim50$nm,大孔隙直径一般大于 50 nm;随孔隙度的增加,孔隙结构发生变化(微孔变成中孔,甚至大孔隙),孔隙内表面积也增大(Ross et al. ,2007)。另外,这些分散有机质的表面是一种活性非常强的吸附剂,也能极大提高页岩的吸附能力,并且伴随着成熟度的增加,有机质热生烃演化还会形成一些微孔隙。黑色页岩中残留的沥青也属于该类孔隙,天然气主要以吸附态甚至溶解态赋存在沥青中(图 21-1)。

 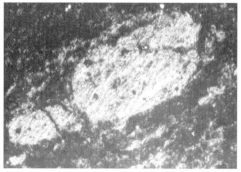

(a) 灰白色脉状沥青及其之上的微裂缝(云南昆阳　　　(b) 灰白色块状沥青(湖北长阳鸭子口,下寒武统
梅树村,下寒武统黑色页岩,×500)　　　　　　　　　黑色页岩,×500)

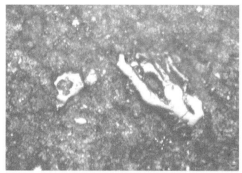 

(c) 灰白色、块状似镜质体(重庆巫溪徐家,志留系　　　(d) 灰白色块状、似镜质体(四川旺苍天星,志留系
龙马溪组黑色页岩,×500)　　　　　　　　　　　龙马溪组黑色页岩,×500)

图 21-1　四川盆地及其周缘下古生界黑色页岩有机质孔(聂海宽等,2011)

2. 矿物质孔

主要包括矿物比表面、晶间(颗粒间)孔、晶内(颗粒内)孔、溶蚀孔和杂基孔隙等。比表面主要是一些黏土矿物的表面,具有吸附天然气的能力。晶间孔是指晶粒之间的微孔隙,主要发育于晶形比较好、晶体粗大的矿物集合体中,孔径一般几微米,个别可达十几微米,甚至毫米级。常见的晶间孔较发育的矿物有伊利石、高岭石、蒙脱石、方解石、石英等,晶孔的大小、形状、数量取决于矿物晶粒是原生还是次生,取决于矿物的形成时间。例如,伊利石在扫描电镜下呈弯曲的薄片状、不规则板条状、集合体呈蜂窝状、丝缕状等,可根据伊利石的结晶度判断早古生代海相页岩的成熟度,是页岩高热演化条件下的产物,含量相对较高,伊利石的晶间孔隙和颗粒表面是页岩储层的主要孔隙类型之一(图 21-2)。

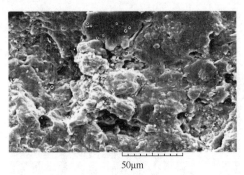

(a) 伊利石晶间孔

(b) 方解石溶解孔隙

(云南巧家金塘，微孔隙较发育，5~15μm居多，×1200)　　(重庆市彭水县渝页1井，309.12m，宽1mm，长5mm)

图 21-2　四川盆地及其周缘下古生界黑色页岩矿物质孔类型

3. 有机质和矿物质之间的孔隙

主要指有机质和矿物之间的各种孔隙,该类孔隙只占页岩孔隙的一小部分,但却意义重大。该类孔隙连通了有机质(沥青)孔和(或)干酪根网络和矿物质孔,把两类孔隙连接起来,使得有机质中生成的天然气能够运移至矿物质孔赋存,某种程度上有微裂缝的作用,对页岩气的聚集和产出至关重要。

页岩的矿物成分较复杂,石英含量高,且多呈黏土粒级,常以纹层形式出现,而有机质、石英含量都很高的页岩脆性较强,容易在外力作用下形成天然裂缝和诱导裂缝,有利于天然气渗流,说明岩性、岩石矿物成分是控制裂缝发育程度的主要内在因素。

由于页岩具有低孔隙度低渗透率的特性,产气量不高,而那些开放的矩形天然裂缝弥补了这一不足,大大提高了页岩气产量。裂缝改善了泥页岩的渗流能力,裂缝既是储集空间,也是渗流通道,是页岩气从基质孔隙流入井底的必要途径。并不是所有优质烃源岩都能够形成具有经济开采价值的裂缝性油气藏,只有那些低泊松比、高弹性模量、富含有机质的脆性页岩才是页岩气资源的首要勘探目标(陈建渝等,2003)。

21.1.2　裂缝特征研究

裂缝的发育程度和规模是影响页岩含气量和页岩气聚集的主要因素,决定着页岩渗透率的大小,控制着页岩的连通程度,进一步控制着气体的流动速度、气藏的产能。保存条件,裂缝比较发育的地区,页岩气藏的保存条件可能差些,天然气易散失、难聚集、难形成页岩气藏;反之,则有利于页岩气藏的形成。根据不同的划分标准,裂缝有很多分类:根据成因可划分为张性、剪性和压性三种;根据充填情况可划分为完全充填、部分充填和无充填三种;根据角度可划分为高、中、低三种倾角类型。本书综合考虑裂缝的性质和对页岩气聚集的控制作用,按发育规模将裂缝分为五类(表 21-1)。

表 21-1　页岩气储层孔隙结构分类及气体赋存、运移方式

类		特征	赋存方式	运移方式
裂缝	巨型裂缝	宽度:>1mm;长度:>10m	游离态	渗流
	大型裂缝	宽度:毫米级;长度:1~10m	游离态	渗流
	中型裂缝	宽度:0.1~1mm;长度:0.1~1m	游离态	渗流
	小型裂缝	宽度:0.01~0.1mm;长度:0.01~0.1m	游离态	渗流
	微型裂缝	宽度:<0.1mm;长度:<0.01m	游离态	渗流
孔隙	有机质孔	有机质(沥青)孔和/或干酪根网络,孔径一般为纳米级	吸附态	扩散
	矿物质孔 矿物比表面	几至几十立方米每克	吸附	扩散
	晶内孔	纳米级、微米级		
	晶间孔	各种晶间孔隙,孔径为纳米级、微米级		
	溶蚀孔	一般为微米级,个别为毫米级	游离态或吸附态	渗流或扩散
	杂基孔隙	纳米级或微米级		
	有机质和矿物质间孔	孔径一般为纳米级		

(1) 巨型裂缝(图 21-3(a)):主要指宽度大于 1mm,长度大于 10m 的裂缝,包括垂直页岩层理面和顺层理面两类,垂直层理面的裂缝能同时穿过碳质页岩、硅质页岩等薄层,前者主要为构造成因,后者为沉积成因。

(2) 大型裂缝(图 21-3(b)):主要指宽度为毫米级,长度为 1~10m 的裂缝,该类裂缝局限于碳质页岩或硅质页岩单层内部,不能穿层,亦主要为构造成因。

(3)中型裂缝(图 21-3(c)):主要指宽度为 0.1~1mm,个别宽度可达毫米级,长度为 0.1~1m 的裂缝,该类裂缝可能为构造成因或泥岩的生烃膨胀力导致。

(4) 小型裂缝(图 21-3(d)):主要指宽度为 0.01~0.1mm,长度为 0.01~0.1m,为肉眼可见的最小裂缝。

(5) 微型裂缝(图 21-3(e)):指宽度一般小于 0.01mm,长度小于 0.01 m,一般为几十微米。

21.1.3　页岩岩石物性研究

页岩通常被定义为"细粒的碎屑沉积岩",但它在矿物组成(黏土质、石英和有机碳等)、结构和构造上却多种多样。含气页岩不仅是单纯的页岩,它还包括细粒

(a) 巨型裂缝(重庆城口治平,
下志留统)

(b) 大型裂缝(四川汉源丁子沟,
下志留统)

(c) 中型孔隙(四川珙县红旗村,
下志留统)

(d) 小型裂缝(重庆彭水渝页1井,
3138.m)

(e) 微型裂缝(四川旺苍天星上奥陶统一下志留统黑色页岩:微孔缝较发育,
宽多在1~5μm,长度几十微米不等。左,全貌,右:局部放大)

图 21-3　四川盆地及其周缘下古生界黑色页岩裂缝类型[1]

的粉砂岩、细砂岩、粉砂质泥岩及灰岩、白云岩等。页岩作为岩层,为不同颗粒大小和不同岩性的混合(江怀友等,2008)。

　　例如,美国页岩气盆地中的含气页岩通常是缺氧环境下沉积的暗色富含有机质页岩(图 21-4),其分布广泛、厚度较大、有机质含量高,可以生成大量的天然气,并且具有供气长期、稳定、持续的特点。美国五大产气页岩的岩性上有很大的区别,Lewis 页岩为富含石英的泥岩,这套泥岩被认为是晚白垩世下滨面至远滨外的沉积物;Antrim 页岩为黑色碳质的海相页岩,由薄层状粉砂质黄铁矿和富含有机质页岩组成,夹灰色、绿色页岩和碳酸盐岩层,富含石英(20%～41%微晶石英和风成粉砂),有大量的白云岩和石灰岩结核,以及碳酸盐岩、硫化物和硫酸盐胶结物;阿巴拉契亚盆地的 Ohio 页岩分布在富含有机质页岩、碎屑岩和碳酸盐岩构成的旋回沉积体中,泥盆系黑色页岩层分布在第二沉积旋回中,该页岩层可再分成由碳质页岩和较粗粒碎屑岩互层组成的五个次级旋回。

　　Barnett 页岩与其他几大页岩在岩性组成上略有不同,它是由含硅页岩、石灰岩和少量白云岩组成。总体上,岩层中硅含量相对较多(占体积的 35%～50%),而黏土矿物含量较少(<35%)。而其他页岩中的硅含量相对较少,黏土矿物含量较多。根据 Bowker(2000)的研究成果,Barnett 页岩主要的产气岩相的平均组成(按体积)主要为:45%的石英(多数用变化的富含硅质的放射性测试获得);27%的伊利石,少量的蒙脱石;8%的方解石和白云石;7%的长石;5%的有机质;5%的黄

图 21-4　美国纽约地区 Rochester 页岩露头

铁矿;3‰的菱铁矿;微量的天然铜和磷酸盐矿物(蒲泊伶等,2008)。

　　矿物成分对于页岩气成藏似乎没有太大的影响,根据美国五大页岩气产区的统计,虽然它们的岩性有很大的区别,但是它们都产出了大量的页岩气,这是由于这些页岩都有一个共同的特征,那就是都含有丰富的有机质。但是矿物成分可以影响完井的成功率,根据页岩气工作者的经验,富含硅质的页岩要比富含黏土质页岩在人工压裂中起到更好的作用(张雪芬等,2010)。Barnett 页岩能够产出如此多的天然气,主要是因为它很脆,易于采取增产措施。Barnett 页岩中黏土、石英及碳酸盐含量变化很大,从而导致其破裂梯度变化很大(陈建渝,2003)。

21.1.4　天然气富集状态及影响因素研究

　　页岩源岩中的天然气主要有两种赋存方式:①有机质骨架表面或内部的吸附气和吸收气;②孔隙或者裂缝内的游离气。页岩气在储层中主要以吸附状态存在,天然气可以吸附在页岩中的有机物质表面,当黏土较干时在一定程度上可以吸附在黏土的表面。吸附气量与表面积密切相关,高的表面积来自于有机馏分的微孔隙,所以含气页岩有机质含量丰富且通常是细粒的。此外,页岩气还可以在干酪根和沥青质中以溶解状态存在,当页岩气与石油伴生时,在地层水和石油中还溶解了一部分页岩气。Antrim 页岩中有 70%～75% 的产出气是从页岩内的有机质和黏土析出的,其余则来自页岩内的裂缝及孔隙(陈永敏等,2000)。Barnett 页岩中储集的天然气主要为游离气,同时有少量的吸附气(冯文光等,1986),这是由于 Barnett 页岩中裂缝十分发育的缘故。

1. TOC 含量

在裂缝性页岩气系统中,页岩对气的吸附能力与页岩的总有机碳含量之间存在线性关系。如图 21-5 所示,Michigan 盆地的 Antrim 页岩和 Illinois 盆地的 New Albany 页岩的 TOC 含量与气体的含量存在着明显的正相关性。在相同压力下,总有机碳含量较高的页岩比其含量较低的页岩的甲烷吸附量明显要高。页岩气除了被有机质表面所吸附,还可以吸附在黏土的表面(干燥)。在有机碳含量接近和压力相同的情况下,黏土含量高的页岩所吸附的气体量要比黏土含量低的页岩高。而且随着压力的增大,差距也随之增大。

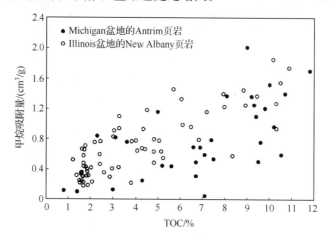

图 21-5　Michigan 盆地的 Antrim 页岩和 Illinois 盆地的 New Albany
页岩的 TOC 含量与气体的含量

Hill 在研究中发现,页岩吸附能力的多少通常与页岩的总有机碳含量、干酪根成熟度、储层温度、压力、页岩原始含水量和天然气组分等特征有关。其中,最主要的因素是有机碳含量和压力。

页岩对气的吸附能力与总有机碳含量之间存在线性关系。在相同压力下,总有机碳含量较高的页岩比其含量较低的页岩的甲烷吸附量明显要高。在对 Antrim 页岩总有机碳含量与含气量关系的研究中发现,二者呈密切的正相关关系,说明含气量主要取决于其总有机碳含量。在其他条件(如温度、压力)相同时,含气量均随着有机组分含量的增加而增大(张金川等,2003)。地层压力的大小也影响页岩层中吸附气量的大小。

吸附气量与地层压力呈正比关系,页岩中的地层压力越大,其吸附能力越强。许多学者认为,不同地区有机质含量、产气量及周围页岩封存能力的不同会引起压力梯度的差异。

有文献指出,CH_4 和 CO_2 吸附实验结果证实几种气体不能单独地吸附,而是在同一位置争相进行。当压力随着页岩气的不断产出而连续下降时,CO_2 最初被强烈吸附,因此被析出的气体中 CO_2 所占比例较大。在井底压力低于 300psi 时这种效应非常明显。页岩吸附了很多 CO_2,因此 CO_2 的相对浓度随着压力的降低而增大。页岩中各种气体组分的吸附作用较强,这说明:①必须通过降低井下压力来开采天然气;②由于地层的密封性较好,所以天然气不太可能运移;③地下储层条件可以控制微生物生成和烃类消耗;④所有气体不可能被等量吸附,事实上,吸附的 CO_2 是 CH_4 的 3 倍多(陈永敏等,2000)。

2. 含水量

Ross 等研究发现孔隙度中的含水量对页岩吸附烃类气体的能力有重要影响(Scholl,1980)。由于水占据了孔隙空间,减少了烃类气体的吸附位置,尽管在含水量和气体吸附能力之间没有一个确定的关系,但是相对于具有较低含水量的样品,含水量高的页岩气体吸附能力低 (图 21-6)。

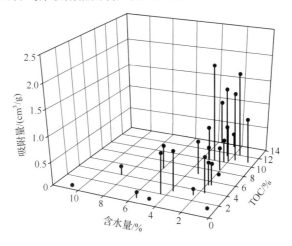

图 21-6 吸附气量、有机碳与含水量三维关系图

(据 Ross et al.,2007)

3. 矿物组分

页岩中的无机矿物成分主要是黏土、石英、方解石,其相对组成的变化影响了页岩的岩石力学性质、孔隙结构和对气体的吸附能力(Curtis,2002;Milici,1993;Scholl,1980)。黏土矿物与石英和方解石相比,由于前者有较多的微孔隙和较大的表面积,因此对气量有较强的吸附能力,但是当水饱和的情况下,对气体的吸附能力要大大降低。石英含量的增加将提高岩石的脆性。Bowker 认为 FortWorth

盆地的 Barnett 页岩之所以能产出大量的天然气,其原因在于它的脆性及其对增产措施的良好响应,这种脆性与矿物成分有关(Schmoker,1981),Barnett 页岩的石英含量可达 45%。石英和碳酸盐矿物含量的增加,将降低页岩的孔隙,使游离气的储集空间减少,特别是方解石在埋藏过程的胶结作用,将进一步减少孔隙,因此对页岩气储层的评价,必须在黏土矿物、含水、石英、碳酸盐含量之间寻找一种平衡。由于页岩相对孔隙度和渗透率较低,有利目标的选择必须考虑储层的潜量(游离气和吸附气)与易压裂性的匹配关系,因此,必须对页岩的无机矿物组成和成岩作用开展更宽范围和更深入的研究工作。

页岩的矿物成分较复杂,石英含量高,且多呈黏土粒级,常以纹层形式出现,而有机质、石英含量都很高的页岩脆性较强,容易在外力作用下形成天然裂缝和诱导裂缝,有利于天然气渗流,说明岩性、岩石矿物成分是控制裂缝发育程度的主要内在因素。由于页岩具有低孔隙度低渗透率的特性,产气量不高,而那些开放的矩形天然裂缝弥补了这一不足,大大提高了页岩气产量。裂缝改善了泥页岩的渗流能力,裂缝既是储集空间,也是渗流通道,是页岩气从基质孔隙流入井底的必要途径。并不是所有优质烃源岩都能够形成具有经济开采价值的裂缝性油气藏,只有那些低泊松比、高弹性模量、富含有机质的脆性页岩才是页岩气资源的首要勘探目标(张金川等,2008a,2008b;陈建渝等,2003;张金功等,2002)。

4. 地层压力

地层压力也是影响页岩气产量的因素之一。研究表明,地层压力与吸附气有着正相关性,地层压力越大,页岩的吸附能力就越大,吸附气的含量也就越高。游离气含量也会随着压力的增加而增加,两者基本上呈线性关系[图 21-7(d)]。值得注意的是,压力 6.89MPa 以前,吸附气含量随压力增加的幅度很明显,而在其之后,增加的幅度不太明显,类似于常规的致密气藏。当然,不同地区由于有机质含量和周围围岩封存能力的不同,压力梯度也会产生差异。

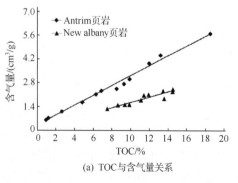

(a) TOC与含气量关系

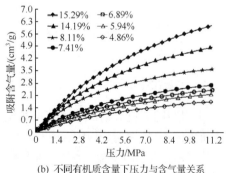

(b) 不同有机质含量下压力与含气量关系

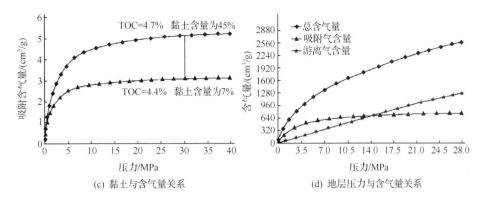

(c) 黏土与含气量关系   (d) 地层压力与含气量关系

图 21-7　有机碳、黏土矿物、地层压力对含气量的影响(江怀友等,2008)

表 21-2　五套页岩气系统的地质、地球化学和储层参数表

参数	Antrim	Ohio	New Albany	Barnett	Lewis
深度/m	183～730	610～1524	183～1494	1981～2591	914～1829
总厚度/m	49	91～305	31～122	61～91	152～579
有效厚度/m	21～37	9～31	15～30	15～60	61～91
井底温度/℃	23.9	37.8	26.7～40.6	93.3	54.4～76.7
总有机碳含量/%	0.3～24.0	0～4.7	1～25	4.5	0.45～2.50
镜质体反射率/%	0.4～0.6	0.4～1.3	0.4～1.0	1.0～1.3	1.60～1.88
总孔隙度/%	9	4.7	10～14	4～5	3.0～53.5
充气孔隙度/%	4	2	5	2.5	1.0～3.5
充水孔隙度/%	4	2.5～3.0	4～8	1.9	1～2
储能系数/($10^{-3}\mu m^2 \cdot m$)	0.300～1524	0.05～15.24	无	0.003～0.610	1.83～121.92
含气量/(标准 m^3/t)	1.13～2.83	1.69～2.83	1.13～2.26	8.50～9.91	0.42～1.27
吸附气含量/%	70	50	40～60	20	60～85
储层压力/psi	400	500～2000	300～600	3000～4000	1000～1500
压力梯度/(psi/m)	1.15	0.49～1.31	1.41	1.41～1.44	0.66～0.82
钻井成本/10^3 美元	180～250	200～300	125～150	450～600	250～300
完井费用/10^3 美元	25～50	25～50	25	100～150	100～150
水产量/(m^3/d)	0.79～79.49	0	0.79～79.49	0	0
气产量/($10^3 m^3$/d)	1.13～14.16	0.85～14.16	0.28～1.42	100～1 000	2.83～28.31
井距/km^2	0.16～0.24	0.16～0.64	0.2	0.32～0.64	0.32～1.28
采收率/%	20～60	10～20	10～20	8～15	5～15
天然气地质储量 /($10^9 m^3$/km^2)	0.07～0.16	0.05～0.11	0.08～0.11	0.33～0.44	0.09～0.55
储量/($10^6 m^3$/井)	5.66～33.98	4.25～16.99	4.25～16.99	14.16～42.48	16.99～56.63
生产区	密歇根州 Otsego 郡	肯塔基州 Pike 郡	印第安纳州 Harrison 郡	得克萨斯州 Wise 郡	新墨西哥州 San 和 Rio Aeeiba 郡

5. 页岩天然裂缝对天然气富集状态的影响

巨型裂缝和大型裂缝的垂直缝多为构造成因(其中的水平缝为沉积成因),是页岩受构造应力作用而产生的,一般表现为边缘平直、延伸长度大、穿过不同岩性的岩层、具有一定方向,与构造形变有紧密联系。巨型裂缝和大型裂缝发育的区域,在页岩气勘探中应重点分析,研究裂缝的活动时期,是否封闭等。这类裂缝一般是页岩(烃源岩)排烃的通道,发育该类裂缝的区域,有利于页岩的排烃,页岩中残留的烃较少,不利于页岩气聚集。而此类裂缝欠发育或不发育的区域,页岩的排烃受阻,排烃较少,页岩中残留的烃较多,有利于页岩气聚集,是页岩气发育的有利位置。例如,在美国页岩气产量最高的福特沃斯盆地 Barnett 页岩气藏,在高裂缝发育区井的产能往往最差(左学敏等,2010)。例如,在构造高点、局部断层或者与喀斯特有关的塌陷包围的井,裂缝比较发育,但是井的生产能力比其他地区要差,尤其是位于断层附近的井,常常表现为比非构造部位的页岩气井生产能力下降和含水提高,因为这些部位裂缝发育,水力压裂的水会沿着裂缝进入其下的 Vi-ola 和(或)Ellenburger 灰岩层,不能在 Barnett 页岩中获得良好的、有利于页岩气生产的裂缝。本书经过分析认为:由于晚白垩世盆地抬升,高裂缝发育地区不利于超压的保持,压力较低,气体过早地从吸附态解析出来变成游离态,导致游离态气体含量多,吸附态含量少,并造成了绝对意义上的天然气减少(和裂缝不发育地区相比),游离态赋存的天然气很容易散失,而吸附态气体含量少直接导致井稳产时间不长;而裂缝欠发育或不发育的地区,保持了轻微的超压,由于压力较大,气体被压缩在裂缝或孔隙中,以吸附态赋存的天然气也被压缩在吸附剂的表面,未能解析出来,有较大的含气量。因此,最理想的钻井位置就是没有断裂和裂缝存在的地方,这些区域的含气量比较高(吸附气量也高),在进行压裂后,能获得很好的产能。

中型裂缝、小型裂缝和微型裂缝多为非构造裂缝,是由非构造应力作用形成的裂缝,主要是封闭在泥岩中的黏土矿物脱水收缩和烃类受热增压作用形成的,其中超压裂缝是该类裂缝的主要类型。这类裂缝的规模一般较小,有研究称,最小宽度可为 3~10nm。泥页岩的可塑性较强,需要较高的过剩压力才能破裂,由于页岩中有机质的生烃作用,当页岩层中的异常孔隙流体压力达到上覆静岩压力的 0.7~0.9 倍时(相当于静水压力的 1.6~2.0 倍),页岩中就可以产生张性微裂隙(程时清等,1996)。当流体排出、压力释放后微裂隙闭合,不易观察到微裂隙。微型裂隙一般比微孔隙要大,而且曲折度小、比较平直。该类裂缝只有在扫描电镜下可见,是页岩气藏中以吸附态赋存的天然气解析到游离态的主要通道。这类裂缝只发育在某一页岩段内部,在页岩未达到排烃之前,裂缝的规模较小,不足以达到排烃的程度,天然气就聚集在页岩段内部。由前述裂缝发育特征可知,碳质泥岩段比硅质泥岩段易发育裂缝,且碳质页岩段是主要的生气层段,因此,在一套页岩中,碳质页岩段比硅质页岩段有利于页岩气藏的发育。

　　Curtis 对美国五大页岩气系统研究发现,页岩的渗透率很低(表 21-2),只有存在天然裂缝网络才能增加页岩极低的基质渗透率。Michigan 盆地北部 Antrim 页岩气生产与北西向和北东向发育的两组断裂有关,Illinois 盆地的 New Albany 页岩气为裂缝和基质孔隙中的游离气以及干酪根和黏土颗粒表面的吸附气。Hassenmueller 等认为商业性页岩气产出与断裂和褶皱引起的破裂作用以及碳酸盐构造上的页岩披覆作用相关(Schmoker,1993)。然而,近来 Bowker 在 Fort Worth 盆地的 Barnett 页岩的研究工作,对天然和诱导裂缝与页岩气生产之间的关系有了新的认识:天然开启的裂缝是 Barnett 页岩研究者中最有争议的问题,在开始研究 Barnett 页岩时,许多人包括 Boewker 本人,都认为开启的天然裂缝对 Barnett 页岩气的生产是关键的,事实上,假如在 Barnett 页岩中存在大量开启的裂缝,目前在这套储层中被保存的天然气的规模要小得多。天然裂缝的存在会导致大量天然气排出并运移至上覆岩层,这将减少 Barnett 页岩的孔隙压力和天然气的储量,如果存在大量开启的天然裂缝,Barnett 页岩就不会有超压(张金川等,2004)。

　　最初进入 Barnett 页岩勘探的许多经营公司(包括 Mitchell 公司和雪佛龙公司)勘探开发的策略都是测试断层附近的 Barnett 页岩,他们认为在断层附近,天然裂缝的密度高,地层的渗透性也高,的确如此,但是这些裂缝统统被胶结物(通常是方解石)封堵。在 Barnett 页岩气的勘探中,地质学家和工程师花了 2~3 年的时间认识到开启的裂缝对 Barnett 页岩气的产能是无关紧要的,之所以无关紧要,是因为不存在开启的天然裂缝,这并不是说 Barnett 页岩中天然裂缝不发育,它们的数量还是比较多的,只是因胶结而被封堵。Bowker 认为,因胶结而封闭的裂缝是力学上的薄弱环节,它增加了压裂处理的有效性。因此他认为,扩散作用和岩石破裂能力的共同作用是 Barnett 页岩成藏带成功储集天然气的关键。Barnett 页岩不是裂缝性页岩层带,而是一个能够压裂的页岩层带。

21.2　页岩气藏非线性渗流数学模型

21.2.1　页岩气流动机理

　　Hill 认为不同的储存机理影响天然气的储量及天然气生产的速度和效率。天然气往往以逐步释放的形式产出,首先排出的是裂缝中的游离气;然后是附在裂缝面上的吸附气;最后逸出的是页岩基质中的吸收气。游离气快速释放,吸附气的产出具有速度慢、产量低的特点,而吸收气则以非常稳定而又极其缓慢的速度排出。页岩气井以依次连续排出的机制进行生产,并表现出具有多孔隙系统的特征(Scheidegger,1974)。

气体的解吸作用是页岩气产出的根本机理,生产中通过排出页岩中的地下水来降低地层原始压力,促使气体解吸过程发生。解吸的气体通过扩散作用进入裂缝系统,然后在地层压差的驱动下,经裂缝网络流向井筒(黄延章,1998)(图 21-8)。渗透率是储层的一个重要参数,当降低一口生产井的井底流压时,渗透率就会影响到页岩储层外围的压降。当渗透率增加时,就可能在泄气边界处形成理想的压降。

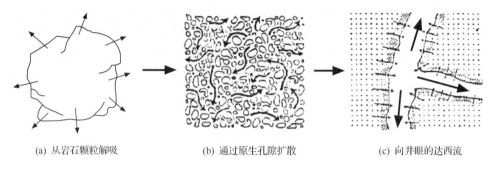

(a) 从岩石颗粒解吸　　　　　　(b) 通过原生孔隙扩散　　　　　　(c) 向井眼的达西流

图 21-8　气体通过页岩运移示意图

页岩气在裂缝和基质中基本的流动机理(图 21-9):

① 钻井、完井降压的作用下,裂缝系统中的页岩气流向生产井筒并且基质系统中的页岩气在基质表面进行解吸;

② 在浓度差的作用下,页岩气由基质系统裂缝系统进行扩散;

③ 在流动势的作用下,页岩气通过裂缝系统渗流流向生产井筒。

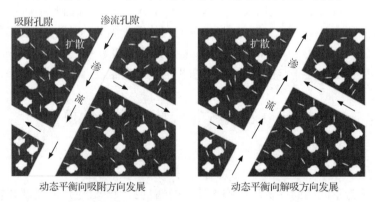

动态平衡向吸附方向发展　　　　　　动态平衡向解吸方向发展

图 21-9　渗流-扩散动态平衡模式图

21.2.2　页岩气藏流动规律及渗流模型

页岩气储层具低孔、特低渗致密的物性特征。相对于孔隙度和渗透率,孔喉尺寸大小和分布是决定储集层储集能力和渗流能力更直接的参数。利用高分辨率场发射扫描电子显微镜、纳米 CT 等仪器在中国页岩气储集层中发现了广泛发育的孔喉直径小于 1 000nm 的纳米级孔喉,并首次在其中观察到石油的赋存。其中页岩气储集层孔喉直径为 5～200nm,对比常规储集层,纳米级孔喉储集层中流体主要为非线性渗流,渗透率为 1×10^{-9}～$1\times10^{-3}\mu m^2$,渗透率这一参数已不能准确表示致密岩石的渗透能力(张金川等,2008c;Curtis,2002)。所以页岩气储层的孔喉半径都在纳微米级尺度,而气体及水在其中的流动规律是否和之前研究的低渗透及致密气藏微米级尺度的孔隙喉道中流动规律相同也是亟需解决的问题。

由于页岩气藏的纳米级孔隙结构及特殊的成藏机制。与常规低渗气藏不同,天然气在页岩中的流动主要有四种机理,这四种机理覆盖了从分子尺度到宏观尺度的流动,主要表现为游离气渗流、解吸附、扩散和自吸(左学敏等,2010;雷群等,2008;蒲泊伶等,2008;江怀友等,2008;张金川等,2003;陈建渝等,2003;Martini et al.,2003;张爱云等,1987)。

页岩的最重要特性是极低的渗透率,因此,页岩气藏天然气最主要的储存和运移通道来自一系列的天然裂缝网络。所以对页岩天然裂缝网络的压裂是研究目的。

由于页岩气储层具有渗透率极低的特点,决定了其开发必须采用适当的增产技术,才能实现商业开发,水平井和压裂井、压裂水平井是首选技术。国内在页岩气成藏机理、资源评价等方面取得了巨大进步,刚开始进行小范围的试验性开采,以便积累经验,但还未有成型的技术和经验,为此亟需我们对页岩气开采的渗流理论和开发方法进行研究,以期为页岩气藏的开发提供理论和技术支撑。

1. 页岩储层纳微米尺度渗流规律

通常模拟流体流动时采用连续假设或者分子假设。连续假设对于很多的流动状态都适合,但随着系统长度尺度的减少,连续流动假设渐渐开始不适合真实的流体流动。一般,用克努森数(Knudsen number)来判断流体是否适合连续假设。

物理学中对流体的描述分三个层次:①分子层次,立足分子动力学,研究分子碰撞微观机理;②动力学层次(介观层次),这是用非平衡态统计物理的方法来研究流体,经典的动力方程是玻尔兹曼方程(Boltzmann equation);③流体力学层次,这是宏观层次,所用的基本方程是连续方程、Euler 方程和 Navier-Stokes 方程,有时还用能量方程。目前储层流体流动描述一般采用第 3 个层次,然而致密砂岩由于其非常规地质特征,既存在纳微孔喉,也存在天然微裂缝、水力缝等多尺度的流动介质,很难用唯一的流动层次来描述流动特征。

1) 克努森数对流体流动状态的影响

有研究指出气体在微孔介质中的流动状态取决于介质本身的岩石物理性质和

气体分子平均自由程，并归纳总结 Liepmann、Stahl、Kaviany 等研究成果，提出利用克努森数划分气体流动区域，把致密砂岩中气体流动分为三个区域：①流动区域；②过渡流区域；③黏滞流区域。1934 年 Knudsen 定义无量纲数 Kn，其表达式为

$$Kn = \frac{\bar{\lambda}}{r} \tag{21-1}$$

式中，λ 为气体分子平均自由程(m)；r 为孔喉直径(m)。

$$\lambda = \frac{K_B T}{\sqrt{2}\pi\delta^2 P} \tag{21-2}$$

式中，K_B是玻尔兹曼常量(1.3805×10^{-23}J/K)；δ 为气体分子的碰撞直径。

龙马溪组纳米孔的主孔位于 2～40nm，占孔隙总体积的 88.39%，占比表面积的 98.85%；2～50nm 的中孔提供了主要的孔隙体积空间，小于 50nm 的微孔和中孔提供了主要的孔比表面积。由图 21-12 可以看出，储层在压力为 10～20MPa 的条件下，10～300nm 的孔隙中气体的流动属于滑脱流。所以对于页岩储层来说，孔隙中的流动是滑脱流。

2) 页岩基质中考虑扩散和滑脱的非达西运动方程

页岩气藏中的气体流动不同于达西流动，达西流动不需要考虑滑脱和分子与孔壁的碰撞，在页岩气藏中滑脱效应和分子的碰撞对气体的传输有很大的影响。不同组分的气体分子碰撞直径见表 21-3。

表 21-3　不同组分的气体分子碰撞直径

组分	含量%	分子碰撞直径/nm	摩尔质量/(g/mol)
CH_4	87.40	0.40	16.0
C_2H_6	0.12	0.52	30.0
CO_2	12.48	0.45	44.0
平均		0.41	19.5

beskok-karniadakis 模型得出了在连续介质、滑脱、对流和不同分子类型下的渗透率的变化，从而得到体积流量为

$$\nu = -\frac{K_0}{\mu}(1+\alpha Kn)\left(1+\frac{4Kn}{1-bKn}\right)\left(\frac{dP}{dx}\right) \tag{21-3}$$

式中，Kn 为克努森数；α 为稀疏因子；b 为滑脱因子；λ 为分子碰撞时的平均自由程。稀疏因子 α 是唯一的经验参数，滑脱因子 b 通常被指定为 -1。

从图 21-10 可以看出，在一定的温度条件下，压力越大，气体分子的平均分子自由程越小；压力一定时，气体分子平均自由程随温度升高而增大。

从图 21-11 可以看出，在不同的孔隙和压力条件下流体所处的流态是不同的，

即为过渡流、滑脱流、连续流。连续流即是原有的渗流模式。纳米孔隙流动多以过渡流、滑脱流为主,只要压力增高就会使得部分转换为连续流。

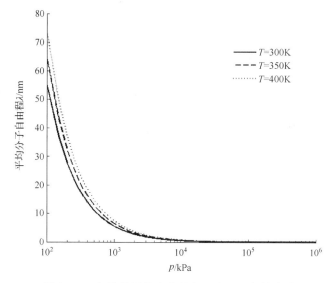

图 21-10　气体的平均自由程与压力和温度的关系

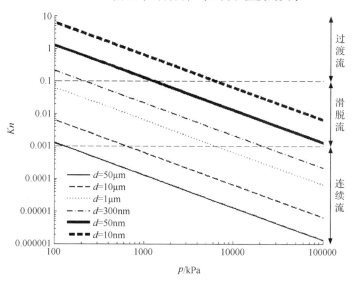

图 21-11　不同尺度下的克努森数随压力变化的关系

从图 21-12 可以看出,不同孔径组合情况下的页岩气流动机制,对于 80% 孔径 70nm,20% 孔径 3μm 的孔隙分布储层,储层在压力 10~20MPa 条件下,其流动机制为连续流;对于 70% 孔径 10nm,30% 孔径 1μm 的孔隙分布储层,储层在压力 10~20MPa 条件下,其流动机制为滑脱流。所以对于不同的孔径组合,其页岩气的流动机制也不同。

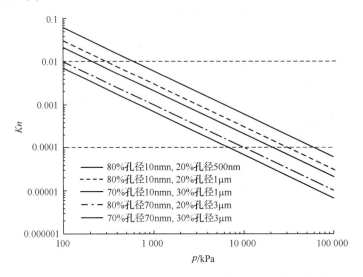

图 21-12　不同孔隙直径组合克努森数随压力变化的关系

与达西定律比较：

$$\nu = -\frac{K}{\mu}\frac{\mathrm{d}p}{\mathrm{d}x} \tag{21-4}$$

$$K = K_0\zeta \tag{21-5}$$

比较式(21-3)和式(21-4)，渗透率比较系数为

$$\zeta = (1 + \alpha Kn)\left(1 + \frac{4Kn}{1 - bKn}\right) \tag{21-6}$$

这里，克努森数值越接近于 0 说明孔壁的影响越小，可以忽略。另外，克努森数值越大说明传输定律需要校正而不能用没有考虑滑移的达西定律。

经验参数 α 由 Beskok-Karniadakis 模型(Beskok and Karniadakis,1999)得

$$\alpha = \frac{128}{15\pi^2}\arctan(4Kn^{0.4}) \tag{21-7}$$

由 Beskok-Karniadakis 模型得到渗透率校正系数为

$$\zeta = 1 + \alpha Kn + \frac{4Kn}{1 - bKn} + \frac{4\alpha Kn^2}{1 - bKn} \tag{21-8}$$

一阶泰勒项的前两项代表 Beskok-Karniadakis 模型中不考虑滑移效应的校正。若 $Kn < 0.1$，则

$$\alpha \approx \frac{128}{15\pi^2}\left[4Kn^{0.4} - \frac{1}{3}(4Kn^{0.4})^3\right] \tag{21-9}$$

$$\frac{Kn}{1 - bKn} \approx Kn(1 + bKn + b^2Kn^2) \tag{21-10}$$

从图 21-13 可以看出,Knudsen 数值越接近于零说明孔壁的影响越小,可以忽略。另外,Knudsen 数值越大说明传输定律需要校正而不能用没有考虑滑移的达西定律。

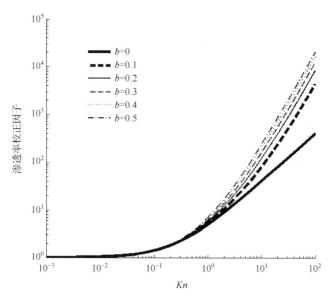

图 21-13　不同滑脱因子条件下渗透率校正因子随克努森数变化关系

将式(21-9)和式(21-10)代入式(21-8),渗透率校正系数为

$$\zeta = 1 + 4Kn + 4bKn^2 + \frac{512}{15}\frac{Kn^{1.4}}{\pi^2} - \frac{8192}{45}\frac{Kn^{2.2}}{\pi^2} + \frac{2048}{15}\frac{Kn^{2.4}}{\pi^2} + 4b^2Kn^3 + o(Kn^4)$$

$$(21\text{-}11)$$

对于滑脱和连续介质 Kn 一般小于 0.1,二阶及高阶泰勒项可以忽略,仅用一阶泰勒项。

平均自由程的表达式由 Guggenheim(1960)给出,Knudsen 扩散系数(D_k)由 Civan(2010)给出,用于理想气体,体积流量为

$$\lambda = \sqrt{\frac{\pi z R T}{2M_w}}\frac{\mu}{p} \tag{21-12}$$

$$D_k = \frac{4r}{3}\sqrt{\frac{2zRT}{\pi M_w}} \tag{21-13}$$

这里克努森数由式(21-1)得出;R 为通用气体常数;T 为温度;M_w 为分子量。所以

$$\lambda = \frac{3\pi}{8r}\frac{\mu}{p}D_k \tag{21-14}$$

$$Kn = \frac{\lambda}{r} = \frac{3\pi}{8r^2}\frac{\mu}{p}D_k \tag{21-15}$$

所以

$$
\begin{aligned}
v &= -\frac{K_0(1+4Kn+4bKn^2)}{\mu}\left(\frac{\mathrm{d}p}{\mathrm{d}x}\right)\\
&= -\frac{K_0}{\mu}\left[1+\frac{3\pi}{2}\frac{\mu}{r^2}D_\mathrm{k}\frac{1}{p}+\frac{b}{4}\left(\frac{3\pi}{2}\frac{\mu}{r^2}D_\mathrm{k}\frac{1}{p}\right)^2\right]\frac{\mathrm{d}p}{\mathrm{d}x}
\end{aligned}\tag{21-16}
$$

因为

$$
K_0=\frac{r^2}{8}
$$

所以式(21-16)可写为

$$
\begin{aligned}
v &= -\frac{K_0(1+4K_n+4bK_n^2)}{\mu}\frac{\mathrm{d}p}{\mathrm{d}x}\\
&= -\frac{K_0}{\mu}\left[1+\frac{3\pi}{16K_0}\frac{\mu D_\mathrm{k}}{p}+\frac{b}{4}\left(\frac{3\pi}{16K_0}\frac{\mu D_\mathrm{k}}{p}\right)^2\right]\frac{\mathrm{d}p}{\mathrm{d}x}
\end{aligned}\tag{21-17}
$$

根据气体状态方程：

$$
\rho_\mathrm{g}=\frac{T_\mathrm{sc}Z_\mathrm{sc}\rho_\mathrm{gsc}}{p_\mathrm{sc}}\frac{p}{TZ}\tag{21-18}
$$

式(21-19)两边同时乘以密度得到质量流量 Γ 为

$$
\Gamma=-\frac{\rho K_0}{\mu}\zeta\frac{\mathrm{d}p}{\mathrm{d}x}\tag{21-19}
$$

根据渗流速度公式 $v=\frac{q}{A}$，可得体积流量公式：

$$
q=vA
$$

将上式及 $A=2\pi rh$ 代入，得到稳定渗流条件下，气体的质量流量为

$$
q_\mathrm{m}=\frac{K_0}{\mu}\left[1+\frac{3\pi}{16K_0}\frac{\mu D_\mathrm{k}}{p}+\frac{b}{4}\left(\frac{3\pi}{16K_0}\frac{\mu D_\mathrm{k}}{p}\right)^2\right]\frac{\mathrm{d}p}{\mathrm{d}r}2\pi rh\,\rho_\mathrm{g}\tag{21-20}
$$

定义拟压力函数为

$$
m=2\int_{p_\mathrm{a}}^{p}\left[1+\frac{3\pi}{16K_0}\frac{\mu D_\mathrm{k}}{p}+\frac{b}{4}\left(\frac{3\pi}{16K_0}\frac{\mu D_\mathrm{k}}{p}\right)^2\right]\frac{p}{\mu(p)Z(p)}\mathrm{d}p\tag{21-21}
$$

分离变量后进行积分，得出气井的质量流量表达式，即

$$
q_\mathrm{m}=\frac{\pi K_0 hZ_\mathrm{sc}T_\mathrm{sc}\rho_\mathrm{gsc}(m_\mathrm{e}-m_\mathrm{wf})}{p_\mathrm{sc}T\ln\frac{r_\mathrm{e}}{r_\mathrm{w}}}\tag{21-22}
$$

经过整理可得气体的体积流量为

$$
q_\mathrm{sc}=\frac{2\pi K_0 hZ_\mathrm{sc}T_\mathrm{sc}}{p_\mathrm{sc}T\overline{\mu Z}\ln\frac{r_\mathrm{e}}{r_\mathrm{w}}}\left[\frac{p_\mathrm{e}^2-p_\mathrm{w}^2}{2}+\frac{3\pi\mu D_\mathrm{k}}{16K_0}(p_\mathrm{e}-p_\mathrm{w})+\frac{b}{4}\left(\frac{3\pi\mu D_\mathrm{k}}{16K_0}\right)^2\ln\frac{p_\mathrm{e}}{p_\mathrm{w}}\right]
$$

$$\tag{21-23}$$

3) 考虑解吸及扩散的气体体积比较

由式(21-23)可得游离气体的体积流量为

$$q_{\mathrm{n}} = \frac{2\pi K_0 h Z_{\mathrm{sc}} T_{\mathrm{sc}}}{p_{\mathrm{sc}} T \overline{\mu Z} \ln \dfrac{r_{\mathrm{e}}}{r_{\mathrm{w}}}} \left[\frac{p_{\mathrm{e}}^2 - p_{\mathrm{w}}^2}{2} + \frac{3\pi\mu D_{\mathrm{k}}}{16 K_0}(p_{\mathrm{e}} - p_{\mathrm{w}}) + \frac{b}{4}\left(\frac{3\pi\mu D_{\mathrm{k}}}{16 K_0}\right)^2 \ln \frac{p_{\mathrm{e}}}{p_{\mathrm{w}}} \right]$$

$$(21\text{-}24)$$

气体解吸的体积流量为

$$q_{\mathrm{m}} = \frac{Z_{\mathrm{sc}} T_{\mathrm{sc}}}{p_{\mathrm{sc}} T} \int_{p_{\mathrm{w}}}^{p_{\mathrm{e}}} V_{\mathrm{m}} \frac{p}{p_L + p} \mathrm{d}p$$

$$= \frac{Z_{\mathrm{sc}} T_{\mathrm{sc}}}{p_{\mathrm{sc}} T} \left[(p_{\mathrm{e}} - p_{\mathrm{w}}) - p_L \ln \frac{p_{\mathrm{e}} + p_L}{p_{\mathrm{w}} + p_L} \right] \qquad (21\text{-}25)$$

所以总的气体体积流量为

$$q = q_{\mathrm{n}} + q_{\mathrm{m}}$$

$$= \frac{2\pi K_0 h Z_{\mathrm{sc}} T_{\mathrm{sc}}}{p_{\mathrm{sc}} T \overline{\mu Z} \ln \dfrac{r_{\mathrm{e}}}{r_{\mathrm{w}}}} \left[\frac{p_{\mathrm{e}}^2 - p_{\mathrm{w}}^2}{2} + \frac{3\pi\mu D_{\mathrm{k}}}{16 K_0}(p_{\mathrm{e}} - p_{\mathrm{w}}) + \frac{b}{4}\left(\frac{3\pi\mu D_{\mathrm{k}}}{16 K_0}\right)^2 \ln \frac{p_{\mathrm{e}}}{p_{\mathrm{w}}} \right]$$

$$+ \frac{Z_{\mathrm{sc}} T_{\mathrm{sc}}}{p_{\mathrm{sc}} T} \left[(p_{\mathrm{e}} - p_{\mathrm{w}}) - p_L \ln \frac{p_{\mathrm{e}} + p_L}{p_{\mathrm{w}} + p_L} \right] \qquad (21\text{-}26)$$

2. 直井压裂稳态渗流数学模型

1) 模型的基本假设

基本假设如下：

(1) 垂直裂缝,且对称分布于气井的两边；

(2) 裂缝剖面为矩形,高度等于页岩气储层有效厚度；

(3) 裂缝宽度相对页岩气储层供给半径来说非常小,忽略不计；

(4) 裂缝内导流能力为无限导流；

(5) 页岩气储层及裂缝内流动为单相流,且符合达西线性定律；

(6) 稳态渗流,不考虑储层的垂向流动。

2) 数学模型的建立

设裂缝半长为 L_{f},储层有效厚度为 h,储层绝对渗透率为 K_0,滑脱系数为 b,供给半径为 r_{e},供给边界压力为 p_{e},井底压力为 p_{w},在 Z 平面上建立 x-y 坐标系(图 21-14),其中线段 AB 表示裂缝。

取保角变换：

$$x = L_{\mathrm{f}} \mathrm{ch} x' \cos y' \qquad (21\text{-}27)$$

$$y = L_{\mathrm{f}} \mathrm{sh} x' \sin y' \qquad (21\text{-}28)$$

$$\mathrm{ch} z = \frac{\mathrm{e}^z + \mathrm{e}^{-z}}{2} \qquad (21\text{-}29)$$

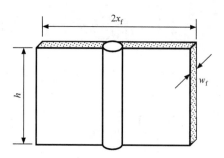

图 21-14　直井压裂纵向缝

$$\mathrm{sh}z = \frac{\mathrm{e}^z - \mathrm{e}^{-z}}{2} \tag{21-30}$$

由式(21-29)和式(21-30)可知,此变换将上半 Z 平面变换为 W 平面宽度为 π 的带状油层,Z 平面的裂缝 AB 映射成 W 平面的 $A'B'$。此时裂缝井的渗流问题变为带状地层向中心线 $A'B'$ 的单向渗流问题。

当 z 适当大时:

$$\mathrm{ch}z \approx \mathrm{sh}z \approx \frac{\mathrm{e}^z}{2} \tag{21-31}$$

则 Z 平面上的圆形供给边界对应着 W 平面上一条平行于 y' 轴的线段,对应的 x' 值为

$$x' = \ln \frac{2r_e}{L_f} \tag{21-32}$$

其中,考虑气体扩散系数、滑脱效应和对称性。W 平面单向稳定渗流时为

$$q_1 = 2 \frac{T_{sc}}{Tp_{sc}} \frac{\pi h K_\infty}{\mu Z} \frac{\partial p}{\partial x'} \tag{21-33}$$

$$q_1 = \frac{2\pi K_0 h Z_{sc} T_{sc}}{p_{sc} T \overline{\mu Z} \ln \dfrac{2r_e}{L_f}} \left[\frac{p_e^2 - p_m^2}{2} + \frac{3\pi \mu D_k}{16 K_0}(p_e - p_m) + \frac{b}{4}\left(\frac{3\pi \mu D_k}{16 K_0}\right)^2 \ln \frac{p_e}{p_m} \right]$$

$$\tag{21-34}$$

得出气井的质量流量表达式,即

$$q_1 = \frac{\pi K_0 h Z_{sc} T_{sc}(m_e - m_m)}{p_{sc} T \ln \dfrac{2r_e}{L_f}} \tag{21-35}$$

由式(21-35)可以看出,相当于圆形供给半径为 $h/2$,地层厚度为 w_f,中心井径为 r_w 的气井生产。

气体解吸的体积流量为

$$q_m = \frac{Z_{sc} T_{sc}}{p_{sc} T} \int_{p_w}^{p_e} V_m \frac{p}{p_L + p} \mathrm{d}p$$

$$= \frac{Z_{sc}T_{sc}}{p_{sc}T}\left[(p_e - p_w) - p_L \ln \frac{p_e + p_L}{p_w + p_L}\right] \qquad (21\text{-}36)$$

垂直平面内的流动为沿裂缝的线性流动,假设沿裂缝为线性达西流,且压裂裂缝高度即为地层厚度,则裂缝内流体流速 $v = \dfrac{q_2}{w_f h}$,其中,x 为裂缝内距离井筒的距离。由达西定律得

$$\rho_g = \frac{T_{sc}Z_{sc}\rho_{gsc}}{p_{sc}}\frac{p}{TZ}$$

$$v_f = \frac{T_{sc}Z_{sc}}{p_{sc}}\frac{p}{TZ}\frac{k_f}{\mu}\frac{dp}{dx}$$

$$v = \frac{q_2}{w_f h} = -\frac{T_{sc}Z_{sc}}{p_{sc}}\frac{k_f}{\mu}\frac{p}{TZ}\frac{dp}{dx}$$

代入边界条件 $x = 0, p = p_w$;$x = x_f, p = p_m$,并在 $0 \leqslant x \leqslant x_f$ 上积分得

$$\int_{p_w}^{p_m} \frac{T_{sc}Z_{sc}}{p_{sc}TZ}\frac{k_f}{\mu}w_f h p\, dp = \int_0^{x_f} q_2\, dx$$

整理得

$$q_2 = \frac{T_{sc}Z_{sc}}{p_{sc}TZ}\frac{k_f}{\mu}w_f h \frac{p_m^2 - p_w^2}{2x_f} \qquad (21\text{-}37)$$

由水电相似准则得到低渗透储层考虑启动压力梯度存在情况下垂直压裂井外部流场的渗流阻力为 $\dfrac{\mu}{2\pi kh}\ln \dfrac{a + \sqrt{a^2 - x_f^2}}{x_f}$,内部流场的渗流阻力为 $\dfrac{\mu x_f}{4k_f w_f h}$。根据等值渗流阻力法,外部流场和内部流场串联供油,这时 $q_1 + q_m = q_2 = q$,交界面处压力相等,消去 p_m,得到低渗透储层考虑启动压力梯度下垂直压裂井产能公式:

$$p_m^2 = \frac{\left[\dfrac{4\pi K_0 x_f}{w_f k_f \ln \dfrac{r_e}{x_f}}\left(\dfrac{p_e^2}{2} + \dfrac{3\pi\mu D_k}{16K_0}p_e + \dfrac{b}{4}\left(\dfrac{3\pi\mu D_k}{16K_0}\right)^2 \ln \dfrac{p_e}{10^6}\right) + \dfrac{2x_f\mu\varpi}{w_f k_f h}\left[p_e - p_w - p_L \ln \dfrac{p_e + p_L}{p_w + p_L}\right] + p_w^2\right]}{1 + \dfrac{8\pi K_0 x_f}{w_f k_f \ln \dfrac{r_e}{x_f}}}$$

所以

$$q = q_2 = \frac{T_{sc}Z_{sc}}{p_{sc}T\mu Z}$$

$$\left\{\frac{\dfrac{2\pi K_0 h}{\ln \dfrac{r_e}{x_f}}\left[\dfrac{p_e^2}{2} + \dfrac{3\pi\mu D_k}{16K_0}p_e + \dfrac{b}{4}\left(\dfrac{3\pi\mu D_k}{16K_0}\right)^2 \ln \dfrac{p_e}{10^6}\right] + \mu\varpi\left[(p_e - p_w) - p_L \ln \dfrac{p_e + p_L}{p_w + p_L}\right] + \dfrac{p_w^2}{2x_f}}{1 + \dfrac{8\pi K_0 x_f}{w_f k_f \ln \dfrac{r_e}{x_f}}} - \frac{k_f w_f h p_w^2}{2x_f}\right\}$$

21.2.3　压裂水平井稳态渗流数学模型

目前大多数水平井的水力压裂是先用封隔器封隔后射孔,除了射孔压裂处,其

余与井筒相接触的地方均为封闭的,对于这种情况,不考虑由基质向井筒的直接渗流过程。

这里仅讨论水平井压裂裂缝为横向裂缝时的产能模型。

1. 水平井横向压裂产能模型

在建立压后水平井产量预测模型之前,作如下假设:

(1) 储层为上下封闭且无限大均质地层;

(2) 气藏和裂缝内流体为单相流体,微可压缩,渗流为等温稳定渗流,不考虑重力的影响;

(3) 裂缝完全穿透产层,裂缝高度等于气层厚度;

(4) 流体先沿裂缝壁面均匀的流入裂缝,再经裂缝流入水平井井筒;

(5) 裂缝是垂直于水平井筒的横向裂缝并与井眼对称;

(6) 水平井井筒为套管完井,仅依赖于射孔孔眼或裂缝生产;

当水平井压裂裂缝为横向裂缝时,它的流动可剖分为水平面内的地层向裂缝的椭圆流动(外部流场)和垂直平面内沿裂缝的线性流动与径向流动组合(内部流场)(图 21-15 和图 21-16)。

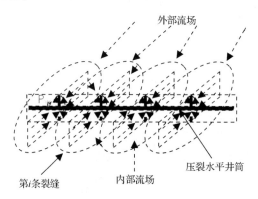

图 21-15　压裂水平井渗流场简化俯视图

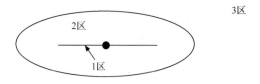

图 21-16　人工压裂 3 区流动模型示意图

2. 水平井压裂单条横向裂缝产量模型

地层与裂缝边缘交界面处的压力设为 p_{m1},裂缝内线性流动区与径向流动区交界面处压力设为 p_{m2}。则外部流场椭圆流动区渗流阻力为

$$R_1 = \frac{\mu \ln \dfrac{a + \sqrt{a^2 + x_f^2}}{x_f}}{2\pi K_0 h}$$

低渗透储层考虑启动压力梯度存在的影响,得到水平井压裂裂缝为横向裂缝时外部流场的产量:

$$q_1 = \frac{Z_{sc} T_{sc}}{p_{sc} TZ} \frac{\left[\dfrac{p_e^2 - p_{m1}^2}{2} + \dfrac{3\pi \mu D_k}{16 K_0}(p_e - p_{m1}) + \dfrac{b}{4}\left(\dfrac{3\pi \mu D_k}{16 K_0}\right)^2 \ln \dfrac{p_e}{p_{m1}} \right]}{\dfrac{\mu \ln \dfrac{a + \sqrt{a^2 + x_f^2}}{x_f}}{2\pi K_0 h}}$$

$$(21\text{-}38)$$

垂直平面内的流动为沿裂缝的线性流动,假设沿裂缝为线性达西流,且压裂裂缝高度即为地层厚度,则裂缝内流体流速 $v = \dfrac{q_2}{w_f h}$,其中,x 为裂缝内距离井筒的距离。由达西定律得

$$\rho_g = \frac{T_{sc} Z_{sc} \rho_{gsc}}{p_{sc}} \frac{p}{TZ}$$

$$v_f = \frac{T_{sc} Z_{sc}}{p_{sc}} \frac{p}{TZ} \frac{k_f}{\mu} \frac{\mathrm{d}p}{\mathrm{d}x}$$

$$v = \frac{q_2}{A} = \frac{q_2(x_f - x)}{2 x_f w_f h} = \frac{T_{sc} Z_{sc}}{p_{sc}} \frac{p}{TZ} \frac{k_f}{\mu} \frac{\mathrm{d}p}{\mathrm{d}x}$$

代入边界条件 $x = h/2, p = p_{m2}; x = x_f, p = p_{m1}$,并在 $h/2 \leqslant x \leqslant x_f$ 范围内积分:

$$\int_{p_{m2}}^{p_{m1}} \frac{T_{sc} Z_{sc}}{p_{sc} TZ} \frac{k_f}{\mu} w_f h p \, \mathrm{d}p = \int_{h/2}^{x_f} \frac{x_f - x}{2 x_f} q_2 \, \mathrm{d}x$$

整理得

$$q_2 = \frac{T_{sc} Z_{sc}}{p_{sc} TZ} \frac{k_f}{\mu} 4 w_f h \frac{p_{m1}^2 - p_{m2}^2}{x_f} \qquad (21\text{-}39)$$

$$q_2 = \frac{T_{sc} Z_{sc}}{p_{sc} TZ} \frac{p_{m1}^2 - p_{m2}^2}{\dfrac{x_f \mu}{4 k_f w_f h}}$$

径向流动区。由直井压裂流量公式可以看出,径向流动区域相当于圆形供给半径为 $h/2$,地层厚度为 w_f,中心井径为 r_w 的气井生产。由达西定律可得

$$\rho_g = \frac{T_{sc}Z_{sc}\rho_{gsc}}{p_{sc}}\frac{p}{TZ}$$

$$v_f = \frac{T_{sc}Z_{sc}}{p_{sc}}\frac{p}{TZ}\frac{k_f}{\mu}\frac{dp}{dx}$$

$$v = \frac{q_3}{2\pi r w_f} = -\frac{T_{sc}Z_{sc}}{p_{sc}}\frac{k_f}{\mu}\frac{p}{TZ}\frac{dp}{dr}$$

代入边界条件 $r = r_w$, $p = p_w$; $r = h/2$, $p = p_{m2}$,并在 $r_w \leqslant r \leqslant h/2$ 范围内积分:

$$\frac{T_{sc}Z_{sc}}{p_{sc}TZ}\int_{p_w}^{p_{m2}}pdp = \frac{\mu}{k_f}\int_{r_w}^{h/2}\frac{q_3}{2\pi r w_f}dr$$

整理得

$$q_3 = \frac{T_{sc}Z_{sc}}{p_{sc}TZ}\frac{p_{m2}^2 - p_w^2}{\frac{\mu}{2\pi k_f w_f}\ln\frac{h/2}{r_w}} \tag{21-40}$$

由水电相似准则得到页岩气储层水平井压裂为横向缝时外部流场的渗流阻力为

$$R_1 = \frac{\mu\ln\dfrac{a + \sqrt{a^2 + x_f^2}}{x_f}}{2\pi K_0 h}$$

内部流场的渗流阻力为

$$R_2 = \frac{x_f\mu}{4k_f w_f h} + \frac{\mu}{2\pi k_f w_f}\ln\frac{h/2}{r_w}$$

气体解吸的体积流量为

$$q_m = \frac{Z_{sc}T_{sc}}{p_{sc}T}\int_{p_w}^{p_e}V_m\frac{p}{p_L + p}dp$$

$$= \frac{Z_{sc}T_{sc}}{p_{sc}T}\left[(p_e - p_w) - p_L\ln\frac{p_e + p_L}{p_w + p_L}\right]$$

根据等值渗流阻力法,外部流场和内部流场串联供气,这时 $q_1 = q_2 = q_3 = q$,交界面处压力相等,消去 p_{m1} 和 p_{m2},得到低渗透储层考虑启动压力梯度下水平井压裂为单条横向缝时产量公式:

$$q = \frac{T_{sc}Z_{sc}}{p_{sc}TZ}\frac{p_e^2 - p_w^2}{\dfrac{\mu}{2\pi kh}\ln\dfrac{a + \sqrt{a^2 + x_f^2}}{x_f} + \dfrac{\mu x_f}{4k_f w_f h} + \dfrac{\mu}{2\pi k_f w_f}\ln\dfrac{h/2}{r_w}}$$

$$
+\frac{\left[\dfrac{p_e^2-p_w^2}{2}+\dfrac{3\pi\mu D_K}{16K_0}(p_e-p_w)+\dfrac{b}{4}\left(\dfrac{3\pi\mu D_K}{16K_0}\right)^2\ln\dfrac{p_e}{p_w}\right]\left(\dfrac{a+\sqrt{a^2-x_f^2}}{2}-\dfrac{x_f}{2}\right)}{\dfrac{\mu}{2\pi kh}\ln\dfrac{a+\sqrt{a^2+x_f^2}}{x_f}+\dfrac{\mu x_f}{4k_f w_f h}+\dfrac{\mu}{2\pi k_f w_f}\ln\dfrac{h/2}{r_w}}
$$

$$
+\frac{\left(p_e-p_w-p_L\ln\dfrac{p_e+p_L}{p_w+p_L}\right)\left(\dfrac{a+\sqrt{a^2-x_f^2}}{2}-\dfrac{x_f}{2}\right)}{\dfrac{\mu}{2\pi kh}\ln\dfrac{a+\sqrt{a^2+x_f^2}}{x_f}+\dfrac{\mu x_f}{4k_f w_f h}+\dfrac{\mu}{2\pi k_f w_f}\ln\dfrac{h/2}{r_w}}\tag{21-41}
$$

3. 水平井压裂多条横向裂缝产量模型

当水平井压裂为多条横向裂缝时,又可分为如下两种情况。

1) 多条裂缝泄流,各条裂缝形成的泄流区域不互相干扰

此时泄流的总流量为各条裂缝泄流流量之和,由等值渗流阻力法及上面的分析得到页岩气储层水平井压裂多条横向裂缝时的产量公式为

$$
Q=\sum_{i=1}^n q_i=\frac{T_{sc}Z_{sc}}{p_{sc}TZ}\sum_{i=1}^n\frac{p_e^2-p_w^2}{\dfrac{\mu}{2\pi kh}\ln\dfrac{a+\sqrt{a^2-x_{fi}^2}}{x_{fi}}+\dfrac{\mu x_{fi}}{4k_{fi} w_{fi} h}+\dfrac{\mu}{2\pi k_{fi} w_{fi}}\ln\dfrac{h/2}{r_w}}
$$

$$
+\sum_{i=1}^n\frac{\left[\dfrac{p_e^2-p_w^2}{2}+\dfrac{3\pi\mu D_K}{16K_0}(p_e-p_w)+\dfrac{b}{4}\left(\dfrac{3\pi\mu D_K}{16K_0}\right)^2\ln\dfrac{p_e}{p_w}\right]\left(\dfrac{a+\sqrt{a^2-x_{fi}^2}}{2}-\dfrac{x_{fi}}{2}\right)}{\dfrac{\mu}{2\pi kh}\ln\dfrac{a+\sqrt{a^2-x_{fi}^2}}{x_{fi}}+\dfrac{\mu x_{fi}}{4k_{fi} w_{fi} h}+\dfrac{\mu}{2\pi k_{fi} w_{fi}}\ln\dfrac{h/2}{r_w}}
$$

$$
+\sum_{i=1}^n\frac{\left[(p_e-p_w)-p_L\ln\dfrac{p_e+p_L}{p_w+p_L}\right]\left(\dfrac{a+\sqrt{a^2-x_{fi}^2}}{2}-\dfrac{x_{fi}}{2}\right)}{\dfrac{\mu}{2\pi kh}\ln\dfrac{a+\sqrt{a^2-x_{fi}^2}}{x_{fi}}+\dfrac{\mu x_{fi}}{4k_{fi} w_{fi} h}+\dfrac{\mu}{2\pi k_{fi} w_{fi}}\ln\dfrac{h/2}{r_w}}
$$

2) 多条裂缝泄流,各条裂缝形成的泄流区域互相干扰

由等值渗流阻力法可知,当两椭圆泄流区域相交时,相当于减少了该区域的渗流阻力,同时对启动压力损耗方面也有影响。而裂缝内流体流动的流动阻力不受影响。此时裂缝椭圆泄流区域相交的任一横向裂缝对气井产量的贡献为

$$
q=\frac{T_{sc}Z_{sc}}{p_{sc}TZ}\frac{p_e^2-p_w^2}{\left(1-\dfrac{S_i}{\pi a_i b_i}\right)\dfrac{\mu}{2\pi kh}\ln\dfrac{a+\sqrt{a^2-x_f^2}}{x_f}+\dfrac{\mu x_f}{4k_f w_f h}+\dfrac{\mu}{2\pi k_f w_f}\ln\dfrac{h/2}{r_w}}
$$

$$
+\frac{\left(1-\dfrac{S_i}{\pi a_i b_i}\right)\left[\dfrac{p_e^2-p_w^2}{2}+\dfrac{3\pi\mu D_K}{16K_0}(p_e-p_w)+\dfrac{b}{4}\left(\dfrac{3\pi\mu D_K}{16K_0}\right)^2\ln\dfrac{p_e}{p_w}\right]\left(\dfrac{a+\sqrt{a^2-x_f^2}}{2}-\dfrac{x_f}{2}\right)}{\left(1-\dfrac{S_i}{\pi a_i b_i}\right)\dfrac{\mu}{2\pi kh}\ln\dfrac{a+\sqrt{a^2-x_f^2}}{x_f}+\dfrac{\mu x_f}{4k_f w_f h}+\dfrac{\mu}{2\pi k_f w_f}\ln\dfrac{h/2}{r_w}}
$$

$$+ \frac{\left(1 - \dfrac{S_i}{\pi a_i b_i}\right)\left[(p_e - p_w) - p_L \ln \dfrac{p_e + p_L}{p_w + p_L}\right]\left(\dfrac{a + \sqrt{a^2 - x_f^2}}{2} - \dfrac{x_f}{2}\right)}{\left(1 - \dfrac{S_i}{\pi a_i b_i}\right)\dfrac{\mu}{2\pi kh}\ln \dfrac{a + \sqrt{a^2 - x_f^2}}{x_f} + \dfrac{\mu x_f}{4k_f w_f h} + \dfrac{\mu}{2\pi k_f w_f}\ln \dfrac{h/2}{r_w}} \quad (21\text{-}42)$$

则当所有横向裂缝引起的椭圆泄流区均相互干扰时,低渗透储层考虑启动压力梯度存在下水平井压裂多条横向裂缝相互干扰时的产量公式为

$$Q = \sum_{i}^{n} q_i \quad (21\text{-}43)$$

当水平井压裂的横向裂缝既存在相互干扰又存在不干扰的情况下,此时水平井的产量公式为上述两种情况的组合。

$$S_i = 2\left(\frac{1}{4}\pi a_i b_i - \frac{1}{2}a_i b_i \arccos \frac{y_i}{b_i}\right) - \frac{W_i}{2}y_i$$
$$+ 2\left(\frac{1}{4}\pi a_{i+1} b_{i+1} - \frac{1}{2}a_{i+1} b_{i+1} \arccos \frac{y_i}{b_{i+1}}\right) - \frac{W_i}{2}y_i$$

式中,y_i 由椭圆方程 $\dfrac{x^2}{b^2} + \dfrac{y^2}{a^2} = 1$ 求得 $y_i = \sqrt{\left[1 - \left(\dfrac{W_i}{2a}\right)^2\right]b^2}$ $(i = 1, 2, \cdots, n-1)$;

$x_i = \dfrac{W_i}{2}$。当不干扰时 $S_i = 0$。

21.2.4 实例分析

已知美国某致密页岩气藏单井,基本参数为孔隙度 $\phi = 0.07$;标态温度 $T_{sc} = 293K$;渗透率 $K = 0.005md$;地层温度 $T = 366.15K$;含水饱和度 $s_w = 0.496$;压缩因子 $Z = 0.89$;黏度 $\mu = 0.027mPa \cdot s$;泄压半径 $r_e = 800m$;边界压力 $p_e = 24.13MPa$;井筒半径 $r_w = 0.1m$;井底流压 $p_w = 1.25MPa$;气藏厚度 $h = 30.5m$;裂缝宽度为 $0.03mm$;应力敏感系数 $\alpha_k = 0.015MPa^{-1}$;气体等温压缩系数为 $0.00035MPa^{-1}$;几何因子取6;球半径为 $0.002m$;质量扩散系数为 $3 \times 10^{-7}m^2/s$。

基于推导的考虑解吸、扩散和滑脱作用的非线性流动方程,分析在滑脱因子、扩散系数、渗透率、吸附能力大小等对气井产能的影响,得出游离气、解吸气及总的产气量随生产压差的变化规律。

1. 直井

由图 21-17 可以看出,在生产压差较小的情况下,滑脱因子对产量的影响不大,随着生产压差的增大,滑脱因子的作用增强。

由图 21-18 可以看出,在相同的压力条件下,扩散系数越大,游离气产量越大,随着生产压差的增大,扩散系数的作用增强。

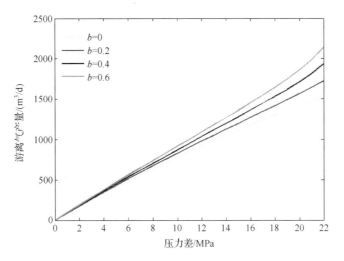

图 21-17　滑脱因子对游离气体流动的影响

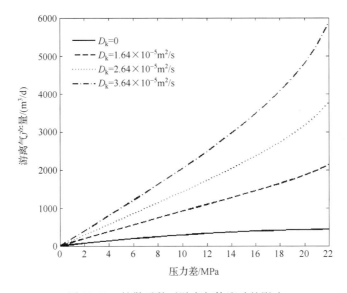

图 21-18　扩散系数对游离气体流动的影响

　　由图 21-19 可以看出,在相同的压力条件下,基质渗透率越大,游离气产量越大,随着生产压差的增大,基质渗透率越大,游离气产量增加越快,基质渗透率对产量的影响作用增强。

　　由图 21-20 可以看出,在相同的压力条件下,V_m 越大,解吸气产量越大,随着生产压差的增大,解吸气产量增加缓慢。

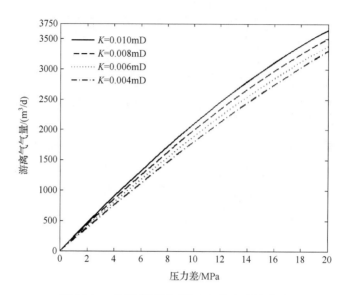

图 21-19 渗透率不同对游离气体流动的影响

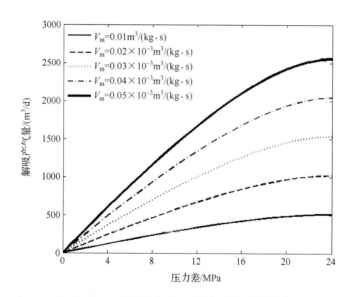

图 21-20 极限吸附量 V_m 对解吸气体体积的影响

由图 21-21 可以看出,随压力的增大,游离气和解吸气含量都呈增大趋势,但压力增大到一定程度以后,含气量增加缓慢,因为孔隙和矿物(有机质)表面是一定的,前者控制游离态气体含量,后者控制吸附态气体含量。压力较小的情况下,解吸气对产量贡献较大,随着压力的增大,游离气对产量的贡献增大。

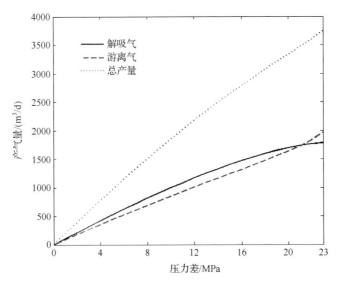

图 21-21　解吸气、游离气及总产气量对比

由图 21-22 可以看出,在生产压差较小的情况下,滑脱因子对产量的影响不大,随着生产压差的增大,滑脱因子的作用增强。在相同的生产压差条件下,随着滑脱因子的增大,游离气气体的体积逐渐增大,游离气产量增加较快,解吸气产量则变化缓慢。

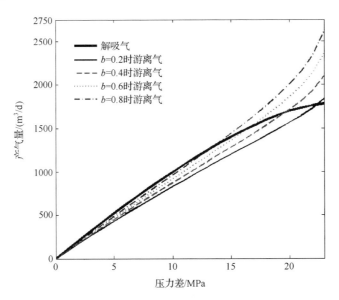

图 21-22　滑脱因子对自由气体积的影响

　　由图 21-23 可以看出,在生产压差较小的情况下,扩散系数对产量的影响不大,随着生产压差的增大,扩散系数的作用增强。在相同的生产压差条件下,扩散系数越大,游离气产量越大,随着压差的增大,扩散系数的作用增强。随着扩散系数的增大,游离气气体的体积逐渐增大,游离气产量增加较快,解吸气产量变化缓慢。

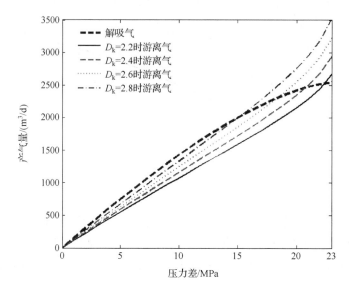

图 21-23　扩散系数对自由气体积的影响

2. 压裂直井

　　由图 21-24 可以看出,在相同的压差条件下,裂缝半长越大,产气量越大,随着生产压差的增大,产气量增加。

　　由图 21-25 可以看出,在生产压差较小的情况下,滑脱因子对产量的影响不大,随着生产压差的增大,滑脱因子的作用增强。在相同的生产压差条件下,随着滑脱因子的增大,产气量逐渐增大。

　　由图 21-26 可以看出,在生产压差较小的情况下,扩散系数对产量的影响不大,随着生产压差的增大,扩散系数的作用增强。在相同的生产压差条件下,扩散系数越大,产气量越大,随着压差的增大,扩散系数的作用增强。随着扩散系数的增大,产气量逐渐增大。

　　由图 21-27 可知,随着裂缝半长的增大,压裂直井的产能逐渐增大。在相同的生产压差条件下,裂缝半长越大,产能越大。

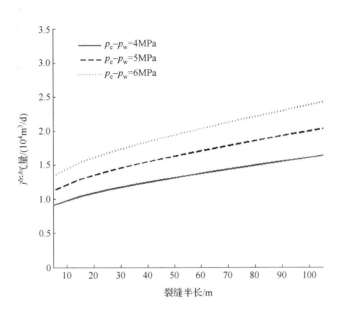

图 21-24　不同压差条件下总产气量随裂缝半长的关系曲线

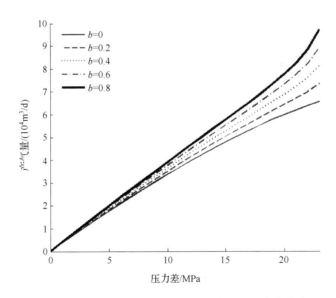

图 21-25　不同滑脱因子产气量随生产压差的变化曲线

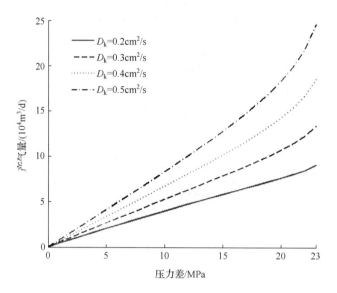

图 21-26　不同扩散系数条件下产气量随生产压差的变化曲线

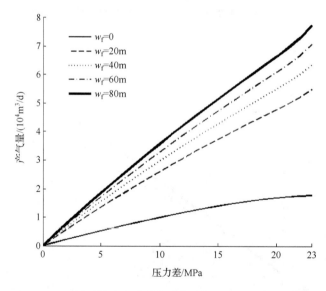

图 21-27　不同裂缝半长条件下产气量随生产压差的变化曲线

由图 21-28 可知,随着裂缝宽度的增大,压裂直井的产能逐渐增大。在相同的生产压差条件下,裂缝宽度越大,产能越大。

由图 21-29 可以看出,随生产压差的增大,游离气和解吸气含量都呈增大趋势,但压差增大到一定程度以后,含气量增加缓慢,因为孔隙和矿物(有机质)表面是一定的,前者控制游离态气体含量,后者控制吸附态气体含量。压差较小的情况下,解吸气对产量贡献较大,随着压差的增大,游离气对产量的贡献增大。

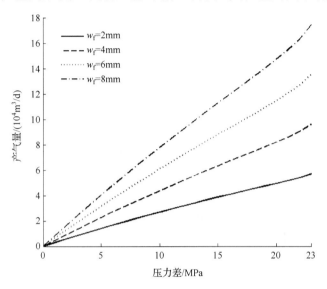

图 21-28　不同裂缝宽度条件下产气量随生产压差的变化曲线

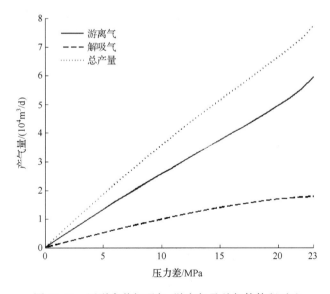

图 21-29　压裂直井解吸气、游离气及总气体体积对比

3. 压裂水平井

由图 21-30 可以看出,在生产压差较小的情况下,滑脱因子对产量的影响不大,随着生产压差的增大,滑脱因子的作用增强。

　　由图 21-31 可以看出,在相同的压力条件下,扩散系数越大,游离气产量越大。在相同的扩散系数条件下,随着生产压差的增大,产量增加越快。

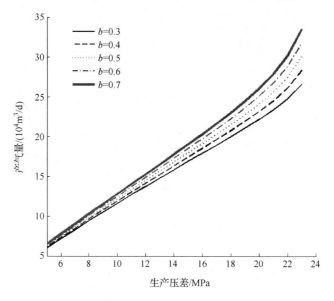

图 21-30　不同滑脱系数条件下日产气量随生产压差的变化

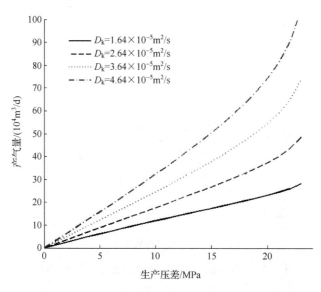

图 21-31　不同扩散系数条件下日产气量随生产压差的变化

　　由图 21-32 可以看出,日产气量随着裂缝半长的增加增大,生产压差越大,日产气量增加越快。

　　由图 21-33 可以看出,页岩气多尺度流动模型计算得出的产量与实际产量比较相近,所以达西公式已远远不能满足页岩气藏的产能预测,对于压裂水平井,游离气体的产量贡献很大。

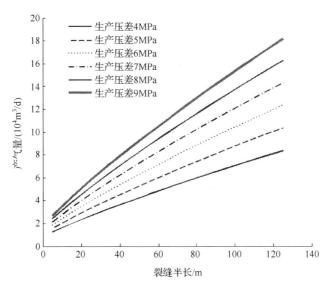

图 21-32　不同生产压差条件下日产气量随裂缝半长的变化

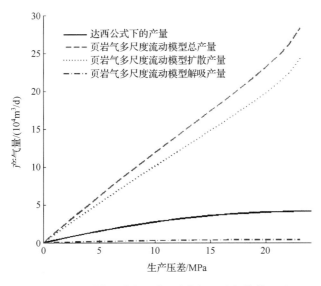

图 21-33　压裂水平井解吸气、游离气及总气体体积对比

　　由图 21-34 可以看出,随着裂缝条数的增加,页岩气储层的日产气量逐渐增加,但是产气量增加的幅度越来越小。所以,水平井压裂时裂缝条数并不是越多越好,这是因为随着裂缝条数的增加,裂缝间的距离变得更近,相互间的干扰加重,使每条裂缝的产量减小,因而使得压裂水平井的日产量减少。从图中可以看出,最佳裂缝条数为 3~5 条。

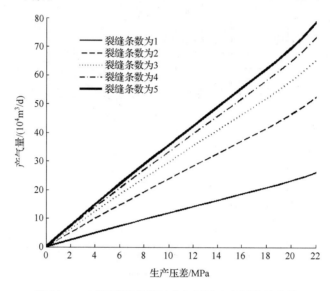

图 21-34　不同裂缝条数日产气量随生产压差的变化

第六部分　非线性渗流理论与方法的应用

第22章 低渗透砂岩气藏的有效开发

采用自主编制考虑非达西渗流效应的气藏数值模拟软件对苏里格气田进行数值模拟计算和方案优化研究。

22.1 模型建立和参数选取

根据苏里格气田的储层条件,设计一个三维地质模型,如图 22-1 所示。模型网格划分为 $39 \times 21 \times 1$,网格步长为 $d_x=30\text{m}$,$d_y=30\text{m}$,井位于模型中心,井点坐标为 $(20,11,1)$,模型中心深色部分是高渗区,其所占网格数为 21×15,模型的外围浅色部分是低渗区。对井进行了人工压裂,裂缝半长为 105m。

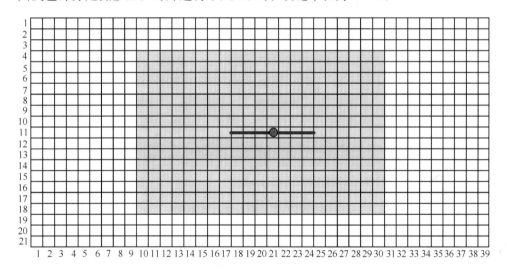

图 22-1 数值模型示意图

参照苏里格气田的三类典型气井的储层特性,设计了六组井型参数,如表 22-1 所示。其中,对Ⅰ类井改变其外围渗透率,设计了三组井型参数,分别为 Ⅰ类井-1、Ⅰ类井-2、Ⅰ类井-3;对Ⅱ类井设计了两组井型参数,分别为Ⅱ类井-1、Ⅱ类井-2。

气水相渗曲线如图 22-2 所示。

表 22-1　模型基本参数

气藏物性参数		I 类井			II 类井		III 类井
		I 类井-1	I 类井-2	I 类井-3	II 类井-1	II 类井-2	
高渗区渗透率/mD	地面气测	2.240	2.240	2.240	1.000	1.000	1.000
	地层条件下	0.987	0.987	0.987	0.296	0.296	0.296
低渗区渗透率/mD	地面气测	0.5000	0.2000	0.1500	0.2000	0.1500	0.1300
	地层条件下	0.0901	0.0140	0.0068	0.0136	0.0068	0.0047
孔隙度/%	高渗区	12.0	12.0	12.0	10.0	10.0	9.0
	低渗区	8.0	8.0	8.0	7.5	7.5	7.5
含气饱和度/%		65	65	65	60	60	56
气藏有效砂体厚度/m		15	15	15	12	12	8

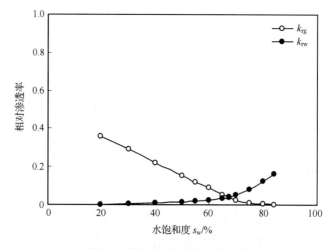

图 22-2　气水相对渗透率曲线

1. 地层各向异性及人工压裂裂缝处理

为了使模型接近深层低渗气藏的地质特征,在建立模型时,考虑地层平面非均质性(各向异性)的影响,取 $K_x : K_y = 2 : 1$,并对模型井进行了压裂,人工裂缝的渗透率取值为 $50 \times 10^{-3} \mu m^2$。

2. 非达西渗流参数的选取

渗透率与岩石压缩系数随有效覆压的变化关系是从苏里格气藏岩石实验得出的,渗透率与有效覆压的关系式为

$$\frac{K}{K_0} = \left(\frac{p_{\text{eff}}}{p_{\text{eff0}}}\right)^{-S} = \left(\frac{p_c - \alpha p}{p_{\text{eff0}}}\right)^{-S} \tag{22-1}$$

其中应力敏感系数的表达式为

$$S = 0.437 K_0^{-0.4922} \tag{22-2}$$

对于裂缝部位,取其应力敏感系数为基质的 7 倍。

岩石压缩系数随有效覆压的变化关系如表 22-2 所示,模拟计算时取值形式与相渗计算方法相同,即以插值形式求取。

表 22-2　孔隙压缩系数取值表

孔隙压力/MPa	2	4	8	15	21	25	30	35
孔隙压缩系数/(10^{-4}MPa^{-1})	8.50	8.78	9.17	9.60	10.19	10.64	11.28	12.04

3. 数值模拟方案设计

对于六组井型,各有四种配产,分达西和非达西两种渗流模式,共设计了 $6 \times 4 \times 2 = 48$ 个方案,对非达西渗流对生产的影响、配产对生产的影响、储层物性变化对生产的影响进行了模拟计算。

22.2　数值模拟结果分析

22.2.1　非达西渗流对生产的影响

表 22-3 给出了 I 类井-1 配产不同时在达西和非达西两种渗流模式下的稳产时间、稳产期采出程度、最终生产时间以及最终采收率数据。从表中的数据可以看出两种渗流模式下的结果有一定差异,但差异并不是很大,根据表中的数据作出图 22-3~图 22-6。

表 22-3　渗透率变异对气藏生产的影响(I 类井-1)

配产	3.0×10^4m^3/d		2.0×10^4m^3/d		1.0×10^4m^3/d		0.8×10^4m^3/d	
	达西	非达西	达西	非达西	达西	非达西	达西	非达西
稳产时间/d	341	293	806	711	2826	2553	4020	3646
稳产期结束时采出程度/%	15.55	13.36	24.50	21.62	42.96	38.81	48.89	44.33
稳产期结束时地层平均压力/MPa	19.60	20.62	15.22	16.22	10.43	11.25	9.53	10.34
最终生产时间/d	466	391	1111	961	3946	3526	5661	5116
最终采收率/%	21.25	17.83	33.78	29.22	59.98	53.59	68.84	62.21
开采结束时地层平均压力/MPa	19.39	20.78	14.49	15.80	9.20	10.27	8.14	9.17

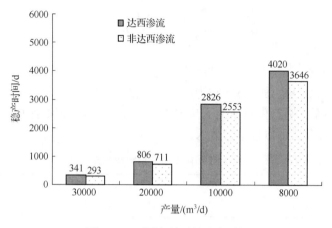

图 22-3　不同产量下的稳产时间

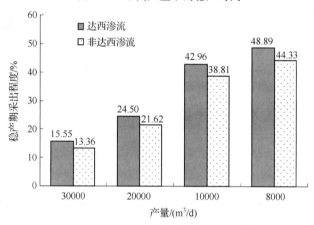

图 22-4　不同产量下的稳产期采出程度

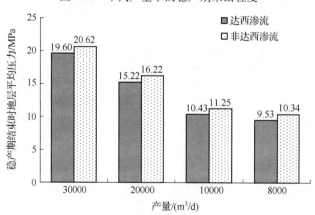

图 22-5　稳产期结束时的地层平均压力

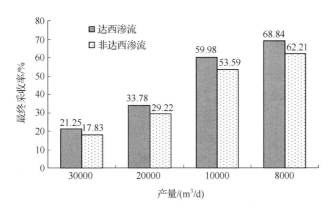

图 22-6　不同产量下的最终采收率

从图 22-3～图 22-6 中可以看出如下：

（1）考虑非达西渗流时，气藏的稳产时间缩短，单井日产量越高，稳产时间的缩短幅度越大；

（2）考虑非达西渗流时，气藏的稳产期采出程度和最终采收率都降低，单井日产量越高，降低幅度越大；

（3）考虑非达西渗流时，气藏稳产期结束时，地层平均压力升高，单井产量越高，地层平均压力升高幅度越大。

图 22-7 给出了Ⅰ类井-1 在不同配产下开采结束的压力分布剖面图。

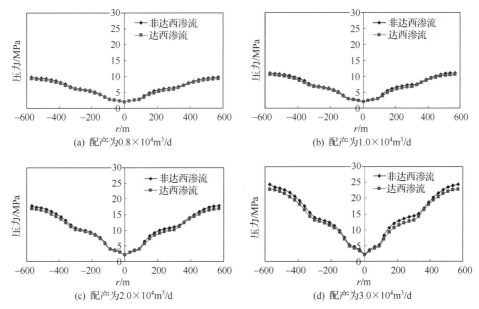

图 22-7　Ⅰ类井-1 开采结束时压力剖面图

从图 22-7 中可以看出如下：

(1) 开采废弃时,非达西流模式下地层压力比达西渗模式下的地层压力高;

(2) 随着配产增大,非达西渗流对生产的影响增大,两种渗流模式下的地层压力差增大;

(3) 总体来看,对于Ⅰ类井-1 模型,非达西渗流对压力分布的影响不太大。

通过对六组井型进行达西渗流与非达西渗流对比模拟之后,得到以下结论。

(1) 对于Ⅰ类井,配产越高,非达西渗流对产量的影响程度越大,产量降低幅度越大,当配产为 $3\times10^4 m^3/d$ 时,降低幅度达到 14.0%,当配产低于 $1\times10^4 m^3/d$ 后,降低幅度小于 10%。

(2) 对于Ⅱ类井和Ⅲ类井,非达西渗流对产量的影响随配产的提高先增大后减小,平均造成的降产幅度大于 10%,总体上说造成的降产幅度超过Ⅰ类井。

22.2.2 配产对生产的影响

1.Ⅰ类井

1) 配产对压力分布的影响

图 22-8 是Ⅰ类井-1 在开采结束时的压力剖面图,配产分别为 $0.8\times10^4 m^3/d$、$1.0\times10^4 m^3/d$、$2.0\times10^4 m^3/d$、$3.0\times10^4 m^3/d$。图 22-9 则分别给出了这四种配产下的压力分布平面等值图。

从图 22-8 可以看出,随着配产增大,压降漏斗变陡,生产到废弃时地层剩余压力较高,外围动用量少。

2) 配产对生产时间的影响

图 22-9 给出了Ⅰ类井不同配产时的稳产期时间和最终生产时间,从图中可以看出,配产大于 $2.0\times10^4 m^3/d$ 时,稳产时间和最终生产时间都很低,当配产小于 $2.0\times10^4 m^3/d$ 时,随着配产的减小,稳产时间和最终生产时间都大幅度上升。

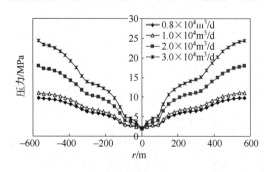

图 22-8　不同配产时Ⅰ类井-1 开采结束时的压力剖面图

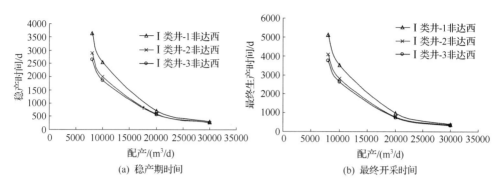

图 22-9　配产对 I 类井生产的影响

3）配产对采出程度的影响

图 22-10 给出了 I 类井不同配产时的稳产期采出程度和最终采收率。从图中可以看出，随配产增大，稳产期采出程度和最终采收率都有较大幅度的降低；配产很大时（$3.0 \times 10^4 \text{m}^3/\text{d}$），外围低渗区对稳产期和最终采收率影响不大，采出的主要是高渗区的气；配产低于 $1.0 \times 10^4 \text{m}^3/\text{d}$ 时，外围低渗区对稳产期采出程度和最终采收率影响较大，当采用低配产时，低渗区的气能较好地补充到高渗区，总体能获得理想的采收率。

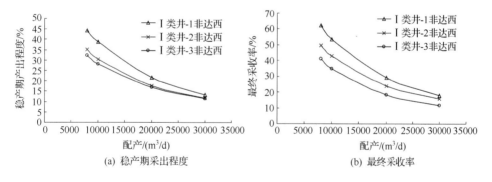

图 22-10　配产对 I 类井采出程度的影响

2. Ⅱ类井

1）配产对压力分布的影响

图 22-11 是Ⅱ类井在开采结束时的压力剖面图，配产分别为 $0.5 \times 10^4 \text{m}^3/\text{d}$、$0.8 \times 10^4 \text{m}^3/\text{d}$、$1.0 \times 10^4 \text{m}^3/\text{d}$、$2.0 \times 10^4 \text{m}^3/\text{d}$。从图中可以看出，配产增大使得压降漏斗变陡，当配产超过 $1.0 \times 10^4 \text{m}^3/\text{d}$ 时，地层剩余能量较高；当配产达到 $2.0 \times 10^4 \text{m}^3/\text{d}$ 方时，高渗区的压降漏斗呈垂直状，低渗区几乎不参与生产。

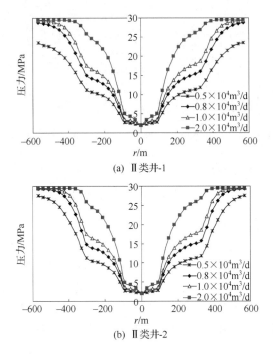

(a) Ⅱ类井-1

(b) Ⅱ类井-2

图 22-11　不同配产时Ⅱ类井开采结束时的压力剖面图

2) 配产对生产时间的影响

图 22-12 给出了Ⅱ类井不同配产时的稳产期时间和最终生产时间,从图中可以看出,配产大于 $1.0 \times 10^4 \mathrm{m}^3/\mathrm{d}$ 时,稳产时间和最终生产时间都很低,当配产小于 $1.0 \times 10^4 \mathrm{m}^3/\mathrm{d}$ 后,稳产时间和最终生产时间会随着配产的减小而大幅上升。

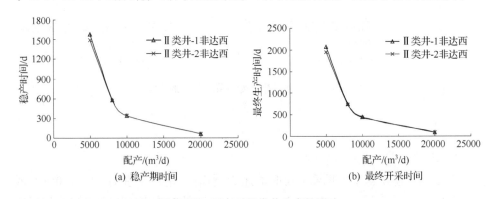

(a) 稳产期时间

(b) 最终开采时间

图 22-12　配产对Ⅱ类井生产的影响

3) 配产对采出程度的影响

图 22-13 给出了Ⅱ类井不同配产时的稳产期采出程度和最终采收率,可以看

出它与图 22-13 的变化规律是相似的。当配产大于 $1.0 \times 10^4 \mathrm{m}^3/\mathrm{d}$ 后，II 类井-1 和 II 类井-2 的稳产期采出程度与最终采收率几乎没有差异，即配产高时，只能采出高渗区的气，低渗区几乎不参与生产，其渗透的变化对采程度没有影响。

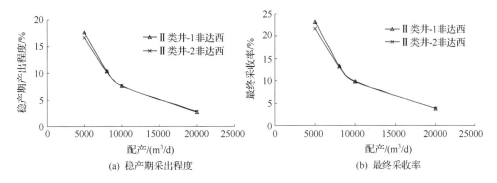

(a) 稳产期采出程度 　　　　　　　　　(b) 最终采收率

图 22-13　配产对 II 类井采出程度的影响

3. III 类井

1) 配产对压力分布的影响

图 22-14 是 II 类井在开采结束时的压力剖面图，配产分别为 $0.3 \times 10^4 \mathrm{m}^3/\mathrm{d}$、$0.5 \times 10^4 \mathrm{m}^3/\mathrm{d}$、$0.8 \times 10^4 \mathrm{m}^3/\mathrm{d}$、$1.0 \times 10^4 \mathrm{m}^3/\mathrm{d}$。从图中可以看出，III 类井在开采结束时，地层能量剩余很高，低渗区动用程度很差，配产大于 $0.8 \times 10^4 \mathrm{m}^3/\mathrm{d}$ 后，高渗区的压降漏斗呈垂直状，低渗区压力线成水平状，低渗区几乎不参与生产。

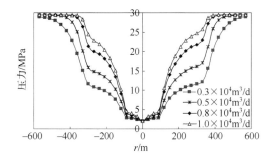

图 22-14　不同配产时 III 类井开采结束时的压力剖面图

2) 配产对生产时间的影响

图 22-15 给出了 III 类井不同配产时的稳产期时间和最终生产时间，从图中可以看出，配产大于 $0.8 \times 10^4 \mathrm{m}^3/\mathrm{d}$ 时，稳产时间和最终生产时间都很低，当配产小于 $0.8 \times 10^4 \mathrm{m}^3/\mathrm{d}$ 后，稳产时间和最终生产时间会随着配产的减小而大幅上升。

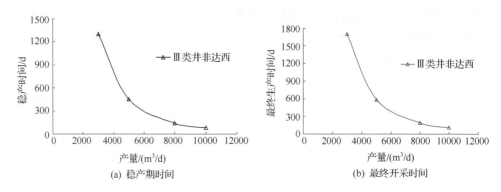

图 22-15　配产对Ⅲ类井生产的影响

3）配产对采出程度的影响

图 22-16 给出了Ⅲ类井不同配产时的稳产期采出程度和最终采收率。可以看出，当配产超过 $0.8 \times 10^4 \mathrm{m^3/d}$ 后，稳产期采出程度及最终采收率都非常低，在 5% 左右。总体来说Ⅲ井生产能力低下，稳产能力及最终采收率都较差。

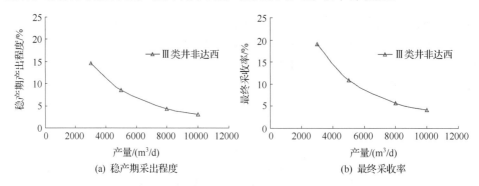

图 22-16　配产对Ⅲ类井采出程度的影响

22.2.3　外围渗透率变化对生产的影响

图 22-17 给出了Ⅰ类井外围渗透率变化后的压力剖面图。

从图 22-17 可以看出：

（1）当外围低渗储层渗透率很低时，低渗区气体向高渗区的补给作用有限，开采结束时，低渗区仍有很高的压力；

（2）随着配产增大，低渗区的补充能力变差，当配产超过 $2.0 \times 10^4 \mathrm{m^3/d}$ 且外围渗透率低于 $0.01 \times 10^{-3} \mu \mathrm{m^2}$ 时，低渗区的动用程度很差，外围压降漏斗呈垂直状；

（3）对于Ⅰ类气井，当外围低渗区的渗透率低于 $0.01 \times 10^{-3} \mu \mathrm{m^2}$ 时，为了有效

采出外围低渗区的气体,配产可适当放低至 $1.0 \times 10^4 \sim 1.5 \times 10^4 \mathrm{m}^3 / \mathrm{d}$,或采用间歇式生产。

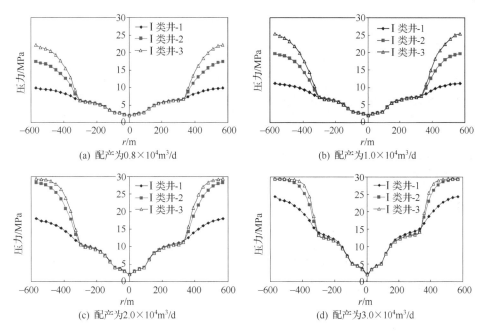

(a) 配产为 $0.8 \times 10^4 \mathrm{m}^3 / \mathrm{d}$　　　　(b) 配产为 $1.0 \times 10^4 \mathrm{m}^3 / \mathrm{d}$

(c) 配产为 $2.0 \times 10^4 \mathrm{m}^3 / \mathrm{d}$　　　　(d) 配产为 $3.0 \times 10^4 \mathrm{m}^3 / \mathrm{d}$

图 22-17　外围渗透率变化时Ⅰ类井的压力剖面图

图 22-18 给出了Ⅰ类井-1 和Ⅰ类井-2 关井后的压力恢复剖面图。

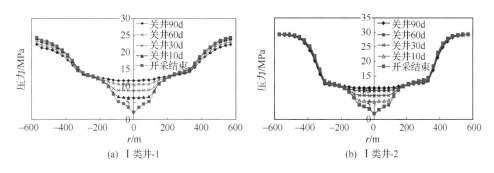

(a) Ⅰ类井-1　　　　(b) Ⅰ类井-2

图 22-18　Ⅰ类井压力恢复剖面图

从图 22-18 和图 22-19 看出:

(1) 压力在关井前 10d 内恢复迅速,在前 30d 内总体恢复较好,而在此之后恢复速度降低;

(2) 外围渗透率低于 $0.01 \times 10^{-3} \mu\mathrm{m}^2$ 时,关井后外围低渗区压力变化非常小,向高渗区的供气能力很差。

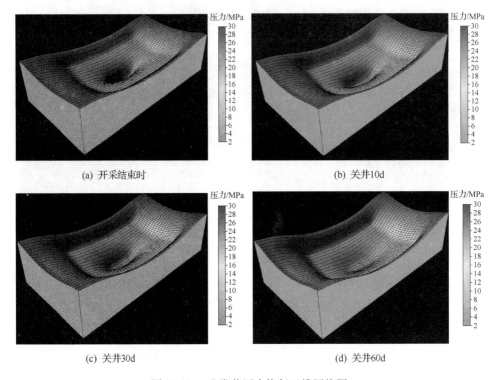

(a) 开采结束时　　　　　　　　　　　　　(b) 关井10d

(c) 关井30d　　　　　　　　　　　　　　(d) 关井60d

图 22-19　Ⅰ类井压力恢复三维网格图

图 22-20 给出了Ⅱ类井外围渗透率变化后的压力剖面图。

从图 22-20 可以看出:

(1) Ⅱ类井的外围低渗区供气能力较差;

(2) 配产越高,外围渗透率的改变对压力影响越小,原因是配产越高,低渗区的供气能力越差,两组井型的外围低渗区对产能贡献都非常微小;

(3) 对于Ⅱ类井,配产超过 $1.0×10^4 m^3/d$ 后,外部低渗区几乎不能动用,高渗区的压力漏斗呈垂直状,因此对于Ⅱ类井,建议配产不超过 $1.0×10^4 m^3/d$。

22.2.4　对三类气井的综合评价

1. Ⅰ类气井综合评价

总体来说,Ⅰ类井有良好的稳产能力和较高的采出程度,建议配产不超过 $2.0×10^4 m^3/d$。若为 $1.0×10^4 \sim 2.0×10^4 m^3/d$,一次性开井到废弃压力时的采收率可达到 $40\% \sim 50\%$。外围渗透率低于 $0.01×10^{-3} \mu m^2$,为有效采出外围低渗区的气体,可适当放低配产或采取间歇性开采,增加最终采收率。

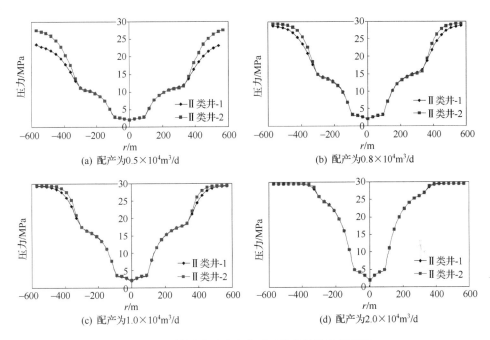

(a) 配产为0.5×10⁴m³/d

(b) 配产为0.8×10⁴m³/d

(c) 配产为1.0×10⁴m³/d

(d) 配产为2.0×10⁴m³/d

图 22-20　外围渗透率变化时 Ⅱ 类井的压力剖面图

2. Ⅱ类气井综合评价

Ⅱ类井稳产能力和采出程度一般,外围低渗区供气能力较差,建议配产不高于 $1.0 \times 10^4 \mathrm{m}^3/\mathrm{d}$,若为 $0.6 \times 10^4 \sim 1.0 \times 10^4 \mathrm{m}^3/\mathrm{d}$,一次性开井到废弃压力时的采收率为 $25\% \sim 30\%$。

3. Ⅲ类气井综合评价

Ⅲ类井生产能力低下,稳产能力及最终采收率都较差,外围低渗区供气能力很差,建议配产不高于 $0.8 \times 10^4 \mathrm{m}^3/\mathrm{d}$,若为 $0.5 \times 10^4 \sim 0.6 \times 10^4 \mathrm{m}^3/\mathrm{d}$,一次性开井到废弃压力时的采收率为 $10\% \sim 15\%$。

第23章 凝析气藏的有效开发

23.1 地质模型

23.1.1 yh2-3凝析气田地质概况

牙哈凝析气田位于塔里木盆地塔北隆起带轮台断隆中段的牙哈断裂构造带上。目的层自上而下依次为上第三系吉迪克组底部砂岩、下第三系底部砂岩及白垩系顶部砂岩。其中,yh2-3号构造呈北东东—南西西展布,南翼有一北东东—南西西走向的南盘下落的正断层(图23-1)。该构造为一长轴背斜,各层系上下构造形态一致,发育继承性好。

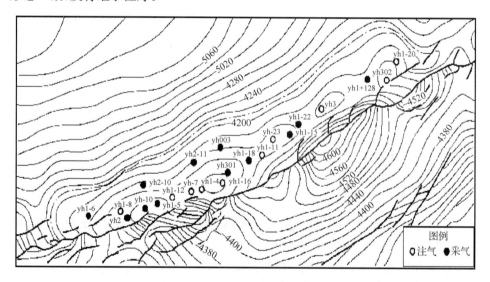

图23-1 yh2-3凝析气田井位图

牙哈凝析气田沉积相类型主要有四类:冲积平原短流程辫状河沉积体系、冲积平原长流程辫状河沉积体系、台坪相沉积体系和湖相沉积体系。储层岩性以中-粉砂质细砂岩为主,储集类型为孔隙型。

23.1.2 相态特征

伴有蜡沉积的凝析气流体相态特征具有比凝析油气流体更为复杂的特点,图

23-2 给出了 yh1 井凝析油气样品的露点线和析蜡线。实验温度为 80.0℃,压力为
56MPa,由 PVT 相图实验结果可知,随压力下降低于露点线时凝析油析出,温度
降低压力下降使蜡析出。

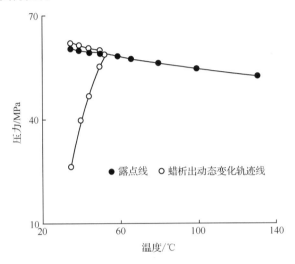

图 23-2　凝析气液固 PVT 相图

23.1.3　数学地质模型

　　为了能更好地反映凝析气-液-固流体特征,又不失一般性,选择了牙哈地质条
件下数学地质模型,地质模型分三层。渗透率分布分别为 1 层 228mD、2 层
47mD、3 层 40mD,每层厚度为实际厚度,孔隙度为 0.13。模型 x 方向网格为
100m,y 方向网格为 125m,网格总数为 $N_x \times N_y \times N_z = 80 \times 50 \times 3 = 12000$ 节点。
注入井 6 口,产气井 9 口。地质模型顶面构造图如图 23-3 所示。

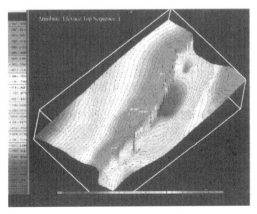

图 23-3　yh2-3 构造的顶面构造图

23.1.4　参数选取

根据室内实验和经验公式计算,得知如下基本参数(表 23-1~表 23-3)。

将组分分为九个拟组分,选用 PR 状态方程。其中蜡沉积 PVT 以实验相图为依据,气、液、固计算依据 14.2 节气-液-固三相相平衡热力学模型、三相物料平衡方程、三相闪蒸方程完成。PVT 数据(表 23-1)和相对渗透率数据(表 23-2 和表 23-3)如下。

表 23-1　PVT 数据

组分名称	PC_1	PC_2	PC_3	PC_4	PC_5	PC_6	GRP_1	GRP_2	GRP_3
临界压力/MPa	53.955	24.794	33.631	35.674	29.732	23.507	23.639	8.908	10.571
临界温度/K	223.446	92.546	139.771	223.980	283.120	354.630	504.780	655.840	730.810
偏心因子	0.225	0.040	0.013	0.099	0.166	0.265	0.386	0.697	1.224
分子量	44.010	28.013	16.043	30.070	48.869	78.288	119.710	239.400	524.730

表 23-2　油气相对渗透率数据

s_g	K_{rg}	K_{rog}
0.1700	0	0.5200
0.3347	0	0.3658
0.3993	0	0.3110
0.4640	0	0.2556
0.5045	0	0.2232
0.5450	0.0002	0.1845
0.5855	0.0011	0.1494
0.6260	0.0035	0.1181
0.6665	0.0086	0.0904
0.7070	0.0177	0.0664
0.7475	0.0329	0.0461
0.7880	0.0561	0.0295
0.8285	0.0898	0.0166
0.8690	0.1369	0.0074
0.9095	0.2004	0.0018
0.9500	0.2839	0
0.9750	0.3470	0
1	0.4200	0

表 23-3　油水相对渗透率数据

s_w	K_{rw}	K_{row}
0.1700	0	0.4200
0.3112	0.0075	0.2816
0.3523	0.0161	0.2499
0.3935	0.0251	0.2046
0.4346	0.0345	0.1757
0.4758	0.0441	0.1429
0.5169	0.0538	0.1063
0.5581	0.0638	0.0755
0.5992	0.0739	0.0504
0.6404	0.0841	0.0307
0.6815	0.0944	0.0162
0.7227	0.1049	0.0066
0.7639	0.1154	0.0014
0.8050	0.1260	0
0.8440	0.1361	0
0.8830	0.1464	0
0.9220	0.1566	0
0.9610	0.1670	0
1.0000	0.1774	0

23.2　石蜡沉积对凝析气田开发动态和生产的影响

蜡沉积可使部分区域孔隙减少,流动阻力增大。不考虑蜡沉积会对产量预测明显偏大。在枯竭式开采下,蜡沉积对产量具有明显的影响。

23.2.1　枯竭式开采

蜡沉积可使部分区域孔隙减少,流动阻力增大,能够使储层的渗透率减小,最大可以减小 10%。井底流压能够影响蜡沉积的形成和分布。枯竭式开采蜡沉积分布特征如图 23-4 所示,枯竭式开采渗透率变化图如图 23-5 所示。

蜡沉积对产量具有明显的影响,井底流压大小对蜡沉积产生影响,使渗透率发生变化,进而影响到产量(图 23-6)。

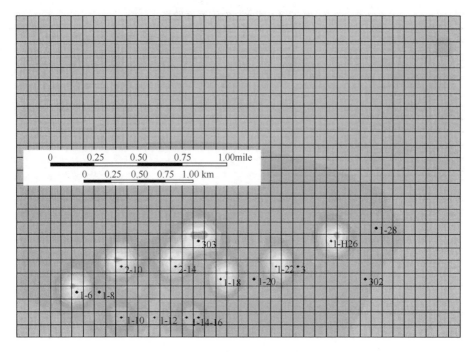

图 23-4 枯竭式开采蜡沉积分布特征

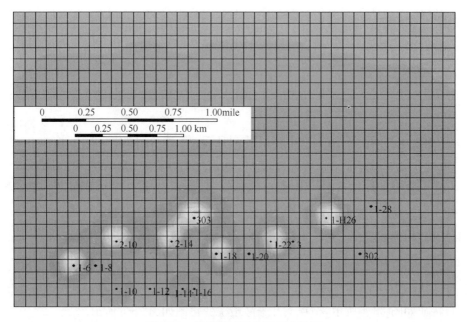

图 23-5 枯竭式开采渗透率变化图

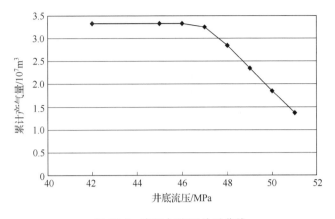

图 23-6　产量与流压关系曲线

在考虑蜡沉积的情况下,历史拟合曲线与实际曲线具有较小的误差,能够更加精确地对生产指标进行预测。在较低的井底流压情况下,考虑析蜡的累计产气量要低于不考虑析蜡的累计产气量,其影响如图 23-7 所示。

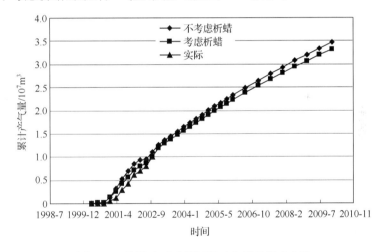

图 23-7　枯竭式开采蜡沉积对产量的影响曲线

23.2.2　循环注气开采

通过循环注气开采蜡沉积引起的渗透率变化如图 23-8 所示,循环注气条件下蜡沉积对产量的影响曲线如图 23-9 所示。

循环注气开发时,保持较高的地层压力,可以使地层析蜡的影响保持在很低的水平。没有明显的渗透率改变。

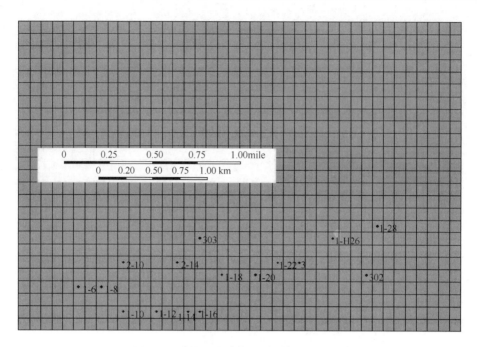

图 23-8 循环注气条件下渗透率的变化值

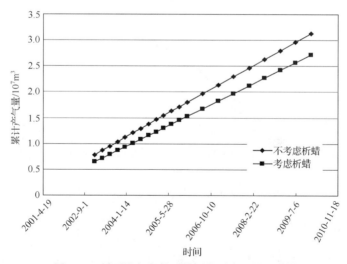

图 23-9 循环注气条件下蜡沉积对产量的影响曲线

23.2.3 储层渗透率大小对开采效果的影响

在衰减式开采的前期,不同渗透率下,蜡沉积对产量无明显影响,后期低渗透情况的产量低于中渗透情况。

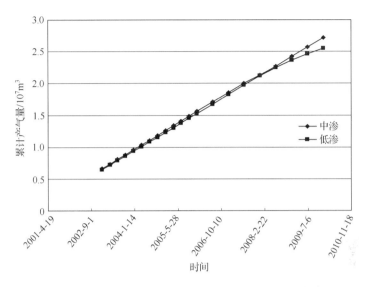

图 23-10 不同渗透率条件下蜡沉积对产量的影响曲线

23.2.4 凝析气重组分含量大小对开采效果的影响

由图 23-11 和图 23-12 可以看出,重组分含量对产量的影响明显。较多重组分含量的组成时,累计产气量低于较少重组分。而较多重组分的凝析气藏,早期产油量低于较少重组分的凝析气藏,后期其产油量明显增长。

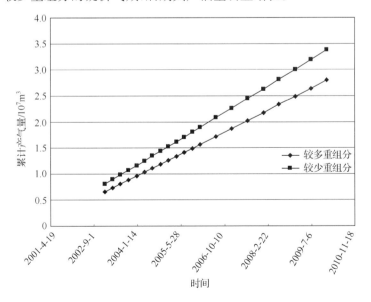

图 23-11 不同重组分含量下蜡沉积对累计产气量的影响曲线

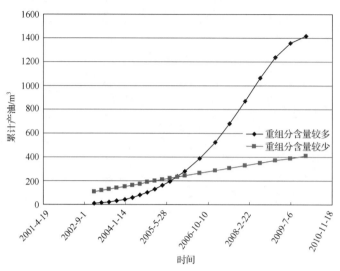

图 23-12   不同重组分含量下蜡沉积对累计产油量的影响曲线

23.3   示 例 计 算

23.3.1   模拟参数选择

运用上述多相复杂变相态渗流数学模型,计算时选用的状态方程为 PR 方程。对 TH2 井凝析体系进行渗流模拟计算,油气模拟组成如表 23-4 所示,所用基础数据如表 23-5 所示。

表 23-4   体系摩尔组成及物性参数

井号		TH2
层位		N1j
生产井段/m		4958～4963
厚度/m		5
原始地层压力/MPa		55.45
地层温度/K		407.05
井流物组分/%	CO_2	0.58
	N_2	3.30
	C_1	76.54
	C_2	8.70
	C_3	2.44
	C_4	1.55
	C_5	0.83
	C_6	0.53
	C_7	5.53

表 23-5　TH2 井动态预测所用基础数据

井号	TH2
储层有效厚度/m	5.0
原始地层压力/MPa	55.45
单井控制半径/m	700
储层孔隙度/%	14.5
储层有效渗透率/$10^{-3}\mu m^2$	4.844
露点压力/MPa	50.85
析蜡点压力/MPa	48.5(49℃)
凝析油产量/(m³/d)	101.4
凝析气产量/(m³/d)	107587

23.3.2　凝析气井近井地带地层油气渗流特征

利用数学模型对多相渗流区域前缘半径进行预测,模拟结果如图 23-13 所示。

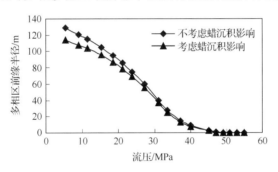

图 23-13　蜡沉积对多相区域前缘流动半径的影响

蜡沉积对凝析气液流动前缘半径产生影响,流动半径减小。对于本次模拟的 TH2 井流动区域半径可减少 15m。

由此看出,蜡沉积可使部分区域孔隙减少,流动阻力增大。为此对含蜡凝析气田的开发有效控制蜡的沉积对储层的伤害是十分重要的,特别是低渗透凝析气田的开发控制是十分重要的。

23.3.3　产能计算

根据两相拟压力计算结果和产能方程式求出拟稳态流动阶段的 IPR 曲线。图 23-14 为初始压力分别为 40MPa 和 55.5MPa 时沉积对产能的影响曲线。从图 23-14 可以看出,不考虑蜡沉积对原始 IPR 曲线的数值的影响,不考虑蜡沉积会对产量预测明显偏大,蜡沉积可使产量下降 15%。

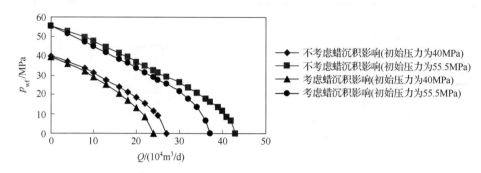

图 23-14　蜡沉积对 TH2 井 IPR 曲线的影响

　　由此看出,含蜡凝析气田开发有效控制蜡的沉积对储层的保护和开发控制是十分重要的,特别是低渗透凝析气田的储层压力开发控制,防止蜡的沉积对气田的开采生命周期的延伸是十分有益的。

第 24 章　低渗含硫气藏的有效开发

24.1　气　藏　地　质

24.1.1　气藏构造特征

1. 构造总体形态

铁山坡构造地面构造形态完整,是一个北东向高陡背斜,两翼不对称,西北翼较东南翼缓,地表断裂不发育。往下至地腹,由于受大巴山和川东褶皱带两组不同方向挤压力的影响使得构造复杂,断层十分发育。根据三维地震解释成果,飞三段顶界构造和储层顶界构造特征基本一致。飞一——飞三段鲕滩储层顶界构造总体表现为两翼受断层夹持的断垒构造,长约 13.05km,宽约 1.65km。由北向南有三个高点,分别为金竹坪高点、坡 2 井区断高构造和黄草坪高点。

金竹坪高点位于构造北段,是铁山坡构造的主体,轴线北东向,两翼不对称,东南翼较陡,西北翼较缓,四周均为断层封闭。构造长约 8.0km,宽约 1.65km,闭合面积 15.14km²;高点海拔－2821m,最低构造线海拔－3300m,闭合度 479m。内部又是由金竹坪北高点和金竹坪南高点两个小高点组成,北为主高点,位于 Inline470、Crossline370 交点附近,高点海拔－2821m;南为次高点,位于 Inline370、Crossline340 交点附近,高点海拔－2829m;两高点顺轴线排列,高点间以正鞍相接。

坡 2 井区断高位于金竹坪高点西南横①号断层下盘,实际上是金竹坪高点南倾没端被横①号断层切割形成的一个小断鼻构造,高点位于 Inline290、Crossline300 交点附近,高点海拔－3100m,最低圈闭线－3400m,闭合高度 300m,长约 2.35km,宽约 1.25km,闭合面积 4.02km²。

黄草坪高点位于构造南端,轴线北东,东南翼靠近高点附近发育有坡④号倾轴逆断层,西北翼发育坡②号倾轴逆断层,北与坡 2 井区断高以鞍部相接,南延伸出矿权线。高点位于 Inline130、Crossline260 交点附近,高点海拔－3085m,最低闭合线约－3250m,闭合高度约 165m,长约 1.9km,宽约 0.9km,闭合面积 1.42km²。各圈闭要素见表 24-1。

表 24-1　铁山坡构造飞三顶及飞仙关组鲕滩储层顶界构造要素表

| 反射层 | 圈闭名称 | | 高点海拔/m | 最低圈闭线海拔/m | 闭合度/m | 闭合面积/km² | 轴长/km | | 构造走向 |
	序号	名称					长轴	短轴	
飞三顶	1	金竹坪高点	−2657	−3200	543	18.13	8.00	2.15	NE
		1-1 金竹坪北高点	−2657	−2700	43	0.70	1.70	0.50	NE
		1-2 金竹坪南高点	−2690	−2700	10	0.10	0.50	0.25	NE
	2	坡2井区断高	−3000	−3300	300	4.70	2.65	1.45	NE
	3	黄草坪高点	−2955	−3150	195	2.72	2.40	1.30	NE
飞一—飞三储层顶	1	金竹坪高点	−2821	−3300	479	15.14	8.00	1.65	NE
		1-1 金竹坪北高点	−2821	−2850	29	0.70	2.00	0.40	NE
		1-2 金竹坪南高点	−2829	−2850	21	0.40	1.00	0.40	NE
	2	坡2井区断高	−3100	−3400	300	4.02	2.35	1.25	NE
	3	黄草坪高点	−3085	−3250	165	1.42	1.90	0.90	NE

2. 剖面特征

铁山坡构造地腹断裂较为发育,飞仙关组两翼均为断层所夹持,在横剖面上其形态特征表现为断垒,其西北翼相对较平缓,东南翼相对较陡。

3. 断层特征

铁山坡构造地腹断裂较为发育,但对构造起主要控制作用的还是东南、西北两翼的倾轴逆断层。它们沿构造走向延伸,相向而倾,切割构造,使构造抬升而成为断垒,控制了构造的总体形态。断层要素见表 24-2。

24.1.2　地层及沉积相特征

1. 地层特征

川东北部地区下三叠统飞仙关组仅 T_1f^4 段与下伏三段分层明显,岩性组合、电性特征、生物化石类型、地层厚度均较稳定,且区域对比性好,易于区分;T_1f^1、T_1f^2、T_1f^3 段因飞二泥页岩相变为灰岩难以细分,统称为 T_1f^{3-1} 段。其底界与下伏二叠系长兴组呈整合接触,上与 T_1f^4 段一起与上覆三叠系嘉陵江组呈整合接触。

表 24-2　铁山坡构造断层要素表

断层名称	性质	所在构造部位	与构造轴线关系	断层长度/km	断距/m	消失部位		产状	
						向上	向下	倾向	倾角
坡①	逆	铁山坡构造东南翼	平行	15.3	600～2280	嘉陵江组	奥陶系	北西	60°～75°
坡②	逆	铁山坡构造西北翼	平行	14.7	450～1580	嘉陵江组	奥陶系	南东	45°～67°
坡④	逆	黄草坪高点东南翼	平行	3.9	200～850	嘉陵江组	二叠系	北西	40°～75°
横①	逆	铁山坡构造西南段	斜交	3.5	50～220	嘉陵江组	二叠系	北东	15°～35°
横②	逆	铁山坡构造东北段	垂直	1.2	250～300	嘉陵江组	二叠系	南西	30°～45°

铁山坡气田各井飞仙关组地层厚度在 400m 左右,其中,T_1f^4 段钻厚 22.5～36.0m,T_1f^{3-1} 段为 375.5～325.5m。

T_1f^4 段岩性主要为紫红色泥岩和灰褐色、灰绿色云岩、泥云岩、泥灰岩及灰白色石膏。自然伽玛为 14～75API,深侧向电阻率为 28～38000Ω·m。

T_1f^{3-1} 段岩性主要为一套灰色、褐灰色、灰褐色粉晶灰岩及亮晶鲕粒云岩、灰岩,岩性、电性特征可对比。横①号断层以北所钻坡 1、4 井发育不同厚度的石膏,石膏与云岩互层的厚度由南往北逐渐增加。

2. 沉积相特征

1) 沉积发展史

据中国石油西南油气田分公司勘探开发研究院王一刚等[1]对川东北部地区飞仙关组沉积相的研究,川东北部地区飞仙关期的沉积环境是在继承晚二叠世长兴期的基础上发展起来的。形成于长兴,消亡于飞仙关期的开江—梁平海槽,直接控制着川东北部地区飞仙关组的沉积相。

在四川盆地东北部随着东吴运动后的海平面上升,受南秦岭洋扩张-收缩的影响,长兴期为海侵体系域的深缓坡—海槽沉积环境,在飞仙关期进入高位域,沉积环境演化为碳酸盐台地—陆棚—海槽的沉积环境。随碳酸盐台地的逐渐发育、增生,开江—梁平海槽充填消亡,演化为台地潟湖,台地东界不断向东扩展,鄂西—城口海槽则不断缩小。台缘鲕粒坝由台地边缘逐渐向海槽穿时抬升,部分地区(如铁山—梁平、黄龙场、渡口河、铁山坡等)在原鲕粒坝之上又可叠加上鲕粒滩沉积,从而构成了较厚的鲕粒岩组合,为储层发育奠定了良好的基础。高位域晚期海平面明显降低,最后全区演化为均一化的潮坪沉积环境。

2）沉积微相及其横向展布特征

铁山坡地区西靠开江—梁平海槽,东邻鄂西海槽,飞仙关期属夹于两海槽之间的碳酸盐台地,根据岩心资料及铁山坡地区所处的碳酸盐台地相特征,可进一步划分出三个沉积微相:边缘鲕粒滩相、滩间潟湖相及潟湖潮坪相,各微相特征简述如下:

边缘鲕滩相。分布于鲕粒滩迎浪面一方的前缘地带,属台地边缘高能环境,其沉积过程受风浪控制。鲕滩中有大量的砂屑共生,原沉积鲕粒含量较少,以亮晶胶结为主,鲕滩沉积物淘洗充分,沉积物质纯,颗粒含量高,分选好,间歇暴露地表的淡水淋滤作用使沉积物易产生建设性后生变化,致使云化程度高,储层改造十分彻底,是飞仙关储层改造最有利的沉积微相。

滩间潟湖相。分布于鲕粒滩背浪面(滩后)一方,属于相对低能环境,其沉积过程中主要受潟湖内潮汐及微风浪控制,分选一般较差。并存在大量灰泥或细粉晶方解石,由于潟湖内的蒸发作用,普遍存在大量的石膏等蒸发矿物,与云岩互层状分布。主要岩性为泥-细粉晶灰岩、团粒、豆粒灰岩及鲕粒云岩、石膏及膏质云岩。该微相是飞仙关储层中较差的沉积微相。

潟湖潮坪相。横向上远离鲕粒滩,分布于潟湖边缘,主要岩性为泥-细粉晶云岩、石膏及膏质云岩。该微相是飞仙关储层中最差的沉积微相。

这三个沉积微相与整个川东北地区的沉积微相一致。从川东北地区各构造上已钻井飞仙关气藏岩心及测井资料分析,川东北地区飞仙关横向上基本可分为三个明显不同的相区:

(1) 罗家寨、渡口河(渡3、渡4)、铁山坡(坡2、坡5井区)一线为边缘鲕粒滩相;

(2) 滚子坪、渡口河北(渡5井区)、铁山坡北高点(坡1井区)一线为滩间潟湖相;

(3) 老鹰岩(鹰1井)、紫水坝(紫1井)、金珠坪(金珠1井)一线为潟湖潮坪相,各沉积相区呈北西至东西向展布。

铁山坡构造南段(坡5、坡2井区)飞仙关组的沉积微相主要为边缘鲕滩相,构造北段(坡1、坡4井区)飞仙关组的沉积微相主要为滩间潟湖相。

24.1.3　储层特征

1. 储集空间类型及特征

铁山坡飞仙关气藏储层储集空间类型分类及岩心孔、洞统计表见表24-3和表24-4。铁山坡构造飞仙关组储层孔隙、溶洞比较发育,孔隙类型多,总体上可分为孔、洞、缝、喉四大类14亚类,其中以粒间(内)溶孔、溶孔、晶间溶孔为主,次为铸模孔、砾间(内)溶孔、体腔孔。根据坡2井取心井段观察溶孔、溶洞分布不均,局部富

集呈炭碴状、蜂窝状,统计溶洞共 1110 个,平均 9.08 个/m,局部井段洞密度可达
171 个/m,洞径一般 2~5mm,个别 12mm,形状以椭圆形为主,部分为不规则多边
形。主要发育在粉晶云岩、残余砂(砾)屑粉晶云岩中,多属于孔隙性溶蚀洞。坡 1
井 FMI 成像测井显示,井段 3400~3460m 见许多黑色的斑点和斑块,且深浅双侧
向呈大幅度正差异,说明地层溶蚀孔洞发育。坡 2 井 FMI 成像测井具同样特征。
以上资料表明铁山坡气田飞仙关组储层孔隙类型多,但以溶孔、溶洞为主,储集能
力强。

表 24-3　铁山坡飞仙关气藏储层储集空间类型分类表

成因类型		特　征	形成阶段
类	亚　类		
孔隙	粒间孔	分布于砂屑、虫屑、鲕粒等颗粒之间的原生孔隙,多被充填	沉积期
	体腔孔	分布于生物壳内,由有机质腐烂而成,多被充填	
	砾内溶孔	多数为粒屑角砾内的粒间(内)孔隙	同生期至成岩早(晚)期
	砾间溶孔	多数沿干裂角砾缝间溶蚀形成	
	粒间溶孔	粒间孔隙被溶蚀扩大而形成	
	粒内溶孔	分布于颗粒内部的溶蚀孔隙	
	铸模孔	颗粒全部被溶蚀所成的孔隙	
	晶间溶孔	晶间孔被溶蚀扩大而形成	
	非选择性溶孔	原来孔隙溶蚀扩大,已破坏原始组构	
洞穴	孔隙性溶洞	沿孔隙溶蚀扩大,呈层分布,洞间连通性差	成岩晚期
	裂缝性溶洞	沿裂缝局部扩大溶蚀形成	
裂缝	压溶缝	压溶所成,呈锯齿状,多为有机质充填,无储集性	同生期至成岩早(晚)期
	构造缝	喜山期形成的构造缝,半充填或未充填	
	溶蚀缝	原来裂缝被溶蚀扩大,缝壁不规则	同生期
喉		连通孔隙或洞穴的狭窄通道,受组构控制	各个时期

表 24-4　铁山坡飞仙关气藏岩心孔、洞统计表

井号	洞/个	洞/(个/m)	岩心冒气/处
坡 2	1110	9.08	74
坡 1	183	2.55	116
坡 4	112	3.75	25
合计	1405	6.28	215

2. 储集层物性特征

铁山坡飞仙关组气藏目前已完钻井 4 口(坡 1、2、4、5 井),气藏外完钻井 1 口(坡 3 井),T_1f^{3-1} 段取心井 4 口(坡 1、2、3、4 井)。坡 1 井取心进尺 73.06m,心长 71.76m,收获率 98.22%;坡 2 井取心进尺 125.95m,心长 122.21m,收获率 97.03%;坡 3 井取心进尺 90.75m,心长 90.75m,收获率 100%;坡 4 井取心进尺 30.12m,心长 29.83m,收获率 99.04%。实验室作孔、渗、饱、化、薄等常规分析,取样密度为 3~5 块/m,并有压汞、铸体、电镜扫描样品分析,以上为描述储层特征提供了基础。

表 24-5　铁山坡飞仙关气藏孔隙度分布统计表

井号	样品数/个	孔隙度/%				
		最大值	最小值	一般值		平均值
				孔隙度	样品数	
坡 1 井	268	16.96	0.25	<6	225	2.99
坡 2 井	574	21.76	0.46	<7	395	5.79
坡 4 井	77	9.81	0.51	<4	60	2.69
平均	919	21.96	0.25	<6	663	4.71

1) 孔隙度

根据铁山坡飞仙关组气藏 3 口取心井岩心物性分析资料,飞仙关组气藏孔隙度值分散程度较大,最大值为 21.76%,最小值仅为 0.25%,如表 24-5 所示。根据频率统计,铁山坡飞仙关气藏孔隙度偏低,在坡 1、2、4 井 919 块岩心孔隙度样品中,孔隙度小于 6% 的岩心样品占 72.14%,其中,孔隙度在 2% 以下的达 44.07%,2%~6% 的只有 28.07%;而孔隙度大于 6% 的样品出现的频率仅占 27.86%。从单井统计情况也是如此,除坡 2 井较好、岩心分析最大孔隙度为 21.76%、最小为 0.46%,孔隙度在 2% 以下的样品只有 32.4%,坡 1 井岩心分析最大孔隙度为 16.96%、最小为 0.25%,孔隙度在 2% 以下的样品达 63.8%;坡 4 井岩心分析最大孔隙度只有 9.81%,最小为 0.51%,孔隙度在 2% 以下的样品为 62.34%。

2) 渗透率

根据铁山坡飞仙关气藏 661 块岩心渗透率样品统计,储层渗透率最大为 $169 \times 10^{-3} \mu m^2$,最小小于 $0.01 \times 10^{-3} \mu m^2$,如表 24-6 所示。其中,渗透率小于 $0.01 \times 10^{-3} \mu m^2$ 的样品 351 块,平均渗透率为 $8.662 \times 10^{-3} \mu m^2$;小于 $0.01 \times 10^{-3} \mu m^2$ 的样品 310 块。从频率分布来看,除了小于 $0.01 \times 10^{-3} \mu m^2$,渗透率在 $1 \times 10^{-3} \sim 0.1 \mu m^2$ 分布频率相对较高,但峰值并不明显。通过对 351 块(其中,坡 1 井 78 块、坡 2 井 250 块、坡 4 井 29 块)渗透率大于 $0.01 \times 10^{-3} \mu m^2$ 的样品统计,$0.01 \times 10^{-3} \sim 1.0 \times 10^{-3} \mu m^2$ 的渗透率样品 195 块,占 55.56%。

表 24-6　铁山坡飞仙关气藏岩心渗透率统计表

井号	样品数/个	渗透率/$10^{-3}\mu m^2$			不同渗透率区间统计									
					$(0.01\sim0.1)$ $\times10^{-3}\mu m^2$		$(0.1\sim1)$ $\times10^{-3}\mu m^2$		$(1\sim10)$ $\times10^{-3}\mu m^2$		$(10\sim100)$ $\times10^{-3}\mu m^2$		>100 $\times10^{-3}\mu m^2$	
		最大	最小	平均	样品数/块	比例/%	样品数/块	比例/%	样品数/块	比例/%	样品数/块	比例/%	样品数/块	比例/%
坡1井	78	19.70	0.023	1.23	30	38.46	31	39.74	15	19.23	2	2.56	0	0
坡2井	250	169.00	0.022	11.60	41	16.40	78	31.20	67	26.80	60	24.00	4.00	1.60
坡4井	29	9.82	0.001	1.11	12	41.38	9	31.03	8	27.59	0	0	0	0
合计	351	169	0.001	8.66	77	21.94	118	33.62	90	25.64	62	17.66	4.00	1.14

从表 24-6 可以看出,储层渗透性具有由北向南逐渐变好的趋势。例如,位于构造北端的坡 4 井岩心分析最大渗透率值只有 $9.82\times10^{-3}\mu m^2$,平均为 $1.11\times10^{-3}\mu m^2$;而向南至坡 1 井岩心最大渗透率变为 $19.7\times10^{-3}\mu m^2$,平均为 $1.23\times10^{-3}\mu m^2$;再向南至坡 2 井,岩心渗透率最高竟达 $169\times10^{-3}\mu m^2$,平均值也高达 $11.64\times10^{-3}\mu m^2$。可以看出其变化趋势是非常明显的。

从试解释得到的渗透率来看,也同样可以看出铁山坡飞仙关组储层渗透性由南向北变差。坡 5 井试井解释渗透率为 $28.29\times10^{-3}\mu m^2$,坡 2 井试井解释的渗透率为 $2.63\times10^{-3}\mu m^2$,坡 1 井试井解释的渗透率为 $0.75\times10^{-3}\mu m^2$,坡 4 井试井解释的渗透率为 $0.40\times10^{-3}\mu m^2$,除了位于构造南端的坡 5 井试井解释的渗透率较高,其余 3 口井试井解释的渗透率都较低,表明铁山坡飞仙关组储层的渗透性能较差,这与其孔隙结构较差有关。

综上所述,铁山坡飞仙关组储层属于属低-中渗型储层。

3. 孔隙结构特征

铁山坡共有 2 口井作飞仙关组压汞分析 38 个样品、20 个铸体分析样品。通过这些样品的分析对比,对飞仙关组储层的孔喉大小分布、孔喉分选性和连通性以及渗滤特点有了一定的认识。

1) 孔隙及喉道形态、大小特征

溶孔形态在岩心上多呈不规则状或次圆状,在薄片上则为不规则多边形和溶蚀港湾状,孔隙喉道主要为片状晶间隙,少部分呈管状。根据岩心压汞资料分析,铁山坡飞仙关组储层孔隙结构特点为孔隙度较高,一般为 $4\%\sim12\%$,最高可达 21.76%;储层最大连通孔喉半径 Rc_{10} 在 $0.0983\sim74.2425\mu m$,平均为 $6.9812\mu m$;饱和中值半径 Rc_{50} 在 $0.0100\sim5.6889\mu m$,平均为 $1.0404\mu m$,说明孔隙主要为粗-细孔,孔喉为大-小喉。表征全孔喉分布平均位置的均值系数 XP 最大为 $10.36813\mu m$,平均为 $2.12466\mu m$,表明均质性较强;变异系数 C_c 最大为 0.37770,最小为 0.09891,平均为 0.24634,孔隙结构较好,如表 24-7 所示。

表 24-7 铁山坡飞仙关气藏岩心压汞分析孔隙结构特征数据分类统计表

孔隙度区间	参数值范围	孔隙度 φ/%	孔喉大小参数/μm				孔喉分选		排驱压力 P_d/MPa	孔喉连通性	
			最大连通孔喉半径 R_{c10}	饱和度中值半径 R_{c50}	均值系数 XP	变异系数 CC	分选系数 CS	歪度系数 SK		饱和度中值压力 P_{c50}/MPa	束缚水饱和度 S_{min}/%
<2%	最大值	1.8	0.0738	0.0072	0.11024	0.209	2.7479	1.2043	200	102.7191	60
	最小值	0.28	0.0038	—	0.00996	0.02403	0.39922	-3.35214	9.9571	—	18.11
	平均值	1.04	0.0388	—	0.0601	0.11652	1.57356	-1.07392	104.9786	—	39.055
2%~6%	最大值	5.9	1.2743	0.4856	1.27676	0.3777	3.6312	2.2072	7.6279	73.1979	30
	最小值	2.2	0.0983	0.01	0.03767	0.09891	1.45358	-0.11953	0.5885	1.5444	5.153
	平均值	4.2	0.4794	0.1085	0.45838	0.20484	2.30441	1.14761	2.9516	16.9904	14.919
6%~12%	最大值	11.7	9.2337	1.9478	2.40875	0.29511	2.9315	2.2154	1.2775	4.2055	13.19
	最小值	6	0.5754	0.1748	0.28887	0.1831	1.9141	0.87779	0.0796	0.385	1.671
	平均值	9.23	3.0592	0.8566	0.95217	0.23736	2.43776	1.43234	0.4438	1.3637	7.824
≥12%	最大值	21.4	74.2425	5.6889	10.36813	0.3769	2.93562	2.6332	0.2575	0.9453	23.52
	最小值	13.1	2.9121	0.7934	0.56951	0.2534	0.1211	0.91499	0.0099	0.1292	5.5
	平均值	16.6	19.1781	2.4102	5.41789	0.30812	2.37946	2.21949	0.0804	0.4311	12.156
所有样品合计	最大值	21.4	74.2425	5.6889	10.36813	0.3777	3.6312	2.6332	200	102.7191	60
	最小值	0.28	0.0038	0.0072	0.00996	0.02403	0.39922	-3.35214	0.0099	0.0099	1.671
	平均值	9.08	6.6158	1.0125	2.016	0.2395	2.32627	1.42339	6.7644	9.7386	13.336
≥2%样品合计	最大值	21.4	74.2425	5.6889	10.36813	0.3777	3.6312	2.6332	7.6279	73.1979	30
	最小值	2.2	0.0983	0.01	0.03767	0.09891	1.45358	-0.11953	0.0099	0.1292	1.671
	平均值	9.52	6.9812	1.0404	2.12466	0.24634	2.36809	1.56213	1.308	7.1558	11.907

从铸体薄片镜下鉴定看,孔隙直径分布频率总体略偏细,以直径在 $20 \sim 80 \mu m$ 的晶间溶孔为主,溶蚀扩大的非选择性溶孔较少。在有效视域分布范围内,储层最小孔隙直径为 $10 \mu m$,最大可超过 $400 \mu m$(显微镜有效分辨直径为 $0.01mm$)。在整个测定区域 60% 以上的孔隙直径集中在 $40 \sim 80 \mu m$,直径大于 $80 \mu m$ 以上的溶蚀扩大孔分布频率仅占 $15\% \sim 24\%$。与压汞资料相比,虽然压汞孔喉直径偏粗,但平面孔隙直径却总体表现为偏细,分选和均质性较压汞孔喉分布好。平均孔隙喉道直径比为 $6.03 \sim 21.38$,为典型的粗~细孔、中喉型储层,其孔隙结构好,但各样品之间差异较大,说明储层纵向上非均质性强,不同部位样品孔隙结构存在较大差异。

2) 孔喉分选特征

铁山坡构造飞仙关组储层孔喉分选较差,描述孔喉大小分选程度的分选系数 C_S 最大为 3.63120,最小为 1.45358,平均为 2.36809。歪度系数 S_K 平均为 1.56213,表明孔喉分布相对于平均值来说具粗歪度、偏于大孔。

3) 排驱压力、饱和中值压力、束缚水饱和度

各压汞分析样品的排驱压力 P_d 最大为 $200MPa$,最小为 $0.0099MPa$,平均为 $6.7644MPa$;其中,孔隙度 $\geq 2\%$ 样品的排驱压力 P_d 最大为 $7.6279MPa$,最小为 $0.0099MPa$,平均为 $1.3080MPa$,$\phi > 6\%$ 样品的排驱压力几乎都小于 $1MPa$,表明在孔隙度 $\geq 2\%$ 样品的孔隙连通性好,且这部分样品的饱和度中值压力 Pc_{50} 较低,平均为 $7.1558MPa$,说明其渗滤能力好,具较高的生产能力;同时其束缚水饱和度最大为 30%,最小为 1.671%,平均为 11.907%,也表明其连通性较好。

从压汞资料的排驱压力、饱和度中值压力及束缚水饱和度(s_{min})来看,储层孔隙的连通性较好。

4) 铁山坡和罗家寨、滚子坪飞仙关储层孔喉特征对比

川东北飞仙关气藏已有罗家寨和滚子坪飞仙关气藏编制了开发方案,表 24-8 是铁山坡飞仙关组储层孔隙结构与罗家寨、滚子坪飞仙关组储层孔隙结构对比表。

表 24-8　滚子坪、罗家寨飞仙关储层、石炭系储层孔喉特征对比表

气藏	岩样平均孔隙度 $\phi/\%$	平均饱和中值半径 $Rc_{50}/\mu m$	平均孔喉分选系数 S_p	平均孔喉歪度 S_{kp}	平均排驱压力 Pc_{10}/MPa
铁山坡	9.08	1.01	2.32	1.423	6.76
滚子坪	6.90	0.58	2.67	0.467	1.56
罗家寨	9.40	3.50	3.10	0.450	1.27

从表 24-8 可以看出,铁山坡飞仙关组储层的孔隙结构比罗家寨和滚子坪飞仙关组储层的孔隙结构要差。从排驱压力来看,铁山坡飞仙关组储层的平均排驱压力远高于罗家寨和滚子排飞仙关组储层排驱压力,分选系数比罗家寨和滚子坪的都小,表明铁山坡飞仙关储层分选较差,其平均饱和中值半径比罗家寨要小,比滚

子坪稍大。

综上所述,铁山坡飞仙关组鲕滩储层储集性能良好,就孔隙结构而言,其形态不规则,孔径差异大,孔喉搭配较好,孔喉体系分选较差,但储层连通性好,具粗~细孔、中喉特征。总体而言,铁山坡飞仙关组储层孔隙结构比罗家寨和滚子坪飞仙关组的储层孔隙结构差。

4. 裂缝发育及其分布

根据铁山坡飞仙关气藏 3 口取心井统计,气藏裂缝以压溶缝、溶蚀缝及构造缝为主,而有效缝主要为张开的构造小平缝和溶蚀缝,缝间部分彼此相交,相互连通,构成良好的流体渗流通道。从有效裂缝发育的条数来看,位于气藏北端的坡 4 井有效裂缝发育最差,裂缝总条数为 391 条,缝密度为 13.11 条/m,其中有效缝 231条,密度 7.74 条/m。坡 2 井有效裂缝最发育,总缝为 479 条,平均缝密度 3.92条/m,其中有效缝 415 条,平均缝密度 3.4 条/m。坡 1 井裂缝发育程度介于坡 4井和坡 2 井之间,裂缝总数为 576 条,平均缝密度 8.03 条/m,其中有效缝 387 条,平均缝密度 5.39 条/m。但就总体而言铁山坡飞仙关气藏储层裂缝是不太发育的,3 口井平均有效密度只有 4.62 条/m。

根据 FMI 测井也显示铁山坡飞仙关气藏储层裂缝仅在局部较发育,坡 1、2 井FMI 显示储层在局部存在不规则溶蚀现象;DSI(偶极横波声波成像)显示纵、横波能量衰减较明显,斯通莱波变密度图上干涉条纹少(主要受泥饼影响),但斯通莱波反射强度上行、下行均有衰减,分析认为该储层段裂缝较发育,但以微细裂缝为主。斯通莱波渗透率图上显示流体移动指数较大,反映储层段孔、洞、缝有效。从坡 1井两次不同时间测井(时间相距 101d)所测的深浅双侧向对比曲线图上可清楚看到:第二次测井深浅双侧向值较第一次测井均有不同程度降低,表明随时间推移,泥浆侵入加深,这一方面是反映储层的渗透性较好,而另一方面也可以说明储层可能存在裂缝。

5. 储层分类

根据碳酸盐岩分类标准,铁山坡飞仙关气藏储层可分为 Ⅰ、Ⅱ、Ⅲ、Ⅳ 共四类。Ⅰ 类储层 $\phi \geqslant 12\%$,Ⅱ 类储层 $6\% \leqslant \phi < 12\%$,Ⅲ 类储层 $2\% \leqslant \phi < 6\%$,Ⅳ 类(非储层)$\phi < 2\%$。据此,根据岩心和测井解释数据坡 1 井 Ⅰ 类储集岩厚 3.77m,Ⅱ 类储集岩厚 20.87m,Ⅲ 类储集岩厚 64.32m,Ⅳ 类储集岩厚 263.54m;坡 2 井 Ⅰ 类储集岩厚23.48m,Ⅱ 类储集岩厚 50.29m,Ⅲ 类储集岩厚 68.71m,Ⅳ 类储集岩厚 217.52m;坡 4 井无 Ⅰ 类储集岩,Ⅱ 类储集岩厚 7.78m,Ⅲ 类储集岩厚 21.36m,Ⅳ 类储集岩厚317.36m;坡 5 井 Ⅰ 类储集岩厚 61.62m,Ⅱ 类储集岩厚 123.00m,Ⅲ 类储集岩厚45.38m,Ⅳ 类储集岩厚 217.52m(表 24-9)。

表 24-9　铁山坡飞仙关气藏储集岩分类统计表

井号	T_1f^{3-1}钻厚/m		I类储层		II类储层		III类储层		合　计	
			厚度/m	孔隙度/%	厚度/m	孔隙度/%	厚度/m	孔隙度/%	厚度/m	孔隙度/%
坡5井	375.5(未完)		61.62	13.50	123.00	9.53	45.38	4.03	230.00	9.50
坡2井	360.0(未完)		23.48	15.05	50.29	8.69	68.71	3.69	142.48	7.33
坡1井	352.5	上储层	3.77	14.08	12.87	8.74	19.57	3.72	36.21	6.58
		下储层	—	—	8.00	6.82	44.75	4.26	52.75	4.65
		合　计	3.77	14.08	20.87	8.00	64.32	4.09	88.96	5.43
坡4井	346.5(未完)	上储层	—	—	3.22	7.77	8.30	3.75	11.52	4.87
		下储层	—	—	4.56	7.88	13.06	3.95	17.62	4.97
		合　计	—	—	7.78	7.84	21.36	3.87	29.14	4.93

6. 储集层纵横向分布特征

1) 实钻结果

据实钻资料,储层在纵向上主要位于 T_1f^{3-1} 的中下部,储层顶界距飞三顶界 109.25～156.75m。储渗段在纵向上的分布特征为:多个储渗段与致密层相间互分布,坡5井储渗段在纵向上分布的连续性较好,而其他各井储层段在纵向上分布的连续性较差,纵向上表现为由多个储渗段组成。平面上 I、II、III 类储层在构造南端最发育,例如,坡5井 I、II、III 类储层总厚高达 230m,发育程度(与地层钻厚的比)达 61.25%,且 I 类储层厚达 61.62m;向构造北端储层逐渐变差,到坡4井 I、II、III 储层总厚仅为 29.14m,与地层钻厚的比也只有 8.41%,且无 I 类储层发育(表 24-10)。

表 24-10　铁山坡飞仙关气藏各井 I、II、III 类储层统计表

井号	I类储层		II类储层		III类储层		合　计	
	厚度/m	比例/%	厚度/m	比例/%	厚度/m	比例/%	厚度/m	比例/%
坡5井	61.62	16.41	123.00	32.76	45.38	12.09	230.00	61.26
坡2井	23.48	6.52	50.29	13.97	68.71	19.09	142.48	39.58
坡1井	3.77	1.07	20.87	5.92	64.32	18.25	88.96	25.24
坡4井	—		7.78	2.25	21.36	6.16	29.14	8.41

2) 地震储层预测

由于地震对飞仙关组储层的预测技术日益成熟,通过地震预测来认识飞仙关鲕滩储层是非常有效的。针对铁山坡储层的纵横向变化,采用 Strata 速度反演和神经网络孔隙度反演进行储层预测。

Strata 速度反演在铁山坡构造三维偏移数据体中进行,飞四底向上 10ms,向下 170ms;神经网络孔隙度反演在鲕滩储层顶界向上 10ms,向下 85ms 的三维偏移数据体中进行。

通过 Strata 速度反演,有效地突出了鲕滩储层的低速特征,反演体中储集层段的反演速度为 4500～6200m/s,尤其是产气层段的速度低于 5900m/s。上储层速度范围较下储层低,速度条带连续性好,且时间厚度大。经立体切剖面,抽线分析、解释,以该反演结果为依据进行储层量化计算,可得到一系列储层参数在平面上的展布。全套储层(从储层顶至储层底)垂直厚度范围 251.10～168.96m,按鲕滩储层上限速度 6200m/s 计算,储层段时间厚度为 55～81ms;上储层(从上储层顶至上储层底)垂直厚度为 68.73～27.10m,时间厚度为 8.8～23.0ms。综合分析钻井、测井、地震剖面、速度反演剖面上的储层厚度,确定铁山坡范围内储层段时间厚度约 75ms,上储层段的时间厚度约 23ms。通过计算机分别自动拾取储层顶界以下 85ms 和 25ms 时窗范围内的反演速度值作为全套储层和上储层厚度计算的依据,利用储层量化处理软件,计算出全套储层和上储层的厚度、平均孔隙度、储能系数值,再使用工作站绘图软件绘制出全套储层和上储层的厚度、平均孔隙度、储能系数等值线图。

铁山坡构造全套储层厚度变化总的趋势是从南往北递减。坡 2～5 井区储层厚度为 120～240m,坡 1～4 井区为 20～150m。坡 1～4 井区上储层厚度全部大于 10m,为 10～60m,由南至北逐渐减薄,上储层厚度低于 20m 的区域出现在 Inline485 测线以北。

全套储层平均孔隙度变化范围为 4.0%～9.2%。坡 2～5 井区平均孔隙度为 4.0%～9.2%;坡 1～4 井区平均孔隙度为 4.0%～7.5%。坡 1～4 井区上储层平均孔隙度为 4.0%～8.3%,由南往北逐渐减小,至 Inline427 测线构造东翼平均孔隙度存在低于 4.5% 的区域,整个坡 1～4 井区上储层平均孔隙度均大于 4%。

全套储层储能系数变化趋势与储层厚度大体一致,变化范围为 1.0～21.0。坡 2～5 井区储能系数为 4.5～21.0;坡 1～4 井区储能系数为 1～8。坡 1～4 井区上储层储能系数为 0.55～4.00,由南往北逐渐减小,至 Inline398 测线构造东翼坡 4 井附近储能系数存在低于 1.0 的区域,整个坡 1～4 井区上储层储能系数均大于 0.15。

总体来看,铁山坡飞仙关气藏储层地震预测结果与实钻资料非常吻合,即纵向上储层发育不连续,被多个薄层分隔;横向上储层在构造南端最厚,向北储层逐渐变薄变差(与实钻资料储层厚度坡 5 井最大,向北依次为坡 5 井大于坡 2 井,坡 2 井大于坡 1 井,坡 1 井大于坡 4 井是完全一致的)。

3) 与邻区储层对比

表 24-11 和表 24-12 分别是滚子坪和罗家寨飞仙关组储层分类统计表。从表中可以看出,滚子坪飞仙关组的储层厚度为 17.38～67.75m,罗家寨飞仙关组的储层厚度为 5.25～85.05m,而铁山坡的储层厚度为 29.14～230.00m,因此从储层厚度来看,铁山坡飞仙组储层厚度比滚子坪、罗家寨飞仙关组储层厚度大。

表 24-11　滚子坪构造飞仙关组储层分类统计表

	储层分类及参数	罗家 5	罗家 9	罗家 10
Ⅰ类	储层厚度 h/m	2.000	1.375	0
	平均孔隙度 ϕ/%	13.792	13.325	—
	平均渗透率/mD	209.45	42.82	—
Ⅱ类	储层厚度 h/m	23.25	13.75	3.25
	平均孔隙度 ϕ/%	8.679	7.825	7.920
	平均渗透率/mD	29.69	5.70	2.18
Ⅲ类	储层厚度 h/m	37.88	52.63	14.13
	平均孔隙度 ϕ/%	3.61	3.90	3.90
	平均渗透率/mD	0.528	0.284	0.120
合计	储层厚度 h/m	63.13	67.75	17.38
	平均孔隙度 ϕ/%	5.79	4.87	4.65

表 24-12　罗家寨构造飞仙关组储层分类统计表

	储层分类及参数	罗家 1	罗家 2	罗家 4	罗家 6	罗家 7	罗家 8
Ⅰ类	储层厚度 h/m	8.8	20.15	0	0.56	0.75	1.53
	平均孔隙度 ϕ/%	16.99	14.57	—	12.94	14.13	13.1
	占储层总厚/%	29.6	27.8	—	1.6	5.82	1.8
Ⅱ类	储层厚度 h/m	8.32	30.53	0	4.17	2.5	47.25
	平均孔隙度 ϕ/%	9.23	9.29	—	8.39	7.71	8.43
	占储层总厚/%	28	42.2	—	12	19.41	55.55
Ⅲ类	储层厚度 h/m	12.59	20.83	5.25	30.12	9.63	36.27
	平均孔隙度 ϕ/%	3.27	4.06	2.86	3.1	3.34	3.94
	占储层总厚/%	42.4	30	100	86.4	74.77	42.65
合计	储层厚度 h/m	29.71	72.41	5.25	34.74	12.88	85.05
	平均孔隙度 ϕ/%	9	9.32	2.86	3.89	4.82	6.6

表 24-13 是铁山坡、罗家寨、滚子坪飞仙关组储层渗透率和产能系数 Kh 对比表(为试井解释结果),从渗透率来看,铁山坡飞仙关组储层渗透率较低,除了坡 5

井相对较高,其他各井的渗透率均低,需要说明的是,坡 5 井试井解释采用的是复合模型,虽然近井区的渗透率达到了 $28.29\times10^{-3}\mu m^2$,而远井区的渗透率只有 $18.92\times10^{-3}\mu m^2$,滚子坪和罗家寨试井解释结果则表明远井区的渗透率均比近井区渗透率大得多,例如,罗家 5 井近井区只有 $11.49\times10^{-3}\mu m^2$,但远井区达到了 $60\times10^{-3}\mu m^2$。从产能系数 Kh 来看,铁山坡飞仙关气藏除了坡 5 井由于储层厚度大,产能系数较高,其他各井的产能系数都较低,而罗家寨飞仙关气藏的产能系数都较高。

表 24-13　铁山坡、罗家寨、滚子坪飞仙关组储层渗透率对比表

井　号	渗透率 $K/10^{-3}\mu m^2$	产能系数 $Kh/(10^{-3}\mu m^2 \cdot m)$
坡 5 井	28.29	6506.70
坡 2 井	2.63	232.10
坡 1 井	0.75	48.60
坡 4 井	0.40	14.40
罗家 1 井	123.84	3950.50
罗家 2 井	47.32	3338.85
罗家 6 井	10.79	249.39
罗家 7 井	1.23	14.77
罗家 5 井	11.49	781.32
罗家 9 井	0.82	58.15

24.1.4　气藏流体、温度、压力系统及气水界面分析

1. 气藏流体性质

据坡 1、4 井地层水分析结果,坡 1 井下储层地层水型为 Na_2SO_4,氯根对天然气分析资料统计表明(表 24-14),铁山坡飞仙关气藏 4 口井甲烷的一般含量为 $76.90\%\sim78.52\%$,平均含量为 77.84%;H_2S 的一般含量为 $203.06\sim207.53g/m^3(14.19\%\sim14.51\%)$,平均含量为 $204.37g/m^3(14.28\%)$;CO_2 的一般含量为 $106.68\sim149.71g/m^3(5.43\%\sim7.62\%)$,平均含量为 $124.17\ g/m^3(6.32\%)$,属于高含 H_2S、中含 CO_2 的干气气藏。

据坡 1、4 井地层水分析结果:坡 1 井下储层地层水型为 Na_2SO_4,氯根含量为 $10553mg/L$,总矿化度为 $28.95g/L$,密度为 $1.02477g/cm^3$。坡 4 井下储层地层水型为 $NaHCO_3$,氯根含量为 $18127mg/L$,总矿化度为 $50.70g/L$,密度为 $1.06643g/cm^3$。

表 24-14　铁山坡气田各井天然气性质分析数据表

井　号		坡 5 井	坡 2 井	坡 1 井（上储层）	坡 4 井（上储层）
相对密度		0.694	0.706	0.708	0.719
临界压力/MPa		5.344	5.422	5.420	5.447
临界温度/K		219.800	223.300	223.200	224.300
分析项目/%	甲烷 CH_4	77.550	78.520	78.380	76.900
	乙烷 C_2H_6	0.060	0.050	0.050	0.040
	丙烷 C_3H_8	0	0.030	0.020	0
	异丁烷 $Iso\text{-}C_4H_{10}$	0	0	0	0
重烃	正丁烷 C_4H_{10}	0	0	0	0
	异戊烷 $Iso\text{-}C_5H_{12}$	0	0	0	0
	正戊烷 C_5H_{12}	0	0	0	0
	己烷 C_6H_{14}	0	0	0	0
	总量	0.060	0.080	0.070	0.040
	硫化氢 H_2S	14.240	14.510	14.190	14.200
	二氧化碳 CO_2	5.430	5.870	6.360	7.620
	氮 N_2	1.180	0.980	0.920	0.950
	氩 Ar	—	—	—	—
	氦 He	0.019	0.023	0.030	0.015
	氢 H_2	1.518	0.017	0.046	0.278
硫化氢/(g/m^3) H_2S		203.700	207.530	203.060	203.180
二氧化碳/(g/m^3) CO_2		106.680	115.330	124.960	149.710
备　注					

2. 气藏温度

本气藏四口井,测有 14 个点的静止温度,回归方程为

$$T = 273 + 33.656 - 0.0163H$$

式中, T 为地层温度(K); H 为海拔高程(m)。其中,相关系数 $R^2 = 0.9610$。

铁山坡气田三叠系飞仙关组气藏坡 2~5 井区高点海拔为 −3085m,含气边界为 −3500m,取气藏高度 2/5 处即 −3330m 为气藏中部海拔;坡 1~4 井区高点海拔为 −2821m,含气边界为 −3500m,气藏高度为 679m,取气藏高度 2/5 处即 −3230m 为气藏中部海拔。

将坡2～5井区气藏中部海拔−3330m代入上述公式即求得气藏南区平均地层温度为360.9K;将坡1～4井区气藏中部海拔−3230m代入上述公式即求得气藏北区平均地层温度为359.3K。

3. 气藏压力系统

1) 气藏南北区为两个不同的压力系统

由于在坡1井与坡2井之间存在的横①号断层将气藏分为南北两段,使得地层及储层在平面上分布不连续,气藏缺少了南北连通的地质条件。

根据试油结果,气藏南区坡2井测试产纯气,测试产量为$105.83 \times 10^4 \mathrm{m}^3/\mathrm{d}$。北区的坡1井下储层段测试结果为水层,水产量为$13.75\mathrm{m}^3/\mathrm{d}$。北区坡1井水层底界海拔高度为−3192.58m,南区坡2井气层顶界海拔为−3321.47m,这也就是说坡2井气层顶界比坡1井水层底界还低近200m,因此横①号断层两边储层不可能连通,气藏南北区应为两个独立的压力系统。

2) 坡1、4井上、下储层非同一压力系统

坡1井飞仙关组上储层段产层中部井深3430m,对应海拔为−2998.11m,该处地层压力为48.600MPa;而下储层段产层测点井深3486.97m,对应海拔为−3052.46m,比上储层段产层中部深度低约55m,测得该处的地层压力仅为47.869MPa,反比上储层段产层中部压力低达0.731MPa,表明上下两套储层显然不是同一压力系统,说明上下两套储层间石膏层的封隔作用非常好。

利用坡4井上下储层气、水柱压力方程计算结果也是如此,用上储层气柱压力方程,计算至石膏层顶部井深3457m(海拔−2997.86m)处的地层压力为48.619MPa;用下储层水柱压力方程计算至同一海拔处的地层压力为47.977MPa。下储层压力反比上储层压力低0.642MPa,结果也证明上、下两套储层不属于同一压力系统。

3) 气藏北区上储层为同一压力系统

利用坡1井上储层气柱压力方程,计算至海拔−2980m处的地层压力为48.546MPa,坡4井气柱压力方程计算至同一海拔处地层压力为48.565MPa,相差仅0.019MPa。且气藏储层分布连续,无地层缺失和断层遮挡,天然气气质十分接近。因此认为气藏北区坡1井上储层与坡4井上储层应属于同一压力系统。

4) 气藏南区坡2、5井为同一压力系统

坡2井飞仙关组储层内部无石膏层分布,上下为一套储层,MDT测试飞仙关组获13个有效压力点,其中,正常测压点10个,每次测压总流量小于20mL的测压点3个(表2-15)。MDT压力剖面显示这些有效压力点属于同一压力系统(图24-1),因此,坡2井储层为一个压力系统。坡5井情况也是如此。

表 24-15　坡 2 井飞仙关组 MDT 测试成果表

井深/m	垂深/m	地层压力/MPa	压力系数	备注
4037.93	3907.27	49.423	1.2900	总流量小于 20mL
4038.12	3907.46	49.401	1.2894	—
4040.41	3909.70	49.404	1.2887	—
4048.03	3917.17	49.432	1.2870	总流量小于 20mL
4057.52	3926.46	49.462	1.2847	总流量小于 20mL
4075.51	3944.08	49.506	1.2801	—
4078.02	3946.54	49.519	1.2797	—
4093.98	3962.11	49.569	1.2759	—
4095.88	3964.03	49.565	1.2752	—
4097.01	3965.14	49.580	1.2752	一纯气样 1 个
4139.02	4006.41	49.722	1.2657	—
4145.02	4012.32	49.712	1.2636	—
4158.53	4025.63	49.772	1.2609	—

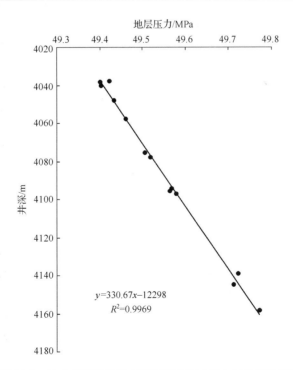

图 24-1　坡 2 井飞仙关组 MDT 测试地层压力与井深关系图

利用坡 2 井气柱压力方程,计算至海拔 -3350m 处的地层压力为 49.499MPa,坡 5 井气柱压力方程计算至同一海拔处地层压力为 49.358MPa,相差很小,为 0.141MPa。地震反映坡 5 井与坡 2 井间储层连续分布,无地层缺失和断层遮挡,因此,气藏南区坡 5 井与坡 2 井间属于同一压力系统。

4. 气水界面

1) 气藏南区气水界面的确定

坡 5 井飞仙关组为一整套储层,储渗段深浅双侧向呈明显正差异,测井孔隙度-含水饱和度关系图呈单边双曲线,具典型的气层特征,测井解释含气饱和度高,为气层。实际测试产气为 $62.76\times10^4\text{m}^3/\text{d}$。

坡 2 井测井曲线显示,在井深 4180m 以下深浅双侧向电阻率迅速降低,由 $1000\Omega\cdot\text{m}$ 以上降至 $300\Omega\cdot\text{m}$ 以下,具明显的水层特征,电测解释为气水同产。从测井的 $\phi\text{-}S_\text{w}$ 关系图也可以看出,在 4180m 以上时呈单边双曲线关系,具典型气层特征,而在 $4180\sim4210\text{m}$ 则点子较为杂乱,且总体有随孔隙度增大含水饱和度呈增高的趋势。因此,认为气藏南区气水界面应该是在坡 2 井井深 4180m 附近,对应海拔为 -3502.77m。所以将气藏南区气水界面定为海拔 -3500m。

2) 气藏北区上储层气水界面预测

坡 1 井飞仙关组储层分上、下两套,据测井精细解释,上储层储渗段深浅双侧向呈明显正差异,纵横波时差比为 $1.6\sim1.8$,测井孔隙度-含水饱和度关系图呈单边双曲线,具典型的气层特征;下储层储渗段深浅双侧向略呈正差异,低电阻率处重合,纵横波时差比为 $1.7\sim1.98$,在 $\phi_\text{测}\text{-}S_\text{w}$ 交会图中点子多分布于水层区,不具备单边双曲线特征,解释为水层。试油结果证实,上储层段产纯气为 $26.72\times10^4\text{m}^3/\text{d}$,下储层段产水为 $13.75\text{m}^3/\text{d}$。

坡 4 井飞仙关组储层也分上、下两套,据测井精细解释,上储层储渗段深浅双侧向呈明显正差异,$\phi_\text{S}\geqslant\phi_\text{N}$,测井孔隙度-含水饱和度关系图呈单边双曲线,具典型的气层特征;下储层在 $\phi_\text{测}\text{-}S_\text{w}$ 交会图中点子多分布于水层区,不具备单边双曲线特征,解释为水层。试油结果证实,上储层段产纯气为 $6.38\times10^4\text{m}^3/\text{d}$,下储层段 MDT 在井深 3521.2m 取得纯水样 1 个,约 10L,现场分析 Cl^- 含量为 $15173\text{mg}/\text{L}$,是地层水,说明储层流体为水。

由于气藏北区坡 1、4 井上储层均未见地层水且无任何水显示迹象,介于上储层与下储层之间的石膏层分布连续,封隔作用良好,将上、下储层有效地分隔成两个独立的压力系统,因而无法求得上储层的气水界面,所以只好暂借用南区坡 2 井气水界面处的拟压力系数进行一个粗略的估算。

南区坡 2 井气水界面(海拔 -3502.77m)处的地层压力为 49.949MPa,其拟压力系数为 1.3053。借用这一拟压力系数作为气藏北区上储层气水界面处的拟压力系数,由此算得其气水界面海拔值为－3523.58～－3518.44m。因而将气藏北区上储层的气水边界也确定为海拔－3500m。

5. 气藏类型

由于横①号断层将气藏分成了南北两个区,南区气藏有水体存在,气水界面海拔为－3500m。因此,气藏南区海拔－3500m 以上为天然气分布,海拔－3500m 以下为地层水分布;平面上,以储层顶界构造图海拔－3500m 构造等高线为界,海拔－3500m 线以内为纯气或气水楔形区分布,海拔－3500m 线以外为地层水分布区。

气藏北区由于构造位置相对较高,最低构造线都在海拔－3300m,区内 2 口井上储层均未见有地层水迹象,推测的气水界面为海拔－3500m,远低于最低构造线海拔－3300m。因此,北区上储层为纯天然气分布区,区内无地层水存在(当然也不排除在局部构造位置相对较低的部位有小的封闭水体存在的可能)。北区下储层为水层。

气藏南区为背斜-断层复合圈闭,即西北翼由坡②号断层构成遮挡,北段东面受横①号断层遮挡,南面为海拔－3500m 构造线圈闭;南段东南翼由坡④号断层遮挡,西南端为构造线圈闭,但已延伸出矿权边界线。气藏类型为构造圈闭层状局部边水气藏。

24.2　产能分析

24.2.1　各气井无阻流量

铁山坡飞仙关气藏已完钻各井只有在完井测试时进行了短时间的测试,其产能评价只能依赖于一点法无阻流量。但铁山坡飞仙关气藏属于高含硫气藏,通过罗家寨飞仙关气藏几口井的修正等时试井结果表明,传统的一点法无阻流量公式所得到的气井无阻流量与气井的真实产能有较大的差别,表明传统的一点法无阻流量计算公式已不能完全适用于高含硫气藏,特别是对于高产气井。通过对罗家寨修正等时试井资料进行分析,初步总结出一个改进的一点法无阻流量计算公式。因此,本书采用了一点法、改进的一点法分别计算了坡 1 井、坡 2 井、坡 4 井以及坡 5 井的无阻流量。

各井无阻流量如表 24-16 所示。从表中可以看出,对于产能较小的井,两种计算方法所得到的结果比较接近,但对于产能较大的井,计算结果差别较大,这种差别与罗家寨飞仙关气藏的结果是一致的。

表 24-16　各测试产量与一点法、改进一点法无阻流量数据表

井号	地层压力 /MPa	流动压力 /MPa	测试产量 /($10^4 \mathrm{m}^3$/d)	一点法无阻流量 /($10^4 \mathrm{m}^3$/d)	改进一点法无阻流量 /($10^4 \mathrm{m}^3$/d)
坡1井	48.60	31.23	26.72	59.76	42.26
坡2井	49.69	30.50	104.89	150.85	149.16
坡4井	48.39	18.74	6.38	7.21	7.46
坡5井	48.82	48.48	61.19	1259.36	669.83

24.2.2　气井产能分析

铁山坡飞仙关气藏目前完钻的4口井均获工业性气流。本书采用一点法和改进的一点法分别计算了各气井的无阻流量,从计算的结果看,坡4井产能较小,坡2井和坡5井的产能较高,两种方法计算的无阻流量都在百万立方米以上。经钻井、完井、试井资料解释分析,对该地区已获气井产能作如下讨论。

1. 气井在钻井、完井过程中,产层存在严重污染

由于飞仙关气藏为高含硫气藏,在钻、完井过程中,出于安全完钻考虑,使用的泥浆密度都大于地层压力系数,且浸泡时间长,导致泥浆污染产层,降低产层渗透率,从而影响气井的产能。不稳定试井解释结果表明,铁山坡各井表皮系数为0.66~28,储层污染严重。若对产层进行解堵净化措施,或生产一段时间后,随着天然气的产出,将产层污染体带出或部分带出,各气井产能将有一定幅度的增加。

2. 酸化解堵提高气井产能切实可行

酸化解堵已经在罗家寨飞仙关气藏取得成功。特别是罗家6井在酸化后其无阻流量由 $75.11 \times 10^4 \mathrm{m}^3$/d 提高到 $267.3365 \times 10^4 \mathrm{m}^3$/d,增产效果相当明显。

将铁山坡气藏各气井与罗家寨气田的罗家6井储层孔渗特征进行对比,罗家6井的储能系数 $H\varphi$ 为1.386,而坡1井的 $H\varphi$ 为1.72,坡2井的 $H\varphi$ 为6.46,坡4井的 $H\varphi$ 为0.39,坡5井的 $H\varphi$ 为202.40。其中,坡4井的 $H\varphi$ 比罗家6井低,坡1井储能系数与罗家6井相当,坡2井和坡5井的储能系数都比罗家6井要高,虽然与罗家寨飞仙关气藏相比,铁山坡气藏的渗透性能不如罗家寨,但若对坡1井、坡2井和坡4井以及坡5井都进行酸化解堵,产能一定将有较大幅度的提高。

3. 气井初始配产

高含硫气藏气井的配产不能沿用传统模式,应根据其地质特征、产能规模和现有采气工艺技术条件下适当提高采气速度的要求进行综合分析,确定各气井合理的产气量。

本区飞仙关气藏由于高含硫,至今未经过试采,气藏动态不明确。为了给气藏数值模拟初始配产提供参考,在现有改进的一点法无阻流量的基础上,按无阻流量的 1/6、1/5、1/4 对坡 1 井、坡 2 井和坡 5 井进行配产的结果见表 24-17。为保证达到气藏开发的最佳效益,在气井实际配产时应同时考虑气井的稳产期,数值模拟的最终配产考虑了各井的稳产期基本一致,各井的最终配产详见方案配产结果表。

表 24-17 各井按一点法无阻流量配产数据表 （单位：$10^4 \mathrm{m}^3/\mathrm{d}$）

井号	改进一点法无阻流量	按 Q_{AOF} 的 1/6 配产	按 Q_{AOF} 1/5 的配产	按 Q_{AOF} 1/4 的配产
坡 4 井	7.46	1.24	1.49	1.87
坡 1 井	42.26	7.04	8.45	10.57
坡 2 井	149.16	24.86	29.83	37.39
坡 5 井	669.83	111.64	133.97	167.46

24.3 气藏数值模拟

24.3.1 模拟模型

根据铁山坡构造飞仙关鲕滩气藏地质特征、储层特征及流体性质,选用自行研制的模型软件。

(1) 模拟区域。模拟区域为沿气藏构造长轴方向所划分的长条形区域,北区以横②号断层为界,南区以矿界为界,东西方向分别以坡①和坡②断层为界。

(2) 网格系统设计。采用与构造形态相适应的边界网格建立不规则网格系统,用角点几何描述网格形态。整个模拟区域划分为 $80 \times 30 \times 3$ 个网格,网格步长随网格形态变化而不同,其中,$\Delta X_{max} = 142\mathrm{m}$,$\Delta X_{min} = 88\mathrm{m}$；$\Delta Y_{max} = 74\mathrm{m}$,$\Delta Y_{min} = 22\mathrm{m}$。

24.3.2 数值模拟关键因素

结合气藏地质和开发现状,考虑的主要因素如表 24-18 所示。

表 24-18　对比方案构成要素表

指标	方案 1	方案 2	方案 3	方案 4	方案 5	方案 6	方案 7	方案 8
日产气量/$10^4 m^3$	350	350	400	400	450	450	500	500
年产气量/$10^8 m^3$	11.55	11.55	13.20	13.20	14.85	14.85	16.50	16.50
采气速度/%	3.43	3.43	3.92	3.92	4.40	4.40	4.90	4.90
井口定压/MPa					9			

注:总井数为 12 口(其中生产井 9 口),包括现有井 4 口、新开发井 6 口、生产调节井 1 口、气田水回注井 1 口。

24.3.3　气井出水分析

铁山坡飞仙关气藏气水关系复杂,其中,坡 2、坡 5 井区的气藏高度只有 415m,气水共存的楔形区所占面积较大,且坡 2 井位于气水共存的楔形区,该井在生产过程中存在出地层水的可能,因此在气藏开发方案的编制中,一定尽可能做到防止气井出地层水,因为对于这种高含硫气藏,如果气井一旦出水,这种高含硫化氢的地层水处理难度相当大,从而影响整个气藏的正常开发。

本书利用建立的气藏地质模型,对坡 2 井在生产过程中可能出水的生产动态情况进行了预测。本次数值模拟研究在纵向上把气藏划分成三个网格,因此研究中分别假设射开上部 1/3 的储层段,上部 2/3 的储层段和射开全部的储层段,然后利用数值模拟软件预测这三种情况下以 $50 \times 10^4 m^3/d$ 产量生产时坡 2 井的生产动态,分析这三种情况下的动态预测结果可以发现,当只射开上部 1/3 的储层时,坡 2 井在预测期内不产水,当射开上部 2/3 的储层时,坡 2 井在预测期内则要产出少量地层水,当全部储层段都射开时,气井一投入生产就要产出地层水,且水量大。

分析表明,对于铁山坡这种含气高度较小、气水楔形区面积较大的高含硫气藏,在编制气藏开发方案时,必须注重地层水的活动情况,防止气井在生产过程中出水。具体而言,对于气水楔形区内不部署新的开发井,新部署开发井均部署在构造部位相对较高的纯气区。由于坡 2 井位于气水楔形区,只射开其上部 1/3 的产层,同时控制该井的产量,以防止该井出水。其余生产井因位于构造较高的部位,全部射开产层。数值模拟结果表明,以这种布井方式进行生产,气藏及各生产井在预测期内没有产生明显的水侵(没有考虑大裂缝的影响)。

24.3.4　开发方案设计

1. 生产规模

本节方案编制考虑以下四种生产规模:

(1) 年采气速度 3.42%,$350 \times 10^4 m^3/d$;

(2) 年采气速度 3.92%,400×10⁴m³/d;
(3) 年采气速度 4.41%,450×10⁴m³/d;
(4) 年采气速度 4.90%,500×10⁴m³/d。

2. 井网部署

1) 生产井数

铁山坡构造飞仙关气藏截至 2004 年年底,已完钻探井 5 口(坡 1、2、3、4、5 井),其中 4 口井获气。但坡 4 井产能极低,对于这种高含硫气井,由于对油管及井口装置的特殊要求将使开发井费用提高,若气井只能以小产量生产,势必难以回收成本,因此本次开发方案把坡 4 井作为观察井。因此,现有的 4 口气井中,只有坡 5 井、坡 1 井和坡 2 井可作为生产井。根据已有的气井产能分析,现有 3 口气井的合理产量远远无法达到方案设计的生产规模。根据数值模拟研究的结果,铁山坡飞仙关气藏要达到 450×10⁴m³/d 的生产规模,还应新部署 6 口开发井,同时应考虑 1 口生产调节井,以防止一些不可预见的风险。

综上分析,方案新部署 6 口开发井,加生产调节井 1 口,加上含气范围内已经获气的 4 口探井,总井数为 11 口井,其中,坡 4 井不作为生产井。井位坐标见表 24-19。

表 24-19　开发井位坐标表

井号	井口坐标		储层顶坐标		井底坐标		储层顶海拔/m	井底海拔/m	地面海拔/m
	横(Y)	纵(X)	横(Y)	纵(X)	横(Y)	纵(X)			
坡 5-X1 井	18766405.75	3507404.19	18765835	3506984	18765516	3506735	-3200	-3470	429
坡 5-X2 井	18766561	3507702			18766395	3507323		-3400	429
坡 2-X1 井	18768609	3509678	18769153	3509223	18796465	3508973	-3240	-3440	460
坡 2-X2 井			18769155	3509852	18769536	3509974	-3220	-3420	
坡 1-X1 井	18771114	3509988	18770946	3509323	18770842	3508937	-2990	-3100	430
坡 1-X2 井			18770711	3510319	18770341	3510470	-2970	-3071	
坡 1-X3 井	18773149	3511908	18773370	3512023	18773743	3512167	-2840	-2900	400

2) 布井方式

根据气藏的地质特征,井网部署要尽可能大范围地控制气藏储量,同时尽量减小井间干扰,充分发挥气井产能。在考虑井位时,主要选择在构造顶部、轴部和储量丰度大、Kh 高的部位,新部署的开发井应尽量远离气水界面。又考虑高含硫气藏应尽量减少地面井场建设,由于坡 2、坡 5 井区的开发井位相对集中,因此,该区块内的开发井可以考虑丛式井的布方式,但坡 1、坡 4 井区的开发井相对比较分散,该区内部分井可以不采用丛式井的布井方式。

3) 新井井型选择

铁山坡飞仙关气藏储层厚度变化大,非均质性特别强,对于这种储层的气藏,究竟采用直井开发效果好,还是大斜度井的开发效果好,或者是水平井的开发效果好(大斜度井指的是井轨迹穿越所有的产层段,水平井指的是井轨迹只沿着某一个储层好的产层段穿行)。

从铁山坡储层在纵向上的分布特点来看,除了构造最南端的坡 5 井储层在纵向上分布较连续,其余各井的储层在纵向上均由多个致密层段所隔开,在纵向上不存在一个明显的主产层段。坡 1 井是构造北区有代表性的 1 口井,该井的储层在纵向上被 22 个致密层所隔开,所以如果按水平井只钻开某 1 个较好的储层段,那么还有一些储层段的储量则难于得到更好动用,从而影响气藏的采出程度;大斜度井则考虑钻开所有的产层段,因此大斜度井不仅增加了储层段的穿行轨迹,同时也钻开了所有储层,有利于提高气藏采收率。

模拟结果表明,大斜度井的开发效果最好,其次是水平井,直井的开发效果相对较差(表 24-20)。因此铁山坡新部署开发井采用大斜度井。

表 24-20　不同井型开发技术指标对比表

	预测指标	直井	大斜度井	水平井
	日产规模/($10^4 m^3/d$)	400	400	400
	年产规模/$10^8 m^3$	13.2	13.2	13.2
	年采气速度/%	3.92	3.92	3.92
	生产井数/口	8	8	8
稳产期	稳产年限/年	10.08	11.25	10.25
	稳产期末累计产量/$10^8 m^3$	133.24	148.84	134.36
	稳产期末北区采出程度/%	33.43	44.33	44.82
	稳产期末南区采出程度/%	41.79	44.11	38.05
	稳产期末气藏采出程度/%	39.54	44.17	39.87
	稳产期末平均地层压力/MPa	25.30	22.93	25.11

续表

	预测指标	直井	大斜度井	水平井
递减期	预测期末日产量/($10^4 m^3$/d)	111.81	108.14	111.96
	预测期末累计产量/$10^8 m^3$	208.21	214.57	208.91
	稳产期末北区采出程度/%	51.31	62.60	66.93
	稳产期末南区采出程度/%	65.65	64.07	60.18
	预测期末气藏采出程度/%	61.79	63.68	62.00
	预测期末平均地层压力/MPa	15.38	14.64	15.28

24.3.5　开采方式

根据地面集输的要求,井口定压 9.0MPa。气藏开采过程划分为两个阶段。

(1) 稳产阶段:气井井口压力高于 9.0MPa,气井以稳定产量生产。

(2) 定压阶段:气井定井口压力生产,井口压力保持在 9.0MPa,气井进入产量递减期。

24.3.6　方案预测

1. 预测期限

方案预测期限为 2008 年 1 月～2027 年 12 月,预测期为 20 年。考虑脱硫厂检修等因素,气井实际生产天数按 330d 计,即把每年的 11 月 27 日～12 月 31 日处理为关井。

2. 气井配产结果

在气井产能分析的基础上,结合所部署开发井的储层条件,进行各生产井的初步配产,然后对气藏模拟动态预测结果进行综合分析,按照各生产井稳产时间接近的标准,对各单井的产量进行反复调整,最终得到各方案单井的配产表(表 24-21)。

考虑到高含硫气藏开发的高风险性,坡 5-X1 井作为生产调节井,坡 5 井也应具备一定的调节能力。调节井具备两个方面的功能,在铁山坡构造周边的其他气藏未投入开采以前,动用铁山坡飞仙关气藏的调节井,满足铁山坡净化厂 $600 \times 10^4 m^3$/d 的净化能力,在周边气藏投入开发以后,生产调节井可以作为应急调节井,即一旦有某 1 口生产井出现问题,那么可以动用生产调节井,确保净化厂的正常生产。因此,坡 5-X1 井地面配套建设按 $120 \times 10^4 m^3$/d 考虑;坡 5 井地面配套建设也按 $120 \times 10^4 m^3$/d 考虑,确保全气藏实现平稳生产。

表 24-21　铁山坡构造飞仙关气藏各方案单井配产数据表

井名	方案 1	方案 2	方案 3	方案 4	方案 5	方案 6	方案 7	方案 8
坡 1	15	20	20	20	24	20	38	30
坡 2	20	25	30	30	32	30	35	40
坡 5	75	65	82	75	92	83	90	85
坡 2-X1	55	53	58	57	66	68	75	71
坡 2-X2	50	52	57	56	64	65	75	72
坡 1-X1	20	25	25	30	28	40	35	43
坡 1-X2	20	25	22	28	26	35	30	38
坡 1-X3	20	25	24	30	28	30	32	40
坡 5-X2	75	60	82	74	90	79	90	81
坡 5-X1	120(调节配产)							
备注	直井	大斜度	直井	大斜度	直井	大斜度	直井	大斜度
	坡 5-X1 为调节生产井,调节配产为 $120\times10^4\mathrm{m^3/d}$;坡 5 井的调节配产为 $120\times10^4\mathrm{m^3/d}$;表中配产产量的单位为 $10^4\mathrm{m^3/d}$							

3. 开发动态预测

按照方案设计思路,应用数值模拟技术,对所设计的八个开发方案进行了未来 20 年的生产动态预测,各方案主要技术指标见表 24-22。

4. 技术指标对比及评价

通过对比八个方案的预测开发指标进行方案优选。

在开发规模相同的情况下,开发井为直井类型的方案,其技术指标相对较差,不选择。

开发井为大斜度井类型的方案中,方案 2 稳产期技术指标好,但预测期末指标较差,不选择;方案 8 的稳产期太短,稳产期技术指标差,难以实现平稳供气,不选择;方案 4 的稳产期较长,技术指标较好,从平稳供气的角度来考虑宜推荐方案 4 为此次开发方案的实施方案;方案 6 的稳产期比方案 4 稍短,但该方案的开采速度较高,考虑到高速开发气藏以及社会需要,方案 6 作为本次开发方案的实施方案也是合适的。

通过以上分析,综合考虑气藏的开发技术指标以及社会发展的需要,推荐方案 6 作为实施方案,方案 4 为预备方案。

表 24-22　各方案开发技术指标汇总表

预测指标		方案 1	方案 2	方案 3	方案 4	方案 5	方案 6	方案 7	方案 8
日产规模/($10^4\,m^3$/d)		350	350	400	400	450	450	500	500
年产规模/$10^8\,m^3$		11.55	11.55	13.20	13.20	14.85	14.85	16.50	16.50
年采气速度/%		3.43	3.43	3.92	3.92	4.40	4.40	4.90	4.90
生产井数/口		9	9	9	9	9	9	9	9
新井类型		直井	大斜度井	直井	大斜度井	直井	大斜度井	直井	大斜度井
井口定压/MPa						9			
稳产期	稳产年限/年	12.08	13.50	10.08	11.25	8.08	9.25	6.17	7.75
	稳产期末累计产量/$10^8\,m^3$	139.69	156.49	133.24	148.84	120.20	137.70	101.95	127.70
	稳产期末北区采出程度/%	33.01	46.36	33.43	44.33	30.64	42.19	26.76	39.15
	稳产期末南区采出程度/%	44.56	46.47	41.79	44.11	37.52	40.38	31.54	37.43
	稳产期末气藏采出程度/%	41.45	46.44	39.54	44.17	35.67	40.87	30.26	37.90
	稳产期末平均地层压力/MPa	24.33	21.83	25.30	22.93	27.32	24.60	30.58	26.11
递减期	预测期末日产量/($10^4\,m^3$/d)	141.57	145.19	111.81	108.14	94.81	77.29	83.99	72.58
	预测期末累计产量/$10^8\,m^3$	201.56	207.68	208.21	214.57	211.76	221.68	213.97	220.53
	稳产期末北区采出程度/%	48.23	60.58	51.31	62.60	52.65	68.74	53.71	64.67
	稳产期末南区采出程度/%	64.08	62.02	65.65	64.07	66.59	64.70	67.10	65.73
	预测期末气藏采出程度/%	59.82	61.63	61.79	63.68	62.84	65.80	63.50	65.45
	预测期末平均地层压力/MPa	16.15	15.42	15.38	14.64	14.97	13.83	14.72	13.97

　　方案 6 开发总井数为 12（其中包括 1 口生产调节井,1 口气田水回注井）,生产规模 $450 \times 10^4\,m^3$/d($14.85 \times 10^8\,m^3$/年）,采气速度为 4.40%,稳产期为 9.25 年,稳产期采出程度为 40.87%,20 年累产天然气 $221.68 \times 10^8\,m^3$,累计采出程度为 65.80%,预测期末日产天然气 $77.29 \times 10^4\,m^3$/d,期末地层压力为 13.83MPa。各年度的技术指标详见表 24-23。

　　推荐方案各区块的采气速度详见表 24-24。其中,黄草坪高点在开采初期的采气速度将达到 7.66%。

　　图 24-2 是方案 6 稳产期末和预测期末的压力剖面图。从图中可以看出,气藏在整个预测期内没有形成明显的压降漏斗,气藏基本上实现了均衡开采。

表 24-23　铁山坡飞仙关气藏推荐方案预测结果表(方案 6)

时间	日产量/($10^4 m^3$/d)	累产量/($10^8 m^3$/d)	地层压力/MPa	采收率/%
2008 年 12 月	450.00	14.85	47.30	4.41
2009 年 12 月	450.00	29.70	45.43	8.82
2010 年 12 月	450.00	44.55	43.05	13.22
2011 年 12 月	450.00	59.40	39.52	17.63
2012 年 12 月	450.00	74.25	36.13	22.04
2013 年 12 月	450.00	89.10	32.99	26.45
2014 年 12 月	450.00	103.95	30.18	30.85
2015 年 12 月	450.00	118.80	27.55	35.26
2016 年 12 月	450.00	133.65	25.21	39.67
2017 年 12 月	436.80	148.28	23.00	44.01
2018 年 12 月	401.61	161.81	21.12	48.03
2019 年 12 月	358.66	174.00	19.56	51.65
2020 年 12 月	300.20	184.38	18.24	54.73
2021 年 12 月	250.72	193.05	17.16	57.30
2022 年 12 月	207.04	200.51	16.24	59.52
2023 年 12 月	173.14	206.51	15.55	61.30
2024 年 12 月	143.73	211.50	14.99	62.78
2025 年 12 月	118.29	215.61	14.52	64.00
2026 年 12 月	96.23	218.97	14.14	65.00
2027 年 12 月	77.29	221.68	13.83	65.80

表 24-24　铁山坡飞仙关气藏分区块采气速度统计表

区块	数模储量/$10^8 m^3$	采气速度/%	备注
北区	90.66	4.59	
横①断层南纯气区	78.52	5.58	
坡 2 井楔形区	30.36	3.26	
黄草坪高点纯气区	137.40	3.89	在调节配产条件下,采气速度最高可达 7.66%

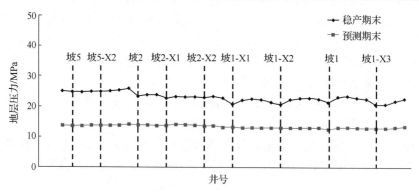

图 24-2　铁山坡飞仙关气藏推荐方案(方案 6)压力剖面图

第 25 章　含 CO_2 火山岩致密气藏的有效开发

25.1　裂缝对底水气藏气井见水时间影响

正确预报底水气藏气井的见水时间是底水气藏气井开采的关键,也是正确评价裂缝性底水气藏开发效果的关键。长深气田是火山岩裂缝性底水气藏,裂缝发育,地质特征上表现为强的非均质性。依据本书的渗流理论模型,以长深气田采气井为例进行模拟计算,对长深气田裂缝性气藏气井见水时间及开发效果进行分析。

25.1.1　cs1 井

cs1 井,平均孔隙度约 9%,测井解释平均水平渗透率约 1.39mD,测井解释储层厚度为 260m,射开厚度为 51.2m,平均日产气为 $31.1 \times 10^4 m^3/d$,该井裂缝比较发育,裂缝发育指数大约为 0.055,截止到 2010 年 2 月,该井已经开采了 400d 左右。

图 25-1 是以 cs1 井为背景的不同产气量时裂缝发育程度与见水时间的关系图。直线代表的是实际情况,产气量为 $31.1 \times 10^4 m^3/d$。由图 25-1 可以看出,随着裂缝发育程度的提高见水时间越来越短,产气量越大见水时间越早,底水锥进速

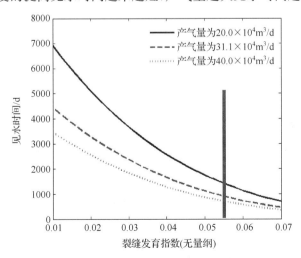

图 25-1　cs1 井不同产气量时裂缝发育程度与见水时间的关系

度越快。预测 cs1 井在产气量为 $31.1 \times 10^4\,\mathrm{m}^3/\mathrm{d}$,裂缝发育指数为 0.055 左右情况下,见水时间为 850～950d。

25.1.2　cs1-2 井

cs1-2 井,平均孔隙度约 15%,测井解释平均水平渗透率约 0.61mD,测井解释储层厚度为 188m,平均日产气为 $9.46 \times 10^4\,\mathrm{m}^3/\mathrm{d}$,该井裂缝发育,裂缝发育指数大约为 0.06,截止到 2010 年 2 月,该井已经开采了 334d 左右。

图 25-2 是以 cs1-2 井为背景的不同产气量时裂缝发育程度与见水时间的关系图。直线代表的是实际情况,产气量为 $9.46 \times 10^4\,\mathrm{m}^3/\mathrm{d}$。由图 25-2 可以看出,随着裂缝发育程度的提高见水时间越来越短,产气量越大见水时间越早,底水锥进速度越快。预测 cs1-2 井在产气量为 $9.46 \times 10^4\,\mathrm{m}^3/\mathrm{d}$,裂缝发育指数为 0.06 左右情况下,见水时间为 1100～1200d。

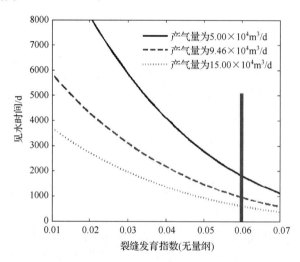

图 25-2　cs1-2 井不同产气量时裂缝发育程度与见水时间的关系

25.1.3　cs 平 3 井

cs 平 3 井设计井垂深 3695m,水平段延伸 550m,气水界面垂深 3803m,水平井避水高度为 108m。平均生产压差为 15.19MPa,平均日产气为 $32.27 \times 10^4\,\mathrm{m}^3/\mathrm{d}$,该井裂缝发育,裂缝发育指数大约为 0.05,截止到 2010 年 3 月,该井已经开采了 210d 左右。

图 25-3 是以 cs 平 3 井为背景的不同产气量时裂缝发育程度与见水时间的关系图。直线代表的是实际情况,产气量为 $32.27 \times 10^4\,\mathrm{m}^3/\mathrm{d}$。由图 25-3 可以看出,

随着裂缝发育程度的提高见水时间越来越短,产气量越大见水时间越早,底水锥进速度越快。预测 cs 平 3 井在产气量为 32.27×10^{4}m^3/d,裂缝发育指数为 0.05 左右情况下,见水时间为 850～1000d。

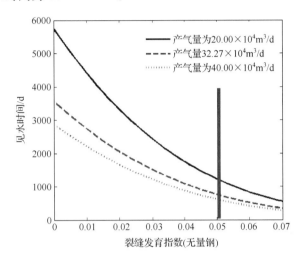

图 25-3　cs 平 3 井不同产气量时裂缝发育程度与见水时间的关系

25.1.4　cs 平 4 井

cs 平 4 井设计井垂深 3709m,水平段延伸 600m,气水界面垂深 3803m,水平井避水高度为 94m。平均生产压差为 16.3MPa,平均日产气为 35.71×10^{4}m^3/d,该井裂缝较发育,裂缝发育指数大约为 0.05,截止到 2010 年 2 月,该井已经开采了 180d 左右。

图 25-4 是以 cs 平 4 井为背景的不同产气量时裂缝发育程度与见水时间的关系图。直线代表的是实际情况,产气量为 35.71×10^{4}m^3/d。由图 25-4 可以看出,随着裂缝发育程度的提高见水时间越来越短,产气量越大见水时间越早,底水锥进速度越快。预测 cs 平 4 井在产气量为 35.71×10^{4}m^3/d,裂缝发育指数为 0.05 左右情况下,见水时间为 850～950d。

25.1.5　xs14 井

xs14 井,平均孔隙度约 7.5%,测井解释平均水平渗透率约 1.25mD,测井解释储层厚度为 92.8m,平均日产气为 2.8×10^{4}m^3/d,该井裂缝发育,裂缝发育指数大约为 0.05,2007 年 5 月 15 日～2007 年 6 月 19 日共试采 36d,试采层位为营城组 209Ⅱ、209Ⅲ号层,试采井段为 3787.5～3808.5m。

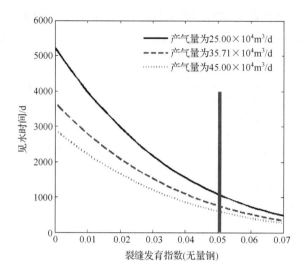

图 25-4　cs 平 4 井不同产气量时裂缝发育程度与见水时间的关系

　　图 25-5 是以 xs14 井为背景的不同产气量时裂缝发育程度与见水时间的关系图。直线代表的是实际情况,产气量为 $2.8×10^4 m^3/d$。由图 25-5 可以看出,随着裂缝发育程度的提高见水时间越来越短,产气量越大见水时间越早,底水锥进速度越快。预测 xs14 井在产气量为 $2.8×10^4 m^3/d$,裂缝发育指数为 0.05 左右情况下,见水时间为 1000~1100d。

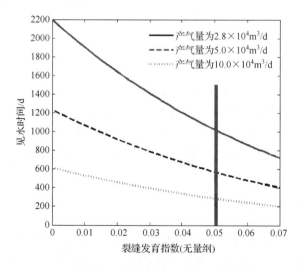

图 25-5　xs14 井不同产气量时裂缝发育程度与见水时间的关系

25.1.6　xs23 井

xs23 井,平均孔隙度约 7.58%,测井解释平均水平渗透率约 1.274mD,测井解释储层厚度为 152.6m,平均日产气为 $10\times10^4\mathrm{m}^3/\mathrm{d}$,该井裂缝发育,裂缝发育指数大约为 0.05,2007 年 10 月 23 日～2007 年 11 月 30 日共试采 38d,试采层位为营城组 215I 号层,试采井段为 3909～3943m。

图 25-6 是以 xs23 井为背景的不同产气量时裂缝发育程度与见水时间的关系图。直线代表的是实际情况,产气量为 $10\times10^4\mathrm{m}^3/\mathrm{d}$。由图 25-6 可以看出,随着裂缝发育程度的提高见水时间越来越短,产气量越大见水时间越早,底水锥进速度越快。预测 xs23 井在产气量为 $10\times10^4\mathrm{m}^3/\mathrm{d}$,裂缝发育指数为 0.05 左右情况下,见水时间为 1400～1500d。

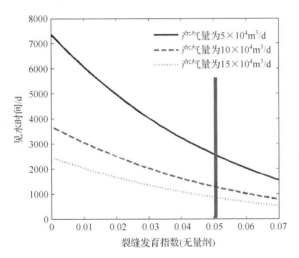

图 25-6　xs23 井不同产气量时裂缝发育程度与见水时间的关系

25.1.7　xs27 井

xs27 井,平均孔隙度约 7.42%,测井解释平均水平渗透率约 2.48mD,测井解释储层厚度为 88.4m,平均日产气为 $9\times10^4\mathrm{m}^3/\mathrm{d}$,该井裂缝发育,裂缝发育指数大约为 0.05,2007 年 8 月 20 日～2007 年 10 月 13 日共试采 54d,试采层位为营城组 215Ⅱ、Ⅲ号层,试采井段为 3933.5～3976.0m。

图 25-7 是以 xs27 井为背景的不同产气量时裂缝发育程度与见水时间的关系图。直线代表的是实际情况,产气量为 $9\times10^4\mathrm{m}^3/\mathrm{d}$。由图 25-7 可以看出,随着裂缝发育程度的提高见水时间越来越短,产气量越大见水时间越早,底水锥进速度越快。预测 xs27 井在产气量为 $9\times10^4\mathrm{m}^3/\mathrm{d}$,裂缝发育指数为 0.05 左右情况下,见

水时间为 700~800d。

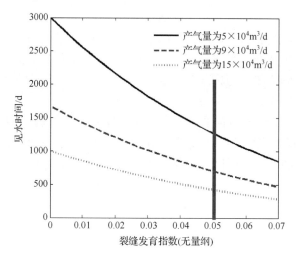

图 25-7　xs27 井不同产气量时裂缝发育程度与见水时间的关系

25.2　储层开发特征对直井底水锥进影响分析

25.2.1　气层厚度影响分析

　　图 25-8 是以 cs1 井为背景的不同裂缝发育程度时气层厚度与见水时间的关系图。直线代表的是该井实际裂缝发育情况下的模拟情况。由图 25-8 可以看出，随着气层厚度的增大，采气井见水时间呈指数型增加，即厚度越大越不易见水，有

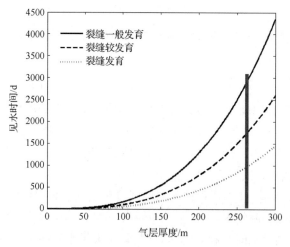

图 25-8　cs1 井不同裂缝发育程度时气层厚度与见水时间的关系

利于开采。同时可以看出,随着裂缝发育程度指数的增加,见水时间越短,即裂缝越发育,气井越容易见水。cs1 井气层射开厚度约 51.2m,见水时间为850~950d。

图 25-9 是以 cs1-2 井为背景的不同裂缝发育程度时气层厚度与见水时间的关系图。直线代表的是该井实际裂缝发育情况下的模拟情况。由图 25-9 可以看出,随着气层厚度的增大,采气井见水时间呈指数型增加,即厚度越大越不易见水,有利于开采。同时可以看出,随着裂缝发育程度指数的增加,见水时间越短,即裂缝越发育,气井越容易见水。cs1-2 井气层射开厚度约 90m,见水时间为1100~2000d。

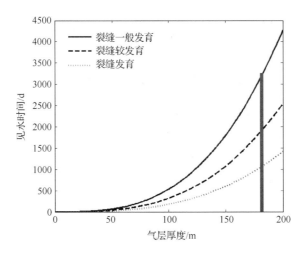

图 25-9　cs1-2 井不同裂缝发育程度时气层厚度与见水时间的关系

图 25-10 是以 xs14 井为背景的不同裂缝发育程度时气层厚度与见水时间的关系图。直线代表的是该井实际裂缝发育情况下的模拟情况。由图 25-10 可以看出,随着气层厚度的增大,采气井见水时间呈指数型增加,即厚度越大越不易见水,有利于开采。同时可以看出,随着裂缝发育程度指数的增加,见水时间越短,即裂缝越发育,气井越容易见水。xs14 井气层射开厚度约 7m,见水时间为1000~1300d。

图 25-11 是以 xs23 井为背景的不同裂缝发育程度时气层厚度与见水时间的关系图。直线代表的是该井实际裂缝发育情况下的模拟情况。由图 25-11 可以看出,随着气层厚度的增大,采气井见水时间呈指数型增加,即厚度越大越不易见水,有利于开采。同时可以看出,随着裂缝发育程度指数的增加,见水时间越短,即裂缝越发育,气井越容易见水。xs23 井气层射开厚度约 9m,见水时间为1400~1700d。

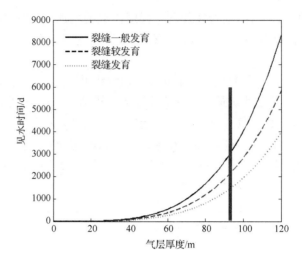

图 25-10　xs14 井不同裂缝发育程度时气层厚度与见水时间的关系

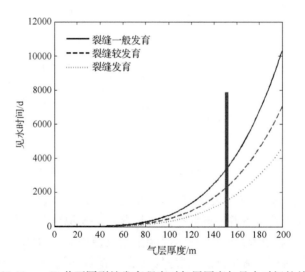

图 25-11　xs23 井不同裂缝发育程度时气层厚度与见水时间的关系

图 25-12 是以 xs27 井为背景的不同裂缝发育程度时气层厚度与见水时间的关系图。直线代表的是该井实际裂缝发育情况下的模拟情况。由图 25-12 可以看出,随着气层厚度的增大,采气井见水时间呈指数型增加,即厚度越大越不易见水,有利于开采。同时可以看出,随着裂缝发育程度指数的增加,见水时间越短,即裂缝越发育,气井越容易见水。xs27 井气层射开厚度约 15m,见水时间为600~700d。

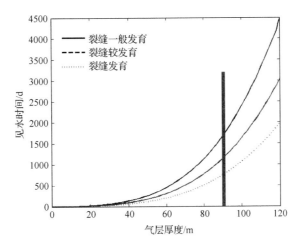

图 25-12　xs27 井不同裂缝发育程度时气层厚度与见水时间的关系

25. 2. 2　气层打开程度底水锥进分析

图 25-13 是以 cs1 井为背景的不同裂缝发育程度时气层打开程度与见水时间的关系图。直线代表的是该井实际裂缝发育情况下的模拟情况。由图 25-13 可以看出,随着气层打开程度的增大,采气井见水时间先增长后减小,存在一个最佳的打开程度情况。同时可以看出,随着裂缝发育程度指数的增加,见水时间越短,即裂缝越发育,气井越容易见水。cs1 井气层裂缝发育,射孔厚度约为 51.2m,储层厚度 260m,气层最佳打开程度在 0.25 左右,目前打开程度是 0.2。

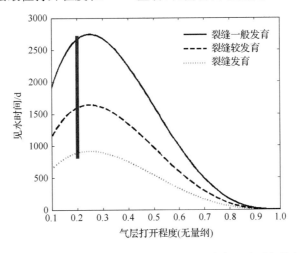

图 25-13　cs1 井不同裂缝发育程度时打开程度与见水时间的关系

图 25-14 是以 cs1-2 井为背景的不同裂缝发育程度时气层打开程度与见水时间的关系图。直线代表的是该井实际裂缝发育情况下的模拟情况。由图25-14可以看出,随着气层打开程度的增大,采气井见水时间先增长后减小,存在一个最佳的打开程度情况。同时可以看出,随着裂缝发育程度指数的增加,见水时间越短,即裂缝越发育,气井越容易见水。cs1-2 井气层裂缝发育,储层射孔厚度约 90m,储层厚度 188m,气层最佳打开程度在 0.25 左右,目前打开程度为 0.48。

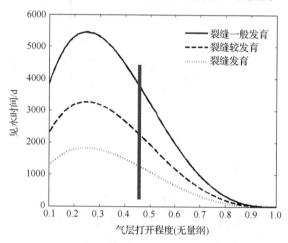

图 25-14　cs1-2 井不同裂缝发育程度时打开程度与见水时间的关系

图 25-15 是以 xs14 井为背景的不同裂缝发育程度时气层打开程度与见水时间的关系图。直线代表的是该井实际裂缝发育情况下的模拟情况。由图25-15可以看出,随着气层打开程度的增大,采气井见水时间先增长后减小,存在一个最佳

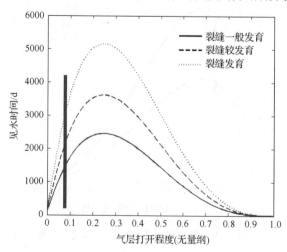

图 25-15　xs14 井不同裂缝发育程度时打开程度与见水时间的关系

的打开程度情况。同时可以看出，随着裂缝发育程度指数的增加，见水时间越短，即裂缝越发育，气井越容易见水。xs14 井气层裂缝发育，储层射孔厚度约 7m，储层厚度 92.8m，气层最佳打开程度在 0.24 左右，目前打开程度为 0.075。

图 25-16 是以 xs23 井为背景的不同裂缝发育程度时气层打开程度与见水时间的关系图。直线代表的是该井实际裂缝发育情况下的模拟情况。由图 25-16 可以看出，随着气层打开程度的增大，采气井见水时间先增长后减小，存在一个最佳的打开程度情况。同时可以看出，随着裂缝发育程度指数的增加，见水时间越短，即裂缝越发育，气井越容易见水。xs23 井气层裂缝发育，储层射孔厚度约 9m，储层厚度 152.6m，气层最佳打开程度在 0.25 左右，目前打开程度为 0.06。

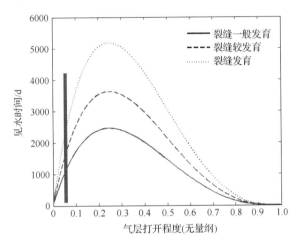

图 25-16　xs23 井不同裂缝发育程度时打开程度与见水时间的关系

图 25-17 是以 xs27 井为背景的不同裂缝发育程度时气层打开程度与见水时间的关系图。直线代表的是该井实际裂缝发育情况下的模拟情况。由图 25-17 可以看出，随着气层打开程度的增大，采气井见水时间先增长后减小，存在一个最佳的打开程度情况。同时可以看出，随着裂缝发育程度指数的增加，见水时间越短，即裂缝越发育，气井越容易见水。xs27 井气层裂缝发育，储层射孔厚度约 15m，储层厚度 88.4m，气层最佳打开程度在 0.25 左右，目前打开程度为 0.14。

25.2.3　产气量对底水锥进影响

图 25-18 是以 cs1 井为背景的不同裂缝发育程度时产气量与见水时间的关系图。直线代表的是该井实际裂缝发育情况下的模拟情况。由图 25-18 可以看出，随着产气量的放大，采气井见水时间先快速递减后缓慢递减，因此存在一个合理的产气量情况。同时可以看出，随着裂缝发育程度指数的增加，见水时间越短，即裂

缝越发育,气井越容易见水。cs1 井气层裂缝发育,厚度约为 51.2m,气层设定产气量为 $31.1 \times 10^4 \, \mathrm{m^3/d}$。

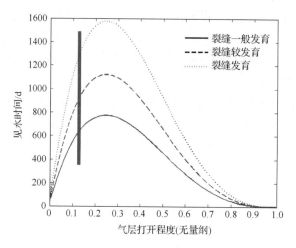

图 25-17　xs27 井不同裂缝发育程度时打开程度与见水时间的关系

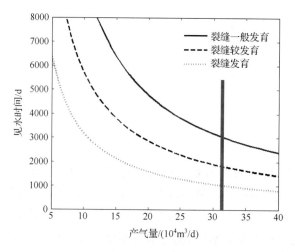

图 25-18　cs1 井不同裂缝发育程度时产气量与见水时间的关系

图 25-19 是以 cs1-2 井为背景的不同裂缝发育程度时产气量与见水时间的关系图。直线代表的是该井实际裂缝发育情况下的模拟情况。由图 25-19 可以看出,随着产气量的放大,采气井见水时间先快速递减后缓慢递减,因此存在一个合理的产气量情况。同时可以看出,随着裂缝发育程度指数的增加,见水时间越短,即裂缝越发育,气井越容易见水。cs1-2 井气层裂缝发育,射开厚度约为 90m,气层设定产气量为 $9.46 \times 10^4 \, \mathrm{m^3/d}$。

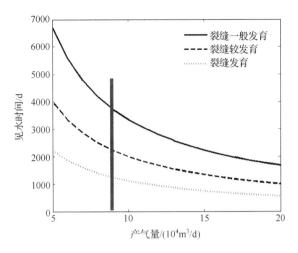

图 25-19　cs1-2 井不同裂缝发育程度时产气量与见水时间的关系

图 25-20 是以 xs14 井为背景的不同裂缝发育程度时产气量与见水时间的关系图,直线代表的是该井实际裂缝发育情况下的模拟情况。由图 25-20 可以看出,随着产气量的放大,采气井见水时间先快速递减后缓慢递减,因此存在一个合理的产气量情况。同时可以看出,随着裂缝发育程度指数的增加,见水时间越短,即裂缝越发育,气井越容易见水。xs14 井气层裂缝发育,射开厚度约为 7m,气层设定产气量为 $2.8×10^4 m^3/d$。

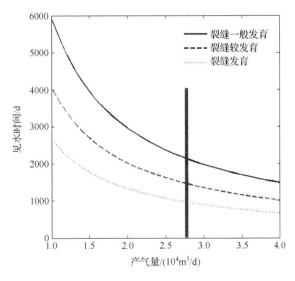

图 25-20　xs14 井不同裂缝发育程度时产气量与见水时间的关系

图 25-21 是以 xs23 井为背景的不同裂缝发育程度时产气量与见水时间的关

系图。直线代表的是该井实际裂缝发育情况下的模拟情况。由图 25-21 可以看出,随着产气量的放大,采气井见水时间先快速递减后缓慢递减,因此存在一个合理的产气量情况。同时可以看出,随着裂缝发育程度指数的增加,见水时间越短,即裂缝越发育,气井越容易见水。xs23 井气层裂缝发育,射开厚度约为 10m,气层设定产气量为 $10 \times 10^4 \mathrm{m^3/d}$。

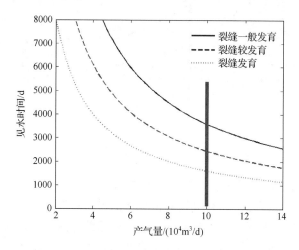

图 25-21　xs23 井不同裂缝发育程度时产气量与见水时间的关系

图 25-22 是以 xs27 井为背景的不同裂缝发育程度时产气量与见水时间的关系图。直线代表的是该井实际裂缝发育情况下的模拟情况。由图 25-22 可以看出,随着产气量的放大,采气井见水时间先快速递减后缓慢递减,因此存在一个合理的产气量情况。同时可以看出,随着裂缝发育程度指数的增加,见水时间越短,

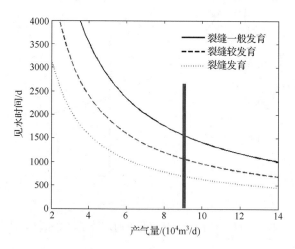

图 25-22　xs27 井不同裂缝发育程度时产气量与见水时间的关系

即裂缝越发育,气井越容易见水。xs27 井气层裂缝发育,射开厚度约为 15m,气层设定产气量为 $9 \times 10^4 \mathrm{m}^3/\mathrm{d}$。

25.3　储层开发特征对水平井底水脊进影响分析

25.3.1　水平井避水高度影响分析

定义无因次避水高度为

$$Z_{\mathrm{wD}} = \frac{Z_{\mathrm{w}}}{h}$$

图 25-23 和图 25-24 分别是 cs 平 3 井和 cs 平 4 井水平井无因次避水高度与见水时间的关系图。由图可以看出,随着水平井无因次避水高度的增大,气井见水时间增长。同时可以看出,随着裂缝发育程度指数的增加,见水时间越短,即裂缝越发育,气井越容易见水。

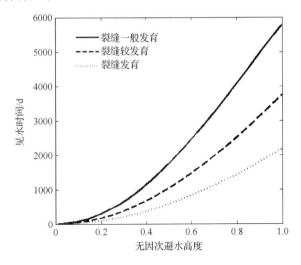

图 25-23　cs 平 3 井不同裂缝发育程度时无因次避水高度与见水时间的关系

由于储层有效渗透率 K_{e} 随着裂缝发育程度指数的增加而增大,所以气井极限产量随裂缝的发育而增大。由图 25-23 和图 25-24 可知,裂缝越发育,气井见水时间越短,即裂缝越发育,气井越容易见水,所以总的来说,裂缝发育对气井生产其实是不利的。

25.3.2　产气量对底水脊进影响分析

图 25-25 是以 cs 平 3 井为背景的不同裂缝发育程度时产气量与见水时间的

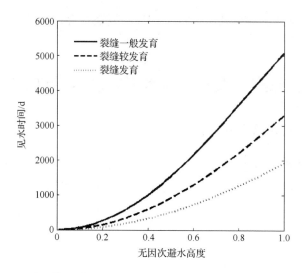

图 25-24　cs 平 4 井不同裂缝发育程度时无因次避水高度与见水时间的关系

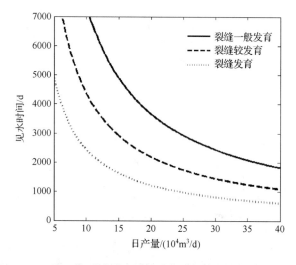

图 25-25　cs 平 3 井不同裂缝发育程度时产气量与见水时间的关系

关系图。由图 25-25 可以看出,随着产气量的放大,采气井见水时间先快速递减后缓慢递减,因此存在一个合理的产气量情况。同时可以看出,随着裂缝发育程度指数的增加,见水时间越短,即裂缝越发育,气井越容易见水。cs 平 3 井气层裂缝发育,厚度约为 188m,水平井离气水界面 108m,气层设定产气量为 $32.27 \times 10^4 \mathrm{m}^3/$ d,如图 25-25 所示,cs 平 3 井最合理的产气量应在 $20 \times 10^4 \mathrm{m}^3/\mathrm{d}$ 左右,目前开采情况过快。

图 25-26 是以 cs 平 4 井为背景的不同裂缝发育程度时产气量与见水时间的

关系图。由图 25-26 可以看出,随着产气量的放大,采气井见水时间先快速递减后缓慢递减,因此存在一个合理的产气量情况。同时可以看出,随着裂缝发育程度指数的增加,见水时间越短,即裂缝越发育,气井越容易见水。cs 平 3 井气层裂缝发育,厚度约为 188m,水平井离气水界面 94m,气层设定产气量为 $35.71 \times 10^4 \text{m}^3/\text{d}$。

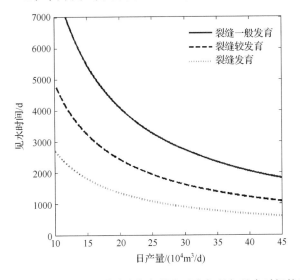

图 25-26   cs 平 4 井不同裂缝发育程度时产气量与见水时间的关系

参 考 文 献

陈建渝,唐大卿,杨楚鹏.2003.非常规含气系统的研究和勘探进展[J].地质科技情报,22(4):56-59.

陈永敏,周娟,刘文香,等.2000.低速非达西渗流现象的实验论证[J].重庆大学学报(自然科学版),23(增):59-61.

程时清,徐论勋.1996.低速非达西渗流试井典型曲线拟合法[J].石油勘探与开发,23(4):50-53.

戴金星,裴锡古,戚厚发.1996.中国天然气地质学[M].北京:石油工业出版社.

邓英尔,刘慈群,王允诚.2000.垂直裂缝井两相非达西椭圆渗流特征线解、差分解及开发指标计算方法[J].石油勘探与开发,27(1):60-63.

冯文光,葛家理.1986.单重介质、双重介质中非达西低速渗流的压力曲线动态特征[J].石油勘探与开发,12(5):40-45.

黄延章.1998.低渗透油层渗流机理[M].北京:石油工业出版社.

江怀友,宋新民,安晓璇,等.2008.世界页岩气资源勘探开发现状与展望[J].大庆石油地质与开发,27(6):10-14.

雷群,王红岩,赵群,等.2008.国内外非常规油气资源勘探开发现状及建议[J].天然气工业,28(12):7-10.

黎洪珍,李娅,宋伟,等.2006.含硫气井井下管串腐蚀及腐蚀控制[C]//NACE中国分会2006年技术年会.成都:中国石油西南油气田分公司:211-216.

李明诚.2004.石油与天然气运移[M].北京:石油工业出版社:50-103.

李士伦,王鸣华,何江川.2004.气田与凝析气田开发[M].北京:石油工业出版社.

李熙喆,万玉金,陆家亮,等.2010.复杂气藏开发技术[M].北京:石油工业出版社.

聂海宽,张金川.2011.页岩气储层类型和特征研究——以四川盆地及其周缘下古生界为例[J].石油实验地质,33(3):220-223.

蒲泊伶,包书景,王毅,等.2008.页岩气成藏条件分析[J].石油地质与工程,22(3):33-35.

田信义,王国苑,陆笑心,等.1996.气藏分类[J].石油与天然气地质,17(3):206-212.

童景山,李敬.1982.流体热物理性质的计算[M].北京:清华大学出版社.

曾顺鹏,徐春碧,陈北东,等.2009.高含硫气井井筒硫沉积的预测方法[J].后勤工程学院学报,25(1):36-39.

张爱云,伍大茂,郭丽娜,等.1987.海相黑色页岩建造地球化学与成矿意义[M].北京:科学出版社.

张地洪,王丽,张义.2005.罗家寨高含硫气藏相态实验研究[J].天然气工业,25(增刊):86-88.

张金川,薛会,张德明,等.2003.页岩气及其成藏机理[J].现代地质,17(4):466.

张金川,金之钧,袁明生,等.2004.页岩气成藏机理和分布[J].天然气工业,24(7):16-18.

张金川,聂海宽,徐波,等.2008c.四川盆地页岩气成藏地质条件[J].天然气工业,28(2):151-156.

张金川,汪宗余,聂海宽,等.2008a.页岩气及其勘探研究意义[J].现代地质,22(4):640-641.

张金川,徐波,聂海宽,等.2008b.中国页岩气资源潜力[J].天然气工业,28(6):136-140.

张金功,袁政文.2002.泥质岩裂缝油气藏的成藏条件及资源潜力[J].石油与天然气地质,23(4):336-338.

张茂林,梅海燕,李闵,等.2002.多孔介质中油气体系相平衡规律研究[J].西南石油学院学报,24(6):18-21.

张乃文,陈嘉宾,于志家.2006.化工热力学[M].大连:大连理工大学出版社.

张雪芬,陆现彩,张林晔,等.2010.页岩气的赋存形式研究及其石油地质意义[J].地球科学进展,25(6):597-600.

朱维耀,黄延章.1988.多孔介质对气-液相变过程的影响[J].石油勘探与开发,15(1):51-55.

朱维耀,刘学伟,罗凯,等.2005.具有蜡沉积的凝析气藏气液固微尺度变相渗流动力学模型研究[J].天然气地球科学,16(3):363.

朱维耀,刘学伟,石志良,等.2007.蜡沉积凝析气-液-固微观渗流机理研究[J].石油学报,28(2):87-89.

左学敏,时保宏,赵靖舟,等.2010.中国页岩气勘探开发研究现状[J].兰州大学学报(自然科学版),46:73-75.

Ali J K.1995.石油馏分及假组分等张比容的预测[J].杜方珍译.世界石油科学,(2):106-113.

Ali J K,Mcgauley P J,Wison C J.1997. The effect of high-velocity flow and PVT changes near the wellbore on condensate well performance[A]. SPE 38923:823-838.

Bentsen R G.1998. Effect of momentum transfer between fluid phaseson effective mobility. Journal of Petroleum Science and Engineering,21(1/2):27.

Beskok A,Karniadakis G E.1999. A Model for Flows in Channels,Pipes,and Ducts at Micro and Nano Scales[J]. Microscale Thermophysical Engineering,3:43.

Brunner E,Well W.1980. Solubility of sulfur in hydrogen sulfide and sour gases. SPEJ,20(5):377-384.

Civan F.2001. Modeling well performance under nonequilibrium deposition conditions. SPE67234.

Civan F.2010. A Review of Approaches for Describing Gas Transfer through Extremely Tight Porous Media [C]. Third International Conference on Porous Media and its Applications in Science,Engineering and Industry,Monticatini.

Curtis J B.2002. Fractured shale-gas system. AAPG Bull,86(11):1921-1938.

Ergun S.1952. Fluid flow through packed columns[A]. Chemical Engineering Progress,48(2):89-94.

Guggenheim E A.1960. Element of the Kinetic Theory of Gases[M]. 1st ed. New York:Pergamon Press.

Martini A M,Walter L M,Ku T C W,et al.2003. Microbial production and modification of gases in sedimentary basins:A geochemical case study from a Devonian shale gas play,Michigan basin[J]. AAPG Bulletin,87(8):1356-1375.

Milici R C.1993. Autogenic gas(self sourced)from shales-an example from the Appalachian basin//Howell D G. The Future of Energy Gases: U. S. Geological Survey Professional Paper 1570. Washington:United States Government Printing Office:253-278.

Morrow N R.1991. Interfacial phenomena in petroleum recovery. Monticello:Mercel Dekker Inc.

Roberts B E.1997. The effect of sulfur deposition on gas well inflow performance. SPE36707.

Ross D J K,Bustin R M.2007. Shale gas pot ential of the Lower Jurassic Gordondale Member,northeastern British Columbia,Canada[J]. Bulletin of Canadian Petroleum Geology,55(3):51-75.

Scheidegger A E.1974. The Physics of Flow Through Porous Media[M]. 3rd ed. Toronto :University of Toronto Press:339-402.

Schlünder E U,Tsotsas E.1990. Heat transfer in packed beds with fluid flow:Remarks on the meaning and the calculation of a heat transfer coefficient at the wall[J]. Chemical Engineering Science,45:819-837.

Schmoker J W.1981. Determ ination of organic2matter content of Appalachian Devonian shales from gamma ray logs[J]. AAPG Bulletin,62:1286-1298.

Schmoker J W.1993. Use of formation density logs to determ ine organic carbon content in Devonian shales of the western Appalachian Basin and an additional example based on the Bakken Formation of the Willeston Basin[M]// Roen J B,Kepferle R C. Petroleum Geology of Devonian and Mississippian Black Shale of

Eastern North America. Washington: US Geological Survey:1-14.

Scholl M. 1980. The hydrogen and carbon isotopic composition of methane from natural gases of various origins[J]. Geochimicaet Cosmochimica Acta,44(5):649-661.

Schulenberg T, Müller U. 1987. An improved model of two-phase flow through beds of coarse particles[J]. International Journal of Multiphase Flow,13(1):87-97.

Sözen M, Vafai K. 1990. Analysis of non-thermal equilibrium condensing flow of gas through a packed bed [J]. International Journal of Heat and Mass Transfer, 33(6):1247-1261.

van Genuchten M T. 1980. A closed-form equation for predicting the hydraulic conductivity of unsaturated soils[A]. Soil Science Society of America Journal,44 :892-898.